W. BRAUER

EINFÜHRUNG IN DIE ELEKTRONENTHEORIE DER METALLE

EINFÜHRUNG IN DIE ELEKTRONENTHEORIE DER METALLE

VON

DR. RER. NAT. HABIL. WOLFRAM BRAUER
PROFESSOR FÜR PHYSIK AN DER HUMBOLDT-UNIVERSITÄT ZU BERLIN

MIT 76 ABBILDUNGEN

SPRINGER FACHMEDIEN WIESBADEN GMBH

ISBN 978-3-663-19870-3 ISBN 978-3-663-20209-7 (eBook)

DOI 10.1007/978-3-663-20209-7

Lizenzausgabe der Akademischen Verlagsgesellschaft Geest & Portig K.-G., Leipzig

Ursprünglich erschienen bei Akademische Verlagsgesellschaft Geest & Portig K.-G., Leipzig 1966
Softcover reprint of the hardcover 1st edition 1966

Gesamtherstellung: Druckerei Fortschritt Erfurt

Vorwort

Dieses Buch behandelt ein spezielles Gebiet der modernen Festkörperphysik und ist hauptsächlich für Physikstudenten im 4. und 5. Studienjahr geschrieben. Es entstand aus Vorlesungen, die vom Verfasser seit 1959 an der Berliner Humboldt-Universität gehalten wurden, und setzt die Kenntnis der Grundlagen der Quantenmechanik und der elementaren Festkörperphysik voraus.

Das Buch wurde in einem Zeitraum verfaßt, der, nach einer etwa zwei Jahrzehnte währenden langsamen Entwicklung der Metallphysik, durch eine ungewöhnlich schnelle Expansion der experimentellen und theoretischen Erkenntnisse auf dem behandelten Gebiet gekennzeichnet ist. Dementsprechend wurde versucht, soweit wie möglich die neuen Ergebnisse in der vorliegenden Darstellung mitzuverarbeiten. Da es ein Buch der Theorie ist, mußte der mathematische Aufwand dabei notwendig erheblich sein.

Um den Umfang in vernünftigen Grenzen zu halten und in der Darstellung eine Oberflächlichkeit zu vermeiden, die dem Verständnis oft hinderlich ist, mußte eine sehr strikte Stoffauswahl getroffen werden. Diese besonders hervorzuheben, wurde eine deutliche Unterteilung des Buches in drei Teile vorgenommen.

Der Teil A behandelt, ohne nähere Begründung auf dem Einteilchenmodell basierend, in ziemlicher Ausführlichkeit die allgemeinen Grundlagen des Verhaltens von Elektronen und Phononen in idealen Kristallen. Hier ist selbstverständlich das meiste nicht nur spezifisch für Metalle, sondern z. B. ebenso für Halbleiter gültig.

Der Teil B stellt an Hand einiger besonders wichtiger und typischer Beispiele spezieller Phänomene der Metallphysik eine Illustration der in Teil A dargelegten allgemeinen Theorie dar. Die Reihe dieser so behandelbaren Probleme ließe sich beliebig fortsetzen, worauf aber aus den genannten Gründen verzichtet werden mußte. Es sei dabei nicht bestritten, daß das Kapitel 12 unter anderem wegen seines besonderen Interesses für den Verfasser mitaufgenommen wurde. Es stellt übrigens auch das einzige Kapitel dar, in dem die Oberfläche der Metalle eine Rolle spielt.

Neben der Vernachlässigung von Randeffekten wurden weiterhin alle Vielteilchenprobleme, somit also auch die Supraleitung, alle Spineffekte und die Betrachtung der Übergangsmetalle aus der vorliegenden Darstellung ganz herausgelassen. Außerdem wurden als einzige Ursache der Störung der idealen Kristallstruktur die Phononen zugelassen, wodurch die Behandlung des weiten Gebietes der Störstellenstreuung der Elektronen und Phononen unberücksichtigt blieb.

Da die Darstellung der Teile A und B fast an keiner Stelle auf Wissenschaftshistorisches und Personelles eingeht, wurde im dritten Teil des Buches versucht, eine Beschreibung der Entwicklung der Elektronentheorie der Metalle seit ihren Anfängen vor 65 Jahren zu geben. Um auch hier nicht zu sehr auf Einzelheiten einzugehen, konnte dabei nur auf die entscheidenden Stadien der historischen Entwicklung der Theorie das Augenmerk gelenkt werden.

Die am Schluß des Buches kapitelweise gegliederte Literatur wurde, ohne irgendwelche Vollständigkeit anzustreben, nach dem Gesichtspunkt ausgewählt, inwiefern sie bei der hier gegebenen Darstellung Verwendung fand und darüber hinaus für weitergehende Studien von Nutzen sein kann.

Abschließend möchte ich meinen Mitarbeitern im Physikalisch-Technischen Institut der Deutschen Akademie der Wissenschaften zu Berlin, den Herren Dr. J. Mertsching, Dr. H. Puff, Dr. habil. H. Stolz, Dr. H.-W. Streitwolf, H. J. Fischbeck, M. Rösler und H. Schulz für ihre allzeit überaus wertvolle Hilfe meinen herzlichen Dank sagen. Ebenso möchte ich Frl. H. Bohnenstengel danken, die mit größter Geduld die manuelle Herstellung des Manuskripts auf sich nahm.

Berlin, im November 1964

W. BRAUER

Inhalt

A. ALLGEMEINE GRUNDLAGEN

1. Der ideale Kristall

1.1. Wigner-Seitz-Zellen und Brillouin-Zonen

Der ideale Kristall ist durch eine solche regelmäßige Anordnung der ihn bildenden Atome definiert, daß in bezug auf ihn gewisse Deckoperationen existieren, durch deren Ausführung keine physikalischen Änderungen entstehen. Diese Deckoperationen definieren die sogenannte Raumgruppe des Kristalls. Wir bezeichnen ihre Elemente mit $\{\alpha|\boldsymbol{a}\}$, wobei α eine orthogonale Dreh- oder Drehspiegelungsmatrix bedeutet und $\boldsymbol{a}$ den Vektor bezeichnet, um den ein betrachteter Raumpunkt nach der Drehung α verschoben wird:

$$\boldsymbol{r}' = \alpha\boldsymbol{r} + \boldsymbol{a} \equiv \{\alpha\,|\,\boldsymbol{a}\}\,\boldsymbol{r}.$$

Spezifisch für die kristalline Symmetrie ist die Existenz derjenigen Untergruppe $\{\varepsilon|\boldsymbol{R}\}$ (ε Einheitsmatrix) der Raumgruppe, die zu den reinen Translationen des Kristalls gehört. Die diesen den Kristall invariant lassenden Translationen zugeordneten Vektoren $\boldsymbol{R}$ können nun wiederum durch drei elementare Basisvektoren $\boldsymbol{a}_1$, $\boldsymbol{a}_2$, $\boldsymbol{a}_3$ gemäß

$$\boldsymbol{R} = \sum_{i=1}^{3} n_i\boldsymbol{a}_i \qquad (n_i \text{ ganze Zahlen}) \tag{1.1}$$

dargestellt werden.

Alle Punkte des Kristalls, die sich voneinander um solche Vektoren $\boldsymbol{R}$ unterscheiden, nennen wir äquivalente Punkte. Die Basisvektoren $\boldsymbol{a}_1$, $\boldsymbol{a}_2$, $\boldsymbol{a}_3$, die selbst nicht eindeutig durch den jeweiligen Kristall definiert sind, spannen die sogenannte Elementarzelle auf, deren Volumen, wählt man sie so klein wie möglich, ge-

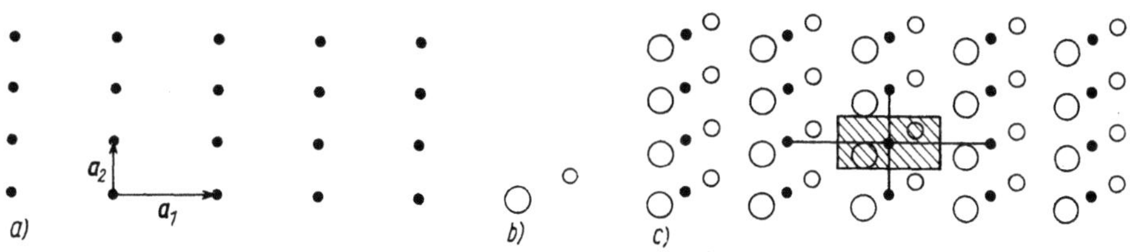

Abb. 1. a) Gitter, b) Basis, c) Kristallstruktur (nach KITTEL)

nau aus einer Gesamtheit nichtäquivalenter Punkte besteht und mit Ω_0 bezeichnet wird. Durch Vorgabe dieser Elementarzelle ist bereits der ganze Kristall gegeben, der aus ihr durch Anwendung aller Translationen $\boldsymbol{R}$ entsteht. Die Gesamtheit der Punkte $\boldsymbol{R}$ bezeichnet man als das Gitter des Kristalls. Die Kristallstruktur entsteht dann aus dem Gitter durch Zuordnung einer sogenannten Basis zu jedem Gitterpunkt, d. h. einer bestimmten Anordnung von r gegebenenfalls verschiedenen Atomen. Eine zweidimensionale Veranschaulichung zeigt Abb. 1.

Zu jeder Elementarzelle gehören damit gerade so viele Atome wie zur Basis. Ist diese Zahl gleich eins, so fallen die Lagen aller Kerne mit den Lagen aller Gitterpunkte zusammen, wenn man den Ursprung in einen der Atomkerne legt. Eine solche Kristallstruktur bezeichnet man als Bravais-Gitter.

Außer der Einteilung des Kristalls in Elementarzellen ist diejenige in sogenannte Wigner-Seitz-Zellen wichtig. Eine solche Zelle enthält alle Punkte, die einem betrachteten Gitterpunkt näher sind als jedem anderen. Es ist evident, daß die Wigner-Seitz-Zelle damit gerade eine Gesamtheit nichtäquivalenter Punkte umfaßt. Ihre Konstruktion gelingt durch Errichtung von Ebenen, die die Verbindungslinien des herausgegriffenen Gitterpunktes mit seinen Nachbarn senkrecht halbieren. Das kleinste so entstehende geschlossene räumliche Gebilde stellt die Wigner-Seitz-Zelle des betrachteten Kristalls dar. Ihre Konstruktion ist ersichtlich eindeutig im Gegensatz zu derjenigen der Elementarzelle. Weiterhin enthält sie ebenso viele Atome wie diese und hat auch das gleiche Volumen Ω_0. Abb. 1 zeigt die Konstruktion für einen zweidimensionalen Fall.

Durch

$$\frac{4\pi}{3} r_s^3 = \Omega_0 \tag{1.2}$$

definiert man den Wigner-Seitz-Radius r_s, den eine der Wigner-Seitz-Zelle volumengleiche Kugel hat. Seine Größe durchläuft z. B. bei den Alkalimetallen die Werte von 1,7 Å für Lithium bis zu 3,0 Å für Zäsium und hat für die Edelmetalle die Werte 1,4 Å für Kupfer, 1,6 Å für Silber und Gold.

Verbinden wir einen Gitterpunkt mit zwei beliebigen anderen, die mit ihm nicht auf einer Geraden liegen, so legen die beiden so konstruierten Vektoren eine Gitterebene fest, der selbstverständlich unendlich viele zu ihr parallele Gitterebenen in regelmäßigen Abständen entsprechen. Ihre Orientierung wird üblicherweise durch die sogenannten Millerschen Indizes festgelegt. Dazu bringt man eine der Ebenen aus der betrachteten Schar zum Schnitt mit den drei Basisrichtungen, wobei auf diesen die Längen n_1a_1, n_2a_2, n_3a_3, vom Nullpunkt aus gerechnet, abgeschnitten werden mögen. Bildet man dann das Verhältnis $1/n_1 : 1/n_2 : 1/n_3$ und sucht die drei kleinsten ganzen Zahlen h, k, l, die zueinander im gleichen Verhältnis stehen, so bezeichnet das Symbol (hkl) die Millerschen Indizes der betrachteten Gitterebene.

Entsprechend wird die Richtung einer Gittergeraden festgelegt durch die drei kleinsten ganzen Zahlen u, v, w, deren Verhältnis gleich ist dem Verhältnis der Komponenten des betrachteten Gittervektors bezüglich der drei Basisrichtungen. Die Bezeichnung dieser Gitterrichtung ist $[uvw]$.

Es wird sich als notwendig erweisen, neben dem durch die Basisvektoren $\boldsymbol{a}_i$ aufgespannten (direkten) Gitter ein diesem zugeordnetes reziprokes Gitter zu definieren, dessen Basisvektoren mit $\boldsymbol{b}_i$ bezeichnet werden und für die gelten soll:

$$(\boldsymbol{a}_i, \boldsymbol{b}_j) = 2\pi\delta_{ij} \tag{1.3}$$

oder explizit

$$\boldsymbol{b}_i = \frac{2\pi}{\Omega_0} \boldsymbol{a}_j \times \boldsymbol{a}_k, \qquad i, j, k, = \text{zykl.}\,(1, 2, 3). \tag{1.4}$$

Die durch

$$\boldsymbol{K} = \sum_{i=1}^{3} m_i \boldsymbol{b}_i \qquad (m_i \text{ ganze Zahlen}) \tag{1.5}$$

definierten Vektoren spannen dann das reziproke Gitter auf. Aus (1.1), (1.3) und (1.5) ergibt sich

$$(\boldsymbol{R}, \boldsymbol{K}) = 2\pi \sum_{i=1}^{3} n_i m_i ,$$

aus (1.4) für das Volumen der Elementarzelle des reziproken Gitters

$$(\boldsymbol{b}_1, \boldsymbol{b}_2 \times \boldsymbol{b}_3) = \frac{(2\pi)^3}{\Omega_0} . \tag{1.6}$$

Führt man im reziproken Gitter dieselbe Konstruktion durch, die beim direkten Gitter die Wigner-Seitz-Zelle ergibt, so gelangt man zur sogenannten (ersten) Brillouin-Zone. Nennen wir weiter zwei Vektoren $\boldsymbol{k}$ und $\boldsymbol{k} + \boldsymbol{K}$ im reziproken Raum äquivalent, so gilt also: Die (erste) Brillouin-Zone ist der geometrische Ort der Gesamtheit aller kleinsten nichtäquivalenten Vektoren im reziproken (oder $\boldsymbol{k}$-) Raum. Ihr Volumen ist demjenigen der Elementarzelle des reziproken Gitters [siehe (1.6)] gleich.

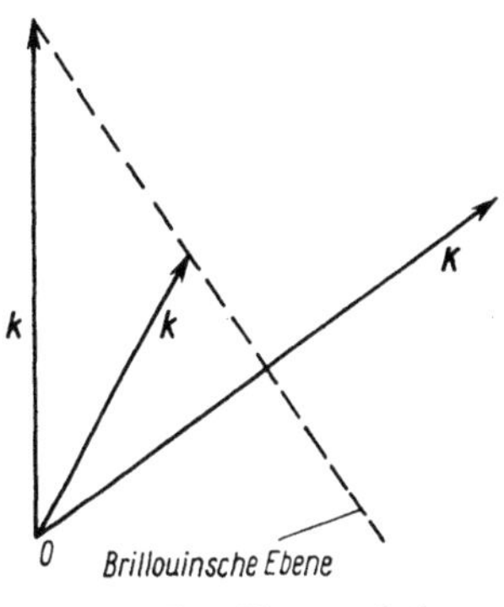

Abb. 2. Zur Konstruktion der Brillouinschen Ebenen

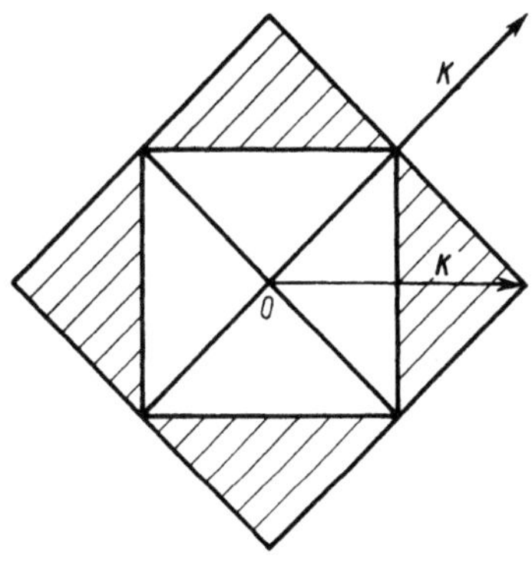

Abb. 3. Erste (ungestrichelt) und zweite (gestrichelt) Brillouin-Zone des quadratischen Flächengitters

Konstruiert man weiterhin im reziproken Gitter die Halbierungssenkrechten der Verbindungslinien des Nullpunktes mit allen anderen Gitterpunkten, so erhält man neben der Brillouin-Zone die Gesamtheit der Brillouinschen Ebenen (Abb. 2). Ihre Gleichungen lauten

$$(\boldsymbol{k}, \boldsymbol{K}) = \frac{1}{2} K^2 . \tag{1.7}$$

Als zweite Brillouin-Zone bezeichnet man den geometrischen Ort der Gesamtheit aller nichtäquivalenten Vektoren kleinster Länge nach Weglassung derjenigen der ersten Brillouin-Zone. Entsprechend werden die dritte und alle höheren Brillouin-Zonen definiert, deren Begrenzungen jeweils durch (1.7) gegeben werden und die alle das gleiche Volumen (1.6) haben. Für einen einfachen Spezialfall wird dies in Abb. 3 veranschaulicht.

Da die Punkte je zweier Brillouin-Zonen paarweise äquivalent sind, gehen sie durch reziproke Gittertranslationen $\boldsymbol{K}$ auseinander hervor. Gleichbedeutend damit ist es, daß man durch solche Translationen jede Brillouin-Zone mit jeder anderen zur Deckung bringen kann, speziell also auch alle höheren mit der ersten. Der topologische Zusammenhang der auf die erste Zone zusammengeschobenen höheren Zonen ist dann allerdings meist recht kompliziert.

1.2. Kubisch-raumzentriertes Gitter

Im folgenden betrachten wir drei Beispiele von Kristallstrukturen, denen durch die Tatsache eine besondere Bedeutung zukommt, daß die überwiegende Mehrzahl der Metalle durch dieselben dargestellt wird.

Die Atome des betrachteten Kristalls mögen sich zunächst an allen Ecken und im Zentrum jedes Würfels der Kantenlänge a, der Gitterkonstanten, befinden (Abb. 4). Als Basisvektoren kann man etwa wählen:

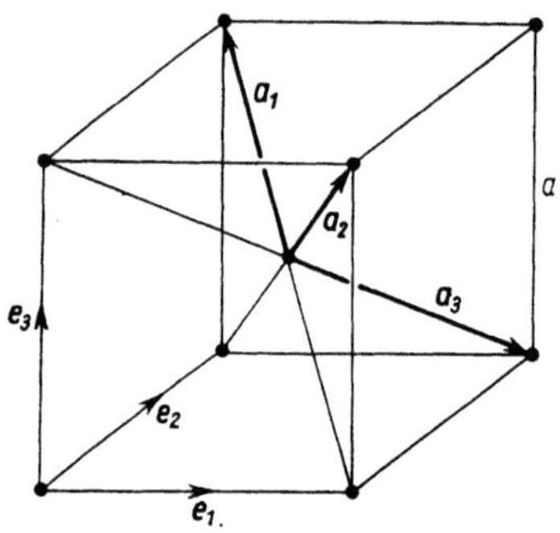

Abb. 4. Kubisch-raumzentriertes Gitter

$$\boldsymbol{a}_1 = \frac{a}{2}(-\boldsymbol{e}_1 + \boldsymbol{e}_2 + \boldsymbol{e}_3),$$

$$\boldsymbol{a}_2 = \frac{a}{2}(\boldsymbol{e}_1 - \boldsymbol{e}_2 + \boldsymbol{e}_3), \tag{1.8}$$

$$\boldsymbol{a}_3 = \frac{a}{2}(\boldsymbol{e}_1 + \boldsymbol{e}_2 - \boldsymbol{e}_3).$$

Daraus folgt

$$\Omega_0 = (\boldsymbol{a}_1, \boldsymbol{a}_2 \times \boldsymbol{a}_3) = \frac{a^3}{2}. \tag{1.9}$$

Einsetzen von (1.8) und (1.9) in (1.4) liefert die Basisvektoren des reziproken Gitters:

$$\boldsymbol{b}_1 = \frac{2\pi}{a}(\boldsymbol{e}_2 + \boldsymbol{e}_3),$$

$$\boldsymbol{b}_2 = \frac{2\pi}{a}(\boldsymbol{e}_3 + \boldsymbol{e}_1), \tag{1.10}$$

$$\boldsymbol{b}_3 = \frac{2\pi}{a}(\boldsymbol{e}_1 + \boldsymbol{e}_2).$$

Setzt man (1.8) in (1.1) ein. so erhält man

$$\boldsymbol{R} = \frac{a}{2}\big((-n_1 + n_2 + n_3)\boldsymbol{e}_1 + (n_1 - n_2 + n_3)\boldsymbol{e}_2 + (n_1 + n_2 - n_3)\boldsymbol{e}_3\big).$$

Daraus ergibt sich die Existenz von acht nächsten Nachbarn bei

$$\frac{a}{2}(\pm\boldsymbol{e}_1 \pm \boldsymbol{e}_2 \pm \boldsymbol{e}_3) \tag{1.11}$$

und von sechs übernächsten Nachbarn bei

$$\pm a\boldsymbol{e}_1,\ \pm a\boldsymbol{e}_2,\ \pm a\boldsymbol{e}_3. \qquad (1.12)$$

Diese 14 benachbarten Atome liefern je eine Begrenzungsfläche der Wigner-Seitz-Zelle des kubisch-raumzentrierten Gitters. Das Ergebnis der Konstruktion zeigt Abb. 5.

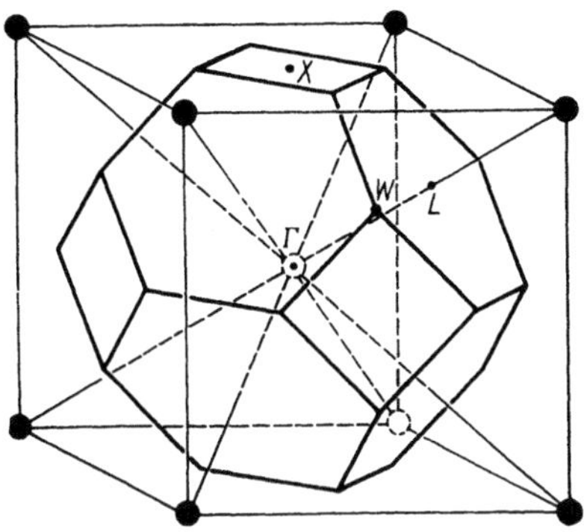

Abb. 5. Wigner-Seitz-Zelle des kubisch-raumzentrierten Gitters

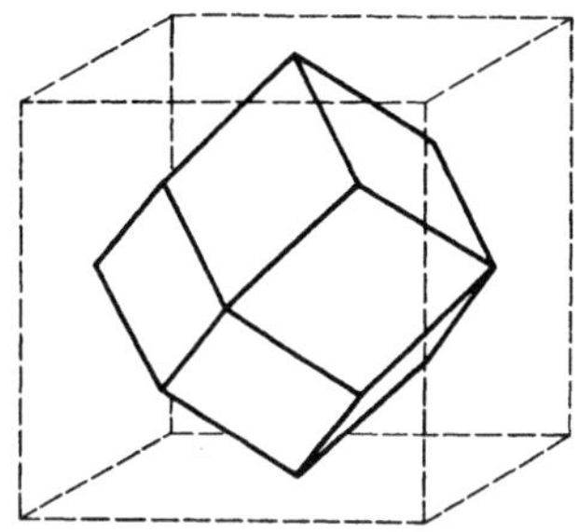

Abb. 6. Brillouin-Zone des kubisch-raumzentrierten Gitters

Zur Bestimmung der dazugehörigen Brillouin-Zone bilden wir nach (1.5) und (1.10)

$$\boldsymbol{K} = \frac{2\pi}{a}\big((m_2 + m_3)\boldsymbol{e}_1 + (m_3 + m_1)\boldsymbol{e}_2 + (m_1 + m_2)\boldsymbol{e}_3\big).$$

Daraus liest man die Existenz von zwölf nächsten Nachbarn bei

$$\frac{2\pi}{a}(\pm\boldsymbol{e}_1 \pm \boldsymbol{e}_2),\quad \frac{2\pi}{a}(\pm\boldsymbol{e}_2 \pm \boldsymbol{e}_3),\quad \frac{2\pi}{a}(\pm\boldsymbol{e}_3 \pm \boldsymbol{e}_1) \qquad (1.13)$$

ab. Die diesen zugeordneten Brillouinschen Ebenen erzeugen dann definitionsgemäß die (erste) Brillouin-Zone des kubisch-raumzentrierten Gitters (Abb. 6).

1.3. Kubisch-flächenzentriertes Gitter

Die Atome befinden sich im Falle des kubisch-flächenzentrierten Gitters an den Ecken und in den Zentren der Flächen aller Würfel der Kantenlänge a (Abb. 7).

Als Basisvektoren kann man dann wählen:

$$\begin{aligned}\boldsymbol{a}_1 &= \frac{a}{2}(\boldsymbol{e}_2 + \boldsymbol{e}_3),\\ \boldsymbol{a}_2 &= \frac{a}{2}(\boldsymbol{e}_3 + \boldsymbol{e}_1),\\ \boldsymbol{a}_3 &= \frac{a}{2}(\boldsymbol{e}_1 + \boldsymbol{e}_2).\end{aligned} \qquad (1.14)$$

Daraus folgt zunächst

$$\Omega_0 = \frac{a^3}{4}. \tag{1.15}$$

Einsetzen von (1.14) und (1.15) in (1.4) liefert die Basisvektoren des reziproken Gitters:

$$\begin{aligned} \boldsymbol{b}_1 &= \frac{2\pi}{a}(-\boldsymbol{e}_1 + \boldsymbol{e}_2 + \boldsymbol{e}_3), \\ \boldsymbol{b}_2 &= \frac{2\pi}{a}(\boldsymbol{e}_1 - \boldsymbol{e}_2 + \boldsymbol{e}_3), \\ \boldsymbol{b}_3 &= \frac{2\pi}{a}(\boldsymbol{e}_1 + \boldsymbol{e}_2 - \boldsymbol{e}_3). \end{aligned} \tag{1.16}$$

Der Vergleich von (1.8) mit (1.16) bzw. von (1.10) mit (1.14) zeigt, daß die kubisch-raumzentrierten und kubisch-flächenzentrierten Gitter zueinander reziprok sind. Daraus folgt, daß die Wigner-Seitz-Zelle bzw. die Brillouin-Zone des flächenzentrierten Gitters geometrisch ähnlich sind der Brillouin-Zone bzw. der Wigner-Seitz-Zelle des raumzentrierten Gitters. Deshalb stellen Abb. 5 bzw. Abb. 6 die Brillouin-Zone bzw. die Wigner-Seitz-Zelle des kubisch-flächenzentrierten Gitters dar.

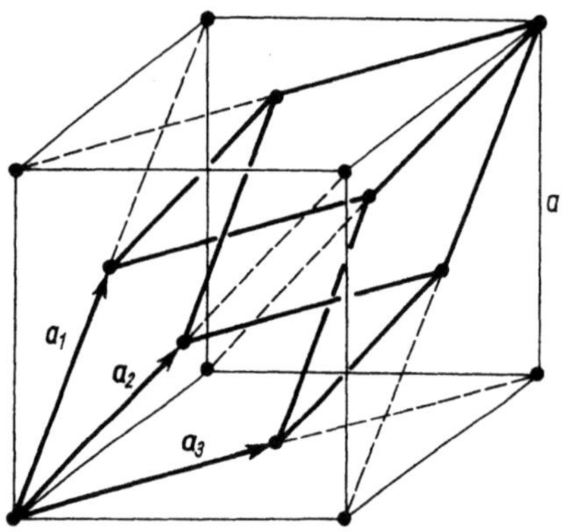

Abb. 7. Kubisch-flächenzentriertes Gitter

Bezeichnen wir mit s_r bzw. mit s_f die kleinsten Abstände der Begrenzungen der Brillouin-Zonen des kubisch-raumzentrierten bzw. des kubisch-flächenzentrierten Gitters von ihren Mittelpunkten, so gilt offenbar

$$s_r = \sqrt{2}\,\frac{\pi}{a}, \quad s_f = \sqrt{3}\,\frac{\pi}{a}.$$

Aus (1.6) und (1.9) bzw. (1.15) ergibt sich dann für die Volumina der entsprechenden Brillouin-Zonen in Abhängigkeit von s_r bzw. s_f:

$$\left.\frac{8\pi^3}{\Omega_0}\right|_r = \frac{8}{\sqrt{2}}\,s_r^3, \quad \left.\frac{8\pi^3}{\Omega_0}\right|_f = \frac{32}{3^{3/2}}\,s_f^3. \tag{1.17}$$

1.4. Hexagonal dichtgepackter Kristall

Wir behandeln zunächst das einfache hexagonale Gitter. In ihm ist jedes Atom von den sechs Atomen umgeben, die an den Ecken eines regelmäßigen Sechsecks der Seitenlänge a mit dem betrachteten Atom als Mittelpunkt liegen. Im Abstand c senkrecht darüber und darunter denken wir uns diese Anordnung wiederholt (Abb. 8). Als Basisvektoren können wir etwa wählen:

$$\begin{aligned} \boldsymbol{a}_1 &= a\,\boldsymbol{e}_1, \\ \boldsymbol{a}_2 &= \frac{a}{2}\,\boldsymbol{e}_1 + \frac{\sqrt{3}}{2}\,a\,\boldsymbol{e}_2, \\ \boldsymbol{a}_3 &= c\,\boldsymbol{e}_3. \end{aligned} \tag{1.18}$$

Daraus folgt zunächst

$$\Omega_0 = \frac{\sqrt{3}}{2}\, a^2 c. \tag{1.19}$$

Einsetzen von (1.18) und (1.19) in (1.4) liefert die Basisvektoren des reziproken Gitters:

$$\begin{aligned} \boldsymbol{b}_1 &= \frac{2\pi}{a}\left(\boldsymbol{e}_1 - \frac{1}{\sqrt{3}}\,\boldsymbol{e}_2\right), \\ \boldsymbol{b}_2 &= \frac{4\pi}{\sqrt{3}\,a}\,\boldsymbol{e}_2, \\ \boldsymbol{b}_3 &= \frac{2\pi}{c}\,\boldsymbol{e}_3, \end{aligned} \tag{1.20}$$

die offenbar wiederum ein einfaches hexagonales Gitter aufspannen. Setzt man (1.20) in (1.5) ein, so erhält man

$$\boldsymbol{K} = 2\pi\left[\frac{1}{a}\, m_1 \boldsymbol{e}_1 + \frac{1}{\sqrt{3}\,a}\,(2m_2 - m_1)\boldsymbol{e}_2 + \frac{1}{c}\, m_3 \boldsymbol{e}_3\right].$$

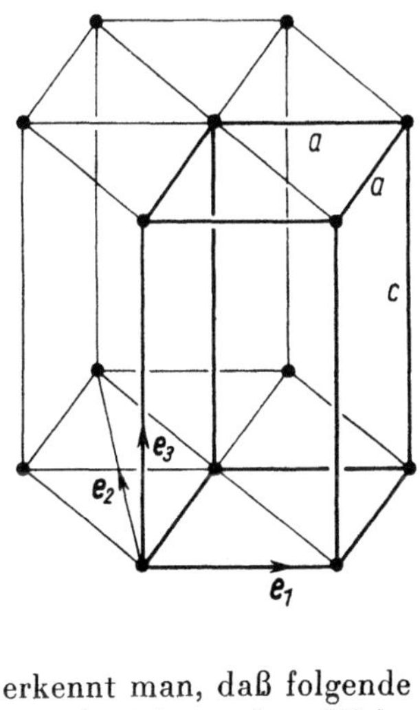

Abb. 8. Einfaches hexagonales Gitter

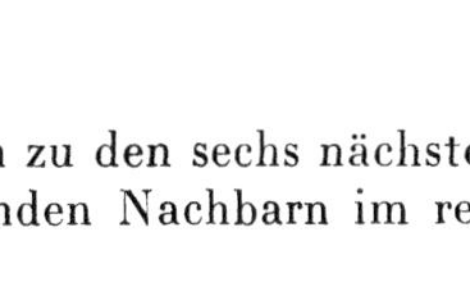

Abb. 9. Brillouin-Zone des hexagonalen Gitters

Daraus erkennt man, daß folgende Vektoren zu den sechs nächsten komplanaren und den zwei nächsten in c-Richtung liegenden Nachbarn im reziproken Gitter führen:

$$\frac{2\pi}{a}\left(\pm\boldsymbol{e}_1 \pm \frac{1}{\sqrt{3}}\,\boldsymbol{e}_2\right), \qquad \pm\frac{2\pi}{a}\,\frac{2}{\sqrt{3}}\,\boldsymbol{e}_2, \qquad \pm\frac{2\pi}{c}\,\boldsymbol{e}_3.$$

Die diesen Vektoren nach (1.7) zugeordneten Ebenen bilden die erste Brillouin-Zone (Abb. 9).

Die hexagonal dichtgepackte Kristallstruktur entsteht nun aus dem einfachen hexagonalen Gitter, indem in der Mitte zwischen je zwei seiner Ebenen senkrecht zu $\boldsymbol{a}_3$ eine ebensolche eingeschoben wird, und zwar derart, daß ein Atom der eingeschobenen Ebene gerade über dem Mittelpunkt des gleichseitigen Dreiecks, das durch $\boldsymbol{a}_1$ und $\boldsymbol{a}_2$ bestimmt wird, zu liegen kommt (Abb. 10). Dadurch gehören jetzt zwei Atome zur Elementarzelle, und zwar liegt das eine am Ursprung, das andere bei $\frac{1}{3}(\boldsymbol{a}_1 + \boldsymbol{a}_2) + \frac{1}{2}\boldsymbol{a}_3$. Beide zusammen bilden die Basis des hexagonal dichtgepackten Kristalls. Während der Abstand des zweiten Basisatoms von den nächsten Nachbarn in seiner Ebene natürlich gleich a ist, beträgt derjenige zu den je drei nächsten Atomen der benachbarten Ebenen $\sqrt{\frac{c^2}{4} + \frac{a^2}{3}}$. Das betrachtete Atom und damit natürlich jedes andere auch hat also wie beim kubisch-flächenzentrierten Gitter zwölf nächste Nachbarn, wenn diese beiden Abstände gleich werden, d. h. für $c/a = \sqrt{8/3} = 1{,}63$. Strenggenommen ist nur für dieses Verhältnis die benutzte Bezeichnung „dichtgepackt“ zutreffend.

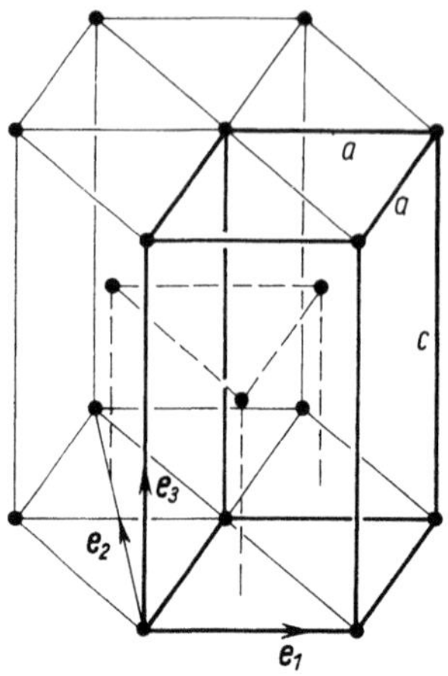

Abb. 10. Hexagonal dichtgepackter Kristall

2. Das Elektron im idealen Kristallpotential (exakt)

2.1. Periodische Randbedingung

Für alle vom Ortsvektor $\boldsymbol{r}$ im Kristall abhängigen Funktionen $\Phi(\boldsymbol{r})$ wollen wir zuerst folgende auf BORN und VON KARMAN zurückgehende Periodizitätsbedingung fordern: Es sei $G > 0$ irgendeine bestimmte ganze Zahl, dann soll gelten:

$$\Phi(\boldsymbol{r} + G\boldsymbol{a}_i) = \Phi(\boldsymbol{r}) \qquad (i = 1, 2, 3). \tag{2.1}$$

Das bedeutet: Die physikalischen Verhältnisse sollen sich im zunächst unendlich ausgedehnt gedachten Kristall nach Zurücklegen von G Basisvektoren $\boldsymbol{a}_i$ genau wiederholen. Dadurch entstehen nebeneinander Periodizitätsvolumina, die jeweils G^3 Elementarzellen enthalten, also das Volumen $\Omega = G^3\Omega_0$ haben, in denen sich physikalisch genau dieselben Vorgänge abspielen. Für den Fall, daß Oberflächenphänomene ohne Bedeutung sind, stellt jedes Periodizitätsgebiet ein geeignetes Modell eines endlich ausgedehnten Kristalls vom Volumen Ω dar. Es versteht sich von selbst, daß für gitterperiodische Funktionen die Bedingung (2.1) keine zusätzliche Forderung bedeutet. Die periodische Randbedingung stellt vorwiegend eine rechentechnische Hilfe dar, die der Wirklichkeit um so weniger Zwang antut, je größer die ganze Zahl G gewählt wird. Wir werden deshalb im folgenden stets die Zahl G^3 praktisch mit der Zahl der Atome in einem vorliegenden makroskopischen Kristall identifizieren, wodurch die Randbedingung ohne Einfluß auf die berechneten physikalischen Meßgrößen wird, wie man es auch zu verlangen hat.

Für den Spezialfall $\Phi(\boldsymbol{r}) = e^{i\boldsymbol{k}\boldsymbol{r}}$ führt (2.1) auf folgende Bedingung für den Vektor $\boldsymbol{k}$:

$$e^{iG(\boldsymbol{k},\boldsymbol{a}_i)} = 1, \quad \text{d. h.} \quad G(\boldsymbol{k}, \boldsymbol{a}_i) = 2\pi m_i \qquad (m_i \text{ ganze Zahl}).$$

Daraus ergibt sich sofort

$$\boldsymbol{k} = \sum_{i=1}^{3} \frac{m_i}{G} \boldsymbol{b}_i. \tag{2.2}$$

Die Komponenten von $\boldsymbol{k}$ können also als Folge der periodischen Randbedingung nur gewisse diskrete Werte annehmen. Es entsteht dadurch im reziproken Raum neben der eigentlichen Gitterstruktur eine von der künstlich hervorgerufenen Periodizität in Ω herrührende Feingitterstruktur, deren Gitterpunkte um so enger aneinander rücken, je größer G gewählt wird (Abb. 11). Das Volumen der so entstehenden kleinen Zellen im reziproken Raum ist nach (1.6) und (2.2) gleich $(2\pi)^3/G^3\Omega_0 = (2\pi)^3/\Omega$. Die Dichte der $\boldsymbol{k}$-Vektoren ergibt sich daraus zu

$$\frac{\Omega}{(2\pi)^3} = \text{Zustandsdichte im } \boldsymbol{k}\text{-Raum}. \tag{2.3}$$

Die Kenntnis der Zustandsdichte (2.3) gestattet uns u. a., in folgender Weise von Summen über die nach (2.2) diskret liegenden $\boldsymbol{k}$-Vektoren zu Integralen überzugehen:

$$\sum_{\boldsymbol{k}} \varphi(\boldsymbol{k}) = \frac{\Omega}{(2\pi)^3} \int \varphi(\boldsymbol{k})\, \mathrm{d}^3 \boldsymbol{k}. \tag{2.4}$$

Im folgenden sollen einige später häufig verwendete einfache Relationen bewiesen werden.

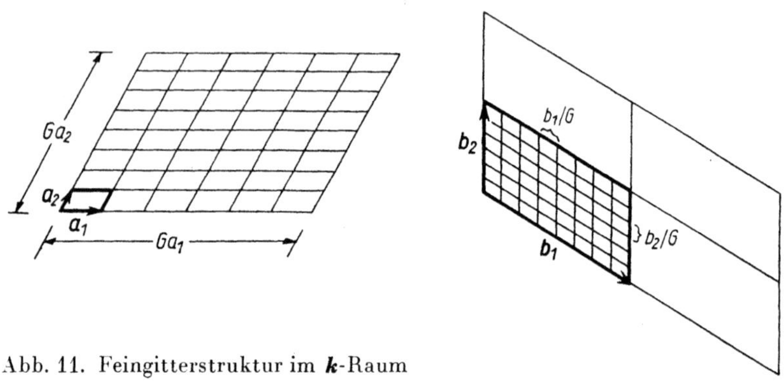

Abb. 11. Feingitterstruktur im $\boldsymbol{k}$-Raum

Die Anwendung des Gaußschen Satzes auf die Funktion $\mathrm{e}^{\mathrm{i}\boldsymbol{k}\boldsymbol{r}}$ ergibt unter Berücksichtigung von (2.1)

$$0 = \int_{(\Omega)} \mathrm{e}^{\mathrm{i}\boldsymbol{k}\boldsymbol{r}}\, \mathrm{d}\vec{f} = \mathrm{i}\boldsymbol{k} \int_{\Omega} \mathrm{e}^{\mathrm{i}\boldsymbol{k}\boldsymbol{r}}\, \mathrm{d}^3 \boldsymbol{r},$$

woraus folgt:

$$\int_{\Omega} \mathrm{e}^{\mathrm{i}\boldsymbol{k}\boldsymbol{r}}\, \mathrm{d}^3 \boldsymbol{r} = \Omega\, \delta_{\boldsymbol{k}0}. \tag{2.5}$$

Ebenso ergibt sich

$$\int_{\Omega_0} \mathrm{e}^{\mathrm{i}\boldsymbol{K}\boldsymbol{r}}\, \mathrm{d}^3 \boldsymbol{r} = \Omega_0\, \delta_{\boldsymbol{K}0} \tag{2.6}$$

und

$$\int_{\mathrm{BZ}} \mathrm{e}^{\mathrm{i}\boldsymbol{R}\boldsymbol{k}}\, \mathrm{d}^3 \boldsymbol{k} = \frac{(2\pi)^3}{\Omega_0}\, \delta_{\boldsymbol{R}0}, \tag{2.7}$$

wobei über die erste Brillouin-Zone integriert werden soll. Setzt man nun in (2.4) speziell $\varphi(\boldsymbol{k}) = \mathrm{e}^{\mathrm{i}\boldsymbol{k}\boldsymbol{R}}$ und erstreckt die Summation über die erste Brillouin-Zone, so wird mit (2.7)

$$\sum_{\boldsymbol{k}} \mathrm{e}^{\mathrm{i}\boldsymbol{k}\boldsymbol{R}} = G^3\, \delta_{\boldsymbol{R}0}. \tag{2.8}$$

Schließlich betrachten wir noch ein Integral der Form

$$\mathcal{J}_{\boldsymbol{k}} = \int_{\Omega} \Phi(\boldsymbol{r})\, \mathrm{e}^{\mathrm{i}\boldsymbol{k}\boldsymbol{r}}\, \mathrm{d}^3 \boldsymbol{r}, \quad \Phi(\boldsymbol{r} + \boldsymbol{R}) = \Phi(\boldsymbol{r}). \tag{2.9}$$

Zunächst können wir dafür schreiben:

$$\mathcal{J}_{\boldsymbol{k}} = \sum_{\boldsymbol{R}} e^{i\boldsymbol{k}\boldsymbol{R}} \int_{\Omega_0} \Phi(\boldsymbol{r})\, e^{i\boldsymbol{k}\boldsymbol{r}}\, d^3\boldsymbol{r} = \mathcal{J}^0_{\boldsymbol{k}} \sum_{\boldsymbol{R}} e^{i\boldsymbol{k}\boldsymbol{R}}, \tag{2.10}$$

wobei sich die Summation über das Periodizitätsvolumen erstreckt und in $\mathcal{J}^0_{\boldsymbol{k}}$ über die bei $\boldsymbol{R} = 0$ liegende Elementarzelle zu integrieren ist. Daneben substituieren wir in (2.9) $\boldsymbol{r} = \boldsymbol{r}' + \boldsymbol{R}'$. Wegen (2.1) können wir die Integration über das ursprüngliche Gebiet erstrecken und erhalten so

$$\mathcal{J}_{\boldsymbol{k}} = e^{i\boldsymbol{k}\boldsymbol{R}'} \int_{\Omega} \Phi(\boldsymbol{r}')\, e^{i\boldsymbol{k}\boldsymbol{r}'}\, d^3\boldsymbol{r}' = e^{i\boldsymbol{k}\boldsymbol{R}'} \mathcal{J}_{\boldsymbol{k}}.$$

Daraus liest man ab, daß $\mathcal{J}_{\boldsymbol{k}}$ nur von Null verschieden sein kann, wenn $e^{i\boldsymbol{k}\boldsymbol{R}'} = 1$ ist, d. h., wenn $\boldsymbol{k}$ mit einem Vektor des reziproken Gitters zusammenfällt, d. h., wenn gilt:

$$\mathcal{J}_{\boldsymbol{k}} = \sum_{\boldsymbol{K}} \delta_{\boldsymbol{k}\boldsymbol{K}} \mathcal{J}_{\boldsymbol{K}} = G^3 \sum_{\boldsymbol{K}} \delta_{\boldsymbol{k}\boldsymbol{K}} \mathcal{J}^0_{\boldsymbol{K}}. \tag{2.11}$$

Die Gleichungen (2.10) und (2.11) ergeben zusammen die wichtige Beziehung:

$$\sum_{\boldsymbol{R}} e^{i\boldsymbol{k}\boldsymbol{R}} = G^3 \sum_{\boldsymbol{K}} \delta_{\boldsymbol{k}\boldsymbol{K}}. \tag{2.12}$$

2.2. Symmetrieoperationen der Raumgruppe

Den in Kapitel 1 eingeführten, den Kristall in sich selbst überführenden Operationen $\{\alpha|\boldsymbol{a}\}$ seien im folgenden die Operatoren $P_{\{\alpha|\boldsymbol{a}\}} \equiv P_a$ zugeordnet, und zwar gemäß der folgenden Definition:

$$P^{-1}_{\{\alpha|\boldsymbol{a}\}} \Phi(\boldsymbol{r}) \equiv P^{-1}_a \Phi(\boldsymbol{r}) = \Phi(\alpha\boldsymbol{r} + \boldsymbol{a}) = \Phi'(\boldsymbol{r}). \tag{2.13}$$

Dabei ist α eine orthogonale Matrix, $\boldsymbol{a}$ eine möglicherweise nichtprimitive Verschiebung, d. h., es kann gegebenenfalls $\boldsymbol{a} \neq \boldsymbol{R}$ sein. Aus der Definition (2.13) der Operatoren P_a folgt ohne weiteres ihre Unitaritätseigenschaft. Es ist

$$\langle\varphi|P^{-1\dagger}_a P^{-1}_a \chi\rangle = \langle P^{-1}_a\varphi|P^{-1}_a\chi\rangle = \int_{\Omega} \varphi^*(\alpha\boldsymbol{r} + \boldsymbol{a})\, \chi(\alpha\boldsymbol{r} + \boldsymbol{a})\, d^3\boldsymbol{r}$$

$$= \int_{\Omega} \varphi^*(\boldsymbol{r})\, \chi(\boldsymbol{r})\, d^3\boldsymbol{r} = \langle\varphi|\chi\rangle,$$

d. h., es ist

$$P_a P^{\dagger}_a = 1. \tag{2.14}$$

Aus (2.13) können wir weiterhin folgern, daß gilt:

$$P^{-1}_b P^{-1}_a \Phi(\boldsymbol{r}) = P^{-1}_b \Phi(\alpha\boldsymbol{r} + \boldsymbol{a}) = P^{-1}_b \Phi'(\boldsymbol{r}) = \Phi'(\beta\boldsymbol{r} + \boldsymbol{b})$$

$$= \Phi[\alpha(\beta\boldsymbol{r} + \boldsymbol{b}) + \boldsymbol{a}] = \Phi(\alpha\beta\boldsymbol{r} + \alpha\boldsymbol{b} + \boldsymbol{a}). \tag{2.15}$$

Man erkennt daraus, daß im allgemeinen $[P_a, P_b] \neq 0$ ist. Außerdem ersieht man, daß $P^{-1}_b = P_a$ äquivalent ist zu $\beta = \alpha^{-1}$, $\boldsymbol{b} = -\alpha^{-1}\boldsymbol{a}$, d. h., wir können schreiben:

$$P_a = P^{-1}_{\{\alpha^{-1}|-\alpha^{-1}\boldsymbol{a}\}}. \tag{2.16}$$

Ein wichtiger Spezialfall der Operatoren P_a entspricht den Translationsoperatoren

$$T_{\boldsymbol{R}} = P^{-1}_{\{\varepsilon|\boldsymbol{R}\}}. \tag{2.17}$$

Mit Hilfe von (2.15) und (2.16) erkennt man, daß gilt:

$$T_{\boldsymbol{R}}\, T_{\boldsymbol{R}'} = T_{\boldsymbol{R}'}\, T_{\boldsymbol{R}} = T_{\boldsymbol{R}+\boldsymbol{R}'}, \quad T^{-1}_{\boldsymbol{R}} = T_{-\boldsymbol{R}}. \tag{2.18}$$

Schließlich folgern wir nacheinander aus (2.13), (2.15), (2.16) und (2.17), daß folgendes gilt:

$$\begin{aligned} P^{-1}_a T_{\boldsymbol{R}} P_a \Phi(\boldsymbol{r}) &= P^{-1}_a \Phi(\alpha^{-1}\boldsymbol{r} + \alpha^{-1}\boldsymbol{R} - \alpha^{-1}\boldsymbol{a}) = P^{-1}_a \Phi'(\boldsymbol{r}) \\ &= \Phi'(\alpha\boldsymbol{r} + \boldsymbol{a}) = \Phi[\alpha^{-1}(\alpha\boldsymbol{r} + \boldsymbol{a}) + \alpha^{-1}\boldsymbol{R} - \alpha^{-1}\boldsymbol{a}] \\ &= \Phi(\boldsymbol{r} + \alpha^{-1}\boldsymbol{R}) = T_{\alpha^{-1}\boldsymbol{R}}\Phi(\boldsymbol{r}). \end{aligned}$$

Daraus lesen wir die wichtige Beziehung ab:

$$P^{-1}_a T_{\boldsymbol{R}} P_a = T_{\alpha^{-1}\boldsymbol{R}}. \tag{2.19}$$

Erlaubt die betrachtete Kristallsymmetrie Invarianz gegen Spiegelung an einem Symmetriezentrum, so ist der Raumspiegelungsoperator

$$I = P^{-1}_{\{-\varepsilon|0\}} \tag{2.20}$$

Element der Raumgruppe. Aus (2.15) folgt

$$I^2 = 1. \tag{2.21}$$

2.3. Eigenwertproblem des Translationsoperators

Definiert man den Exponentialoperator e^A in üblicher Weise durch seine Taylor-Reihe $1 + A + A^2/2! + \cdots$, so kann man den Translationsoperator (2.17) auch schreiben:

$$T_{\boldsymbol{R}} = e^{\boldsymbol{R}\nabla}.$$

Mittels der quantenmechanischen Relation

$$\boldsymbol{p} = -\mathrm{i}\hbar\nabla \qquad (\boldsymbol{p} \text{ Impulsoperator}) \tag{2.22}$$

ergibt sich für den Translationsoperator

$$T_{\boldsymbol{R}} = e^{\frac{\mathrm{i}}{\hbar}\boldsymbol{R}\boldsymbol{p}}. \tag{2.23}$$

Bezeichnet man die Eigenwerte des Operators $\boldsymbol{p}/\hbar$ mit $\boldsymbol{k}$, so ergeben sich nach dem Satz über die Eigenwerte von Operatorfunktionen die Eigenwerte des Translationsoperators $T_{\boldsymbol{R}}$ zu $e^{\mathrm{i}\boldsymbol{k}\boldsymbol{R}}$, d. h., es gilt

$$T_{\boldsymbol{R}}\,\psi_{\boldsymbol{k}}(\boldsymbol{r}) = e^{\mathrm{i}\boldsymbol{k}\boldsymbol{R}}\,\psi_{\boldsymbol{k}}(\boldsymbol{r}) = \psi_{\boldsymbol{k}}(\boldsymbol{r} + \boldsymbol{R}) \tag{2.24}$$

mit $\psi_{\boldsymbol{k}}(\boldsymbol{r})$ als Eigenfunktion von $T_{\boldsymbol{R}}$ zum Eigenwert $e^{\mathrm{i}\boldsymbol{k}\boldsymbol{R}}$. Wegen der Periodizität $e^{\mathrm{i}(\boldsymbol{k}+\boldsymbol{K},\boldsymbol{R})} = e^{\mathrm{i}\boldsymbol{k}\boldsymbol{R}}$ erhalten wir bereits alle Eigenwerte von $T_{\boldsymbol{R}}$, wenn wir $\boldsymbol{k}$ auf einen vollständigen Satz nichtäquivalenter Vektoren im reziproken Raum beschränken, also $\boldsymbol{k}$ z. B. nur über die erste Brillouin-Zone laufen lassen. Indem wir uns im folgenden darauf festlegen, stellen wir zugleich einen eindeutigen Zusammenhang zwischen den $\boldsymbol{k}$-Vektoren und den Eigenwerten von $T_{\boldsymbol{R}}$ her. Derart auf die erste Brillouin-Zone beschränkte $\boldsymbol{k}$-Vektoren nennt man reduziert.

Zur näheren Bestimmung der Eigenfunktionen von $T_{\boldsymbol{R}}$ betrachten wir die folgende Funktion:

$$u_{\boldsymbol{k}}(\boldsymbol{r}) = \mathrm{e}^{-\mathrm{i}\boldsymbol{k}\boldsymbol{r}}\,\psi_{\boldsymbol{k}}(\boldsymbol{r}) \tag{2.25}$$

und bilden

$$u_{\boldsymbol{k}}(\boldsymbol{r}+\boldsymbol{R}) = \mathrm{e}^{-\mathrm{i}\boldsymbol{k}\boldsymbol{R}}\mathrm{e}^{-\mathrm{i}\boldsymbol{k}\boldsymbol{r}}\,\psi_{\boldsymbol{k}}(\boldsymbol{r}+\boldsymbol{R}).$$

Das Einsetzen von (2.24) ergibt

$$u_{\boldsymbol{k}}(\boldsymbol{r}+\boldsymbol{R}) = \mathrm{e}^{-\mathrm{i}\boldsymbol{k}\boldsymbol{r}}\,\psi_{\boldsymbol{k}}(\boldsymbol{r}) = u_{\boldsymbol{k}}(\boldsymbol{r}),$$

d. h., die betrachtete Funktion ist gitterperiodisch.

Damit wiederum folgt aus (2.25) für die Eigenfunktion $\psi_{\boldsymbol{k}}(\boldsymbol{r})$ des Translationsoperators

$$\psi_{\boldsymbol{k}}(\boldsymbol{r}) = u_{\boldsymbol{k}}(\boldsymbol{r})\mathrm{e}^{\mathrm{i}\boldsymbol{k}\boldsymbol{r}}, \qquad u_{\boldsymbol{k}}(\boldsymbol{r}+\boldsymbol{R}) = u_{\boldsymbol{k}}(\boldsymbol{r}). \tag{2.26}$$

Wir haben also gefunden: Eigenwerte und Eigenfunktionen des Translationsoperators $T_{\boldsymbol{R}}$ können durch einen Vektor aus der ersten Brillouin-Zone klassifiziert werden. Während die Eigenwerte durch $\mathrm{e}^{\mathrm{i}\boldsymbol{k}\boldsymbol{R}}$ gegeben sind, findet man die zu diesen Eigenwerten miteinander entarteten Eigenfunktionen, die sogenannten Bloch-Funktionen, als Produkt einer beliebigen gitterperiodischen Funktion $u_{\boldsymbol{k}}(\boldsymbol{r})$, des sogenannten Bloch-Faktors, mit der ebenen Welle $\mathrm{e}^{\mathrm{i}\boldsymbol{k}\boldsymbol{r}}$. Daraus folgt u. a., daß die für ebene Wellen angegebene formale Quantisierung (2.2) des Vektors $\boldsymbol{k}$ unverändert für den reduzierten Vektor $\boldsymbol{k}$ der Blochschen Wellen gilt.

Abschließend sei noch folgendes von Slater stammendes Lemma angemerkt: Es sei $F(\boldsymbol{k})$ eine im reziproken Raum gitterperiodische Funktion, $F(\boldsymbol{k}+\boldsymbol{K}) = F(\boldsymbol{k})$, dann gilt für Funktionen $\psi_{\boldsymbol{k}}(\boldsymbol{r})$ der Form (2.26)

$$F(\boldsymbol{k})\;\psi_{\boldsymbol{k}}(\boldsymbol{r}) = F(-\mathrm{i}\nabla_{\boldsymbol{r}})\;\psi_{\boldsymbol{k}}(\boldsymbol{r}). \tag{2.27}$$

Zum Beweis beachten wir, daß sich aus der Fourier-Zerlegung der Funktion

$$F(\boldsymbol{k}) = \sum_{\boldsymbol{R}} f(\boldsymbol{R})\,\mathrm{e}^{-\mathrm{i}\boldsymbol{R}\boldsymbol{k}}$$

ergibt:

$$F(-\mathrm{i}\nabla_{\boldsymbol{r}}) = \sum_{\boldsymbol{R}} f(\boldsymbol{R})\mathrm{e}^{-\boldsymbol{R}\nabla_{\boldsymbol{r}}} = \sum_{\boldsymbol{R}} f(\boldsymbol{R})\,T_{-\boldsymbol{R}}.$$

Also können wir schließen, daß gilt:

$$F(-\mathrm{i}\nabla_{\boldsymbol{r}})\psi_{\boldsymbol{k}}(\boldsymbol{r}) = \sum_{\boldsymbol{R}} f(\boldsymbol{R})\,\psi_{\boldsymbol{k}}(\boldsymbol{r}-\boldsymbol{R}) = \sum_{\boldsymbol{R}} f(\boldsymbol{R})\mathrm{e}^{-\mathrm{i}\boldsymbol{k}\boldsymbol{R}}\,\psi_{\boldsymbol{k}}(\boldsymbol{r}) = F(\boldsymbol{k})\;\psi_{\boldsymbol{k}}(\boldsymbol{r}).$$

2.4. Eigenwertproblem des Kristall-Hamilton-Operators

Wir wenden uns nun dem Problem zu, das Verhalten eines Elektrons zu studieren, das sich in einem vorgegebenen Potential $V_0(\boldsymbol{r})$ befindet, welches die den Operatoren P_a entsprechenden Symmetrien hat. Die dazugehörige Schrödinger-Gleichung lautet

$$H_0 \psi(\boldsymbol{r}) = \left(-\frac{\hbar^2}{2m} \Delta + V_0(\boldsymbol{r}) \right) \psi(\boldsymbol{r}) = E\psi \tag{2.28}$$

mit

$$[P_a, V_0] = 0. \tag{2.29}$$

Bei der Untersuchung der Lösungen dieser Gleichung gehen wir von der nach (2.29) gültigen Relation aus:

$$[T_{\boldsymbol{R}}, H_0] = 0. \tag{2.30}$$

Bekanntlich existiert als Folge von (2.30) ein vollständiges System simultaner Eigenfunktionen von $T_{\boldsymbol{R}}$ und H_0. Diese Eigenfunktionen müssen nach den oben gemachten Darlegungen notwendig die Form (2.26) haben. Durch dieses Vorgehen haben wir die durch die sicher vorhandene Entartung des Problems (2.28) gegebene Willkür bei der Wahl der Eigenfunktionen von H_0 dahingehend ausgenutzt, daß wir gerade die den Translationsoperatoren zugeordneten simultanen Eigenfunktionen von H_0 ausgesucht haben.

Die Eigenwerte von (2.28) werden danach ebenfalls durch reduzierte $\boldsymbol{k}$-Vektoren indiziert, d. h., die Energie wird eine Funktion von $\boldsymbol{k}$, also $E = E(\boldsymbol{k})$.

Setzen wir (2.26) in (2.28) ein, so ergibt sich folgende Eigenwertgleichung für den bis jetzt noch unbestimmten Bloch-Faktor $u_{\boldsymbol{k}}(\boldsymbol{r})$ und den zugehörigen Eigenwert $E(\boldsymbol{k})$:

$$H_0 u_{\boldsymbol{k}}(\boldsymbol{r}) - \mathrm{i}\frac{\hbar^2}{m}(\boldsymbol{k}, \nabla_r)\, u_{\boldsymbol{k}}(\boldsymbol{r}) + \frac{\hbar^2}{2m} k^2 u_{\boldsymbol{k}}(\boldsymbol{r}) = \mathrm{e}^{-\mathrm{i}\boldsymbol{k}\boldsymbol{r}} H_0 \mathrm{e}^{\mathrm{i}\boldsymbol{k}\boldsymbol{r}} u_{\boldsymbol{k}}(\boldsymbol{r}) = E(\boldsymbol{k}) u_{\boldsymbol{k}}(\boldsymbol{r}). \tag{2.31}$$

Die Lösungen dieser Gleichung seien unter Berücksichtigung der Periodizität (2.26) für $u_{\boldsymbol{k}}(\boldsymbol{r})$ durch den sie abzählenden „Bandindex ν" gemäß $u_{\boldsymbol{k}\nu}(\boldsymbol{r})$ bzw. $E_\nu(\boldsymbol{k})$ gekennzeichnet; ν durchläuft die Folge aller natürlichen Zahlen und sei so definiert, daß gilt:

$$E_\nu(\boldsymbol{k}) \leqq E_{\nu+1}(\boldsymbol{k}) \quad \text{für alle } \boldsymbol{k}. \tag{2.32}$$

Gilt das Gleichheitszeichen, so ist der zugehörige Eigenwert entartet.

Die Gesamtheit der Eigenwerte bei festem ν und bei Durchlaufen der ersten Brillouin-Zone durch den Wellenvektor $\boldsymbol{k}$ nennt man ein Energieband. Die graphische Darstellung der Energiebandstruktur geschieht nach Art der Abb. 12, indem man eine Richtung im $\boldsymbol{k}$-Raum betrachtet und längs dieser, vom Nullpunkt der Brillouin-Zone bis zur Grenze derselben fortschreitend, die Energie aufträgt. Die hier aufgezeichnete Struktur dreier Bänder bezüglich einer gewissen ξ-Richtung im $\boldsymbol{k}$-Raum zeigt zugleich jene zwei Fälle von Entartung des Problems (2.28), die man streng auseinanderhalten muß: Überlappung zwischen Band *1* und Band *2*, Bandentartung zwischen Band *2* und Band *3* bei $k_{\xi 1}$. In beiden Fällen haben wir zu einem Energieeigenwert (E' bzw. E'') mehr als eine linear unabhängige Eigenfunktion. Während aber im zweiten Fall (der Bandentartung) diese beiden Bloch-Funktionen nicht nur zur gleichen Energie, sondern auch zum gleichen $\boldsymbol{k}$ gehören, so daß auch jede Linearkombination aus diesen Funktionen Blochsche Eigenfunktion zu E'' ist, gilt das für den Fall der Überlappung nicht, da die beiden zugehörigen Eigenwerte des Translationsoperators hier verschieden sind.

Durch das beschriebene Vorgehen wird die Energiefunktion durch die unendlich vieldeutige Funktion $E_\nu(\boldsymbol{k})$ des reduzierten Wellenvektors $\boldsymbol{k}$ dargestellt (reduziertes Zonenschema). Es erweist sich jedoch manchmal als vorteilhaft, die Energie statt dessen als Funktion des über den ganzen reziproken Raum variierenden $\boldsymbol{k}$-Vektors darzustellen. Zu diesem Zweck ordnen wir den Wert $E_\nu(\boldsymbol{k})$

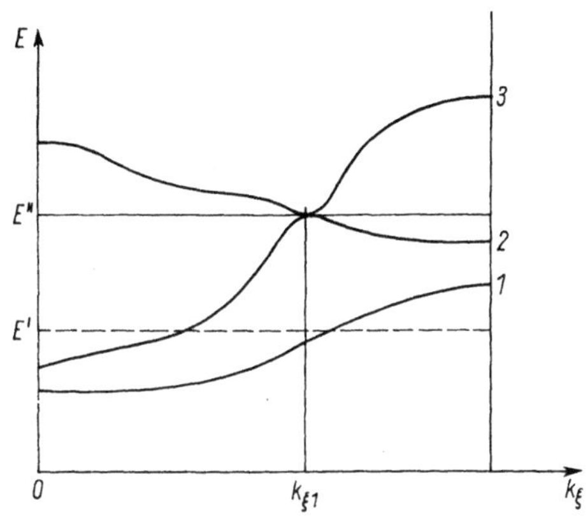

Abb. 12. Entartung und Überlappung

genau jenem dem reduzierten $\boldsymbol{k}$ äquivalenten Vektor im reziproken Raum zu, der in der ν-ten Brillouin-Zone liegt, so daß nur die Energien des tiefsten Energiebandes an ihrem Ort in der ersten Brillouin-Zone bleiben. Die Energiefunktion wird dann durch eine eindeutige Funktion des nichtreduzierten Wellenvektors $\bar{\boldsymbol{k}}$ dargestellt, d. h., es gilt $E = E(\bar{\boldsymbol{k}})$ (ausgebreitetes Zonenschema).

Indem wir den noch beliebigen Normierungsfaktor der Bloch-Funktion gleich $1/\sqrt{\Omega}$ wählen, können wir die Lösungsfunktionen des Problems (2.28) schließlich folgendermaßen angeben:

$$\psi_{\boldsymbol{k}\nu}(\boldsymbol{r}) = \frac{1}{\sqrt{\Omega}}\, u_{\boldsymbol{k}\nu}(\boldsymbol{r})\, \mathrm{e}^{\mathrm{i}\boldsymbol{k}\boldsymbol{r}}. \tag{2.33}$$

Die Orthonormierungsbedingung

$$\int_\Omega \psi^*_{\boldsymbol{k}'\nu'}(\boldsymbol{r})\psi_{\boldsymbol{k}\nu}(\boldsymbol{r})\, \mathrm{d}^3\boldsymbol{r} = \delta_{\boldsymbol{k}'\boldsymbol{k}}\delta_{\nu'\nu} \tag{2.34}$$

führt dann u. a. auf folgende Normierung des Bloch-Faktors:

$$\int_{\Omega_0} |u_{\boldsymbol{k}\nu}|^2\, \mathrm{d}^3\boldsymbol{r} = \Omega_0. \tag{2.35}$$

Während die Funktionen $u_{\boldsymbol{k}\nu}(\boldsymbol{r})$ durch das jeweils vorliegende Potential $V_0(\boldsymbol{r})$ bestimmt werden, ist unabhängig davon die Zustandsdichte im $\boldsymbol{k}$-Raum, wie bereits oben erwähnt wurde, stets gleich $\Omega/(2\pi)^3$. Die Berücksichtigung des Spins führt dann zu $\Omega/4\pi^3$ möglichen Zuständen eines Elektrons pro Band und pro Einheitsvolumen im $\boldsymbol{k}$-Raum.

Davon zu unterscheiden hat man die Zustandsdichte $N(E)$ bezüglich der Energie, die gleich der Anzahl der Zustände im Einheitsintervall der Energie ist. Wir erhalten den Zusammenhang zwischen $N(E)$ und $E(\boldsymbol{k})$ (für ein spezielles Band), wenn wir die zwei zu den Energiewerten E und $E + \mathrm{d}E$ gehörenden Flächen konstanter Energie (Energieflächen) betrachten. Wie man aus Abb. 13 ersieht, gilt

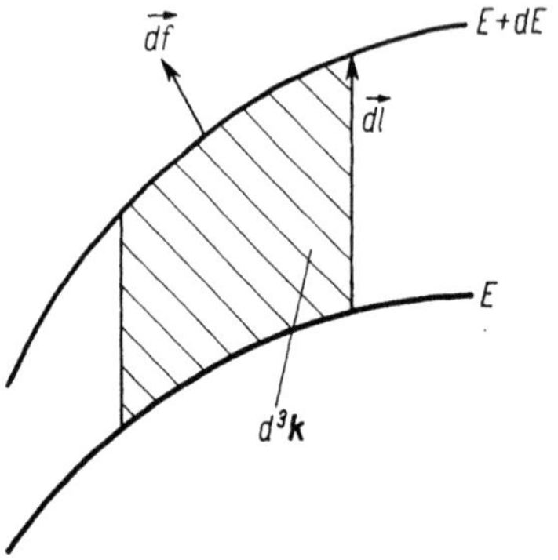

Abb. 13. Zu Gleichung (2.36)

$$\mathrm{d}^3\boldsymbol{k} = (\vec{\mathrm{d}f}, \vec{\mathrm{d}l}) = \frac{\mathrm{d}f}{|\nabla_{\boldsymbol{k}}E|}(\nabla_{\boldsymbol{k}}E, \vec{\mathrm{d}l}) = \frac{\mathrm{d}f\,\mathrm{d}E}{|\nabla_{\boldsymbol{k}}E|}. \tag{2.36}$$

Daraus ergibt sich sofort

$$N_\nu(E) = \frac{\Omega}{4\pi^3}\int_E \frac{\mathrm{d}f}{|\nabla_{\boldsymbol{k}}E_\nu(\boldsymbol{k})|}, \tag{2.37}$$

wobei über die Energiefläche E zu integrieren ist.

2.5. Symmetrien der Energiefunktionen $E_\nu(\mathbf{k})$

Wir gehen von der Frage aus, welche Symmetrien der Funktion $E_\nu(\boldsymbol{k})$ sich für festes ν aus der Invarianz des Kristallpotentials $V_0(\boldsymbol{r})$ gegen die Raumgruppenoperationen P_a ergeben.

Aus (2.19) folgt zunächst

$$\begin{aligned} T_{\boldsymbol{R}}(P_a\psi_{\boldsymbol{k}\nu}(\boldsymbol{r})) &= P_a T_{\alpha^{-1}\boldsymbol{R}}\psi_{\boldsymbol{k}\nu}(\boldsymbol{r}) = P_a\, \mathrm{e}^{\mathrm{i}(\boldsymbol{k},\alpha^{-1}\boldsymbol{R})}\psi_{\boldsymbol{k}\nu}(\boldsymbol{r}) \\ &= P_a \mathrm{e}^{\mathrm{i}(\alpha\boldsymbol{k},\boldsymbol{R})}\psi_{\boldsymbol{k}\nu}(\boldsymbol{r}) = \mathrm{e}^{\mathrm{i}(\alpha\boldsymbol{k},\boldsymbol{R})}(P_a\psi_{\boldsymbol{k}\nu}(\boldsymbol{r})). \end{aligned}$$

Schließt man Entartung für den Zustand $\psi_{\boldsymbol{k}\nu}(\boldsymbol{r})$ aus, so ergibt sich daraus

$$\psi_{\alpha\boldsymbol{k},\nu}(\boldsymbol{r}) = \lambda_a(\boldsymbol{k}\nu)P_a\psi_{\boldsymbol{k}\nu}(\boldsymbol{r}). \tag{2.38}$$

Wegen der Unitarität von P_a muß $\lambda_a(\boldsymbol{k}\nu)$ Phasenfaktor sein:

$$1 = \langle\psi_{\alpha\boldsymbol{k},\nu}|\psi_{\alpha\boldsymbol{k},\nu}\rangle = |\lambda_a(\boldsymbol{k}\nu)|^2\langle P_a\psi_{\boldsymbol{k}\nu}|P_a\psi_{\boldsymbol{k}\nu}\rangle = |\lambda_a(\boldsymbol{k}\nu)|^2. \tag{2.39}$$

Unter Verwendung von (2.28), (2.29), (2.38), (2.39) erhalten wir

$$E_\nu(\alpha\boldsymbol{k}) = \langle\psi_{\alpha\boldsymbol{k},\nu}|H_0\psi_{\alpha\boldsymbol{k},\nu}\rangle = \langle P_a\psi_{\boldsymbol{k}\nu}|P_aH_0\psi_{\boldsymbol{k}\nu}\rangle = \langle\psi_{\boldsymbol{k}\nu}|H_0\psi_{\boldsymbol{k}\nu}\rangle = E_\nu(\boldsymbol{k}). \tag{2.40}$$

Diese wichtige Beziehung besagt offenbar, daß die Energiefunktion $E_\nu(\boldsymbol{k})$ invariant ist gegen die reinen Drehungen α, die Elemente der sogenannten Punktgruppe des Kristalls, die selbst (bei gewissen Kristallen mit Basis) nicht unbedingt eine Untergruppe der Raumgruppe sein muß. So folgt nach (2.40) z. B. $E_\nu(-\boldsymbol{k}) = E_\nu(\boldsymbol{k})$ bereits, wenn $P^{-1}_{\{-\varepsilon|\boldsymbol{a}\}}$, aber nicht unbedingt $P^{-1}_{\{-\varepsilon|0\}} = I$, mit $V_0(\boldsymbol{r})$ vertauschbar ist. Die Energiefunktion hat demnach im $\boldsymbol{k}$-Raum mindestens ebenso viele Drehsymmetrien wie $V_0(\boldsymbol{r})$ im gewöhnlichen Raum.

Die Gesamtheit der aus einem Vektor $\boldsymbol{k}$ durch Anwendung aller α entstehenden Vektoren $\alpha\boldsymbol{k}$ nennt man den zu $\boldsymbol{k}$ gehörigen „Stern". Die Beziehung (2.40) besagt dann: In jedem Band ν kommt allen zu einem Stern gehörigen Bloch-Funktionen die gleiche Energie zu, d. h., sie sind miteinander entartet. Es sei betont, daß diese sogenannte Sternentartung nicht mit der obenerwähnten Bandentartung zu verwechseln ist, bei der die miteinander entarteten Eigenfunktionen zum gleichen $\boldsymbol{k}$ gehören.

Wie wir bereits bemerkten, folgt aus der Existenz des Raumgruppenelements $\{-\varepsilon|\boldsymbol{a}\}$ für die Energiefunktion die Symmetrie

$$E_\nu(-\boldsymbol{k}) = E_\nu(\boldsymbol{k}). \tag{2.41}$$

Es ist nun von außerordentlicher Bedeutung, daß sich diese Symmetrie bereits aus der Realität von H_0 ergibt. Um diesen Sachverhalt zu verstehen, definieren wir (für Systeme ohne Spinkopplung) den Zeitspiegelungsoperator K_0 durch die Beziehung

$$K_0 \Phi(\boldsymbol{r}) = \Phi^*(\boldsymbol{r}) \tag{2.42}$$

und merken die sofort ersichtlichen Relationen an:

$$K_0^2 = 1, \quad [K_0, H_0] = 0, \quad [P_{\boldsymbol{a}}, K_0] = 0. \tag{2.43}$$

Damit können wir bilden:

$$T_{\boldsymbol{R}}(K_0 \psi_{\boldsymbol{k}\nu}) = K_0 T_{\boldsymbol{R}} \psi_{\boldsymbol{k}\nu} = K_0\, \mathrm{e}^{\mathrm{i}\boldsymbol{k}\boldsymbol{R}} \psi_{\boldsymbol{k}\nu} = \mathrm{e}^{-\mathrm{i}\boldsymbol{k}\boldsymbol{R}}(K_0 \psi_{\boldsymbol{k}\nu}).$$

Nehmen wir wiederum an, $\psi_{\boldsymbol{k}\nu}(\boldsymbol{r})$ sei nicht entartet, so folgt notwendig

$$\psi_{-\boldsymbol{k},\nu} = \lambda_{K_0}(\boldsymbol{k}\nu)\, K_0 \psi_{\boldsymbol{k}\nu}. \tag{2.44}$$

Da mit Verwendung von (2.43)

$$\begin{aligned} \langle K_0^\dagger \varphi | \chi \rangle &= \langle \varphi | K_0 \chi \rangle = \int_\Omega \varphi^*(\boldsymbol{r}) \chi^*(\boldsymbol{r}) \mathrm{d}^3\boldsymbol{r} = \langle \chi | K_0 \varphi \rangle = \langle K_0 \varphi | \chi \rangle^* \\ &= \langle K_0^{-1} \varphi | \chi \rangle^* \end{aligned} \tag{2.45}$$

ist, bezeichnet man K_0 als einen antiunitären Operator. Dann muß aber $\lambda_{K_0}(\boldsymbol{k}\nu)$ Phasenfaktor sein:

$$\begin{aligned} 1 &= \langle \psi_{-\boldsymbol{k},\nu} | \psi_{-\boldsymbol{k},\nu} \rangle = |\lambda_{K_0}(\boldsymbol{k}\nu)|^2 \langle K_0 \psi_{\boldsymbol{k}\nu} | K_0 \psi_{\boldsymbol{k}\nu} \rangle = |\lambda_{K_0}(\boldsymbol{k}\nu)|^2 \langle \psi_{\boldsymbol{k}\nu} | \psi_{\boldsymbol{k}\nu} \rangle^* \\ &= |\lambda_{K_0}(\boldsymbol{k}\nu)|^2. \end{aligned} \tag{2.46}$$

Unter Verwendung von (2.44), (2.46), (2.43) und (2.45) erhalten wir

$$E_\nu(-\boldsymbol{k}) = \langle \psi_{-\boldsymbol{k},\nu} | H_0 \psi_{-\boldsymbol{k},\nu} \rangle = \langle K_0 \psi_{\boldsymbol{k}\nu} | K_0 H_0 \psi_{\boldsymbol{k}\nu} \rangle = \langle \psi_{\boldsymbol{k}\nu} | H_0 \psi_{\boldsymbol{k}\nu} \rangle^* = E_\nu(\boldsymbol{k}),$$

d. h., wir finden die Symmetrie (2.41). Durch Stetigkeitsbetrachtungen an den Funktionen $E_\nu(\boldsymbol{k})$ kann man sich, wie hier nicht näher ausgeführt werden soll, klar machen, daß an diesen Symmetrien auch Bandentartungen nichts ändern. Eine direkte Konsequenz der Relation (2.41) ist im Falle fehlender Entartung das Verschwinden der Ableitung von $E_\nu(\boldsymbol{k})$ bei $\boldsymbol{k} = 0$:

$$\nabla_{\boldsymbol{k}} E_\nu(\boldsymbol{k})|_{k=0} = 0. \tag{2.47}$$

Eine wichtige Anwendung von (2.40) betrifft das Verhalten von Flächen konstanter Energie eines Bandes in der Umgebung von Symmetrieebenen. Es sei also $V_0(\boldsymbol{r})$ invariant gegen die Spiegelung an einer gewissen Ebene mit der Normalen $\boldsymbol{n}$ im Kristall, dann gilt dasselbe auch für $E_\nu(\boldsymbol{k})$ im reziproken Raum. Auf die Verhältnisse der Abb. 14 übertragen, heißt das: $E_\nu(\boldsymbol{k}_A) = E_\nu(\boldsymbol{k}_B)$. Indem

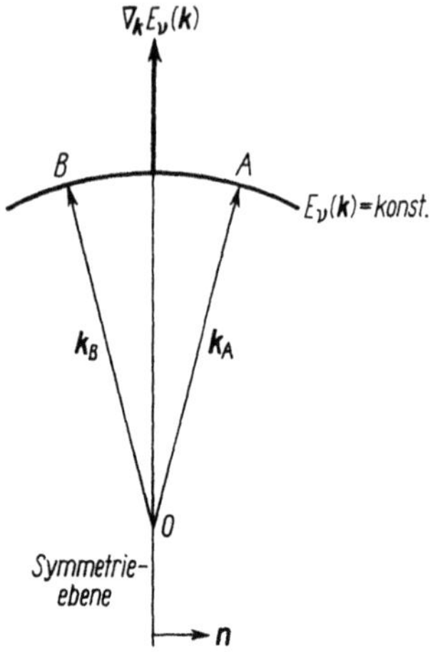

Abb. 14. Zu Gleichung (2.48)

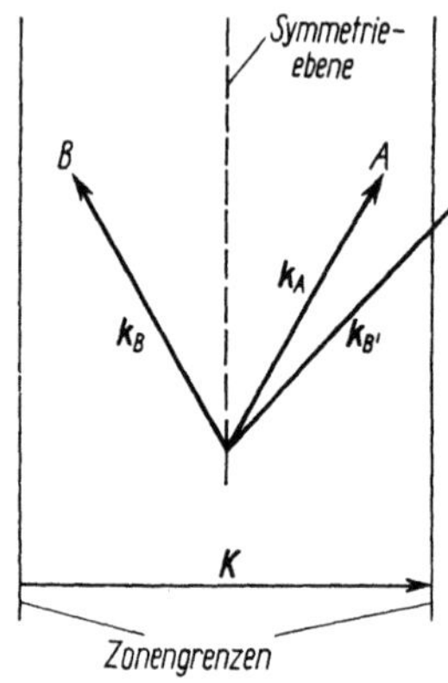

Abb. 15. Zur Spiegelsymmetrie im wiederholten Zonenschema

man A und B sich gleichmäßig der Symmetrieebene nähern läßt, sieht man, daß dort $\nabla_{\boldsymbol{k}} E_\nu(\boldsymbol{k}) \perp \boldsymbol{n}$ sein muß, d. h., es gilt an der Symmetrieebene

$$(\boldsymbol{n}, \nabla_{\boldsymbol{k}} E_\nu(\boldsymbol{k})) = 0. \tag{2.48}$$

Die Energieflächen werden also von den Symmetrieebenen orthogonal geschnitten.

Eine Modifikation dieser Aussage ist die folgende: Brillouinsche Zonengrenzen, die Symmetrieebenen parallel sind, werden von den Energieflächen eines Bandes orthogonal geschnitten. Den Beweis führt man zweckmäßig im sogenannten wiederholten Zonenschema, in welchem der ganze reziproke Raum von sich wiederholenden ersten Brillouin-Zonen ausgefüllt ist. In diesem Zonenschema gilt

$$\psi_{\boldsymbol{k}+\boldsymbol{K},\nu}(\boldsymbol{r}) = \psi_{\boldsymbol{k}\nu}(\boldsymbol{r}), \quad E_\nu(\boldsymbol{k}+\boldsymbol{K}) = E_\nu(\boldsymbol{k}). \tag{2.49}$$

Auf die Verhältnisse in Abb. 15 angewendet, ergibt sich

$$E_\nu(\boldsymbol{k}_B) = E_\nu(\boldsymbol{k}_B + \boldsymbol{K}) = E_\nu(\boldsymbol{k}_{B'}).$$

Wegen der vorausgesetzten Spiegelsymmetrie gilt außerdem

$$E_\nu(\boldsymbol{k}_B) = E_\nu(\boldsymbol{k}_A),$$

so daß man schlußfolgern kann: $E_\nu(\boldsymbol{k}_A) = E_\nu(\boldsymbol{k}_{B'})$. Läßt man jetzt A gegen die Zonengrenze streben, so gilt dieselbe Überlegung wie oben, so daß also die Flächen $E_\nu(\boldsymbol{k}) =$ konst. die betreffende Brillouinsche Grenze senkrecht treffen müssen.

Betrachten wir unter diesem Gesichtspunkt zunächst das kubisch-raumzentrierte Gitter. Seine durch (1.13) gegebenen Zonengrenzflächen sind als Orthogonalebenen zu den Flächendiagonalen des raumzentrierten Gitters Symmetrieebenen desselben, so daß $(\nabla_{\boldsymbol{k}} E_\nu(\boldsymbol{k}), \boldsymbol{n})$ auf der ganzen Oberfläche der Brillouin-Zone verschwindet.

Das ist beim kubisch-flächenzentrierten Gitter nicht der Fall. Dessen Brillouin-Zone wird u. a. durch jene acht Sechsecke (1.11) begrenzt, deren Normalen parallel zu den Raumdiagonalen im Kubus sind. Man sieht, daß diese Ebenen keine Symmetrieebenen des kubisch-flächenzentrierten Gitters sind. Dagegen trifft das für die Quadratflächen (1.12) der Brillouin-Zone selbstverständlich zu. Sie werden also überall von den sie treffenden Energieflächen orthogonal geschnitten. Es sei jedoch vermerkt, daß das auch bei den Hexagonalflächen wenigstens auf den Linien WW' in Abb. 16 der Fall ist. Da nämlich KK' Schnittlinie einer Symmetrieebene $(k_x = k_y)$ des flächenzentrierten Gitters mit der Hexagonalfläche ist, gilt $E_\nu(\boldsymbol{k}_A) = E_\nu(\boldsymbol{k}_{A'})$; wenn $\boldsymbol{n}$ die Normale zur Hexagonalfläche bezeichnet, gilt also auch $(\nabla_{\boldsymbol{k}} E_\nu(\boldsymbol{k}_A), \boldsymbol{n}) = (\nabla_{\boldsymbol{k}} E_\nu(\boldsymbol{k}_{A'}), \boldsymbol{n})$. Wegen der 120°-Drehsymmetrie um L ist der vorangehende Ausdruck auch gleich $(\nabla_{\boldsymbol{k}} E_\nu(\boldsymbol{k}_{A''}), \boldsymbol{n})$ und unter Verwendung von (2.41) findet man nach Spiegelung am Nullpunkt und Addition von $\boldsymbol{K}$

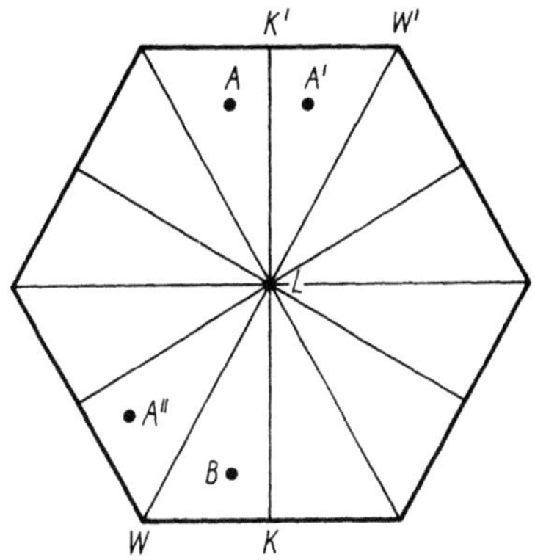

Abb. 16. Hexagonalfläche der Brillouin-Zone des kubisch-flächenzentrierten Gitters

$$\nabla_{\boldsymbol{k}} E_\nu(\boldsymbol{k}_{A'}) = -\nabla_{\boldsymbol{k}} E_\nu(\boldsymbol{k}_B).$$

Läßt man jetzt A'' und B gegen WW' rücken, so erkennt man die Richtigkeit der aufgestellten Behauptung.

2.6. Impulsmessung

Die Bloch-Funktionen sind als Eigenfunktionen eines ortsabhängigen Hamilton-Operators selbstverständlich keine Impulseigenfunktionen, so daß bei Impulsmessungen am Bloch-Elektron die Meßwerte streuen müssen. Die Wahrscheinlichkeit, einen gewissen Impuls $\hbar\boldsymbol{k}'$ bei der Messung im Zustand $\psi_{\boldsymbol{k}\nu}(\boldsymbol{r})$ zu finden, ist gegeben durch

$$\frac{1}{\Omega}\left|\int\limits_{\Omega} e^{-i\boldsymbol{k}'\boldsymbol{r}}\, \psi_{\boldsymbol{k}\nu}(\boldsymbol{r})\, d^3\boldsymbol{r}\right|^2. \tag{2.50}$$

Wir formen diesen Ausdruck etwas um, indem wir beachten, daß wegen der Gitterperiodizität des Bloch-Faktors dessen Fourier-Entwicklung folgendermaßen aussieht:

$$u_{\boldsymbol{k}\nu}(\boldsymbol{r}) = \sum_{\boldsymbol{K}} a_{\boldsymbol{k}\nu}(\boldsymbol{K})\, e^{i\boldsymbol{K}\boldsymbol{r}}. \tag{2.51}$$

Wenn wir (2.51) in (2.50) einsetzen, erhalten wir mit Verwendung von (2.5) für die Meßwahrscheinlichkeit des Impulses $\hbar\boldsymbol{k}'$

$$\begin{matrix} |a_{\boldsymbol{k}\nu}(\boldsymbol{K})|^2 & \multirow{2}{*}{für} & \boldsymbol{k}' = \boldsymbol{k} + \boldsymbol{K}, \\ 0 & & \boldsymbol{k}' \neq \boldsymbol{k} + \boldsymbol{K}. \end{matrix}$$

Danach kann man bei Impulsmessungen an einem Elektron im Zustand $\psi_{\boldsymbol{k}\nu}(\boldsymbol{r})$ überhaupt nur die Werte $\hbar(\boldsymbol{k} + \boldsymbol{K})$ finden, und zwar jeweils mit einer Wahrscheinlichkeit, die durch das Absolutquadrat des betreffenden Fourier-Koeffizienten des Bloch-Faktors gegeben ist. Der reduzierte Wellenvektor $\boldsymbol{k}$ bestimmt also durch $\hbar\boldsymbol{k}$ den minimal möglichen Impulsmeßwert im Zustand $\psi_{\boldsymbol{k}\nu}(\boldsymbol{r})$. Diese Aussagen sind selbstverständlich nichts anderes als ein Ausdruck der Tatsache, daß die Bloch-Welle $\psi_{\boldsymbol{k}\nu}(\boldsymbol{r})$ eine Superposition von ebenen Wellen mit den Wellenvektoren $\boldsymbol{k} + \boldsymbol{K}$ darstellt.

2.7. Luttinger-Kohn-Funktionen

Die Gesamtheit der Bloch-Funktionen (2.33) ist als das System der Eigenfunktionen des Hamilton-Operators H_0 in (2.28) ein vollständiges Funktionensystem, d. h., eine beliebige Funktion $\Phi(\boldsymbol{r})$ läßt sich nach ihnen entwickeln:

$$\Phi(\boldsymbol{r}) = \sum_{\boldsymbol{k}'\nu'} C_{\boldsymbol{k}'\nu'} u_{\boldsymbol{k}'\nu'}(\boldsymbol{r}) \, \mathrm{e}^{\mathrm{i}\boldsymbol{k}'\boldsymbol{r}}. \tag{2.52}$$

Indem wir speziell $\Phi(\boldsymbol{r}) = f(\boldsymbol{r})\mathrm{e}^{\mathrm{i}\boldsymbol{k}\boldsymbol{r}}$ wählen mit $f(\boldsymbol{r})$ als einer beliebigen gitterperiodischen Funktion, ergibt (2.52)

$$f(\boldsymbol{r}) \, \mathrm{e}^{\mathrm{i}\boldsymbol{k}\boldsymbol{r}} = \sum_{\boldsymbol{k}''\nu''} c_{\boldsymbol{k}''\nu''} u_{\boldsymbol{k}''\nu''}(\boldsymbol{r}) \, \mathrm{e}^{\mathrm{i}\boldsymbol{k}''\boldsymbol{r}}.$$

Da hier die linke Seite Eigenfunktion von $T_{\boldsymbol{R}}$ zum Eigenwert $\mathrm{e}^{\mathrm{i}\boldsymbol{k}\boldsymbol{R}}$ ist, muß dasselbe auch für die rechte Seite gelten, d. h., es muß $c_{\boldsymbol{k}''\nu''} = \tilde{c}_{\boldsymbol{k}''\nu''} \delta_{\boldsymbol{k}''\boldsymbol{k}}$ sein, woraus nach Division durch $\mathrm{e}^{\mathrm{i}\boldsymbol{k}\boldsymbol{r}}$ folgt:

$$f(\boldsymbol{r}) = \sum_{\nu''} \tilde{c}_{\boldsymbol{k}\nu''} u_{\boldsymbol{k}\nu''}(\boldsymbol{r}). \tag{2.53}$$

Die Beziehung (2.53) sagt offenbar aus, daß das System aller Bloch-Faktoren für ein beliebiges festes $\boldsymbol{k}$ ein in Ω_0 vollständiges Funktionensystem darstellt, denn $f(\boldsymbol{r})$ ist eine in Ω_0 beliebige Funktion. Die $\tilde{c}_{\boldsymbol{k}\nu''}$ berechnen sich mit Verwendung von (2.34) aus (2.53) zu

$$\tilde{c}_{\boldsymbol{k}\nu''} = \frac{1}{\Omega_0} \int_{\Omega_0} u^*_{\boldsymbol{k}\nu''}(\boldsymbol{r}') f(\boldsymbol{r}') \, \mathrm{d}^3\boldsymbol{r}'.$$

Setzen wir diesen Ausdruck wiederum in (2.53) ein, so erhalten wir

$$f(\boldsymbol{r}) = \frac{1}{\Omega_0} \int_{\Omega_0} \sum_{\nu''} u^*_{\boldsymbol{k}\nu''}(\boldsymbol{r}') \, u_{\boldsymbol{k}\nu''}(\boldsymbol{r}) f(\boldsymbol{r}') \, \mathrm{d}^3\boldsymbol{r}',$$

woraus die Vollständigkeitsrelation folgt:

$$\sum_{\nu} u^*_{\boldsymbol{k}\nu}(\boldsymbol{r}') \, u_{\boldsymbol{k}\nu}(\boldsymbol{r}) = \Omega_0 \, \delta(\boldsymbol{r}' - \boldsymbol{r}). \tag{2.54}$$

Setzen wir in (2.53) speziell $f(\boldsymbol{r}) = u_{\boldsymbol{k}'\nu'}(\boldsymbol{r}) = \sum_{\nu''} \tilde{c}_{\boldsymbol{k}\nu''}(\boldsymbol{k}'\,\nu') \, u_{\boldsymbol{k}\nu''}(\boldsymbol{r})$ und berücksichtigen (2.52), so erhalten wir

$$\Phi(\boldsymbol{r}) = \sum_{\boldsymbol{k}'\nu'\nu''} C_{\boldsymbol{k}'\nu'} \tilde{c}_{\boldsymbol{k}\nu''}(\boldsymbol{k}'\,\nu') \, u_{\boldsymbol{k}\nu''}(\boldsymbol{r}) \, \mathrm{e}^{\mathrm{i}\boldsymbol{k}'\boldsymbol{r}}.$$

Mit der Abkürzung

$$\sum_{\nu'} C_{\boldsymbol{k}'\nu'} \tilde{c}_{\boldsymbol{k}\nu''}(\boldsymbol{k}'\nu') = \frac{1}{\sqrt{\Omega}} b_{\boldsymbol{k};\boldsymbol{k}'\nu''}$$

gilt danach folgende Entwicklung der beliebigen Funktion $\Phi(\boldsymbol{r})$:

$$\Phi(\boldsymbol{r}) = \sum_{\boldsymbol{k}'\nu'} b_{\boldsymbol{k};\boldsymbol{k}'\nu'} \, \chi_{\boldsymbol{k};\boldsymbol{k}'\nu'}(\boldsymbol{r}). \tag{2.55}$$

Die sogenannten Luttinger-Kohn-Funktionen

$$\chi_{\boldsymbol{k};\boldsymbol{k}'\nu'}(\boldsymbol{r}) = \frac{1}{\sqrt{\Omega}} u_{\boldsymbol{k}\nu'}(\boldsymbol{r}) \, \mathrm{e}^{\mathrm{i}\boldsymbol{k}'\boldsymbol{r}} \tag{2.56}$$

sind danach ebenso wie die Bloch-Funktionen ein vollständiges Funktionensystem; dabei variiert $\boldsymbol{k}'$ über die erste Brillouin-Zone, ν' durchläuft die Folge aller natürlichen Zahlen, $\boldsymbol{k}$ bedeutet einen beliebigen festen reduzierten Wellenvektor. Nach (2.11) und (2.34) sind die $\chi_{\boldsymbol{k};\boldsymbol{k}'\nu'}(\boldsymbol{r})$ in Ω orthonormiert:

$$\int\limits_{\Omega} \chi^*_{\boldsymbol{k};\boldsymbol{k}'\nu'}(\boldsymbol{r}) \, \chi_{\boldsymbol{k};\boldsymbol{k}''\nu''}(\boldsymbol{r}) \, \mathrm{d}^3\boldsymbol{r} = \frac{1}{\Omega} \int\limits_{\Omega} \mathrm{e}^{\mathrm{i}(\boldsymbol{k}''-\boldsymbol{k}',\boldsymbol{r})} u^*_{\boldsymbol{k}\nu'}(\boldsymbol{r}) \, u_{\boldsymbol{k}\nu''}(\boldsymbol{r}) \, \mathrm{d}^3\boldsymbol{r} = \delta_{\boldsymbol{k}'\boldsymbol{k}''} \delta_{\nu'\nu''}. \tag{2.57}$$

2.8. Analytizität der Energiefunktionen $E_\nu(\mathrm{k})$

Im folgenden wollen wir uns mit der Frage der Existenz und der physikalischen Bedeutung der Differentialquotienten von $E_\nu(\boldsymbol{k})$ bezüglich $\boldsymbol{k}$ bei festem ν beschäftigen. Zu diesem Zweck bilden wir den Luttinger-Kohn-Darsteller des Kristall-Hamilton-Operators H_0, indem wir zunächst

$$\chi_{\boldsymbol{k};\boldsymbol{k}'\nu'}(\boldsymbol{r}) = \chi_{\boldsymbol{k};\boldsymbol{k}+\boldsymbol{\varkappa},\nu'}(\boldsymbol{r}) = \mathrm{e}^{\mathrm{i}\boldsymbol{\varkappa}\boldsymbol{r}} \, \psi_{\boldsymbol{k}\nu'}(\boldsymbol{r}) \tag{2.58}$$

setzen und damit

$$\int\limits_{\Omega} \mathrm{e}^{-\mathrm{i}\boldsymbol{\varkappa}\boldsymbol{r}} \, \psi^*_{\boldsymbol{k}\nu}(\boldsymbol{r}) \, H_0 \, \mathrm{e}^{\mathrm{i}\boldsymbol{\varkappa}\boldsymbol{r}} \, \psi_{\boldsymbol{k}\nu''}(\boldsymbol{r}) \, \mathrm{d}^3\boldsymbol{r} = \left\{ \left(E_{\nu''}(\boldsymbol{k}) + \frac{\hbar^2\varkappa^2}{2m} \right) \delta_{\nu\nu''} + \frac{\hbar}{m} (\boldsymbol{\varkappa}, \boldsymbol{p}_{\nu\nu'',\boldsymbol{k}}) \right\}$$
$$= H_{\nu\nu'',\boldsymbol{k}}(\boldsymbol{\varkappa}) \tag{2.59}$$

finden. Dabei bedeutet

$$\boldsymbol{p}_{\nu\nu'',\boldsymbol{k}} = \int\limits_{\Omega} \psi^*_{\boldsymbol{k}\nu}(\boldsymbol{r}) \, \boldsymbol{p} \, \psi_{\boldsymbol{k}\nu''}(\boldsymbol{r}) \, \mathrm{d}^3\boldsymbol{r}$$

den Bloch-Darsteller des Impulses.

Aus der Vollständigkeit der Luttinger-Kohn-Funktionen folgt nun die Existenz eines unitären Operators U derart, daß

$$\psi_{\boldsymbol{k}+\boldsymbol{\varkappa},\nu}(\boldsymbol{r}) = \sum_{\nu'} U_{\nu'\nu,\boldsymbol{k}}(\boldsymbol{\varkappa}) \, \chi_{\boldsymbol{k};\boldsymbol{k}+\boldsymbol{\varkappa},\nu'}(\boldsymbol{r}) \tag{2.60}$$

gilt. Damit können wir bilden:

$$E_{\nu'}(\boldsymbol{k}+\boldsymbol{\varkappa}) \, \delta_{\mu\nu'} = \langle \psi_{\boldsymbol{k}+\boldsymbol{\varkappa},\mu} | H_0 \, \psi_{\boldsymbol{k}+\boldsymbol{\varkappa},\nu'} \rangle = \sum_{\lambda\nu''} U^*_{\lambda\mu,\boldsymbol{k}}(\boldsymbol{\varkappa}) \, U_{\nu''\nu',\boldsymbol{k}}(\boldsymbol{\varkappa}) \, H_{\lambda\nu'',\boldsymbol{k}}(\boldsymbol{\varkappa}).$$

Wir multiplizieren diese Gleichung mit $U_{\nu\mu,\boldsymbol{k}}(\boldsymbol{\varkappa})$ und summieren über μ; das ergibt, wenn man $U^*_{\lambda\mu} = (U^{-1})_{\mu\lambda}$ beachtet,

$$E_{\nu'}(\boldsymbol{k}+\boldsymbol{\varkappa})\,U_{\nu\nu',\boldsymbol{k}}(\boldsymbol{\varkappa}) = \sum_{\nu''} H_{\nu\nu'',\boldsymbol{k}}(\boldsymbol{\varkappa})\,U_{\nu''\nu',\boldsymbol{k}}(\boldsymbol{\varkappa}). \tag{2.61}$$

Indem wir (2.59) in (2.61) einsetzen, erhalten wir

$$\left\{E_{\nu'}(\boldsymbol{k}+\boldsymbol{\varkappa}) - E_{\nu}(\boldsymbol{k}) - \frac{\hbar^2\varkappa^2}{2m}\right\} U_{\nu\nu',\boldsymbol{k}}(\boldsymbol{\varkappa}) = \frac{\hbar}{m}\sum_{\nu''}(\boldsymbol{\varkappa},\boldsymbol{p}_{\nu\nu'',\boldsymbol{k}})\,U_{\nu''\nu',\boldsymbol{k}}(\boldsymbol{\varkappa}). \tag{2.62}$$

Davon bilden wir das Absolutquadrat und summieren über ν'. Das ergibt, wenn wir nochmals die Unitarität von $U_{\nu'\nu,\boldsymbol{k}}(\boldsymbol{\varkappa})$ beachten,

$$\begin{aligned}
&\sum_{\nu'}\left\{E_{\nu'}(\boldsymbol{k}+\boldsymbol{\varkappa}) - E_{\nu}(\boldsymbol{k}) - \frac{\hbar^2\varkappa^2}{2m}\right\}^2 |U_{\nu\nu',\boldsymbol{k}}(\boldsymbol{\varkappa})|^2 \\
&= \frac{\hbar^2}{m^2}\sum_{\nu''\mu}(\boldsymbol{\varkappa},\boldsymbol{p}_{\nu\nu'',\boldsymbol{k}})(\boldsymbol{\varkappa},\boldsymbol{p}^*_{\nu\mu,\boldsymbol{k}})\sum_{\nu'} U_{\nu''\nu'}U^*_{\mu\nu'} \qquad (2.63)\\
&= \frac{\hbar^2}{m^2}\sum_{\nu''}(\boldsymbol{\varkappa},\boldsymbol{p}_{\nu\nu'',\boldsymbol{k}})(\boldsymbol{\varkappa},\boldsymbol{p}_{\nu''\nu,\boldsymbol{k}}) = \frac{\hbar^2}{m^2}\langle(\boldsymbol{\varkappa},\boldsymbol{p})^2\rangle_{\boldsymbol{k}\nu} \leqq \frac{\hbar^2}{m^2}\varkappa^2\langle \boldsymbol{p}^2\rangle_{\boldsymbol{k}\nu}.
\end{aligned}$$

Aus (2.63) ergibt sich nun sofort die Stetigkeit der Bloch-Energie $E_\nu(\boldsymbol{k})$, vorausgesetzt der Zustand $\psi_{\boldsymbol{k}\nu}(\boldsymbol{r})$ ist nicht entartet. Dazu läßt man $\varkappa \to 0$ streben und beachtet, daß wegen $\sum_{\nu'}|U_{\nu\nu',\boldsymbol{k}}(\boldsymbol{\varkappa})|^2 = 1$ nicht alle $U_{\nu\nu',\boldsymbol{k}}(\boldsymbol{\varkappa})$ verschwinden können. Für mindestens ein ν' — und im betrachteten Fall fehlender Entartung für genau ein ν' — muß deshalb $E_{\nu'}(\boldsymbol{k}+\boldsymbol{\varkappa}) \to E_\nu(\boldsymbol{k})$ streben. Offensichtlich haben wir dieses spezielle ν' mit ν zu identifizieren, womit die Stetigkeit von $E_\nu(\boldsymbol{k})$ bewiesen ist.

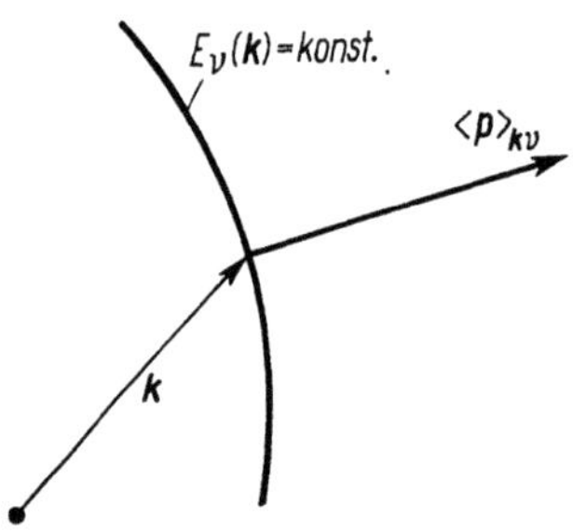

Abb. 17. Energiefläche und Impulserwartungswert

Setzen wir in (2.62) $\nu' = \nu$ und lassen $\varkappa \to 0$ streben, so finden wir unter Benutzung von $|U_{\nu\nu,\boldsymbol{k}}(\boldsymbol{\varkappa})| \to 1$ und $U_{\nu\nu',\boldsymbol{k}}(\boldsymbol{\varkappa}) \sim \varkappa$, daß

$$\lim_{\varkappa\to 0}\frac{E_\nu(\boldsymbol{k}+\boldsymbol{\varkappa}) - E_\nu(\boldsymbol{k})}{\varkappa} = \frac{\hbar}{m}\frac{\boldsymbol{\varkappa}}{\varkappa}\langle\boldsymbol{p}\rangle_{\boldsymbol{k}\nu}$$

oder

$$\langle\boldsymbol{p}\rangle_{\boldsymbol{k}\nu} = \frac{m}{\hbar}\nabla_{\boldsymbol{k}}E_\nu(\boldsymbol{k}) \tag{2.64}$$

ist.

Dieses außerordentlich wichtige Resultat besagt, daß zur Berechnung des Impulserwartungswertes eines Bloch-Elektrons die Kenntnis der Energiefunktion $E_\nu(\boldsymbol{k})$ ausreicht und daß der besagte Erwartungswert die Richtung der Normalen der betreffenden Energiefläche hat, also nur für kugelförmige Energieflächen dem Ausbreitungsvektor $\boldsymbol{k}$ parallel ist (Abb. 17).

Zur Untersuchung der zweiten Ableitungen der Energiefunktionen bilden wir mit Verwendung von (2.57), (2.58) und (2.60)

$$\langle\boldsymbol{p}\rangle_{\boldsymbol{k}+\boldsymbol{\varkappa},\nu} = \sum_{\nu'\nu''}U^*_{\nu'\nu,\boldsymbol{k}}(\boldsymbol{\varkappa})\,U_{\nu''\nu,\boldsymbol{k}}(\boldsymbol{\varkappa})\,\boldsymbol{p}_{\nu'\nu'',\boldsymbol{k}} + \hbar\boldsymbol{\varkappa}$$

und erhalten daraus wiederum bis auf Terme, die zu $\varkappa$ proportional sind,

$$\frac{\hbar}{m}\frac{\langle \boldsymbol{p}\rangle_{\boldsymbol{k}+\varkappa,\nu}-\langle \boldsymbol{p}\rangle_{\boldsymbol{k}\nu}}{\varkappa}=\frac{\hbar^2}{m}\frac{\varkappa}{\varkappa}+\frac{\hbar}{m}\frac{\sum\limits_{\nu'\nu''} U^*_{\nu'\nu,\boldsymbol{k}}(\varkappa)\,U_{\nu''\nu,\boldsymbol{k}}(\varkappa)\,\boldsymbol{p}_{\nu'\nu'',\boldsymbol{k}}-\langle \boldsymbol{p}\rangle_{\boldsymbol{k}\nu}}{\varkappa}$$

$$=\frac{\hbar^2}{m}\frac{\varkappa}{\varkappa}+\frac{\hbar}{m}\frac{U^*_{\nu\nu,\boldsymbol{k}}(\varkappa)\sum\limits_{\nu'}{}' U_{\nu'\nu,\boldsymbol{k}}(\varkappa)\,\boldsymbol{p}_{\nu\nu',\boldsymbol{k}}+U_{\nu\nu,\boldsymbol{k}}(\varkappa)\sum\limits_{\nu'}{}' U^*_{\nu'\nu,\boldsymbol{k}}(\varkappa)\,\boldsymbol{p}_{\nu'\nu,\boldsymbol{k}}}{\varkappa}$$

$$+\frac{\hbar}{m}\frac{|U_{\nu\nu,\boldsymbol{k}}(\varkappa)|^2-1}{\varkappa}\langle \boldsymbol{p}\rangle_{\boldsymbol{k}\nu}. \tag{2.65}$$

Um diese Beziehung weiter umzuformen, greifen wir auf (2.62) zurück, setzen $\nu' \neq \nu$ und finden für $\varkappa \to 0$

$$\frac{U_{\nu'\nu,\boldsymbol{k}}(\varkappa)}{\varkappa}=\frac{\hbar}{m}\frac{\varkappa}{\varkappa}\,\frac{\boldsymbol{p}_{\nu'\nu,\boldsymbol{k}}U_{\nu\nu,\boldsymbol{k}}(\varkappa)}{E_\nu(\boldsymbol{k})-E_{\nu'}(\boldsymbol{k})}.$$

Setzen wir das in (2.65) ein und beachten, daß $|U_{\nu\nu,\boldsymbol{k}}(\varkappa)|^2-1=-\sum\limits_{\nu'}{}'|U_{\nu\nu',\boldsymbol{k}}(\varkappa)|^2 \sim \varkappa^2$ ist, so ergibt sich beim Grenzübergang für verschwindendes $\varkappa$, wenn wir noch (2.64) berücksichtigen,

$$\nabla_{\boldsymbol{k}}\nabla_{\boldsymbol{k}}E_\nu(\boldsymbol{k})=\frac{\hbar^2}{m}\hat{1}+\frac{\hbar^2}{m^2}\sum_{\nu'}{}'\frac{\boldsymbol{p}_{\nu'\nu,\boldsymbol{k}}\boldsymbol{p}_{\nu\nu',\boldsymbol{k}}+\boldsymbol{p}_{\nu\nu',\boldsymbol{k}}\boldsymbol{p}_{\nu'\nu,\boldsymbol{k}}}{E_\nu(\boldsymbol{k})-E_{\nu'}(\boldsymbol{k})}, \tag{2.66}$$

wobei $\hat{1}$ den Einheitstensor bedeutet.

Formel (2.66) stellt den für viele Anwendungen wesentlichen Summensatz der sogenannten Oszillatorstärken

$$\hat{f}_{\nu'\nu,\boldsymbol{k}}=\frac{1}{m}\frac{\boldsymbol{p}_{\nu'\nu,\boldsymbol{k}}\boldsymbol{p}_{\nu\nu',\boldsymbol{k}}+\boldsymbol{p}_{\nu\nu',\boldsymbol{k}}\boldsymbol{p}_{\nu'\nu,\boldsymbol{k}}}{E_{\nu'}(\boldsymbol{k})-E_\nu(\boldsymbol{k})}\qquad(\nu'\neq\nu) \tag{2.67}$$

dar, die besonders in der Theorie der optischen Elektronenprozesse in Metallen von großer Bedeutung sind.

Durch Einführung des sogenannten „Effektivmassen-Tensors“

$$\frac{1}{m^*_\nu(\boldsymbol{k})}=\frac{1}{\hbar^2}\nabla_{\boldsymbol{k}}\nabla_{\boldsymbol{k}}E_\nu(\boldsymbol{k}) \tag{2.68}$$

können wir den Summensatz (2.66) auch in folgender Weise schreiben:

$$\sum_{\nu'}{}'\hat{f}_{\nu'\nu,\boldsymbol{k}}=\hat{1}-\frac{m}{m^*_\nu(\boldsymbol{k})}. \tag{2.69}$$

An (2.66) anknüpfend, kann man nun die Existenz des dritten und aller höheren Differentialquotienten von $E_\nu(\boldsymbol{k})$ nach $\boldsymbol{k}$ zeigen und damit die Eigenschaft der Analytizität beweisen. Da jedoch in der Theorie diese höheren Ableitungen keine besondere Bedeutung haben, können wir uns mit der hier durchgeführten Ableitung der Relationen (2.64) und (2.66) begnügen.

2.9. Wannier-Funktionen

Zu einem weiteren sich aus den Blochschen Funktionen ergebenden, häufig mit Nutzen anwendbaren Funktionensystem gelangt man, indem man über alle $\psi_{\boldsymbol{k}\nu}(\boldsymbol{r})$ eines Bandes summiert:

$$\frac{1}{G^{3/2}} \sum_{\boldsymbol{k}} \psi_{\boldsymbol{k}\nu}(\boldsymbol{r}) = a_\nu(\boldsymbol{r}). \tag{2.70}$$

Wenden wir darauf $T_{\boldsymbol{R}}^{-1}$ an, so finden wir

$$a_\nu(\boldsymbol{r} - \boldsymbol{R}) = \frac{1}{G^{3/2}} \sum_{\boldsymbol{k}} \mathrm{e}^{-\mathrm{i}\boldsymbol{k}\boldsymbol{R}} \psi_{\boldsymbol{k}\nu}(\boldsymbol{r}), \tag{2.71}$$

die sogenannte Wannier-Funktion zum Gitterpunkt $\boldsymbol{R}$ und zum Band ν.

Zur Darstellung der Bloch-Funktionen eines Bandes durch die entsprechenden Wannier-Funktionen multiplizieren wir (2.71) mit $\mathrm{e}^{\mathrm{i}\boldsymbol{k}'\boldsymbol{R}}$ und summieren über alle Gitterpunkte:

$$\sum_{\boldsymbol{R}} \mathrm{e}^{\mathrm{i}\boldsymbol{k}'\boldsymbol{R}} a_\nu(\boldsymbol{r} - \boldsymbol{R}) = \frac{1}{G^{3/2}} \sum_{\boldsymbol{k}} \psi_{\boldsymbol{k}\nu}(\boldsymbol{r}) \sum_{\boldsymbol{R}} \mathrm{e}^{\mathrm{i}(\boldsymbol{k}' - \boldsymbol{k}, \boldsymbol{R})} = G^{3/2} \sum_{\boldsymbol{k}} \delta_{\boldsymbol{k}\boldsymbol{k}'} \psi_{\boldsymbol{k}\nu}(\boldsymbol{r}),$$

wobei wir (2.12) benutzt haben. Es gilt also

$$\psi_{\boldsymbol{k}\nu}(\boldsymbol{r}) = \frac{1}{G^{3/2}} \sum_{\boldsymbol{R}} \mathrm{e}^{\mathrm{i}\boldsymbol{k}\boldsymbol{R}} a_\nu(\boldsymbol{r} - \boldsymbol{R}). \tag{2.72}$$

Zur Untersuchung der Orthonormierungseigenschaften der Wannier-Funktionen betrachten wir unter Beachtung von (2.71) und (2.8)

$$\int_\Omega a_{\nu'}^*(\boldsymbol{r} - \boldsymbol{R}')\, a_\nu(\boldsymbol{r} - \boldsymbol{R})\, \mathrm{d}^3\boldsymbol{r} = \frac{1}{G^3} \sum_{\boldsymbol{k}\boldsymbol{k}'} \mathrm{e}^{\mathrm{i}(\boldsymbol{k}'\boldsymbol{R}' - \boldsymbol{k}\boldsymbol{R})} \int_\Omega \psi_{\boldsymbol{k}'\nu'}^*(\boldsymbol{r})\, \psi_{\boldsymbol{k}\nu}(\boldsymbol{r})\, \mathrm{d}^3\boldsymbol{r}$$

$$= \frac{1}{G^3} \sum_{\boldsymbol{k}\boldsymbol{k}'} \mathrm{e}^{\mathrm{i}(\boldsymbol{k}'\boldsymbol{R}' - \boldsymbol{k}\boldsymbol{R})} \delta_{\boldsymbol{k}'\boldsymbol{k}} \delta_{\nu'\nu} = \delta_{\boldsymbol{R}'\boldsymbol{R}} \delta_{\nu'\nu}. \tag{2.73}$$

Die Wannier-Funktionen sind also bezüglich der sie bestimmenden Indizes ν und $\boldsymbol{R}$ in Ω orthonormal.

Zu einer interessanten Relation gelangen wir, wenn wir auf der rechten Seite der Schrödinger-Gleichung die Beziehung (2.72) einführen und dann über $\boldsymbol{k}$ summieren. Mit Verwendung von (2.70) erhalten wir dann

$$H_0 a_\nu(\boldsymbol{r}) = \frac{1}{G^3} \sum_{\boldsymbol{R}\boldsymbol{k}} E_\nu(\boldsymbol{k})\, \mathrm{e}^{\mathrm{i}\boldsymbol{k}\boldsymbol{R}} a_\nu(\boldsymbol{r} - \boldsymbol{R}). \tag{2.74}$$

Um die $\boldsymbol{k}$-Summation durchführen zu können, erinnern wir uns der Periodizität (2.49) der Eigenwerte $E_\nu(\boldsymbol{k})$ im $\boldsymbol{k}$-Raum. Dann können wir folgendermaßen entwickeln:

$$E_\nu(\boldsymbol{k}) = \sum_{\boldsymbol{R}'} \varepsilon_\nu(\boldsymbol{R}')\, \mathrm{e}^{-\mathrm{i}\boldsymbol{k}\boldsymbol{R}'}. \tag{2.75}$$

Damit läßt sich unter Benutzung von (2.8) die $\boldsymbol{k}$-Summation in (2.74) ausführen:

$$H_0 a_\nu(\boldsymbol{r}) = \sum_{\boldsymbol{R}} \varepsilon_\nu(\boldsymbol{R})\, a_\nu(\boldsymbol{r}-\boldsymbol{R}). \tag{2.76}$$

Mit Hilfe von (2.73) erhalten wir hieraus sofort das Matrixelement von H_0, gebildet mit Wannier-Funktionen:

$$\int_\Omega a^*_{\nu'}(\boldsymbol{r}-\boldsymbol{R}')\, H_0 a_\nu(\boldsymbol{r})\,\mathrm{d}^3\boldsymbol{r} = \delta_{\nu'\nu}\,\varepsilon_\nu(\boldsymbol{R}'), \tag{2.77}$$

das sich identisch erweist mit dem Fourier-Koeffizienten der Energiefunktion.

Da die Bloch-Funktionen nur bis auf einen Phasenfaktor festgelegt sind, so ist nach (2.70) die Definition der Wannier-Funktionen mit einer gewissen Willkür behaftet. Durch sehr komplizierte Betrachtungen kann man zeigen, daß bei fehlender Bandentartung eine solche Phasenwahl der Bloch-Funktionen möglich ist, daß die zugeordneten Wannier-Funktionen $a_\nu(\boldsymbol{r}-\boldsymbol{R})$ exponentiell von $\boldsymbol{r}=\boldsymbol{R}$ nach außen abfallen. Diese Bemerkung ist für die praktische Anwendbarkeit der Wannier-Funktionen von entscheidender Bedeutung.

2.10. Phasen der Bloch-Funktionen

Wie alle quantenmechanischen Wellenfunktionen sind auch die Bloch-Funktionen $\psi_{\boldsymbol{k}\nu}(\boldsymbol{r})$ nur bis auf einen willkürlichen Phasenfaktor festgelegt. Schreiben wir ihn in der Form $\mathrm{e}^{\mathrm{i}f(\boldsymbol{k}\nu)}$ mit $f^*(\boldsymbol{k}\nu) = f(\boldsymbol{k}\nu)$, so bedeutet das: Mit $\psi_{\boldsymbol{k}\nu}(\boldsymbol{r})$ ist auch

$$\psi'_{\boldsymbol{k}\nu}(\boldsymbol{r}) = \mathrm{e}^{\mathrm{i}f(\boldsymbol{k}\nu)}\,\psi_{\boldsymbol{k}\nu}(\boldsymbol{r}) \tag{2.78}$$

Lösung der die Bloch-Funktionen definierenden Gleichungen

$$\begin{aligned} H_0\,\psi_{\boldsymbol{k}\nu} &= E_\nu(\boldsymbol{k})\,\psi_{\boldsymbol{k}\nu}, \\ T_{\boldsymbol{R}}\,\psi_{\boldsymbol{k}\nu} &= \mathrm{e}^{\mathrm{i}\boldsymbol{k}\boldsymbol{R}}\,\psi_{\boldsymbol{k}\nu}. \end{aligned} \tag{2.79}$$

Wir wollen im folgenden untersuchen, welche Freiheiten uns durch die beliebige reelle Funktion $f(\boldsymbol{k}\nu)$ bei der Herstellung eines Zusammenhangs zwischen der Bloch-Funktion $\psi_{\boldsymbol{k}\nu}(\boldsymbol{r})$ und den Funktionen $\psi^*_{\boldsymbol{k}\nu}(\boldsymbol{r})$, $\psi_{-\boldsymbol{k},\nu}(\boldsymbol{r})$ und $\psi_{\boldsymbol{k}\nu}(-\boldsymbol{r})$ gegeben sind. Wir gehen zu diesem Zweck von den Gleichungen (2.38) und (2.44) aus und nehmen an, I sei Element der Raumgruppe; dann können wir schreiben:

$$\psi_{-\boldsymbol{k},\nu}(\boldsymbol{r}) = \lambda_I(\boldsymbol{k}\nu)\, I\psi_{\boldsymbol{k}\nu}(\boldsymbol{r}) = \lambda_{K_0}(\boldsymbol{k}\nu)\, K_0\psi_{\boldsymbol{k}\nu}(\boldsymbol{r}). \tag{2.80}$$

Mit Verwendung von (2.39) und (2.46) folgt daraus für die Phasenfaktoren

$$\lambda_I(\boldsymbol{k}\nu) = \langle I\psi_{\boldsymbol{k}\nu} | \psi_{-\boldsymbol{k},\nu}\rangle \tag{2.81}$$

und

$$\lambda_{K_0}(\boldsymbol{k}\nu) = \langle K_0\psi_{\boldsymbol{k}\nu} | \psi_{-\boldsymbol{k},\nu}\rangle, \tag{2.82}$$

woraus wiederum die folgenden Beziehungen abzulesen sind:

$$\lambda_I(-\boldsymbol{k},\nu) = \langle I\psi_{-\boldsymbol{k},\nu} | \psi_{\boldsymbol{k}\nu}\rangle = \langle \psi_{-\boldsymbol{k},\nu} | I\psi_{\boldsymbol{k}\nu}\rangle = \lambda_I^*(\boldsymbol{k}\nu) \tag{2.83}$$

sowie

$$\lambda_{K_0}(-\boldsymbol{k},\nu) = \langle K_0\psi_{-\boldsymbol{k},\nu} | \psi_{\boldsymbol{k}\nu}\rangle = \langle K_0\psi_{\boldsymbol{k}\nu} | \psi_{-\boldsymbol{k},\nu}\rangle = \lambda_{K_0}(\boldsymbol{k}\nu). \tag{2.84}$$

Gehen wir jetzt nach (2.78) zu den $\psi'_{\boldsymbol{k}\nu}(\boldsymbol{r})$ über, so werden die diesen zugeordneten Funktionen $\lambda'_I(\boldsymbol{k}\nu)$ und $\lambda'_{K_0}(\boldsymbol{k}\nu)$ nach (2.81) und (2.82) gegeben durch

$$\lambda'_{\substack{I\\K_0}}(\boldsymbol{k}\nu) = \mathrm{e}^{\mathrm{i}[f(-\boldsymbol{k},\nu) \mp f(\boldsymbol{k}\nu)]}\, \lambda_{\substack{I\\K_0}}(\boldsymbol{k}\nu). \tag{2.85}$$

Aus (2.83) und (2.85) ersehen wir, daß für den Phasenfaktor $\lambda_I(\boldsymbol{k}\nu)$ bei $\boldsymbol{k} = 0$ allgemein

$$\lambda'_I(0,\nu) = \lambda^I(0,\nu) = \pm 1 \tag{2.86}$$

gilt.

Die Formel (2.85) zeigt, wie man durch geeignete Wahl der Funktion $f(\boldsymbol{k}\nu)$ bei vorliegenden Phasen $\lambda_{\substack{I\\K_0}}(\boldsymbol{k}\nu)$ zu beliebigen neuen Phasen $\lambda'_{\substack{I\\K_0}}(\boldsymbol{k}\nu)$ übergehen kann. Wir betrachten im folgenden einige wichtige Beispiele.

Für das uns interessierende Band sei $\lambda_I(0,\nu) = +1$. Eine besonders einfache Wahl der Phasenfaktoren ist dann die folgende:

$$\lambda_I(\boldsymbol{k}\nu) = \lambda_{K_0}(\boldsymbol{k}\nu) = +1,$$

woraus nach (2.80)

$$u_{-\boldsymbol{k},\nu}(\boldsymbol{r}) = u_{\boldsymbol{k}\nu}(-\boldsymbol{r}) = u^*_{\boldsymbol{k}\nu}(\boldsymbol{r}) \tag{2.87}$$

folgt. Bei der ebenfalls möglichen Phasenwahl

$$\lambda_I(\boldsymbol{k}\nu) = -\lambda_{K_0}(\boldsymbol{k}\nu) = +1$$

finden wir entsprechend

$$u_{-\boldsymbol{k},\nu}(\boldsymbol{r}) = u_{\boldsymbol{k}\nu}(-\boldsymbol{r}) = -u^*_{\boldsymbol{k}\nu}(\boldsymbol{r}). \tag{2.88}$$

Liegt dagegen der Fall $\lambda_I(\nu,0) = -1$ vor, so können wir u. a. $\lambda_I(\boldsymbol{k}\nu) = \lambda_{K_0}(\boldsymbol{k}\nu) = -1$ oder $\lambda_I(\boldsymbol{k}\nu) = -\lambda_{K_0}(\boldsymbol{k}\nu) = -1$ wählen. Das dementsprechende Verhalten der Bloch-Faktoren ist dann

$$u_{-\boldsymbol{k},\nu}(\boldsymbol{r}) = -u_{\boldsymbol{k}\nu}(-\boldsymbol{r}) = -u^*_{\boldsymbol{k}\nu}(\boldsymbol{r}) \tag{2.89}$$

bzw.

$$u_{-\boldsymbol{k},\nu}(\boldsymbol{r}) = -u_{\boldsymbol{k}\nu}(-\boldsymbol{r}) = u^*_{\boldsymbol{k}\nu}(\boldsymbol{r}). \tag{2.90}$$

Aus (2.87) bis (2.90) können wir einige bemerkenswerte Schlußfolgerungen ziehen. Zunächst erkennen wir, daß wir jedenfalls die Phasen so wählen können, daß

$$u^*_{\boldsymbol{k}\nu}(\boldsymbol{r}) = u_{\boldsymbol{k}\nu}(-\boldsymbol{r}) \tag{2.91}$$

bzw.

$$u^*_{\boldsymbol{k}\nu}(\boldsymbol{r}) = u_{-\boldsymbol{k},\nu}(\boldsymbol{r}) \tag{2.92}$$

gilt. Daraus folgt u. a., daß $u_{0\nu}(\boldsymbol{r})$ stets reell gewählt werden kann. Man beachte jedoch, daß bei dieser Phasenwahl im allgemeinen nicht für alle Bänder auch $u_{0\nu}(-\boldsymbol{r}) = u^*_{0\nu}(\boldsymbol{r})$ erreicht werden kann. Auch eine Relation wie $u_{-\boldsymbol{k},\nu}(\boldsymbol{r}) = u_{\boldsymbol{k}\nu}(-\boldsymbol{r})$ kann gemäß (2.87) bis (2.90) nicht für alle $(\boldsymbol{k}\nu)$ gelten, da in den verschiedenen Bändern $\lambda_I(0,\nu) = +1$ mit $\lambda_I(0,\nu) = -1$ abwechselt.

Eine Anwendung finden diese Ergebnisse u. a. bei der Ableitung einiger Eigenschaften der oft auftretenden Integrale

$$\mathcal{J}_1 = \int_{\Omega_0} u^*_{\boldsymbol{k}'\nu'}(\boldsymbol{r})\, \nabla_{\boldsymbol{r}} u_{\boldsymbol{k}\nu}(\boldsymbol{r})\, \mathrm{d}^3\boldsymbol{r} = -\int_{\Omega_0} u_{\boldsymbol{k}\nu}(\boldsymbol{r})\, \nabla_{\boldsymbol{r}} u^*_{\boldsymbol{k}'\nu'}(\boldsymbol{r})\, \mathrm{d}^3\boldsymbol{r}$$

und

$$\mathcal{J}_2 = \int_{\Omega_0} u^*_{\boldsymbol{k}'\nu'}(\boldsymbol{r})\, \nabla_{\boldsymbol{k}} u_{\boldsymbol{k}\nu}(\boldsymbol{r})\, \mathrm{d}^3\boldsymbol{r}.$$

Mit Verwendung von (2.91) findet man nämlich

$$\mathcal{J}_1 = -\int_{\Omega_0} u_{\boldsymbol{k}'\nu'}(\boldsymbol{r})\, \nabla_{\boldsymbol{r}} u^*_{\boldsymbol{k}\nu}(\boldsymbol{r})\, \mathrm{d}^3\boldsymbol{r}, \tag{2.93}$$

also ist das Integral $\mathcal{J}_1$ in den Indexpaaren $(\boldsymbol{k}'\nu')$ und $(\boldsymbol{k}\nu)$ symmetrisch.

Im Falle von $\mathcal{J}_2$ ergibt (2.91)

$$\mathcal{J}_2 = \int_{\Omega_0} u_{\boldsymbol{k}'\nu'}(\boldsymbol{r})\, \nabla_{\boldsymbol{k}} u^*_{\boldsymbol{k}\nu}(\boldsymbol{r})\, \mathrm{d}^3\boldsymbol{r}. \tag{2.94}$$

Für $(\boldsymbol{k}'\nu') = (\boldsymbol{k}\nu)$ schließlich finden wir aus (2.94) wegen

$$\int_{\Omega_0} u^*_{\boldsymbol{k}\nu}(\boldsymbol{r})\, \nabla_{\boldsymbol{k}} u_{\boldsymbol{k}\nu}(\boldsymbol{r})\, \mathrm{d}^3\boldsymbol{r} = -\int_{\Omega_0} u_{\boldsymbol{k}\nu}(\boldsymbol{r})\, \nabla_{\boldsymbol{k}} u^*_{\boldsymbol{k}\nu}(\boldsymbol{r})\, \mathrm{d}^3\boldsymbol{r},$$

daß

$$\int_{\Omega_0} u^*_{\boldsymbol{k}\nu}(\boldsymbol{r})\, \nabla_{\boldsymbol{k}} u_{\boldsymbol{k}\nu}(\boldsymbol{r})\, \mathrm{d}^3\boldsymbol{r} = 0, \tag{2.95}$$

ist. Ihrer Ableitung gemäß ist diese für zentralsymmetrisches Potential $V_0(\boldsymbol{r}) = V_0(-\boldsymbol{r})$ bewiesene Relation nur für die (2.91) entsprechende Phasenwahl gültig.

3. Das Kristallpotential der Einelektronen-Näherung

3.1. Focksche Gleichungen

Wir wollen uns jetzt der Frage zuwenden, welche physikalische Bedeutung dem die Einelektronen-Schrödinger-Gleichung $H_0 \psi_{\boldsymbol{k}\nu}(\boldsymbol{r}) = E_\nu(\boldsymbol{k})\, \psi_{\boldsymbol{k}\nu}(\boldsymbol{r})$ charakterisierenden Kristallpotential $V_0(\boldsymbol{r})$ in einem Festkörper zukommt. Da dieser sich aus rG^3 Atomkernen und $rZG^3 = N$ Elektronen der Ladung $e < 0$ (Z ist Ordnungszahl des Elements) zusammensetzt, lautet sein Hamilton-Operator folgendermaßen:

$$H = \sum_{i=1}^{N} \left(-\frac{\hbar^2}{2m} \Delta_{\boldsymbol{r}_i} + V(\boldsymbol{r}_i) \right) + \frac{1}{2} \sum_{i,j=1}^{N}{}' \frac{e^2}{r_{ij}} + I. \tag{3.1}$$

Dabei bedeutet $V(\boldsymbol{r}_i)$ das Potential des i-ten Elektrons im Feld aller Kerne und I deren Wechselwirkungsenergie in den festen Ruhelagen. Die approximative Ersetzung des vollen Mehrteilchenproblems (3.1) durch das entsprechende Einteilchenproblem, die noch zu begründen ist, bedeutet dann offenbar, daß man sich die komplizierte Wechselwirkung der Elektronen in ihrer Einwirkung auf ein beliebig herausgegriffenes Elektron durch ein geeignetes mittleres Potential ersetzt denkt, das zusammen mit der Kraftwirkung der Kerne das Kristallpotential $V_0(\boldsymbol{r})$ ergibt. Um das mathematisch durchzuführen, gehen wir von der Schrödinger-Gleichung des Hamilton-Operators (3.1)

$$H\psi = E\psi, \quad \psi = \psi(q_1 \cdots q_N) \tag{3.2}$$

aus, wobei $q_i = (\boldsymbol{r}_i, s_i)$ ist (s_i bedeutet die Spinvariable des i-ten Elektrons) und die parametrische Abhängigkeit des ψ von den festen Kernlagen nicht explizit ausgedrückt ist.

Wir versuchen, die Lösungen dieser Gleichung mit Hilfe des Variationsprinzips der Quantenmechanik zu erhalten. Dieses besagt bekanntlich: Die Eigenlösungen ψ_α eines Operators A, d. h. die die Gleichung $A\psi_\alpha = \alpha\psi_\alpha$ befriedigenden Funktionen, sind genau diejenigen, für welche gilt:

$$\delta \frac{\langle \psi_\alpha | A\psi_\alpha \rangle}{\langle \psi_\alpha | \psi_\alpha \rangle} = 0, \tag{3.3}$$

wenn man ψ_α einer beliebigen Variation $\delta\psi_\alpha$ unterwirft.

Wir verwenden das Variationsprinzip hier in der Art, daß wir gemäß dem Ritzschen Verfahren eine gewisse Mannigfaltigkeit von Funktionen betrachten, die zunächst noch unbestimmte Parameter enthalten, welche dann durch die Bedingung (3.3) festgelegt werden. Dadurch erhält man innerhalb der betrachteten Mannigfaltigkeit von Funktionen die „besten Eigenlösungen" des Problems (3.2).

Die für die ganze Einteilchen-Approximation des Mehrteilchenproblems (3.2) charakteristische Auswahl der genannten Funktionenmannigfaltigkeit identifiziert diese mit der Gesamtheit der Slater-Determinanten:

$$\psi_F = \frac{1}{(N!)^{1/2}} \det |\varphi_l(q_j)| = \frac{1}{(N!)^{1/2}} \begin{vmatrix} \varphi_1(q_1) & \cdots & \varphi_1(q_N) \\ \vdots & & \vdots \\ \varphi_N(q_1) & \cdots & \varphi_N(q_N) \end{vmatrix} \tag{3.4}$$

$$= \frac{1}{(N!)^{1/2}} \sum_P (-1)^P P\, [\varphi_1(q_1) \cdots \varphi_N(q_N)].$$

Dabei bedeuten die $\varphi_l(q_j)$ die gemäß (3.3) zu bestimmenden Einteilchen-Wellenfunktionen, welche die dem betrachteten Problem zugehörigen „besten Slater-Determinanten" ergeben. P ist der Permutationsoperator. Die das Pauli-Prinzip automatisch berücksichtigenden Slater-Determinanten sind bekanntlich die exakten Lösungen des wechselwirkungsfreien Mehrteilchenproblems; dagegen werden die Lösungen des vollen Problems (3.2) nicht exakt in dieser Form darstellbar sein, woraus sich der Näherungscharakter des Verfahrens ergibt.

Im folgenden sollen nun aus den Gleichungen (3.1) bis (3.4) die sogenannten Fockschen Gleichungen abgeleitet werden, denen die Funktionen $\varphi_l(q_j)$ genügen müssen. Als Gleichungen für Einteilchen-Wellenfunktionen müssen sie bereits in enger Beziehung zu $V_0(\boldsymbol{r})$ stehen. Indem wir die $\varphi_l(q_j)$ den Nebenbedingungen

$$\int \varphi_k^*(q_i)\, \varphi_l(q_i)\, \mathrm{d}\tau_i = \delta_{kl} \tag{3.5}$$

unterwerfen, erreichen wir, daß ψ_F selbst normiert ist. $\int \cdots \mathrm{d}\tau_i$ bezeichnet dabei die Integration über die i-te Koordinate und die Summation über den i-ten Spin.

Zur Ableitung der Fockschen Gleichungen bilden wir zunächst den Erwartungswert von H für die Wellenfunktion ψ_F, d. h., wir berechnen

$$E_{\text{Fock}} = \int \psi_F^* H \psi_F \, \mathrm{d}\tau(q_1, \ldots, q_N).$$

Mit Verwendung von

$$-\frac{\hbar^2}{2m} \Delta_{\boldsymbol{r}_i} + V(\boldsymbol{r}_i) = H_i$$

erhält man

$$H = \sum_i H_i + \frac{1}{2} \sum_{ij}' \frac{e^2}{r_{ij}} + I.$$

Wir betrachten zuerst

$$\int \psi_F^* H_1 \psi_F \, \mathrm{d}\tau = \frac{1}{N!} \int \det |\varphi_k^*(q_i)|\, H_1 \det |\varphi_l(q_j)| \, \mathrm{d}\tau.$$

Bei der Berechnung dieses Ausdrucks beachten wir, daß H_1 nur jeweils auf jenen Faktor der $N!$ Terme von ψ_F wirkt, der q_1 enthält. Wegen (3.5) verschwinden hier für einen solchen Term von ψ_F alle Beiträge von ψ_F^*, die nicht in allen Faktoren mit dem betreffenden konjugiert komplexen Term übereinstimmen. Der nichtverschwindende Ausdruck wird

$$\int \varphi_k^*(q_1)\, H_1\, \varphi_k(q_1)\, \mathrm{d}\tau_1.$$

Offenbar tritt er $(N-1)!$-mal auf; das gilt auch für jeden Index der Wellenfunktionen. Es ergibt sich also

$$\int \psi_F^* H_1 \psi_F \,\mathrm{d}\tau = \frac{(N-1)!}{N!} \sum_{k=1}^{N} \int \varphi_k^*(q_1) H_1 \varphi_k(q_1) \,\mathrm{d}\tau_1,$$

woraus folgt:

$$\int \psi_F^* \sum_i H_i \psi_F \,\mathrm{d}\tau = \sum_{k=1}^{N} \int \varphi_k^*(q_1) H_1 \varphi_k(q_1) \,\mathrm{d}\tau_1. \tag{3.6}$$

Ganz ähnlich verläuft die Überlegung für den Wechselwirkungsterm

$$\frac{e^2}{2} \int \psi_F^* \frac{1}{r_{12}} \psi_F \,\mathrm{d}\tau = \frac{e^2}{2} \frac{1}{N!} \int \det|\varphi_k^*(q_i)| \frac{1}{r_{12}} \det|\varphi_l(q_j)| \,\mathrm{d}\tau. \tag{3.7}$$

Dazu betrachten wir einen Term von ψ_F, der, da $1/r_{12}$ auf zwei seiner Faktoren wirkt, etwa $\varphi_k(q_1)\,\varphi_l(q_2)$ enthalten möge. Dann liefert jetzt von allen Termen des ψ_F^* neben dem dazu konjugiert komplexen Term noch derjenige einen nichtverschwindenden Beitrag zu (3.7), in welchem gegenüber dem ersten Term nur q_1 und q_2 vertauscht sind. Dieser Term muß deshalb das umgekehrte Vorzeichen des ersten haben und ergibt mit diesem zusammen

$$\frac{e^2}{2} \frac{1}{N!} \left\{ \int \varphi_k^*(q_1)\,\varphi_l^*(q_2) \frac{1}{r_{12}} \varphi_k(q_1)\,\varphi_l(q_2) \,\mathrm{d}\tau_{12} \right.$$
$$\left. - \int \varphi_k^*(q_2)\,\varphi_l^*(q_1) \frac{1}{r_{12}} \varphi_k(q_1)\,\varphi_l(q_2) \,\mathrm{d}\tau_{12} \right\}.$$

Daraus folgt sofort

$$\frac{e^2}{2} \int \psi_F^* \frac{1}{r_{12}} \psi_F \,\mathrm{d}\tau = \frac{e^2}{2} \frac{(N-2)!}{N!} \sum_{k,l=1}^{N}{}' \left\{ \int \frac{1}{r_{12}} |\varphi_k(q_1)|^2 |\varphi_l(q_2)|^2 \,\mathrm{d}\tau_{12} \right.$$
$$\left. - \int \frac{1}{r_{12}} \varphi_k^*(q_1)\,\varphi_l^*(q_2)\,\varphi_k(q_2)\,\varphi_l(q_1) \,\mathrm{d}\tau_{12} \right\}$$

und weiterhin

$$\int \psi_F^* \sum_{i,j=1}^{N}{}' \frac{e^2}{2} \frac{1}{r_{ij}} \psi_F \,\mathrm{d}\tau = \frac{e^2}{2} \sum_{k,l=1}^{N}{}' \left\{ \int \frac{1}{r_{12}} |\varphi_k(q_1)|^2 |\varphi_l(q_2)|^2 \,\mathrm{d}\tau_{12} \right.$$
$$\left. - \int \frac{1}{r_{12}} \varphi_k^*(q_1)\,\varphi_l^*(q_2)\,\varphi_k(q_2)\,\varphi_l(q_1) \,\mathrm{d}\tau_{12} \right\}. \tag{3.8}$$

Die Addition von (3.6) und (3.8) ergibt den gesuchten Erwartungswert:

$$E_{\text{Fock}} = \sum_{k=1}^{N} \int \varphi_k^*(q_1) H_1 \varphi_k(q_1) \,\mathrm{d}\tau_1 + \frac{e^2}{2} \sum_{k,l=1}^{N}{}' \int \frac{1}{r_{12}} |\varphi_k(q_1)|^2 |\varphi_l(q_2)|^2 \,\mathrm{d}\tau_{12}$$
$$- \frac{e^2}{2} \sum_{k,l=1}^{N}{}' \int \frac{1}{r_{12}} \varphi_k^*(q_1)\,\varphi_l^*(q_2)\,\varphi_k(q_2)\,\varphi_l(q_1) \,\mathrm{d}\tau_{12} + I. \tag{3.9}$$

Offenbar bleibt dieser Ausdruck unverändert, wenn man die Striche an beiden Summationszeichen wegläßt, was wir im folgenden tun wollen.

Besonders bemerkenswert und keiner klassischen Interpretation fähig, ist hier der dritte sogenannte „Austauschterm", der im wesentlichen auf der antisymmetrischen Form der Wellenfunktion ψ_F beruht. Bei einem reinen Produktansatz für ψ käme er zum Fortfall, und es ergäbe sich der sogenannte Hartreesche Energieausdruck.

Nach (3.3), (3.5) und (3.9) werden nun die gesuchten Funktionen $\varphi_k(q_i)$ aus

$$\delta\left[E_{\text{Fock}} - \sum_{k,l=1}^{N} \lambda_{kl}\left\{\int \varphi_k^*(q_1)\,\varphi_l(q_1)\,\mathrm{d}\tau_1 - \delta_{kl}\right\}\right] = 0$$

bestimmt, wobei $\varphi_k^*(q_i)$ und $\varphi_k(q_i)$ voneinander unabhängig zu variieren sind und die λ_{kl} die die Nebenbedingungen (3.5) berücksichtigenden Lagrangeschen unbestimmten Parameter sind. Die Variation der $\varphi_k^*(q_i)$ führt, wenn man im zweiten und dritten Term von (3.9) je eine Vertauschung der Summationsindizes und der Integrationsvariablen vornimmt, auf

$$\sum_{k=1}^{N}\int \mathrm{d}\tau_1\,\delta\varphi_k^*(q_1)\left\{H_1\varphi_k(q_1) + e^2\sum_{l=1}^{N}\int \frac{1}{r_{12}}\,|\varphi_l(q_2)|^2\,\varphi_k(q_1)\,\mathrm{d}\tau_2 \right.$$
$$\left. - e^2\sum_{l=1}^{N}\int \frac{1}{r_{12}}\,\varphi_l^*(q_2)\,\varphi_k(q_2)\,\varphi_l(q_1)\,\mathrm{d}\tau_2 - \sum_{l=1}^{N}\lambda_{kl}\,\varphi_l(q_1)\right\} + \text{c. c.} = 0,$$

woraus sich in üblicher Art das Verschwinden aller Klammerausdrücke ergibt. Die so erhaltenen N Gleichungen sind die gesuchten Bestimmungsgleichungen der Einteilchen-Wellenfunktionen $\varphi_k(q_i)$, also die Fockschen Gleichungen. Zusammen mit den $\frac{1}{2}N(N+1)$ Bedingungsgleichungen (3.5) legen sie alle $\varphi_k(q_i)$ und λ_{kl} fest.

Man erkennt nun ohne weiteres, daß mit den $\varphi_k(q_i)$ und den λ_{kl} auch das System der $\varphi_i' = \sum_k u_{ik}\,\varphi_k$, $\lambda_{ij}' = \sum_{kl} u_{ik}\,\lambda_{kl}\,u_{lj}^{-1}$ mit $u_{ik}^* = (u^{-1})_{ki}$ Lösung der Fockschen Gleichungen ist. Wenn es gelingt, die unitäre Matrix so zu wählen, daß $\lambda_{ij}' = \varepsilon_i\,\delta_{ij}$ wird, so erhält man für die zugehörigen Wellenfunktionen, die wieder mit $\varphi_k(q_i)$ bezeichnet seien, folgende Eigenwertgleichungen:

$$H_1\varphi_k(q_1) + e^2\sum_{l=1}^{N}\int\frac{1}{r_{12}}\,|\varphi_l(q_2)|^2\,\mathrm{d}\tau_2\,\varphi_k(q_1) - e^2\sum_{l=1}^{N}\int\frac{1}{r_{12}}\,\varphi_l^*(q_2)\,\varphi_k(q_2)\,\mathrm{d}\tau_2\,\varphi_l(q_1)$$
$$\equiv H_F\,\varphi_k(q_1) = \varepsilon_k\,\varphi_k(q_1). \tag{3.10}$$

Die Möglichkeit, die Matrix λ_{kl} zu diagonalisieren, ergibt sich nun aus ihrer Hermitezität, die wiederum eine Folge der Hermitezität von H_F ist. Da diese Eigenschaft für die ersten beiden Terme in (3.10) evident ist, brauchen wir sie nur für den Austauschterm, den wir symbolisch $A\varphi_k(q_i)$ schreiben wollen, zu beweisen. Deshalb betrachten wir

$$\langle\varphi_j|A\varphi_k\rangle = \int \varphi_j^*(q_1)\,A\varphi_k(q_1)\,\mathrm{d}\tau_1$$
$$= -e^2\sum_{l=1}^{N}\int\frac{1}{r_{12}}\,\varphi_j^*(q_1)\,\varphi_l^*(q_2)\,\varphi_k(q_2)\,\varphi_l(q_1)\,\mathrm{d}\tau_{12}$$

und finden durch Variablenvertauschung für diesen Ausdruck

$$- e^2 \sum_{l=1}^{N} \int \frac{1}{r_{12}} \varphi_j^*(q_2)\, \varphi_l^*(q_1)\, \varphi_k(q_1)\, \varphi_l(q_2)\, \mathrm{d}\tau_{12} = \langle \varphi_k | A \varphi_j \rangle^*,$$

d. h. die Hermitezität des Austauschoperators.

Wegen der hier durchweg vernachlässigten Spin-Bahn-Wechselwirkungen können wir nun weiterhin in den Einteilchenfunktionen Spin- und Bahnvariablen separieren, d. h., wir können schreiben:

$$\varphi_l(q_j) = \psi_l(\boldsymbol{r}_j)\, \eta_l(s_j).$$

Dann ergibt sich aber sofort aus (3.10), daß die zweite Summe $\sum_{l=1}^{N}$ nur über die mit η_k parallelen Spins geht ($\sum_{l\parallel}$), da die antiparallelen wegen der Orthogonalität der Spinfunktionen keinen Beitrag liefern. Der Austauschterm enthält deshalb also nur eine Wechselwirkung von Elektronen gleichgerichteter Spins.

Da der Focksche Operator H_F die gesuchten Lösungen $\varphi_l(q_j)$ des Problems selbst enthält, muß man bei der Lösung des Gleichungssystems (3.10) ein „self-consistent-Verfahren" verwenden, d. h., man muß mit geeignet gewählten Lösungen nullter Näherung in (3.10) eingehen, dementsprechende Lösungen erster Näherung berechnen, diese wieder in (3.10) einsetzen usw., bis dieselben sich reproduzieren. Das so in H_F entstehende Potential, das von den festen Kernen und der selbstkonsistenten Elektronenverteilung herrührt, ist das „selbstkonsistente Hartree-Fock-Potential" der Einelektronentheorie.

Die physikalische Bedeutung der Einelektronenenergien ε_k erhält man aus dem Koopmansschen Theorem. Dieses besagt: $-\varepsilon_i$ ist approximativ die Energie, die zur Entfernung eines Elektrons im Zustand φ_i aus dem Gesamtsystem aufgebracht werden muß, woraus sogleich folgt, daß beim Einelektronenübergang $\varphi_i \to \varphi_j$ die Energie des Systems um $\varepsilon_j - \varepsilon_i$ zunimmt.

Beim Beweis des Theorems approximiert man zunächst die Gesamtwellenfunktion des $(N-1)$-Elektronensystems durch die Determinante (3.4) mit fehlender i-ter Zeile und $\dfrac{1}{[(N-1)!]^{1/2}}$ als Faktor, indem man annimmt, daß die im N-Teilchensystem ausgebildeten $\varphi_l(q_j)$ sich nur unwesentlich durch die Entnahme eines Teilchens ändern. Die Energie dieses Systems ergibt sich dann aus (3.9), indem dort nur über k und l $(\neq i)$ summiert wird. Subtrahiert man davon den Ausdruck (3.9), so erhält man den gesuchten Energiezuwachs des Systems:

$$- \int \varphi_i^*(q_1)\, H_1 \varphi_i(q_1)\, \mathrm{d}\tau_1 - e^2 \sum_{l=1}^{N} \int \frac{1}{r_{12}} |\varphi_i(q_1)|^2\, |\varphi_l(q_2)|^2\, \mathrm{d}\tau_{12}$$
$$+ e^2 \sum_{l\parallel} \int \frac{1}{r_{12}} \varphi_i^*(q_1)\, \varphi_l^*(q_2)\, \varphi_i(q_2)\, \varphi_l(q_1)\, \mathrm{d}\tau_{12}.$$

Aus (3.10) erkennt man, daß das gleich

$$- \int \varphi_i^*(q_1)\, H_F \varphi_i(q_1)\, \mathrm{d}\tau_1 = -\varepsilon_i$$

ist, wie behauptet worden war.

3.2. Vereinfachte Focksche Gleichungen

Um die außerordentlich komplizierten Gleichungen (3.10) geeignet zu vereinfachen, formen wir nach Slater den Austauschterm der Fockschen Gleichungen folgendermaßen um:

$$\left\{-e^2 \sum_{l\parallel} \int \frac{1}{r_{12}} \varphi_l^*(q_2)\, \varphi_k(q_2)\, \mathrm{d}\tau_2\right\} \varphi_l(q_1)$$

$$=\left\{-e^2 \int \frac{1}{r_{12}} \sum_{l\parallel} \frac{\varphi_k^*(q_1)\, \varphi_l^*(q_2)\, \varphi_k(q_2)\, \varphi_l(q_1)}{\varphi_k^*(q_1)\, \varphi_k(q_1)}\, \mathrm{d}\tau_2\right\} \varphi_k(q_1)$$

$$=\left\{e \int \frac{1}{r_{12}}\, \varrho(q_1, q_2)\, \mathrm{d}\tau_2\right\} \varphi_k(q_1) \tag{3.11}$$

mit der von Aufpunkt und Quellpunkt abhängigen „Austauschladungsdichte"

$$\varrho(q_1, q_2) = -e \sum_{l\parallel} \frac{\varphi_k^*(q_1)\, \varphi_l^*(q_2)\, \varphi_k(q_2)\, \varphi_l(q_1)}{\varphi_k^*(q_1)\, \varphi_k(q_1)}. \tag{3.12}$$

Von besonderer Bedeutung ist nun die Tatsache, daß die im Austauschterm (3.11) auftretende Dichte (3.12) vom gesuchten Zustand φ_k abhängt, d. h., das sich aus der Hartree-Fockschen Theorie ergebende Einteilchenpotential ist zustandsabhängig im Unterschied zum Gitterpotential $V_0(\boldsymbol{r})$ der üblichen Einteilchentheorie.

Bevor wir den Approximationsschritt zu einem zustandsunabhängigen Austauschpotential machen, konstatieren wir zwei allgemeine Eigenschaften der Funktion $\varrho(q_1, q_2)$. Zu diesem Zweck bilden wir zuerst unter Beachtung von (3.5) die der Ladungsdichte (3.12) entsprechende Gesamtladung:

$$\int \varrho(q_1, q_2)\, \mathrm{d}\tau_2 = -e \sum_{l\parallel} \frac{\varphi_l(q_1)}{\varphi_k(q_1)}\, \delta_{lk} = -e. \tag{3.13}$$

Weiterhin betrachten wir die Austauschdichte für zusammenfallenden Aufpunkt und Quellpunkt:

$$\varrho(q_1, q_1) = -e \sum_{l\parallel} |\varphi_l(q_1)|^2. \tag{3.14}$$

Während die Beziehung (3.13) besagt, daß die Gesamtladung der Austauschdichte (3.12) konstant gleich $-e > 0$ ist, folgt aus (3.14), daß für ein Elektron bei $\boldsymbol{r}_1$ die Austauschdichte an diesem Ort durch die negative gesamte Ladungsdichte aller mit dem betrachteten Elektron spinparallelen Elektronen gegeben wird; das heißt aber, daß die bei $\boldsymbol{r}_1$ insgesamt vorhandene Ladungsdichte durch die Elektronen antiparallelen Spins gegeben ist, also durch $e\sum_{l\uparrow\downarrow} |\varphi_l(q_1)|^2$. Als Folge des Paulischen Ausschließungsprinzips werden also die Elektronen, die dem betrachteten Elektron spinparallel sind, aus dessen Nähe verdrängt, während diejenigen mit antiparallelem Spin von diesem Verdrängungseffekt unberührt bleiben. Es entsteht ein „Austauschloch" der spinparallelen Elektronen. Während nun dieses nach (3.12) vom Zustand $\varphi_k(q_i)$ des betrachteten Elektrons abhängt, sind nach (3.13) und (3.14) Gesamtladung und Ladungsdichte am Aufpunkt zustandsunabhängig. Diese zwei zustandsunabhängigen Eigenschaften der Austauschladungsdichte legen es nach SLATER nahe, durch einen geeigneten Mittelungsprozeß über die $\varphi_k(q_1)$ zu einem zustandsunabhängigen Potential überzugehen. Als Gewichtsfaktor bei der Mittelung wählt man

$$\frac{|\varphi_k(q_1)|^2}{\sum\limits_j |\varphi_j(q_1)|^2}$$

und erhält an Stelle von (3.12)

$$\bar{\varrho}(q_1, q_2) = -e \frac{\sum\limits_{kl\|} \varphi_k^*(q_1)\, \varphi_l^*(q_2)\, \varphi_k(q_2)\, \varphi_l(q_1)}{\sum\limits_j |\varphi_j(q_1)|^2} \,. \tag{3.15}$$

Aus (3.10), (3.11) und (3.15) ergibt sich dann die folgende Einteilchen-Eigenwertgleichung:

$$-\frac{\hbar^2}{2m} \Delta \varphi_k(q) + \left\{ V(\boldsymbol{r}) + e^2 \int \frac{1}{|\boldsymbol{r}-\boldsymbol{r}'|} \sum_l |\varphi_l(q')|^2 \, \mathrm{d}\tau' \right.$$

$$\left. - e^2 \int \frac{1}{|\boldsymbol{r}-\boldsymbol{r}'|} \frac{\sum\limits_{jl\|} \varphi_j^*(q)\, \varphi_l^*(q')\, \varphi_j(q')\, \varphi_l(q)}{\sum\limits_j |\varphi_j(q)|^2} \, \mathrm{d}\tau' \right\} \varphi_k(q)$$

$$= \varepsilon_k \varphi_k(q) \,. \tag{3.16}$$

Damit sind wir im Rahmen der Hartree-Fockschen Theorie vom Mehrteilchenproblem her auf eine Einteilchengleichung mit einem zustandsunabhängigen Potential gestoßen. Der Ausdruck in der geschweiften Klammer der Gleichung (3.16) entspricht genau dem Kristallpotential $V_0(\boldsymbol{r})$.

Da es sich gezeigt hat, daß für explizite numerische Rechnungen selbst der vereinfachte Austauschterm in (3.16) noch zu kompliziert ist, verwendet man an seiner Stelle häufig den einfacheren Ausdruck, der sich für freie Elektronen ergibt. Mit Verwendung von $\psi_j(\boldsymbol{r}) = 1/\sqrt{\Omega}\, \mathrm{e}^{\mathrm{i}\boldsymbol{k}_j \boldsymbol{r}}$ wird der Austauschterm nach Ausführung der Spinsummation zu

$$-\frac{e^2}{N\Omega} \int \frac{1}{|\boldsymbol{r}-\boldsymbol{r}'|} \sum_{jl\|} e^{\mathrm{i}(\boldsymbol{k}_l - \boldsymbol{k}_j, \boldsymbol{r}-\boldsymbol{r}')} \, \mathrm{d}^3 \boldsymbol{r}' \,. \tag{3.17}$$

Die explizite relativ einfache Berechnung dieses Integrals, auf die wir jedoch nicht näher eingehen, da wir keinen Gebrauch von dem resultierenden Ausdruck machen werden, führt schließlich auf folgende Form für den Austauschterm:

$$-3e^2 \left\{ \frac{3}{8\pi} \sum_{l=1}^{N} |\varphi_l(q)|^2 \right\}^{1/3} \,. \tag{3.18}$$

Dabei wurde nach Berechnung von (3.17) approximativ $N/\Omega = \sum\limits_{l=1}^{N} |\varphi_l(q)|^2$ gesetzt, obwohl die $\varphi_l(q)$ in (3.18) nicht mehr durch ebene Wellen dargestellt werden. Das so vereinfachte selbstkonsistente Potential hat sich für die explizite Berechnung der Energiebandstruktur als geeignet erwiesen.

Wie bereits bemerkt, ist das Hartree-Focksche Verfahren wegen der speziellen Wahl der Vergleichsfunktionen (3.4) eine Näherungsmethode. So ergibt sich beispielsweise in seinem Rahmen keine Korrelation spinantiparalleler Elektronen, obwohl diese wegen der Coulombschen Wechselwirkung vorhanden sein muß. Diese von der Hartree-Fockschen Theorie nicht berücksichtigte „Coulomb-Korrelation" ist für einige Probleme der Metallphysik, besonders für die Berechnung der Bindungsenergie, von großer Bedeutung; für viele Phänomene aber ist sie von zu vernachlässigender Wirkung. Da wir uns hier ausschließlich mit solchen beschäftigen werden, gehen wir auf diese Fragen nicht näher ein.

4. Das Elektron im idealen Kristallpotential (approximativ)

4.1. Approximation für starke Bindung

In diesem Kapitel wollen wir uns mit einigen Methoden beschäftigen, die das Ziel verfolgen, die Lösungen des Eigenwertproblems des Kristall-Hamilton-Operators H_0 durch geeignete Näherungen für spezielle Metalle explizit zu erhalten.

Wir gehen von der bekannten Methode aus, ein vorgegebenes Eigenwertproblem $A\psi_\alpha = \alpha\psi_\alpha$ dadurch zu lösen, daß wir die gesuchten Funktionen ψ_α nach irgendeinem vollständigen Funktionensystem χ_i entwickeln, d. h., daß wir $\psi_\alpha = \sum_i c_{\alpha i}\chi_i$ setzen, damit in die Eigenwertgleichung eingehen und dadurch folgende Lösbarkeitsbedingung zur Bestimmung der Eigenwerte α erhalten:

$$\det |\langle\chi_{i'}|A\chi_i\rangle - \alpha\langle\chi_{i'}|\chi_i\rangle| = 0. \tag{4.1}$$

Beim hier zu untersuchenden Problem des Hamilton-Operators H_0 hat die obige Darstellung der Funktion $\psi_\alpha(\boldsymbol{r})$ jedenfalls die Blochsche Eigenschaft $\psi_{\boldsymbol{k}}(\boldsymbol{r} + \boldsymbol{R}) = e^{i\boldsymbol{k}\boldsymbol{R}}\psi_{\boldsymbol{k}}(\boldsymbol{r})$ zu erfüllen.

Bei der Wahl der Funktionen $\chi_i(\boldsymbol{r})$ greifen wir auf die Relation (2.72) zurück. In ihr wird die Bloch-Funktion $\psi_{\boldsymbol{k}\nu}(\boldsymbol{r})$ exakt durch eine lineare Superposition von in einem gewissen Grade lokalisierten Funktionen $a_\nu(\boldsymbol{r} - \boldsymbol{R})$ dargestellt. Daß diese Wannier-Funktionen nach (2.71) sich wiederum selbst nur bei bereits bekannten Bloch-Funktionen berechnen lassen, führt dazu, daß die Nützlichkeit derselben sich hauptsächlich auf allgemeine Betrachtungen bezieht, während ihre Benutzung zur expliziten Berechnung von Bloch-Funktionen nicht weiterführt. Danach liegt es nahe, in (2.72) die unbekannten Wannier-Funktionen durch bekannte andere lokalisierte Funktionen $\varphi_i(\boldsymbol{r} - \boldsymbol{R})$ zu ersetzen, d. h. zu schreiben:

$$\chi_{\boldsymbol{k},i}(\boldsymbol{r}) = \frac{1}{G^{3/2}} \sum_{\boldsymbol{R}} e^{i\boldsymbol{k}\boldsymbol{R}} \varphi_i(\boldsymbol{r} - \boldsymbol{R}). \tag{4.2}$$

Als Funktionen $\varphi_i(\boldsymbol{r} - \boldsymbol{R})$ stehen uns die gebundenen Eigenfunktionen der betreffenden freien Atome zur Verfügung, die sich aus

$$\left[-\frac{\hbar^2}{2m}\Delta + U(\boldsymbol{r} - \boldsymbol{R}) - E_i\right] \varphi_i(\boldsymbol{r} - \boldsymbol{R}) = 0 \tag{4.3}$$

ergeben, wobei $U(\boldsymbol{r} - \boldsymbol{R})$ das Potential des bei $\boldsymbol{R}$ befindlichen freien Atoms darstellt und i die Gesamtheit der atomaren Quantenzahlen umfaßt. Liegt eine Basis vor, d. h., befinden sich in der durch $\boldsymbol{R}$ bestimmten Elementarzelle Atome bei $\boldsymbol{R} + \boldsymbol{d}_s$ $(s = 1, 2, \ldots, r)$, so definiert man statt (4.2) allgemeiner:

$$\chi^s_{\boldsymbol{k},i}(\boldsymbol{r}) = \frac{1}{G^{3/2}} \sum_{\boldsymbol{R}} e^{i(\boldsymbol{k}, \boldsymbol{R} + \boldsymbol{d}_s)} \varphi_i(\boldsymbol{r} - \boldsymbol{R} - \boldsymbol{d}_s). \tag{4.4}$$

Diese sogenannten Bloch-Summen (4.2) bzw. (4.4) benutzt man nun in der hier betrachteten Approximationsmethode (die gebundenen Atom-Eigenfunktionen bilden kein vollständiges Funktionensystem) als Entwicklungsfunktionen, wobei wir i über alle Quantenzahlen der gebundenen Zustände, s über die Atome in einer Elementarzelle laufen lassen. Die Gleichung (4.1) ermöglicht uns dann, die zu einem reduzierten $\boldsymbol{k}$ gehörigen Eigenwerte des Hamilton-Operators näherungsweise zu berechnen. Zu diesem Zweck haben wir zunächst folgende Matrixelemente zu bilden:

$$\langle \chi_{\boldsymbol{k}',i'}^{s'} | H_0 \chi_{\boldsymbol{k},i}^{s} \rangle$$

$$= \frac{1}{G^3} \sum_{\boldsymbol{R}\boldsymbol{R}'} e^{i(\boldsymbol{k},\boldsymbol{R}+\boldsymbol{d}_s) - i(\boldsymbol{k}',\boldsymbol{R}'+\boldsymbol{d}_{s'})} \int \varphi_{i'}^*(\boldsymbol{r}-\boldsymbol{R}'-\boldsymbol{d}_{s'})\, H_0(\boldsymbol{r})\, \varphi_i(\boldsymbol{r}-\boldsymbol{R}-\boldsymbol{d}_s)\, d^3\boldsymbol{r}.$$

Nach der Variablentransformation $\boldsymbol{r}-\boldsymbol{R}-\boldsymbol{d}_s = \boldsymbol{r}'$ und mit $\boldsymbol{R}'-\boldsymbol{R}=\boldsymbol{R}''$ wird daraus:

$$\langle \chi_{\boldsymbol{k}',i'}^{s'} | H_0 \chi_{\boldsymbol{k},i}^{s} \rangle$$

$$= \frac{1}{G^3} \sum_{\boldsymbol{R}''\boldsymbol{R}'} e^{i(\boldsymbol{k}-\boldsymbol{k}',\boldsymbol{R}')}\, e^{-i\boldsymbol{k}\boldsymbol{R}''+i(\boldsymbol{k}\boldsymbol{d}_s-\boldsymbol{k}'\boldsymbol{d}_{s'})}$$

$$\times \int \varphi_{i'}^*(\boldsymbol{r}'-\boldsymbol{R}''+\boldsymbol{d}_s-\boldsymbol{d}_{s'})\, H_0(\boldsymbol{r}'+\boldsymbol{d}_s)\, \varphi_i(\boldsymbol{r}')\, d^3\boldsymbol{r}',$$

woraus sich mit Hilfe von (2.12) schließlich ergibt:

$$\langle \chi_{\boldsymbol{k}',i'}^{s'} | H_0 \chi_{\boldsymbol{k},i}^{s} \rangle$$

$$= \delta_{\boldsymbol{k}'\boldsymbol{k}} \sum_{\boldsymbol{R}} e^{-i\boldsymbol{k}\boldsymbol{R}+i(\boldsymbol{k},\boldsymbol{d}_s-\boldsymbol{d}_{s'})} \int \varphi_{i'}^*(\boldsymbol{r}-\boldsymbol{R}+\boldsymbol{d}_s-\boldsymbol{d}_{s'})\, H_0(\boldsymbol{r}+\boldsymbol{d}_s)\, \varphi_i(\boldsymbol{r})\, d^3\boldsymbol{r}. \tag{4.5}$$

Ebenso erhalten wir

$$\langle \chi_{\boldsymbol{k}',i'}^{s'} | \chi_{\boldsymbol{k},i}^{s} \rangle = \delta_{\boldsymbol{k}'\boldsymbol{k}} \sum_{\boldsymbol{R}} e^{-i\boldsymbol{k}\boldsymbol{R}+i(\boldsymbol{k},\boldsymbol{d}_s-\boldsymbol{d}_{s'})} \int \varphi_{i'}^*(\boldsymbol{r}-\boldsymbol{R}+\boldsymbol{d}_s-\boldsymbol{d}_{s'})\, \varphi_i(\boldsymbol{r})\, d^3\boldsymbol{r}$$

$$= \delta_{\boldsymbol{k}'\boldsymbol{k}} \sum_{\boldsymbol{R}} e^{-i\boldsymbol{k}\boldsymbol{R}+i(\boldsymbol{k},\boldsymbol{d}_s-\boldsymbol{d}_{s'})}\, S_{i'i}^{s's}(\boldsymbol{R}). \tag{4.6}$$

Da die Überlappungsintegrale $S_{i'i}^{s's}(\boldsymbol{R})$ im allgemeinen nicht gleich $\delta_{i'i}\delta_{s's}\delta_{\boldsymbol{R}0}$ sind, stellen die Bloch-Summen im allgemeinen auch keine orthonormierten Funktionen dar.

Im Prinzip könnte man jetzt mit (4.5) und (4.6) bei als bekannt vorausgesetzten Atomfunktionen in (4.1) eingehen und die Folge der Funktionen $E_\nu(\boldsymbol{k})$ ausrechnen. Praktische Bedeutung hat dieses Verfahren jedoch nur bei starken Vereinfachungen. So kann man z. B. versuchen, die fragliche Bloch-Funktion in einem Kristall ohne Basis durch nur eine Bloch-Summe $\chi_{\boldsymbol{k},i}(\boldsymbol{r})$ zu approximieren. Dadurch wird nach (4.1), (4.5) und (4.6)

$$E_i(\boldsymbol{k}) = \frac{\sum_{\boldsymbol{R}} e^{-i\boldsymbol{k}\boldsymbol{R}} \int \varphi_i^*(\boldsymbol{r}-\boldsymbol{R})\, H_0(\boldsymbol{r})\, \varphi_i(\boldsymbol{r})\, d^3\boldsymbol{r}}{\sum_{\boldsymbol{R}} e^{-i\boldsymbol{k}\boldsymbol{R}}\, S_{ii}(\boldsymbol{R})}.$$

Indem wir in diese Beziehung (4.3) einsetzen, erhalten wir weiter

$$E_i(\boldsymbol{k}) = E_i + \frac{\sum\limits_{\boldsymbol{R}} \mathrm{e}^{-\mathrm{i}\boldsymbol{kR}} \int \varphi_i^*(\boldsymbol{r}-\boldsymbol{R})[V_0(\boldsymbol{r}) - U(\boldsymbol{r})]\, \varphi_i(\boldsymbol{r})\, \mathrm{d}^3\boldsymbol{r}}{\sum\limits_{\boldsymbol{R}} \mathrm{e}^{-\mathrm{i}\boldsymbol{kR}} S_{ii}(\boldsymbol{R})}. \tag{4.7}$$

Wenn wir außerdem $S_{ii}(\boldsymbol{R})$ durch $\delta_{\boldsymbol{R}0}$ approximieren, d. h., wenn wir eventuelle Überlappungen von Atom-Wellenfunktionen, die zu verschiedenen Gitterpunkten gehören, als klein annehmen, so können wir (4.7) folgendermaßen schreiben:

$$E_i(\boldsymbol{k}) = E_i + \alpha_i + \sum_{\boldsymbol{R} \neq 0} \mathrm{e}^{-\mathrm{i}\boldsymbol{kR}} \beta_i(\boldsymbol{R}), \tag{4.8}$$

wobei die Abkürzungen eingeführt sind:

$$\begin{aligned} \alpha_i &= \int \varphi_i^*(\boldsymbol{r})[V_0(\boldsymbol{r}) - U(\boldsymbol{r})]\, \varphi_i(\boldsymbol{r})\, \mathrm{d}^3\boldsymbol{r}, \\ \beta_i(\boldsymbol{R}) &= \int \varphi_i^*(\boldsymbol{r}-\boldsymbol{R})[V_0(\boldsymbol{r}) - U(\boldsymbol{r})]\, \varphi_i(\boldsymbol{r})\, \mathrm{d}^3\boldsymbol{r}. \end{aligned} \tag{4.9}$$

Es ist offensichtlich, daß die Vernachlässigung der Überlappungsintegrale $S_{ii}(\boldsymbol{R})$ um so eher berechtigt ist, je energetisch tiefer der betrachtete Atomzustand $\varphi_i(\boldsymbol{r})$ liegt, da die höheren Zustände größere räumliche Ausdehnung haben. Die Approximation der Bloch-Funktion durch eine Bloch-Summe beschreibt dann offenbar lediglich die naheliegende Vorstellung, daß die Elektronen-Wellenfunktion in der Nähe eines Kerns durch die korrespondierende Atom-Wellenfunktion gut approximiert wird. Der Ausdruck (4.8) zeigt in der betrachteten Approximation quantitativ, wie sich der ursprüngliche freie Atomzustand $\varphi_i(\boldsymbol{r})$ mit der Energie E_i unter dem Einfluß der Wechselwirkung der Atome im Kristall in ein Energieband mit den Energien $E_i(\boldsymbol{k})$ aufspaltet. Wählt man für $\varphi_i(\boldsymbol{r})$ beispielsweise einen (zweifach entarteten) p-Zustand, so spaltet dieser entsprechend in drei Bänder auf.

Verwendet man als Entwicklungsfunktionen in (4.1) Superpositionen von Atomfunktionen, so ist eine durchgehende Zuordnung von Bändern und Atomzuständen nicht mehr durchweg sinnvoll und möglich. In diesem den wirklichen Verhältnissen natürlich näherkommenden Fall kann sich z. B. der Charakter einer Bloch-Funktion beim Durchlaufen der Brillouin-Zone vom Mittelpunkt zur Begrenzung von einem s-Zustand in einen p-Zustand verwandeln.

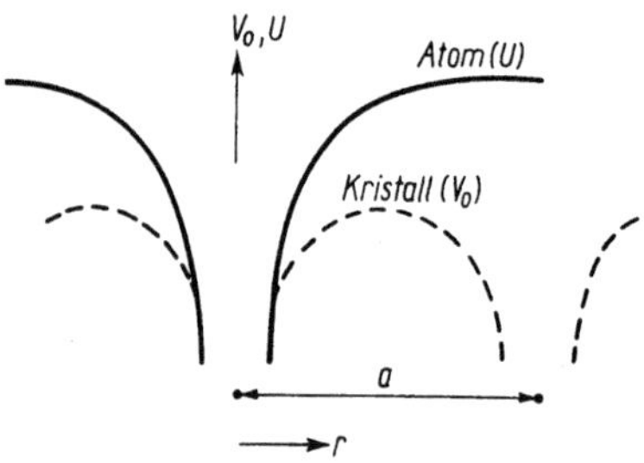

Abb. 18. Atom- und Kristallpotential (schematisch)

Als Anwendung betrachten wir das kubisch-flächenzentrierte Gitter und wählen für $\varphi_i(\boldsymbol{r})$ einen s-Zustand $\varphi_0(r)$. Da offenbar in der Nähe des Kerns bei $\boldsymbol{R} = 0$ $V_0(\boldsymbol{r}) \approx U(r)$ gilt, an der Grenze der Wigner-Seitz-Zelle dagegen $V_0(\boldsymbol{r}) < U(r)$ (Abb. 18), so wird der $\boldsymbol{k}$-unabhängige Energieanteil $\alpha_0 < 0$; von ihm rührt also lediglich eine bezüglich $\boldsymbol{k}$ konstante Absenkung des Atomeigenwerts her.

Wegen des starken (exponentiellen) Abfalls der Atomeigenfunktionen kann man sich bei der Berechnung der Summe in $\beta_0(\boldsymbol{R})$ auf die dem Atom bei $\boldsymbol{R} = 0$ nächstbenachbarten Atome beschränken. Dabei rührt, weil $V_0(\boldsymbol{r}) - U(r)$ bei $\boldsymbol{r} \approx \boldsymbol{R}$ groß gegen seinen Wert bei $\boldsymbol{r} \approx 0$ ist, der wesentliche Beitrag zum Integral $\beta_0(\boldsymbol{R})$ von den Stellen $\boldsymbol{r} \approx \boldsymbol{R}$ her, an denen zwei der drei Faktoren des Integranden ihre größten Werte haben. Da sowohl das Atompotential als auch die hier betrachtete Atomeigenfunktion Kugelsymmetrie haben, sind alle zwölf Integrale $\beta_0(\boldsymbol{R})$ für die nächsten Nachbarn im flächenzentrierten Gitter gleich, d. h., es gilt $\beta_0(\boldsymbol{R}) = \beta_0(a/\sqrt{2})$. Die Orte dieser zwölf nächsten Nachbarn sind durch (1.13) gegeben. Bedeutet das Summenzeichen $\sum\limits_{\boldsymbol{R}}'$, daß mit $\boldsymbol{R}$ nicht mehr über $-\boldsymbol{R}$ summiert werden soll, so können wir schreiben:

$$\sum_{\boldsymbol{R} \neq 0} \mathrm{e}^{-\mathrm{i}\boldsymbol{k}\boldsymbol{R}} = 2 \sum_{\boldsymbol{R} \neq 0}{}' \cos(\boldsymbol{k},\boldsymbol{R})$$
$$= 4\left(\cos\frac{ak_x}{2}\cos\frac{ak_y}{2} + \cos\frac{ak_y}{2}\cos\frac{ak_z}{2} + \cos\frac{ak_z}{2}\cos\frac{ak_x}{2}\right).$$

Der allgemeine Ausdruck (4.8) ergibt somit im vorliegenden Fall folgendes Resultat:

$$E_0(\boldsymbol{k}) = E_0 + \alpha_0 + 4\beta_0\left(\cos\frac{ak_x}{2}\cos\frac{ak_y}{2} + \cos\frac{ak_y}{2}\cos\frac{ak_z}{2} + \cos\frac{ak_z}{2}\cos\frac{ak_x}{2}\right). \tag{4.10}$$

Zur Diskussion dieser Energieformel übergehend, sehen wir zunächst, daß auf der Verbindungsgeraden Δ des Mittelpunktes der Brillouin-Zone (Punkt Γ) mit den Mittelpunkten ihrer quadratischen Begrenzungsflächen (Punkte X) (siehe Abb. 5) die Energie sich folgendermaßen verändert:

$$E_0^{\Delta}(\boldsymbol{k}) = E_0 + \alpha_0 + 4\beta_0\left(1 + 2\cos\frac{a}{2}k\right), \qquad 0 \leqq k = k_x \leqq \frac{2\pi}{a}.$$

Entsprechend gilt für die Energie auf der Verbindungsgeraden Λ der Punkte Γ und L (die Punkte L sind die Mittelpunkte der Hexagonalflächen)

$$E_0^{\Lambda}(\boldsymbol{k}) = E_0 + \alpha_0 + 12\beta_0\cos^2\left(\frac{a}{2}\frac{k}{\sqrt{3}}\right), \qquad 0 \leqq \frac{k}{\sqrt{3}} = k_x = k_y = k_z \leqq \frac{\pi}{a}.$$

Die respektiven Bandbreiten ergeben sich daraus zu

$$E_0^{\Delta}\left(\frac{2\pi}{a}\right) - E_0^{\Delta}(0) = -16\beta_0 \quad \text{bzw.} \quad E_0^{\Lambda}\left(\sqrt{3}\,\frac{\pi}{a}\right) - E_0^{\Lambda}(0) = -12\beta_0. \tag{4.11}$$

Abb. 19 zeigt den Sachverhalt schematisch. Dabei ist $\beta_0 < 0$ angenommen, was für den betrachteten s-Zustand, der nur in Kernnähe seine Nullstellen hat, und wegen $V_0(\boldsymbol{r}) - U(\boldsymbol{r}) < 0$ sicherlich erfüllt ist. Die Abbildung zeigt deutlich für das hier betrachtete Beispiel die Anisotropie der Energie im $\boldsymbol{k}$-Raum.

Eine besonders einfache Form haben die Energieflächen in der Nachbarschaft der Bandextrema $\boldsymbol{k}_0$, an denen also gilt: $\nabla_{\boldsymbol{k}} E_\nu(\boldsymbol{k}_0) = 0$. Entwickelt man die Energie um diese Stellen in eine Taylor-Reihe, so findet man unter Beachtung von (2.68)

$$\begin{aligned} E_\nu(\boldsymbol{k}) &= E_\nu(\boldsymbol{k}_0) + \frac{1}{2}\left(\nabla_{\boldsymbol{k}}\nabla_{\boldsymbol{k}} E_\nu(\boldsymbol{k}_0)\cdot(\boldsymbol{k}-\boldsymbol{k}_0),\, \boldsymbol{k}-\boldsymbol{k}_0\right) + \cdots \\ &= E_\nu(\boldsymbol{k}_0) + \left(\frac{\hbar^2}{2\,m_\nu^*(\boldsymbol{k}_0)}(\boldsymbol{k}-\boldsymbol{k}_0),\, \boldsymbol{k}-\boldsymbol{k}_0\right) + \cdots \end{aligned} \tag{4.12}$$

In der Nähe der Bandextrema verhält sich danach ein Bloch-Elektron in der $\boldsymbol{k}$-Abhängigkeit seiner Energie wie ein „freies Elektron" der im allgemeinen richtungsabhängigen effektiven Masse $m_\nu^*(\boldsymbol{k}_0)$. Die Energieflächen sind Ellipsoide. Für die kubischen Kristalle entartet der symmetrische Effektivmassen-Tensor bei $\boldsymbol{k} = 0$ zum Skalar. Da nämlich eine Drehung um die [001]-Achse k_x in k_y, k_y in $-k_x$ überführt, erhält man

$$\frac{\partial^2 E_\nu(0)}{\partial k_x \partial k_y} = -\frac{\partial^2 E_\nu(0)}{\partial k_y \partial k_x} = 0.$$

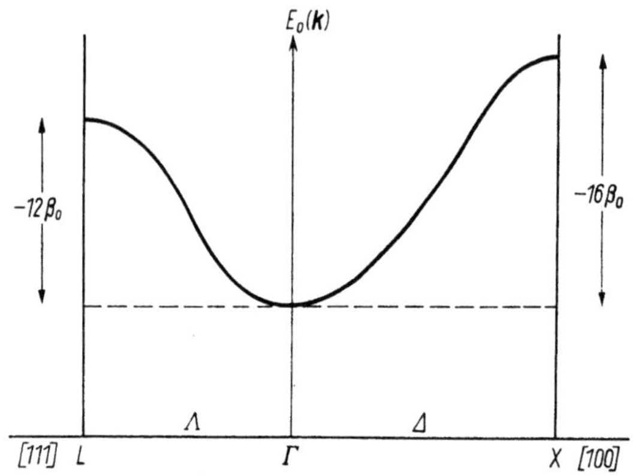

Abb. 19. Zur Energieformel (4.10)

Die Symmetrieoperation der Drehung um die [111]-Achse führt ebenso unmittelbar auf

$$\frac{\partial^2 E_\nu(0)}{\partial k_x^2} = \frac{\partial^2 E_\nu(0)}{\partial k_y^2} = \frac{\partial^2 E_\nu(0)}{\partial k_z^2} = \frac{\hbar^2}{m_\nu^*(0)}.$$

Die respektiven ellipsoidischen Energieflächen entarten danach bei kubischer Symmetrie zu Kugelflächen.

Wegen der Zeitumkehr-Invarianz gilt für $\boldsymbol{k}_0 = 0$ nach (2.47) die Entwicklung (4.12) stets bei fehlender Entartung. Berechnen wir den Effektivmassen-Tensor im vorliegenden Fall für $\boldsymbol{k}_0 = 0$, so finden wir unter Verwendung von (4.10)

$$\nabla_{\boldsymbol{k}} \nabla_{\boldsymbol{k}} E_\nu(0) = -a^2 \beta_0 \hat{1}.$$

Setzt man das in (4.12) ein und verwendet nochmals (4.10), so erhält man

$$E_0(\boldsymbol{k}) = E_0 + \alpha_0 + 12\beta_0 - \frac{1}{2} a^2 \beta_0 k^2. \tag{4.13}$$

Bei einem Vergleich mit (4.12) ergibt sich daraus die effektive Masse des Elektrons bei $\boldsymbol{k} = 0$ in dem $\varphi_0(r)$ entsprechenden Bloch-Zustand

$$m_0^*(0) = -\frac{\hbar^2}{a^2 \beta_0}. \tag{4.14}$$

Man erkennt daraus, daß die effektive Masse der den tiefen Energiezuständen zugehörigen Bloch-Elektronen mit zunehmender Überlappung der Wellenfunktionen (größeres $|\beta_0|$), d. h. mit wachsender Energie, abnimmt. Bei einem Vergleich mit (4.11) findet man also, daß breite Energiebänder und kleine effektive Massen, jedenfalls für stark gebundene Bloch-Elektronen, zusammengehören.

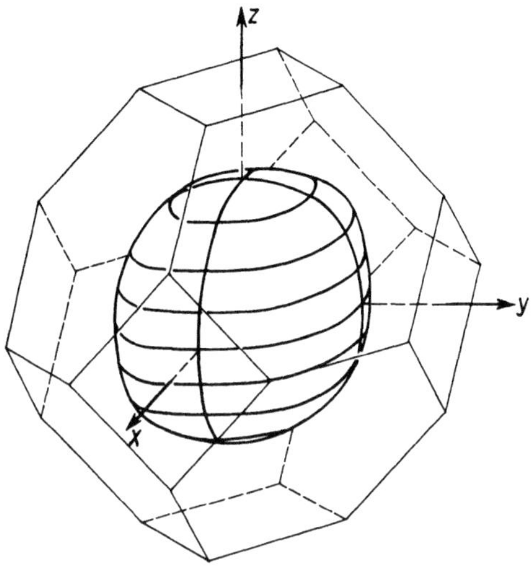

Abb. 20. Flächen konstanter Energie nach (4.10) für kleine Energien (nach SOMMERFELD und BETHE)

Berechnet man nach (4.10) schließlich noch die Flächen konstanter Energie und zeichnet diese in die erste Brillouin-Zone ein, so findet man für relativ kleine Energien, wie bewiesen, kugelähnliche Gebilde (Abb. 20), für größere Energien

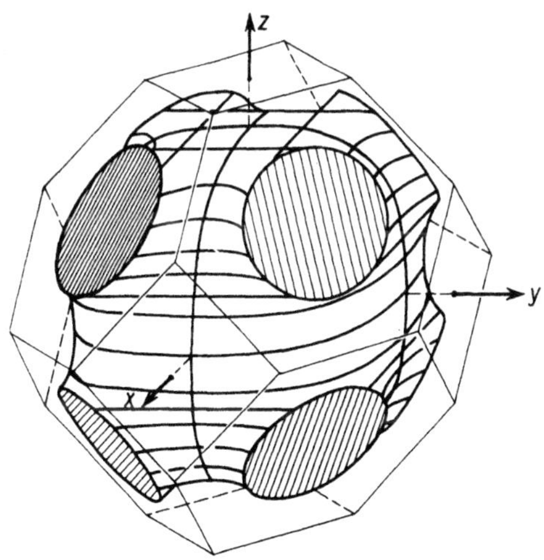

Abb. 21. Flächen konstanter Energie nach (4.10) für große Energien (nach SOMMERFELD und BETHE)

schließlich Energieflächen, die zuerst die Hexagonalflächen der Zonenbegrenzung berühren (Abb. 21), wodurch im wiederholten Zonenschema diese Energieflächen *mehrfach zusammenhängend* werden.

Schließlich gestattet uns die Darstellung (4.13) noch eine Aussage über die Zustandsdichte bezüglich der Energie in der Umgebung von $\boldsymbol{k} = 0$ im betrachteten Energieband. Nach (2.37) erhalten wir dafür nämlich

$$N(E) = \frac{\Omega\, m_0^*(0)}{4\pi^3\hbar^2} \int\limits_E \frac{\mathrm{d}f}{k(E)} = \frac{\Omega\big(2m_0^*(0)\big)^{3/2}}{2\pi^2\hbar^3} E^{1/2}. \tag{4.15}$$

Für kleine Energien wächst im vorliegenden Fall, ebenso wie für freie Elektronen, die Zustandsdichte mit der Quadratwurzel der Energie. Beachtet man, daß von Beginn der Berührung der Brillouinschen Zonengrenzen durch die Energieflächen an die Zustandsdichte $N(E)$ offenbar wieder abnehmen muß, da die Berührungsflächen selbst keinen Beitrag zu $N(E)$ geben, so ergibt sich für den qualitativen Verlauf von $N(E)$ in einem nichtüberlappenden Band etwa die Darstellung in Abb. 22.

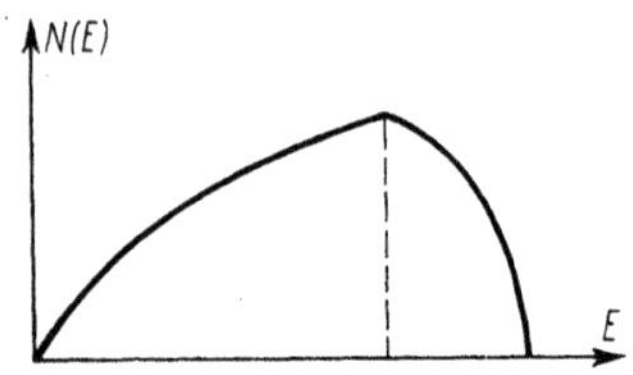

Abb. 22. Verlauf der energetischen Zustandsdichte (schematisch)

4.2. Approximation für schwache Bindung

Wir wählen jetzt als Entwicklungsfunktionen $\chi_i(\boldsymbol{r})$ die ebenen Wellen, d. h., wir gehen von folgender Darstellung der gesuchten Lösungen aus:

$$\psi_{\boldsymbol{k}\nu}(\boldsymbol{r}) = \frac{1}{\sqrt{\Omega}} \sum_{\boldsymbol{K}} a_{\boldsymbol{k}\nu}(\boldsymbol{K})\, \mathrm{e}^{\mathrm{i}(\boldsymbol{k}+\boldsymbol{K},\, \boldsymbol{r})}. \tag{4.16}$$

Für das gitterperiodische Kristallpotential haben wir demgegenüber die folgende Entwicklung:

$$V_0(\boldsymbol{r}) = \sum_{\boldsymbol{K}} V_{0\boldsymbol{K}}\, \mathrm{e}^{\mathrm{i}\boldsymbol{K}\boldsymbol{r}}, \tag{4.17}$$

wobei nach (2.6) der Fourier-Koeffizient $V_{0\boldsymbol{K}}$ sich gemäß

$$V_{0\boldsymbol{K}} = \frac{1}{\Omega_0} \int\limits_{\Omega_0} V_0(\boldsymbol{r})\, \mathrm{e}^{-\mathrm{i}\boldsymbol{K}\boldsymbol{r}}\, \mathrm{d}^3\boldsymbol{r} \tag{4.18}$$

berechnet.

Die Realität von $V_0(\boldsymbol{r})$ ergibt mit (4.18)

$$V_{0,-\boldsymbol{K}} = V_{0\boldsymbol{K}}^*. \tag{4.19}$$

Weitere Symmetriebeziehungen zwischen den $V_{0\boldsymbol{K}}$ ergeben sich aus der Gittersymmetrie (2.29). Danach können wir unter Berücksichtigung von (4.17) schreiben:

$$V_0(\boldsymbol{r}) = P_a V_0(\boldsymbol{r}) = V_0(\alpha^{-1}\boldsymbol{r} - \alpha^{-1}\boldsymbol{a}) = \sum_{\boldsymbol{K}} V_{0\boldsymbol{K}}\, \mathrm{e}^{\mathrm{i}\boldsymbol{K}(\alpha^{-1}\boldsymbol{r} - \alpha^{-1}\boldsymbol{a})}. \tag{4.20}$$

Mit $\boldsymbol{a} = \boldsymbol{R} + \tilde{\boldsymbol{a}}$, wobei $\tilde{\boldsymbol{a}}$ keine Gittertranslation zu beschreiben braucht, und der Bemerkung, daß nach (2.19) mit allen $\boldsymbol{R}$ auch alle $\alpha^{-1}\boldsymbol{R}$ das Gitter aufspannen, wird aus (4.20)

$$V_0(\boldsymbol{r}) = \sum_{\boldsymbol{K}} V_{0\boldsymbol{K}}\, \mathrm{e}^{\mathrm{i}\boldsymbol{K}(\alpha^{-1}\boldsymbol{r} - \alpha^{-1}\tilde{\boldsymbol{a}})} = \sum_{\boldsymbol{K}} V_{0\boldsymbol{K}}\, \mathrm{e}^{\mathrm{i}(\alpha\boldsymbol{K},\, \boldsymbol{r} - \tilde{\boldsymbol{a}})}. \tag{4.21}$$

Die soeben auf Grund von (2.19) gemachte Bemerkung läßt sich auch durch die Beziehung

$$V_0(\boldsymbol{r}) = \sum_{\boldsymbol{K}} V_{0,\alpha\boldsymbol{K}}\, e^{i(\alpha\boldsymbol{K},\,\boldsymbol{r})} \tag{4.22}$$

formulieren.

Der Vergleich von (4.21) und (4.22) liefert schließlich

$$V_{0,\alpha\boldsymbol{K}} = V_{0\boldsymbol{K}}\, e^{-i(\alpha\boldsymbol{K},\,\tilde{\boldsymbol{a}})}\,. \tag{4.23}$$

Gehört also z. B. I zur Raumgruppe, so findet man aus (4.23)

$$V_{0,-\boldsymbol{K}} = V_{0\boldsymbol{K}}$$

und mit Verwendung von (4.19)

$$V^*_{0\boldsymbol{K}} = V_{0\boldsymbol{K}}\,. \tag{4.24}$$

Beim Vorliegen eines Symmetriezentrums sind also die Fourier-Koeffizienten des Potentials reell.

Wir gehen jetzt mit (4.16) und (4.17) in $H_0\,\psi_{\boldsymbol{k}\nu}(\boldsymbol{r}) = E_\nu(\boldsymbol{k})\,\psi_{\boldsymbol{k}\nu}(\boldsymbol{r})$ ein und erhalten folgende Gleichung:

$$\sum_{\boldsymbol{K}} \left[\frac{\hbar^2}{2m}(\boldsymbol{k}+\boldsymbol{K})^2 - E_\nu(\boldsymbol{k})\right] a_{\boldsymbol{k}\nu}(\boldsymbol{K})\, e^{i\boldsymbol{K}\boldsymbol{r}} + \sum_{\boldsymbol{K}\boldsymbol{K}'} V_{0\boldsymbol{K}'}\, a_{\boldsymbol{k}\nu}(\boldsymbol{K})\, e^{i(\boldsymbol{K}+\boldsymbol{K}',\,\boldsymbol{r})} = 0\,.$$

Diese Gleichung mit $e^{-i\boldsymbol{K}''\boldsymbol{r}}$ multipliziert und über Ω integriert ergibt nach (2.5)

$$\left[\frac{\hbar^2}{2m}(\boldsymbol{k}+\boldsymbol{K})^2 - E_\nu(\boldsymbol{k}) + V_{00}\right] a_{\boldsymbol{k}\nu}(\boldsymbol{K}) + \sum_{\boldsymbol{K}'\neq 0} V_{0\boldsymbol{K}'}\, a_{\boldsymbol{k}\nu}(\boldsymbol{K}-\boldsymbol{K}') = 0\,. \tag{4.25}$$

Diese noch ganz strenge Impulsraum-Darstellung der Schrödinger-Gleichung eines Kristallelektrons kann nun zur expliziten Lösung des Eigenwertproblems in der folgenden üblichen Weise verwendet werden: Für fest vorgegebenes $\boldsymbol{k}$ denken wir uns die (wegen der unendlich vielen $\boldsymbol{K}$ unendlichreihige) Systemdeterminante des Gleichungssystems (4.25) aufgeschrieben und die aus ihrem Verschwinden sich ergebenden unendlich vielen $E_\nu(\boldsymbol{k})$ berechnet. Diese in (4.25) eingesetzt, liefern dann das System der Entwicklungskoeffizienten $a_{\boldsymbol{k}\nu}(\boldsymbol{K})$. Dieses im Prinzip strenge Verfahren kann durch verschiedene Approximationen zu einem praktischen Verfahren der Lösung des Eigenwertproblems gemacht werden.

4.3. Freie Elektronen

Eine außerordentlich instruktive Näherung erhält man aus (4.25), indem man $V_0(\boldsymbol{r}) = \text{konst.} = V_{00}$ setzt, d. h., indem man freie Elektronen betrachtet. In diesem Fall wird also

$$\left[\frac{\hbar^2}{2m}(\boldsymbol{k}+\boldsymbol{K})^2 - E_\nu(\boldsymbol{k}) + V_{00}\right] a_{\boldsymbol{k}\nu}(\boldsymbol{K}) = 0\,, \tag{4.26}$$

was als Lösung

$$E^{(0)}_\nu(\boldsymbol{k}) = \frac{\hbar^2}{2m}(\boldsymbol{k}+\boldsymbol{K}_0)^2 + V_{00}\,, \quad a^{(0)}_{\boldsymbol{k}\nu}(\boldsymbol{K}) = \delta_{\boldsymbol{K}\boldsymbol{K}_0} \tag{4.27}$$

ergibt.

Die durch (4.27) gegebene Konstruktion der Energiebänder freier Elektronen hat offenbar folgendermaßen zu geschehen: Nach Vorgabe einer Richtung im $\boldsymbol{k}$-Raum (etwa der Λ-Achse beim kubisch-flächenzentrierten Gitter) läßt man für jedes $\boldsymbol{K}_0$ den reduzierten Vektor von Null bis zur Zonenbegrenzung laufen und erhält dabei im E-k-Diagramm je ein Parabelast-Stück (Abb. 23). Diese Parabeläste können durchaus für verschiedene $\boldsymbol{K}_0$ identisch sein, was bedeutet, daß die auf diesen Ästen liegenden Energie-Eigenwerte entartet sind. Die Zuordnung des Bandindex ν geschieht dann gemäß (2.32). Indem man dieses Verfahren für alle Richtungen im $\boldsymbol{k}$-Raum durchführt, erhält man für den betrachteten Gittertyp die ganze Energiefunktion $E_\nu^0(\boldsymbol{k})$ freier Elektronen.

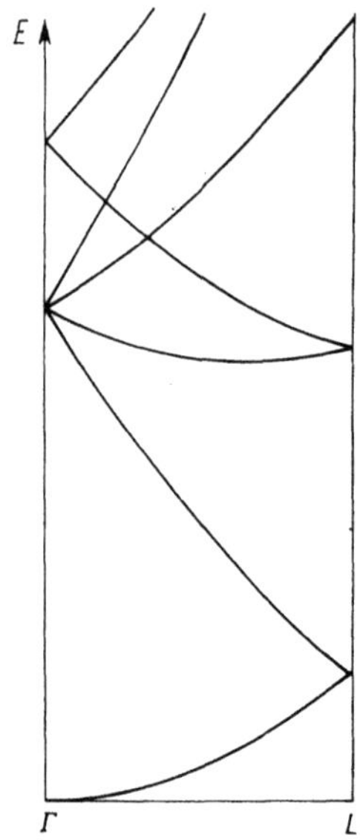

Abb. 23. Energiebänder freier Elektronen längs Λ im kubisch-flächenzentrierten Gitter (schematisch; nach Jones)

Es ist instruktiv, die Bedingung für den Schnitt zweier Parabelast-Stücke zu studieren. Es mögen die respektiven Stücke zu den reziproken Gittervektoren $\boldsymbol{K}_1$ und $\boldsymbol{K}_2$ gehören, dann gilt am Schnittpunkt gemäß (4.27)

$$(\boldsymbol{k}+\boldsymbol{K}_1)^2 = (\boldsymbol{k}+\boldsymbol{K}_2)^2. \tag{4.28}$$

Durch eine leichte Umrechnung folgt daraus

$$(\boldsymbol{k}+\boldsymbol{K}_1, \boldsymbol{K}_1-\boldsymbol{K}_2) = \frac{1}{2}(\boldsymbol{K}_1-\boldsymbol{K}_2)^2. \tag{4.29}$$

Berücksichtigen wir jetzt (1.7), so können wir (4.29) folgendermaßen interpretieren: Ein Schnitt der Energieparabeln (4.27) findet gerade für jene Vektortripel $(\boldsymbol{k}, \boldsymbol{K}_1, \boldsymbol{K}_2)$ statt, die den nichtreduzierten Vektor $\boldsymbol{k}+\boldsymbol{K}_1$ einem Punkt der zu $\boldsymbol{K}_1-\boldsymbol{K}_2$ gehörigen Brillouinschen Ebene zuordnen. Umgekehrt können wir festhalten, daß, wann immer der die Energie bestimmende nichtreduzierte Vektor $\bar{\boldsymbol{k}} = \boldsymbol{k}+\boldsymbol{K}$ (diese Zerlegung von $\bar{\boldsymbol{k}}$ ist natürlich eindeutig) eine Brillouinsche Ebene $\boldsymbol{K}'$ berührt, die Beziehung

$$(\boldsymbol{k}+\boldsymbol{K})^2 = (\boldsymbol{k}+\boldsymbol{K}-\boldsymbol{K}')^2$$

gilt, was zu einem entsprechenden Schnitt im $E_\nu^0(\boldsymbol{k})$-Schema führt.

Beim Durchlaufen eines Parabelastes tritt also an jedem Schnittpunkt sowohl ein Wechsel der Brillouin-Zone, in der sich $\bar{\boldsymbol{k}}$ befindet, als auch nach unserer Konvention (2.32) ein Wechsel des zugehörigen Bandes ein. Offenbar entspricht dies im vorliegenden Spezialfall freier Elektronen der früher angegebenen Konstruktionsvorschrift der Energiefunktion $E = E(\bar{\boldsymbol{k}})$ im ausgebreiteten Zonenschema. Natürlich ist die Darstellung der Energie im vorliegenden Fall durch nichtreduzierte Ausbreitungsvektoren $\bar{\boldsymbol{k}}$ viel einfacher als im reduzierten (Band-)-Schema. Das zeigt sich besonders deutlich bei der Diskussion der Flächen konstanter Energie.

Während diese im ausgebreiteten Zonenschema einfach Kugeln um den Punkt $\boldsymbol{k} = 0$ mit den Radien $\bar{k}$ sind, stellen sie sich im reduzierten Schema oft als äußerst komplizierte Flächen dar. Ihre Konstruktion aus den Energieflächen im ausgebreiteten Zonenschema ist im Prinzip einfach: Durch einen betrachteten Wert E ist nach (4.27) eine Kugelfläche im ausgebreiteten Schema definiert. Diese durchläuft im allgemeinen einige Brillouin-Zonen, so daß die ganze Kugelfläche sich eindeutig in Bereiche zerlegen läßt, deren jeder einer Brillouin-Zone, d. h. einem Energieband im reduzierten Schema, zugehört. Indem man weiterhin

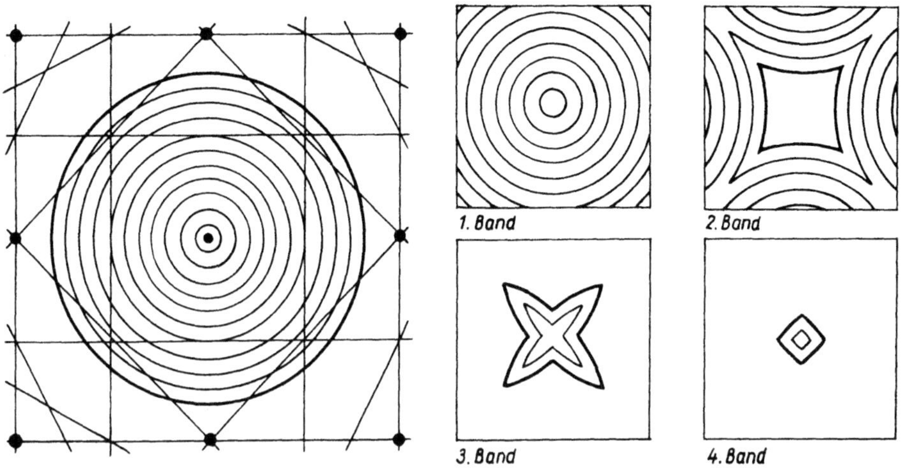

Abb. 24. Konstruktion von Flächen konstanter Energie freier Elektronen im reduzierten Schema (nach Harrison)

jedem $\bar{\boldsymbol{k}}$ eines solchen (nicht zusammenhängenden) Bereichs eindeutig sein reduziertes $\boldsymbol{k}$ zuordnet, ergibt sich in der ersten Brillouin-Zone eine Fläche konstanter Energie E, die dem betrachteten Bereich der Kugelfläche, d. h. einem Energieband, zugeordnet ist. Nachdem diese Konstruktion für sämtliche Bereiche der betrachteten Kugelfläche ausgeführt ist, hat man die Gesamtheit der Energieflächen im reduzierten Schema, dargestellt durch die Funktionen $E_\nu(\boldsymbol{k}) = E$, erhalten. Der Bandindex ν läuft dabei über alle die Werte, die jene Brillouin-Zonen bezeichnen, welche von der Kugelfläche mit dem Radius $\bar{k}$ durchsetzt werden. Eine zweidimensionale Veranschaulichung zeigt Abb. 24.

Nach Harrison gelingt die Konstruktion der Flächen konstanter Energie freier Elektronen im reduzierten Schema wie folgt auch ohne Zuhilfenahme der höheren Brillouin-Zonen und Verschiebung der Kugelflächenteile: Dazu zeichnet man zunächst die Kugeln $\frac{\hbar^2}{2m}\,\bar{k}^2 = E$ um jeden Punkt des reziproken Gitters und betrachtet anschließend lediglich die Verhältnisse in der ersten Brillouin-Zone, in der sich für genügend großes E mehrere Kugeln durchdringen werden, so daß gewisse Teile der ersten Brillouin-Zone 1mal, 2mal, 3mal usw. im Innern von Kugeln liegen. Eine zweidimensionale Veranschaulichung zeigt Abb. 25. Indem man sich jetzt vorstellt, daß die in der ersten Zone liegenden Teile der anderen Kugeln entsprechenden Teilen der ersten Kugel in den anderen *Zonen äquivalent sind, die durch* entsprechende Verschiebungen, wie beschrieben, in die erste Zone überführt werden können, erkennt man die Richtigkeit folgender weiterer Konstruktion: Man suche – stets in der ersten Brillouin-Zone – zunächst alle die Punkte, die mindestens in einer Kugel liegen. Sie entsprechen Zuständen, die im ersten Band eine Energie $< E$ haben. Gibt es von Kugeln gänzlich unbelegte Punkte, so bestimmt die Grenzfläche zwischen diesen und den erstgenannten Punkten die Energiefläche E im ersten Band. Danach merke man alle Punkte an,

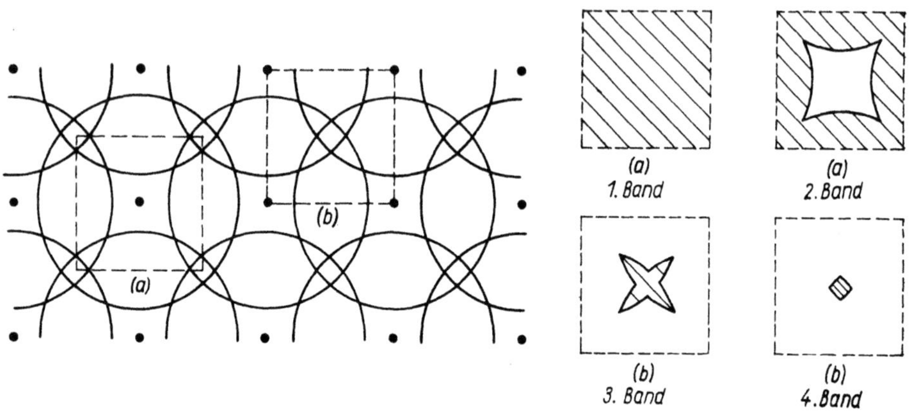

Abb. 25. Konstruktion von Flächen konstanter Energie freier Elektronen im reduzierten Schema (nach HARRISON)

die mindestens innerhalb zweier Kugeln liegen. Jedem dieser Punkte entsprechen der jeweilige reduzierte Ausbreitungsvektor und der nächstgrößere äquivalente, da dieses Überdeckungsgebiet nach dem einfach überdeckten das größte ist, es also von den nächsten Kugeln herrührt. Die Begrenzungsfläche des mindestens zweifach überdeckten Gebietes gibt direkt die Energiefläche E im zweiten Energieband. Allgemein hat man danach die Vorschrift: Das mindestens n-fach von Kugeln überdeckte Gebiet der ersten Brillouin-Zone enthält gerade die im n-ten Energieband liegenden Zustände mit einer Energie $\leqq E$. Seine Begrenzungsfläche ist die Fläche konstanter Energie im n-ten Band. Man erkennt, wie nach diesem Vorgang gemäß Abb. 25 die Energieflächen in Abb. 24 entstehen. Dabei ist allerdings beim dritten und vierten Band noch eine vorteilhafte Verschiebung der Brillouin-Zone vorgenommen.

4.4. Fast freie Elektronen

Die gerade behandelte Approximation des Gleichungssystems (4.25), die durch $V_{0\boldsymbol{K}} = 0$ (für alle $\boldsymbol{K} \neq 0$) gekennzeichnet war, ergab natürlich ein lückenloses Energiespektrum. Die für periodische Potentiale typische Energieband-Struktur mit Bereichen, die frei von Eigenwerten des Hamilton-Operators sind, erhält man erst, wenn man (4.25) unter Berücksichtigung von Faktoren $V_{0\boldsymbol{K}}$ mindestens bis zur ersten Ordnung löst. Zu diesem Zweck hat man offensichtlich in der dortigen Summe den Faktor $a_{\boldsymbol{k}\nu}(\boldsymbol{K} - \boldsymbol{K}')$ gemäß (4.27) durch $\delta_{\boldsymbol{K}-\boldsymbol{K}',\boldsymbol{K}_0}$ und $E_\nu(\boldsymbol{k})$ ebenfalls durch seinen nach (4.27) gegebenen Wert $E_\nu^{(0)}(\boldsymbol{k})$ zu ersetzen. So erhält man

$$a_{\boldsymbol{k}\nu}(\boldsymbol{K}) = -\frac{V_{0,\boldsymbol{K}-\boldsymbol{K}_0}}{\frac{\hbar^2}{2m}\left[(\boldsymbol{k}+\boldsymbol{K})^2 - (\boldsymbol{k}+\boldsymbol{K}_0)^2\right]}, \qquad \boldsymbol{K} \neq \boldsymbol{K}_0. \tag{4.30}$$

Da (4.30) ausdrücklich unter der Voraussetzung kleiner $a_{\boldsymbol{k}\nu}(\boldsymbol{K})$ abgeleitet worden ist, muß diese Approximation versagen, wenn der Nenner in (4.30) klein wird. Das ist aber nach dem oben Gesagten genau dann der Fall, wenn der Vektor $\bar{\boldsymbol{k}} = \boldsymbol{k} + \boldsymbol{K}_0$ in die Nähe der zu $\boldsymbol{K}_0 - \boldsymbol{K}$ gehörigen Brillouinschen Zonengrenze gelangt. In der Terminologie der Störungsrechnung bedeutet dies die Entartung der ungestörten Eigenfunktionen, so daß das geschilderte Vorgehen entsprechend modifiziert werden muß.

Bei Berücksichtigung des Kristallpotentials in linearer Näherung gelangt man also gerade an den Schnittpunkten der Bänder freier Elektronen zu beträchtlichen Veränderungen der Eigenwerte und Eigenfunktionen des ungestörten Problems.

Um diese modifizierten Größen zu erhalten, wollen wir annehmen es liege der eben beschriebene Sachverhalt vor. Offenbar liegt es dann nahe, in (4.25) nur jene Gleichungen weiterzubehandeln, die $a_{\boldsymbol{k}\nu}(\boldsymbol{K})$ bzw. $a_{\boldsymbol{k}\nu}(\boldsymbol{K}_0)$ enthalten, da diese beiden Fourier-Koeffizienten des Bloch-Faktors für den betrachteten Sachverhalt ausschlaggebend sein werden. Das entspricht auch dem Vorgehen in der Störungstheorie bei vorhandener Entartung. So erhalten wir

$$\begin{aligned}
\left[\frac{\hbar^2}{2m}(\boldsymbol{k}+\boldsymbol{K}_0)^2 - E(\boldsymbol{k}) + V_{00}\right] a_{\boldsymbol{k}}(\boldsymbol{K}_0) + V_{0,\boldsymbol{K}_0-\boldsymbol{K}}\, a_{\boldsymbol{k}}(\boldsymbol{K}) &= 0,\\
\left[\frac{\hbar^2}{2m}(\boldsymbol{k}+\boldsymbol{K})^2 - E(\boldsymbol{k}) + V_{00}\right] a_{\boldsymbol{k}}(\boldsymbol{K}) + V_{0,\boldsymbol{K}-\boldsymbol{K}_0}\, a_{\boldsymbol{k}}(\boldsymbol{K}_0) &= 0.
\end{aligned} \tag{4.31}$$

Die Auflösung der Determinante dieses Gleichungssystems ergibt unter Berücksichtigung von (4.19) für die Eigenwerte der Energie in der Nähe der betrachteten Zonengrenze die beiden Werte:

$$\begin{aligned}
E_{1,2}(\boldsymbol{k}; \boldsymbol{K}_0, \boldsymbol{K}) = {}& \frac{1}{2}\left\{\frac{\hbar^2}{2m}\left[(\boldsymbol{k}+\boldsymbol{K}_0)^2 + (\boldsymbol{k}+\boldsymbol{K})^2\right] + 2V_{00}\right\}\\
& \pm \frac{1}{2}\sqrt{\left\{\frac{\hbar^2}{2m}\left[(\boldsymbol{k}+\boldsymbol{K}_0)^2 - (\boldsymbol{k}+\boldsymbol{K})^2\right]\right\}^2 + 4\,|V_{0,\boldsymbol{K}_0-\boldsymbol{K}}|^2}\,.
\end{aligned} \tag{4.32}$$

Für verschwindenden Nenner in (4.30), d. h. an der betrachteten Zonenbegrenzung, wo im Fall freier Elektronen die zu $\boldsymbol{K}_0$ und $\boldsymbol{K}$ gehörigen Parabeläste einander schneiden, folgt aus (4.32)

$$E_{1,2}(\boldsymbol{k}; \boldsymbol{K}_0, \boldsymbol{K}) = \frac{\hbar^2}{2m}(\boldsymbol{k}+\boldsymbol{K}_0)^2 + V_{00} \pm |V_{0,\boldsymbol{K}_0-\boldsymbol{K}}|\,. \tag{4.33}$$

Die Energie verhält sich danach beim Durchtritt durch eine Brillouinsche Zonengrenze in der hier studierten, in den $V_{0\boldsymbol{K}}$ linearen Näherung unstetig, wenn der dazugehörige Potential-Fourier-Koeffizient nicht verschwindet. Der Energiesprung beträgt dann $2\,|V_{0,\boldsymbol{K}_0-\boldsymbol{K}}|$. Die Energiebänder freier Elektronen (Abb. 23) spalten also in der betrachteten Approximation fast freier Elektronen an ihren Berührungspunkten um diesen Betrag auf, wodurch für die betreffende Richtung im $\boldsymbol{k}$-Raum Energielücken entstehen. Da in anderen $\boldsymbol{k}$-Richtungen diese Energielücken innerhalb von Energiebändern liegen können, beweist das Auftreten von Energielücken bezüglich einer $\boldsymbol{k}$-Richtung noch nicht das Auftreten von Lücken im Energiespektrum des Kristallelektrons.

4.5. Orthogonalisierte ebene Wellen

Eine weitere Methode bei der Wahl von Entwicklungsfunktionen $\chi_i(\boldsymbol{r})$ zur Darstellung der Eigenlösungen der Schrödinger-Gleichung verwendet eine gewisse Kombination der bei den Approximationen starker und schwacher Bindung betrachteten Entwicklungsfunktionen (4.2) und (4.16). Im folgenden wollen wir dazu annehmen, daß uns nur die Eigenlösungen zu einem bestimmten reduzierten $\boldsymbol{k}$ für Energiebänder oberhalb eines gewissen durch den Bandindex ν_0 bezeichneten Energiebandes interessieren. Mit $\psi_{\boldsymbol{k}\nu'}(\boldsymbol{r})$ bezeichnen wir die als bekannt angenommenen Bloch-Funktionen für $\nu' \leqq \nu_0$ und setzen dann die Entwicklungsfunktionen in folgender Form an:

$$\chi_{\boldsymbol{k}\boldsymbol{K}}^{\nu_0}(\boldsymbol{r}) = \frac{1}{\sqrt{\Omega}}\, e^{i(\boldsymbol{k}+\boldsymbol{K},\,\boldsymbol{r})} - \sum_{\nu'=1}^{\nu_0} b_{\boldsymbol{k}\boldsymbol{K}\nu'}\, \psi_{\boldsymbol{k}\nu'}(\boldsymbol{r})\,. \tag{4.34}$$

Da es sich bei der nach (4.34) zu entwickelnden Bloch-Funktion, wie schon bemerkt wurde, um eine solche aus einem Band $\nu > \nu_0$ handelt, muß diese orthogonal zu allen $\psi_{\boldsymbol{k}\nu'}(\boldsymbol{r})$ in (4.34) sein. Indem wir also

$$\langle \psi_{\boldsymbol{k}\nu'} |\, \chi_{\boldsymbol{k}\boldsymbol{K}}^{\nu_0} \rangle = 0\,, \qquad \nu' \leqq \nu_0 \tag{4.35}$$

fordern, haben wir zugleich eine Bestimmungsgleichung für die Koeffizienten $b_{\boldsymbol{k}\boldsymbol{K}\nu'}$:

$$b_{\boldsymbol{k}\boldsymbol{K}\nu'} = \frac{1}{\sqrt{\Omega}} \int\limits_{\Omega} \psi_{\boldsymbol{k}\nu'}^{*}(\boldsymbol{r})\, e^{i(\boldsymbol{k}+\boldsymbol{K},\,\boldsymbol{r})}\, d^3\boldsymbol{r}\,. \tag{4.36}$$

Unter Benutzung dieser $b_{\boldsymbol{k}\boldsymbol{K}\nu'}$ hat man mit den Funktionen (4.34) modifizierte ebene Wellen konstruiert, die zu allen „Rumpfzuständen" $\psi_{\boldsymbol{k}\nu'}(\nu' \leqq \nu_0)$ orthogonal sind; man nennt sie „orthogonalisierte Planwellen" (OPW).

Abb. 26 veranschaulicht diese Konstruktion der OPW.

Da die OPWs Beiträge von Eigenfunktionen tiefer Energieterme enthalten, ist zu vermuten, daß sie das durch heftiges Oszillieren charakterisierte Verhalten von Bloch-Funktionen in Kernnähe weit besser darstellen als die reinen ebenen Wellen, so daß die Konvergenz gegenüber dem oben geschilderten Verfahren schwacher Bindung verbessert sein wird. Indem man die in (4.1) auftretenden Ausdrücke mit dem (nichtorthogonalen) System der OPWs (4.34) berechnet, erhält man durch Auflösung der Säkulargleichung die Folge der approximativen Energien $E_\nu(\boldsymbol{k})$ $(\nu = \nu_0 + 1,\ \nu_0 + 2, \ldots)$. Infolge des Variationsprinzips der Quantenmechanik gilt dabei, daß etwa $E_{\nu_0+1}(\boldsymbol{k})$ stets größer ist als der entsprechende exakte Eigenwert. Natürlich werden dabei noch einige weitere Näherungsannahmen verwendet, wie z. B. die Ersetzung der Rumpffunktionen $\psi_{\boldsymbol{k}\nu'}(\boldsymbol{r})$ durch Bloch-Summen (4.2).

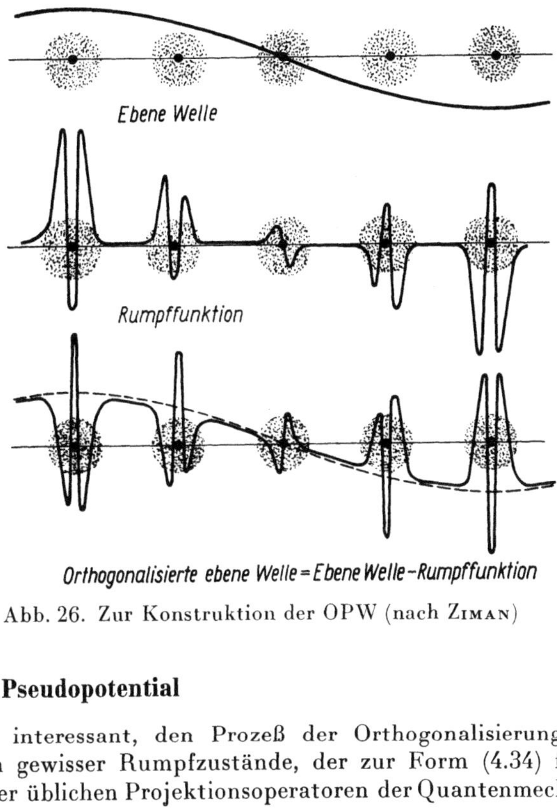

Abb. 26. Zur Konstruktion der OPW (nach ZIMAN)

4.6. Pseudopotential

Es ist interessant, den Prozeß der Orthogonalisierung einer ebenen Welle bezüglich gewisser Rumpfzustände, der zur Form (4.34) für die OPWs führte, mittels der üblichen Projektionsoperatoren der Quantenmechanik etwas anders zu formulieren.

Zu diesem Zweck führen wir den in die Rumpfzustände $\psi_{\boldsymbol{k}\nu'}$ $(\nu' \leqq \nu_0)$ projizierenden Operator $Q_{\boldsymbol{k}\nu_0}$ ein:

$$Q_{\boldsymbol{k}\nu_0} = \sum_{\nu'=1}^{\nu_0} P_{[\psi_{\boldsymbol{k}\nu'}]}\,, \tag{4.37}$$

wobei die elementaren Projektionsoperatoren $P_{[\psi]}$, wie üblich, durch $P_{[\psi]}\varphi = \langle\psi|\varphi\rangle\,\psi$ definiert sind. Für $Q_{\boldsymbol{k}\nu_0}$, wie auch für jeden anderen Projektionsoperator, gelten die Relationen:

$$Q^2_{\boldsymbol{k}\nu_0} = Q_{\boldsymbol{k}\nu_0}\,, \qquad Q^\dagger_{\boldsymbol{k}\nu_0} = Q_{\boldsymbol{k}\nu_0}\,. \tag{4.38}$$

Während $Q_{\boldsymbol{k}\nu_0}$ von jedem Zustand gerade den im Unterraum der Rumpfzustände liegenden Anteil heraussondert, erhält man durch Anwendung von

$$P_{\boldsymbol{k}\nu_0} = 1 - Q_{\boldsymbol{k}\nu_0}\,. \tag{4.39}$$

auf irgendeinen Zustand gerade denjenigen Anteil desselben, der zu den Rumpfzuständen orthogonal ist. Natürlich gilt [nach (4.38)]

$$P_{\boldsymbol{k}\nu_0} Q_{\boldsymbol{k}\nu_0} = 0. \tag{4.40}$$

Die OPW (4.34) entsteht danach einfach durch Anwendung von $P_{\boldsymbol{k}\nu_0}$ auf die ebene Welle $e^{i(\boldsymbol{k}+\boldsymbol{K},\boldsymbol{r})}$. Mit Verwendung von (4.39) und (4.37) erhalten wir also

$$\chi_{\boldsymbol{k}\boldsymbol{K}}^{\nu_0}(\boldsymbol{r}) = P_{\boldsymbol{k}\nu_0} \frac{1}{\sqrt{\Omega}} e^{i(\boldsymbol{k}+\boldsymbol{K},\boldsymbol{r})} = \frac{1}{\sqrt{\Omega}} e^{i(\boldsymbol{k}+\boldsymbol{K},\boldsymbol{r})} - \frac{1}{\sqrt{\Omega}} Q_{\boldsymbol{k}\nu_0} e^{i(\boldsymbol{k}+\boldsymbol{K},\boldsymbol{r})}$$

$$= \frac{1}{\sqrt{\Omega}} e^{i(\boldsymbol{k}+\boldsymbol{K},\boldsymbol{r})} - \sum_{\nu'=1}^{\nu_0} \psi_{\boldsymbol{k}\nu'}(\boldsymbol{r}) \frac{1}{\sqrt{\Omega}} \int_{\Omega} \psi_{\boldsymbol{k}\nu'}^{*}(\boldsymbol{r}') e^{i(\boldsymbol{k}+\boldsymbol{K},\boldsymbol{r}')} d^3\boldsymbol{r}',$$

was nach (4.36) mit (4.34) übereinstimmt.

Diese rein formalen Bemerkungen können wir zu einer, wie sich zeigen wird, nützlichen Umformung der Schrödinger-Gleichung für die Eigenzustände $\psi_{\boldsymbol{k}\nu}$ $(\nu > \nu_0)$ verwenden. Dazu beachten wir, daß aus der Spektralzerlegung

$$H_0 = \sum_{\boldsymbol{k}\nu} E_\nu(\boldsymbol{k}) P_{[\psi_{\boldsymbol{k}\nu}]}, \tag{4.41}$$

deren Richtigkeit durch Anwendung auf das vollständige System der Bloch-Funktionen unmittelbar ersichtlich ist, sich sofort ergibt:

$$[P_{\boldsymbol{k}\nu_0}, H_0] = 0. \tag{4.42}$$

Damit liefert aber die Anwendung von $P_{\boldsymbol{k}\nu_0}$ auf die Schrödingergleichung

$$H_0 P_{\boldsymbol{k}\nu_0} \psi_{\boldsymbol{k}\nu} = E_\nu(\boldsymbol{k}) P_{\boldsymbol{k}\nu_0} \psi_{\boldsymbol{k}\nu}. \tag{4.43}$$

Die Bloch-Funktionen $\psi_{\boldsymbol{k}\nu}(\nu > \nu_0)$ sind offenbar nichttriviale Lösungen dieser Gleichung. Es ist nun von entscheidender Bedeutung für das Folgende, daß nach (4.40) die wesentlich größere Mannigfaltigkeit von Funktionen

$$\varphi_{\boldsymbol{k}\nu} = \psi_{\boldsymbol{k}\nu} + Q_{\boldsymbol{k}\nu_0}\chi \qquad (\chi(\boldsymbol{r}) \text{ beliebig}) \tag{4.44}$$

gleichfalls (4.43) befriedigt, daß also auch gilt:

$$H_0 P_{\boldsymbol{k}\nu_0} \varphi_{\boldsymbol{k}\nu} = E_\nu(\boldsymbol{k}) P_{\boldsymbol{k}\nu_0} \varphi_{\boldsymbol{k}\nu}.$$

Danach sind also sämtliche nach (4.44) bestimmten Funktionen $\varphi_{\boldsymbol{k}\nu}$, zum Eigenwert $E_\nu(\boldsymbol{k})$ gehörend, miteinander entartet. Berücksichtigen wir jetzt (4.39), so erhalten wir daraus

$$H_0 \varphi_{\boldsymbol{k}\nu} + [E_\nu(\boldsymbol{k}) - H_0] Q_{\boldsymbol{k}\nu_0} \varphi_{\boldsymbol{k}\nu} = E_\nu(\boldsymbol{k}) \varphi_{\boldsymbol{k}\nu}. \tag{4.45}$$

Mit Verwendung von

$$V_R = [E_\nu(\boldsymbol{k}) - H_0] Q_{\boldsymbol{k}\nu_0}, \tag{4.46}$$

dem sogenannten Repulsionspotential, wird (4.45) schließlich zu

$$(H_0 + V_R)\varphi_{\boldsymbol{k}\nu} = E_\nu(\boldsymbol{k}) \varphi_{\boldsymbol{k}\nu}. \tag{4.47}$$

Diese Gleichung bezeichnet man als Phillips-Kleinman-Gleichung.

Während die Eigenwerte dieser Gleichung mit denen des Problems $H_0 \psi_{\boldsymbol{k}\nu} = E_\nu(\boldsymbol{k}) \psi_{\boldsymbol{k}\nu}$ für $\nu > \nu_0$ identisch sind, ergeben sich die Eigenfunktionen $\psi_{\boldsymbol{k}\nu}$ wegen $P_{\boldsymbol{k}\nu_0} \psi_{\boldsymbol{k}\nu} = \psi_{\boldsymbol{k}\nu}$ nach (4.44) und (4.40) zu

$$\psi_{\boldsymbol{k}\nu} = P_{\boldsymbol{k}\nu_0} \varphi_{\boldsymbol{k}\nu} \qquad (\nu > \nu_0) . \tag{4.48}$$

Die Funktion $\varphi_{\boldsymbol{k}\nu}$ als Lösung von (4.47) und $\psi_{\boldsymbol{k}\nu}$ als Eigenfunktion des eigentlichen Problems stehen also in derselben Beziehung zueinander, wie ebene Wellen und orthogonalisierte ebene Wellen, d. h., wenn man als approximative Lösung von (4.47) eine ebene Welle erhält, so wäre $\psi_{\boldsymbol{k}\nu}$ durch eine OPW gleichfalls gut approximiert. Man kann vermuten, daß diese „Glattheit" der Lösung $\varphi_{\boldsymbol{k}\nu}$ durch die Willkür bei der Wahl des Rumpffunktionenanteils von $\varphi_{\boldsymbol{k}\nu}$, d. h. durch Ausnutzen der Entartung des Problems (4.47), mehr oder weniger weitgehend erreicht werden kann. Nach (4.48) fällt diese Willkür bei der nachfolgenden Berechnung von $\psi_{\boldsymbol{k}\nu}$, wie es sein muß, wieder heraus.

Der Orthogonalisierungsoperator $P_{\boldsymbol{k}\nu_0}$, der gemäß (4.43) aus der Gesamtheit der Blochschen Lösungen diejenigen mit $\nu \leqq \nu_0$ ausscheidet, findet sich in (4.47) als ein formales Abstoßungspotential V_R wieder, das vom gesuchten Eigenwert $E_\nu(\boldsymbol{k})$ $(\nu > \nu_0)$ und den (als bekannt angenommenen) Rumpfzuständen $\psi_{\boldsymbol{k}\nu'}$ $(\nu' \leqq \nu_0)$ abhängt. Es bewirkt, daß im Eigenwertproblem (4.47) der niedrigste Eigenwert $E_{\nu_0+1}(\boldsymbol{k})$ statt $E_1(\boldsymbol{k})$ wird: V_R wirkt wie eine abstoßende Kraft auf das Kristallelektron.

Wir können V_R noch umformen. Aus (4.46) und (4.37) erhalten wir

$$V_R = \sum_{\nu'=1}^{\nu_0} [E_\nu(\boldsymbol{k}) - E_{\nu'}(\boldsymbol{k})] \, P_{[\psi_{\boldsymbol{k}\nu'}]} , \tag{4.49}$$

das heißt

$$V_R \Phi = \sum_{\nu'=1}^{\nu_0} [E_\nu(\boldsymbol{k}) - E_{\nu'}(\boldsymbol{k})] \, \langle \psi_{\boldsymbol{k}\nu'} | \Phi \rangle \, \psi_{\boldsymbol{k}\nu'}$$

oder in Ortsdarstellung:

$$\begin{aligned} V_R \Phi(\boldsymbol{r}) &= \sum_{\nu'=1}^{\nu_0} [E_\nu(\boldsymbol{k}) - E_{\nu'}(\boldsymbol{k})] \int_\Omega \psi^*_{\boldsymbol{k}\nu'}(\boldsymbol{r}') \, \Phi(\boldsymbol{r}') \, \psi_{\boldsymbol{k}\nu'}(\boldsymbol{r}) \, \mathrm{d}^3\boldsymbol{r}' \\ &= \int_\Omega V_R(\boldsymbol{r}', \boldsymbol{r}) \, \Phi(\boldsymbol{r}') \, \mathrm{d}^3\boldsymbol{r}' \end{aligned}$$

mit

$$V_R(\boldsymbol{r}', \boldsymbol{r}) = \sum_{\nu'=1}^{\nu_0} [E_\nu(\boldsymbol{k}) - E_{\nu'}(\boldsymbol{k})] \, \psi^*_{\boldsymbol{k}\nu'}(\boldsymbol{r}') \, \psi_{\boldsymbol{k}\nu'}(\boldsymbol{r}) .$$

Das Repulsionspotential ist also in der Ortsdarstellung nichtlokal.

Wie wir bereits betonten, kann man die durch (4.44) gegebene Willkür in den Lösungsfunktionen $\varphi_{\boldsymbol{k}\nu}$ der Gleichung (4.47) z. B. dazu benutzen, diese möglichst einer ebenen Welle ähnlich zu machen, d. h., eine gewisse „optimale Glattheit" für die $\varphi_{\boldsymbol{k}\nu}(\boldsymbol{r})$ zu erreichen. Nach Cohen und Heine kann das dadurch geschehen, daß man das Verschwinden der folgenden Variationsableitung fordert:

$$\delta \frac{\int_\Omega |\nabla \varphi_{\boldsymbol{k}\nu}(\boldsymbol{r})|^2 \, \mathrm{d}^3\boldsymbol{r}}{\int_\Omega |\varphi_{\boldsymbol{k}\nu}(\boldsymbol{r})|^2 \, \mathrm{d}^3\boldsymbol{r}} = 0 , \qquad \delta\varphi_{\boldsymbol{k}\nu} = \sum_{\nu'=1}^{\nu_0} \alpha_{\boldsymbol{k}\nu'} \psi_{\boldsymbol{k}\nu'} \qquad (\nu > \nu_0) . \tag{4.50}$$

Mit Hilfe der periodischen Randbedingung (2.1) kann man das umformen in

$$\frac{\partial}{\partial \alpha^*_{\boldsymbol{k}\nu'}} \left. \frac{\int\limits_\Omega \varphi^*_{\boldsymbol{k}\nu} \Delta \varphi_{\boldsymbol{k}\nu} \, \mathrm{d}^3\boldsymbol{r}}{\int\limits_\Omega |\varphi_{\boldsymbol{k}\nu}|^2 \, \mathrm{d}^3\boldsymbol{r}} \right|_{\alpha^*_{\boldsymbol{k}1} = \alpha^*_{\boldsymbol{k}2} = \cdots = \alpha^*_{\boldsymbol{k}\nu_0} = 0} = 0,$$

und diese Beziehung ist nach (4.47) äquivalent mit

$$\delta \frac{\int\limits_\Omega \varphi^*_{\boldsymbol{k}\nu}(V_0 + V_R)\, \varphi_{\boldsymbol{k}\nu} \mathrm{d}^3\boldsymbol{r}}{\int\limits_\Omega |\varphi_{\boldsymbol{k}\nu}|^2 \mathrm{d}^3\boldsymbol{r}} = \delta \frac{\langle \varphi_{\boldsymbol{k}\nu} | (V_0 + V_R) \varphi_{\boldsymbol{k}\nu} \rangle}{\langle \varphi_{\boldsymbol{k}\nu} | \varphi_{\boldsymbol{k}\nu} \rangle} = 0.$$

Die Ausrechnung ergibt ohne weiteres

$$\langle \varphi_{\boldsymbol{k}\nu} | \varphi_{\boldsymbol{k}\nu} \rangle \langle \psi_{\boldsymbol{k}\nu'} | (V_0 + V_R)\, \varphi_{\boldsymbol{k}\nu} \rangle = \langle \varphi_{\boldsymbol{k}\nu} | (V_0 + V_R)\, \varphi_{\boldsymbol{k}\nu} \rangle \langle \psi_{\boldsymbol{k}\nu'} | \varphi_{\boldsymbol{k}\nu} \rangle.$$

Mit Berücksichtigung von (4.37) können wir daraus

$$\sum_{\nu'=1}^{\nu_0} |\psi_{\boldsymbol{k}\nu'}\rangle \langle \psi_{\boldsymbol{k}\nu'} | (V_0 + V_R)\, \varphi_{\boldsymbol{k}\nu} \rangle = Q_{\boldsymbol{k}\nu_0}(V_0 + V_R)\, \varphi_{\boldsymbol{k}\nu}$$

$$= \frac{\langle \varphi_{\boldsymbol{k}\nu} | (V_0 + V_R)\, \varphi_{\boldsymbol{k}\nu} \rangle}{\langle \varphi_{\boldsymbol{k}\nu} | \varphi_{\boldsymbol{k}\nu} \rangle} Q_{\boldsymbol{k}\nu_0} \varphi_{\boldsymbol{k}\nu} \tag{4.51}$$

folgern.

Da wegen (4.46) $Q_{\boldsymbol{k}\nu_0} V_R = V_R$ gilt, so ist auch

$$(V_0 + V_R)\, \varphi_{\boldsymbol{k}\nu} = (V_0 - Q_{\boldsymbol{k}\nu_0} V_0)\, \varphi_{\boldsymbol{k}\nu} + Q_{\boldsymbol{k}\nu_0}(V_0 + V_R)\, \varphi_{\boldsymbol{k}\nu},$$

und indem wir aus (4.51) einsetzen und weiterhin

$$U = V_0 - Q_{\boldsymbol{k}\nu_0} V_0 = P_{\boldsymbol{k}\nu_0} V_0 \tag{4.52}$$

einführen, erhalten wir

$$(V_0 + V_R)\, \varphi_{\boldsymbol{k}\nu} = U \varphi_{\boldsymbol{k}\nu} + \frac{\langle \varphi_{\boldsymbol{k}\nu} | (V_0 + V_R)\, \varphi_{\boldsymbol{k}\nu} \rangle}{\langle \varphi_{\boldsymbol{k}\nu} | \varphi_{\boldsymbol{k}\nu} \rangle} Q_{\boldsymbol{k}\nu_0} \varphi_{\boldsymbol{k}\nu}. \tag{4.53}$$

Diese Gleichung multiplizieren wir jetzt mit $\varphi_{\boldsymbol{k}\nu}$, lösen nach $\langle \varphi_{\boldsymbol{k}\nu} | (V_0 + V_R) \varphi_{\boldsymbol{k}\nu} \rangle$ auf und setzen das Resultat wieder in (4.53) ein. So ergibt sich schließlich

$$(V_0 + V_R)\, \varphi_{\boldsymbol{k}\nu} = U \varphi_{\boldsymbol{k}\nu} + \frac{\langle \varphi_{\boldsymbol{k}\nu} | U \varphi_{\boldsymbol{k}\nu} \rangle}{\langle \varphi_{\boldsymbol{k}\nu} | \varphi_{\boldsymbol{k}\nu} \rangle - \langle \varphi_{\boldsymbol{k}\nu} | Q_{\boldsymbol{k}\nu_0} \varphi_{\boldsymbol{k}\nu} \rangle} Q_{\boldsymbol{k}\nu_0} \varphi_{\boldsymbol{k}\nu}. \tag{4.54}$$

Es ist wichtig zu betonen, daß dieser auf Harrison zurückgehende Ausdruck ohne irgendwelche Approximationen abgeleitet wurde und daß weiterhin, im Unterschied etwa zu (4.49), auf der rechten Seite von (4.54) der erst zu berechnende Eigenwert $E_\nu(\boldsymbol{k})$ nicht mehr auftritt. Die Formel (4.54) zeigt weiterhin besonders deutlich, daß das den Eigenwert $E_\nu(\boldsymbol{k})$ bestimmende Pseudopotential $V_P = V_0 + V_R$ nach (4.52) gegenüber $V_0(\boldsymbol{r})$ abgeschwächt ist, und zwar besonders in jenen kernnahen Bezirken, in denen die den Operator $Q_{\boldsymbol{k}\nu_0}$ bestimmenden Rumpffunktionen beträchtliche Werte annehmen. Es ist weiterhin von besonderer Wichtigkeit zu vermerken, daß das Pseudopotential, wie man etwa aus (4.52) ersieht, ein nichthermitescher Operator ist, der z. B. auf Zustände verschiedener Nebenquantenzahlen l verschieden wirkt. Diese l-Abhängigkeit des Pseudopotentials ist u. a. von Bedeutung für die Anwendung der Methode auf die Untersuchung der Energiebandstruktur der einwertigen Metalle.

Die Berechnung der die physikalischen Eigenschaften des betreffenden Problems bestimmenden Matrixelemente $\langle \varphi_{\boldsymbol{k}'\nu'} | V_P \varphi_{\boldsymbol{k}\nu} \rangle$ des Pseudopotentials geht im Sinne der auf (4.50) basierenden Ableitung der Beziehung (4.54) dann derart

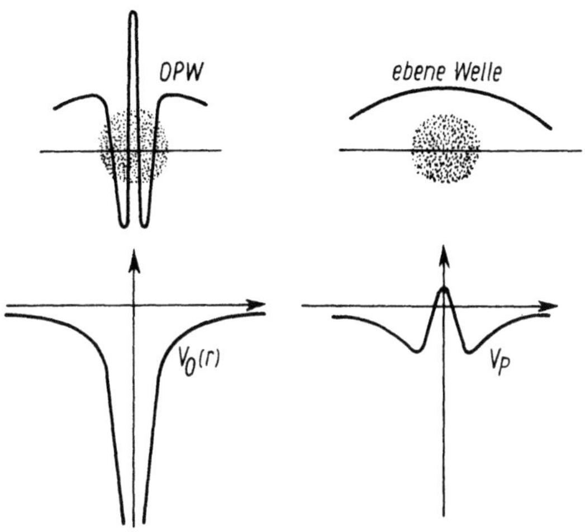

Abb. 27. Zur Ersetzung der OPW im Potential V_0 durch eine ebene Welle im Potential V_P (nach ZIMAN)

vor sich, daß man annimmt, die die Beziehungen (4.47) und (4.54) befriedigende Funktion $\varphi_{\boldsymbol{k}\nu}$ werde in ausreichender Näherung durch eine ebene Welle beschrieben. Man erhält so mit $\varphi_{\boldsymbol{k}}(\boldsymbol{r}) = 1/\sqrt{\Omega}\, e^{i\boldsymbol{k}\boldsymbol{r}}$ für diese Matrixelemente

$$\langle \varphi_{\boldsymbol{k}+\boldsymbol{K}} | V_P \varphi_{\boldsymbol{k}} \rangle = \langle \varphi_{\boldsymbol{k}+\boldsymbol{K}} | U \varphi_{\boldsymbol{k}} \rangle + \frac{\langle \varphi_{\boldsymbol{k}} | U \varphi_{\boldsymbol{k}} \rangle \langle \varphi_{\boldsymbol{k}+\boldsymbol{K}} | Q_{\boldsymbol{k}\nu_0} \varphi_{\boldsymbol{k}} \rangle}{1 - \langle \varphi_{\boldsymbol{k}} | Q_{\boldsymbol{k}\nu_0} \varphi_{\boldsymbol{k}} \rangle}, \tag{4.55}$$

was dem Fourier-Koeffizienten (4.18) entspricht.

Zusammenfassend können wir jetzt feststellen: Da die gesuchte Eigenfunktion $\psi_{\boldsymbol{k}\nu}(\boldsymbol{r})$ $(\nu > \nu_0)$ in der Nähe der Kerne den Charakter von Atom-Wellenfunktionen hat, also starke Oszillationen zeigt, ist eine Darstellung durch OPWs angebracht, die ihre Orthogonalität zu den Rumpfzuständen beschreibt und die zwischen den Kernen einer ebenen Welle ähnlich ist. Der sich langsam verändernde Teil von $\psi_{\boldsymbol{k}\nu}(\boldsymbol{r})$ unterliegt dann einer Eigenwertgleichung zum gleichen Eigenwert, jedoch mit einem gegenüber $V_0(\boldsymbol{r})$ stark abgeschwächten Pseudopotential V_P. Hinsichtlich der Energiefunktion $E_\nu(\boldsymbol{k})$ „empfinden" die Kristallelektronen der über den Rumpfbändern liegenden Bänder also effektiv nur das schwache Pseudopotential $V_0 + V_R$. Abb. 27 stellt diesen Sachverhalt schematisch dar, indem in ihr auf die Äquivalenz der paarweise zugeordneten Größen „V_0 – OPW" und „V_P – ebene Welle" für die Berechnung der Energie hingewiesen wird.

Auf Grund dieser Überlegungen kann man vermuten, daß sich die früher erwähnten Energiebänder und Flächen konstanter Energie von fast freien Elektronen für die höheren Bänder möglicherweise als wesentlich realistischer erweisen können, als man bei der Größe des Gitterpotentials $V_0(\boldsymbol{r})$, das selbst keineswegs eine kleine Störung am freien Elektron ist, erwarten kann. Demgegenüber wird sich aber jedenfalls das Potential V_0 in der Wellenfunktion $\psi_{\boldsymbol{k}\nu}$ bemerkbar machen, die keineswegs einer ebenen Welle ähnlich ist, sondern eher einer OPW und die deshalb natürlich ein starkes Abweichen vom Verhalten des freien Elektrons zeigt. Die Entscheidung über die jeweilige Gültigkeit einer etwa auf (4.55) beruhenden Näherungsrechnung kann jedoch erst nach Vergleichen mit exakteren Methoden und mit entsprechenden experimentellen Ergebnissen getroffen werden.

Unter dem Gesichtspunkt des für die Elektronen der oberen Bänder effektiven Potentials $V_P = V_0 + V_R$ gewinnen die oben bei der Untersuchung der fast freien Elektronen durchgeführten Betrachtungen eine modifizierte Bedeutung. Danach ist die Energiefunktion weitab von allen Brillouinschen Zonengrenzen, (oder Bandrändern) in guter Näherung durch diejenige freier Elektronen (4.27) gegeben. Nur an jenen Punkten, an denen sich im reduzierten Schema die Parabeläste schneiden, im ausgebreiteten Schema Brillouinsche Grenzen erreicht werden, tritt nach (4.33) eine Aufspaltung der dort entarteten Eigenwerte um das Doppelte vom Absolutwert (4.55) auf,[1]) es entstehen in der betrachteten $\boldsymbol{k}$-Richtung Lücken im Energiespektrum, und man erhält damit die sich aus dem betrachteten Verfahren ergebende Bandstruktur. Sie stimmt bis auf die jetzt wesentlich geringeren Aufspaltungen an den Zonengrenzen mit derjenigen überein, die wir bereits beim Modell fast freier Elektronen erhielten.

Im Sinne dieser Näherung erhält man also in genügender Entfernung von den Zonengrenzen für die Wellenfunktionen einfache OPWs, für die Energien diejenigen freier Elektronen. An den Zonengrenzen hat man analog (4.31) eine Mehrfach-OPW-Approximation der Wellenfunktion mit Energieband-Korrekturen

---

[1]) Wegen der Nichthermitezität von V_P bedarf diese Aussage einer gesonderten Begründung, da man bei der (4.33) entsprechenden Relation im Falle des Pseudopotentials u. a. zunächst statt $|V_{0,\boldsymbol{K}_0-\boldsymbol{K}}|^2$ den Ausdruck

$$\langle \boldsymbol{k}+\boldsymbol{K}_0|V_P|\boldsymbol{k}+\boldsymbol{K}\rangle\langle \boldsymbol{k}+\boldsymbol{K}|V_P|\boldsymbol{k}+\boldsymbol{K}_0\rangle = \langle \boldsymbol{k}+\boldsymbol{K}|V_P^\dagger|\boldsymbol{k}+\boldsymbol{K}_0\rangle^*\langle \boldsymbol{k}+\boldsymbol{K}|V_P|\boldsymbol{k}+\boldsymbol{K}_0\rangle$$

erhält. Betrachten wir zu diesem Zweck den ersten Term in (4.54), so erkennen wir, daß gilt:

$$U^\dagger = V_0 P_{\boldsymbol{k}\nu_0} = U - [P_{\boldsymbol{k}\nu_0}, V_0] = U + \left[P_{\boldsymbol{k}\nu_0}, \frac{p^2}{2m}\right],$$

also erhält man

$$\langle \boldsymbol{k}'|U^\dagger|\boldsymbol{k}\rangle = \langle \boldsymbol{k}'|U + \left[P_{\boldsymbol{k}\nu_0}, \frac{p^2}{2m}\right]|\boldsymbol{k}\rangle = \langle \boldsymbol{k}'|U|\boldsymbol{k}\rangle + \frac{\hbar^2}{2m}\{k^2-k'^2\}\langle \boldsymbol{k}'|P_{\boldsymbol{k}\nu_0}|\boldsymbol{k}\rangle.$$

Daraus folgt die Gleichheit der oben auftretenden Matrixelemente von U und $U^\dagger$, wenn $(\boldsymbol{k}+\boldsymbol{K})^2 = (\boldsymbol{k}+\boldsymbol{K}_0)^2$ ist. Dasselbe gilt auch für den zweiten Term in (4.54). Bis auf den im Verhältnis dazu kleinen Term

$$|\langle \boldsymbol{k}+\boldsymbol{K}_0|V_P|\boldsymbol{k}+\boldsymbol{K}_0\rangle|^2 - |\langle \boldsymbol{k}+\boldsymbol{K}|V_P|\boldsymbol{k}+\boldsymbol{K}\rangle|^2,$$

der für $V_P = V_0$ verschwindet, sind also die Energiesprünge an den Zonengrenzen durch die Matrixelemente des Pseudopotentials gegeben.

gemäß dem Pseudopotential-Fourier-Koeffizienten (4.55). Während die Energieflächen in der Einfach-OPW-Approximation im ausgebreiteten Schema Kugeln sind, werden sich dieselben nach Berücksichtigung der Energiediskontinuitäten an den Zonengrenzen aus gegeneinander entsprechend versetzten Kugelflächenstücken zusammensetzen, die zu jeweils einem Energieband im reduzierten Schema gehören. Durch die Energiekorrekturen erfahren diese Flächen konstanter Energie im reduzierten Schema eine gewisse Modifikation gegenüber denjenigen völlig freier Elektronen, die aber für ein ausreichend kleines Matrixelement (4.55) sehr klein sein können.

Selbstverständlich setzt eine solche Rechnung gemäß der Definition von U nach (4.52) die Kenntnis der Rumpfzustände und des Kristallpotentials $V_0(\boldsymbol{r})$ voraus. Während man erstere oft einfach durch Bloch-Summen approximieren kann, stellt die praktische Festlegung eines selbstkonsistenten Kristallpotentials eine recht komplizierte Aufgabe dar, der wir uns im folgenden zuwenden wollen.

4.7. Lindhards Dielektrizitätsfunktion

Wir studieren zu diesem Zweck zuvor ein wesentlich allgemeineres Problem, nämlich das der Reaktion eines Systems freier Elektronen auf eine vorgegebene äußere skalare Störung $V_{\text{ext}}(\boldsymbol{r}, t)$. Diese bewirkt an den Elektronen eine Veränderung $n_1(\boldsymbol{r}, t)$ ihrer ursprünglich homogenen Ladungsdichteverteilung n_0, womit eine Potentialänderung $V_s(\boldsymbol{r}, t)$ gemäß der Poissonschen Gleichung

$$\Delta V_s(\boldsymbol{r}, t) = -4\pi e^2 n_1(\boldsymbol{r}, t) \tag{4.56}$$

verbunden ist. Das totale, von einem Elektron „gesehene" Störpotential ist dann also durch

$$V(\boldsymbol{r}, t) = V_{\text{ext}}(\boldsymbol{r}, t) + V_s(\boldsymbol{r}, t)$$

gegeben. Wir versuchen im folgenden, das von der Elektronenverschiebung herrührende Abschirmpotential $V_s(\boldsymbol{r}, t)$ zu berechnen.

Den Ausgangspunkt für diese Berechnung bildet die Bewegungsgleichung des statistischen Einteilchenoperators W

$$\mathrm{i}\hbar \dot{W} = [H, W]$$

mit

$$H = \frac{p^2}{2m} + V(\boldsymbol{r}, t).$$

Wir zerlegen W gemäß

$$W = W_0 + W_1, \tag{4.57}$$

wobei W_0 das ungestörte System beschreibt. Die diesbezüglichen Elektronen-Wellenfunktionen sind ebene Wellen $\langle \boldsymbol{r}|\boldsymbol{k}\rangle = 1/\sqrt{\Omega}\, \mathrm{e}^{\mathrm{i}\boldsymbol{k}\boldsymbol{r}}$, für die die folgenden Beziehungen gelten:

$$\frac{p^2}{2m}|\boldsymbol{k}\rangle = E(\boldsymbol{k})|\boldsymbol{k}\rangle, \qquad W_0|\boldsymbol{k}\rangle = f_0(E(\boldsymbol{k}))|\boldsymbol{k}\rangle.$$

Die die Eigenwerte von W_0 darstellende Funktion $f_0(E(\boldsymbol{k}))$ gibt die Besetzungswahrscheinlichkeit des Einteilchenzustandes $|\boldsymbol{k}\rangle$ an.

Setzen wir nun (4.57) in die Bewegungsgleichung ein, so erhalten wir unter Vernachlässigung des Terms $[V, W_1]$ folgende Bewegungsgleichung für W_1:

$$\begin{aligned} &\mathrm{i}\hbar\langle \boldsymbol{k}'|\dot{W}_1|\boldsymbol{k}\rangle \\ &=\{E(\boldsymbol{k}')-E(\boldsymbol{k})\}\langle \boldsymbol{k}'|W_1|\boldsymbol{k}\rangle - \{f_0(E(\boldsymbol{k}'))-f_0(E(\boldsymbol{k}))\}\langle \boldsymbol{k}'|V|\boldsymbol{k}\rangle. \end{aligned} \tag{4.58}$$

Im weiteren spezialisieren wir uns auf eine gemäß

$$V_{\text{ext}}(\boldsymbol{r}, t) = V_{\text{ext}}(\boldsymbol{q}, \omega)\, \mathrm{e}^{\mathrm{i}(\boldsymbol{q}\boldsymbol{r}-\omega t)+\alpha t}, \qquad \alpha \to +0$$

raumzeitlich veränderliche Störung.

Der reelle Exponentialfaktor beschreibt dabei den Einschaltvorgang der äußeren Störung und zeichnet damit eine Zeitrichtung aus. Für unsere weiteren Überlegungen ist er ohne Bedeutung.

Mit dem Ansatz

$$V_s(\boldsymbol{r}, t) = V_s(\boldsymbol{q}, \omega)\, \mathrm{e}^{\mathrm{i}(\boldsymbol{q}\boldsymbol{r}-\omega t)+\alpha t}, \qquad W_1 \sim \mathrm{e}^{-\mathrm{i}\omega t+\alpha t} \tag{4.59}$$

erhält man auf diese Weise aus (4.58)

$$\langle \boldsymbol{k}+\boldsymbol{q}|W_1|\boldsymbol{k}\rangle = \frac{f_0(E(\boldsymbol{k}+\boldsymbol{q}))-f_0(E(\boldsymbol{k}))}{E(\boldsymbol{k}+\boldsymbol{q})-E(\boldsymbol{k})-\hbar\omega-\mathrm{i}\hbar\alpha}\, V(\boldsymbol{q}, \omega)\, \mathrm{e}^{-\mathrm{i}\omega t+\alpha t}. \tag{4.60}$$

Um eine weitere Beziehung zwischen W_1 und V zu erhalten, greifen wir auf (4.56) zurück und berücksichtigen außerdem den bekannten allgemeinen Zusammenhang zwischen n_1 und W_1:

$$n_1(\boldsymbol{r}_0, t) = \mathrm{Sp}\{\delta(\boldsymbol{r}-\boldsymbol{r}_0)\, W_1\} = \sum_{\boldsymbol{k}\boldsymbol{k}'} \langle \boldsymbol{k}|\delta(\boldsymbol{r}-\boldsymbol{r}_0)|\boldsymbol{k}'\rangle\langle \boldsymbol{k}'|W_1|\boldsymbol{k}\rangle.$$

Mit Verwendung von

$$\langle \boldsymbol{k}|\delta(\boldsymbol{r}-\boldsymbol{r}_0)|\boldsymbol{k}'\rangle = \int \langle \boldsymbol{k}|\boldsymbol{r}'\rangle\langle \boldsymbol{r}'|\delta(\boldsymbol{r}-\boldsymbol{r}_0)|\boldsymbol{r}''\rangle\langle \boldsymbol{r}''|\boldsymbol{k}'\rangle\, \mathrm{d}^3\boldsymbol{r}'\, \mathrm{d}^3\boldsymbol{r}''$$

und

$$\langle \boldsymbol{r}'|\delta(\boldsymbol{r}-\boldsymbol{r}_0)|\boldsymbol{r}''\rangle = \delta(\boldsymbol{r}'-\boldsymbol{r}_0)\, \delta(\boldsymbol{r}'-\boldsymbol{r}'')$$

erhält man

$$n_1(\boldsymbol{r}_0, t) = \frac{1}{\Omega} \sum_{\boldsymbol{k}\boldsymbol{k}'} \mathrm{e}^{\mathrm{i}(\boldsymbol{k}'-\boldsymbol{k}, \boldsymbol{r}_0)} \langle \boldsymbol{k}'|W_1|\boldsymbol{k}\rangle$$

oder

$$n_1(\boldsymbol{r}, t) = \frac{1}{\Omega} \sum_{\boldsymbol{q}} \mathrm{e}^{\mathrm{i}\boldsymbol{q}\boldsymbol{r}} \sum_{\boldsymbol{k}} \langle \boldsymbol{k}+\boldsymbol{q}|W_1|\boldsymbol{k}\rangle.$$

Unter Benutzung von (4.56) und (4.59) ergibt sich also

$$V_s(\boldsymbol{q}, \omega)\, \mathrm{e}^{-\mathrm{i}\omega t+\alpha t} = \frac{4\pi e^2}{\Omega q^2} \sum_{\boldsymbol{k}} \langle \boldsymbol{k}+\boldsymbol{q}|W_1|\boldsymbol{k}\rangle$$

oder mit Verwendung von (4.60)

$$V_s(\boldsymbol{q}, \omega) = \frac{4\pi e^2}{\Omega q^2} \sum_{\boldsymbol{k}} \frac{f_0(E(\boldsymbol{k}+\boldsymbol{q})) - f_0(E(\boldsymbol{k}))}{E(\boldsymbol{k}+\boldsymbol{q}) - E(\boldsymbol{k}) - \hbar\omega - \mathrm{i}\hbar\alpha} V(\boldsymbol{q}, \omega). \tag{4.61}$$

Definiert man die (longitudinale) Dielektrizitätsfunktion $\varepsilon(\boldsymbol{q}, \omega)$ durch

$$V(\boldsymbol{q}, \omega) = \frac{V_{\text{ext}}(\boldsymbol{q}, \omega)}{\varepsilon(\boldsymbol{q}, \omega)}, \tag{4.62}$$

so ergibt sich aus (4.61) der Lindhardsche Ausdruck

$$\varepsilon(\boldsymbol{q}, \omega) = 1 + \lim_{\alpha \to +0} \frac{4\pi e^2}{\Omega q^2} \sum_{\boldsymbol{k}} \frac{f_0(E(\boldsymbol{k})) - f_0(E(\boldsymbol{k}+\boldsymbol{q}))}{E(\boldsymbol{k}+\boldsymbol{q}) - E(\boldsymbol{k}) - \hbar\omega - \mathrm{i}\hbar\alpha}.$$

In dem hier, wie wir sehen werden, ausschließlich interessierenden Spezialfall $\omega = 0$ wird aus diesem Ausdruck

$$\varepsilon(\boldsymbol{q}, 0) \equiv \varepsilon(\boldsymbol{q}) = 1 + \frac{8\pi e^2}{\Omega q^2} \sum_{\boldsymbol{k}} \frac{f_0(E(\boldsymbol{k}))}{E(\boldsymbol{k}+\boldsymbol{q}) - E(\boldsymbol{k})}. \tag{4.63}$$

Die Funktion (4.63) beschreibt also gemäß (4.62), in welcher Weise ein statisches, zu $e^{i\boldsymbol{q}\boldsymbol{r}}$ proportionales äußeres Potential von der verschieblichen Elektronengesamtheit abgeschirmt wird.

4.8. Selbstkonsistentes Kristallpotential

Im Anschluß an die Betrachtungen des vorangegangenen Abschnitts denken wir uns nun das selbstkonsistente Kristallpotential eines Metalls folgendermaßen zustande gekommen: Zunächst liege (im Volumen Ω) nur die homogene Ladungsverteilung der „Leitungselektronen" vor. In dieser Ladungsverteilung bringen wir die Ionen des betreffenden Metalls an den Stellen $\boldsymbol{R}$ an, was vor der Reaktion der Elektronengesamtheit auf diese Potentialänderung ein räumlich variables Potential $V_i(\boldsymbol{r})$ hervorruft. Lassen wir nun im nächsten Schritt sich das Elektronensystem auf das Potential $V_i(\boldsymbol{r})$ einstellen, so führt das zu einem von den Elektronen herrührenden räumlich variablen Potential $V_s(\boldsymbol{r})$, so daß gilt:

$$V_0(\boldsymbol{r}) = V_i(\boldsymbol{r}) + V_s(\boldsymbol{r}).$$

Nach (4.62) können wir dafür auch schreiben:

$$V_0(\boldsymbol{r}) = \sum_{\boldsymbol{K}} \frac{1}{\varepsilon(\boldsymbol{K})} V_{i\boldsymbol{K}} e^{i\boldsymbol{K}\boldsymbol{r}},$$

wobei $\varepsilon(\boldsymbol{K})$ durch (4.63) gegeben ist.

Wenn man noch annimmt, daß sich die Wellenfunktionen der Rumpfelektronen, durch die die Koeffizienten $V_{i\boldsymbol{K}}$ bestimmt sind, bei den soeben betrachteten Vorgängen nicht ändern, kann man sie als durch ein am isolierten Ion durchgeführtes

Hartree-Fock-Verfahren berechnet ansehen. Damit ergibt aber die für $V_0(\boldsymbol{r})$ abgeleitete Formel das gesuchte selbstkonsistente Kristallpotential.[1])

Ein Beispiel der Pseudopotential-Methode zur Bandstruktur-Berechnung von Metallen geben die Abbildungen 28 und 29 wieder. Sie zeigen die freien und die durch das Pseudopotential aufgespaltenen Energiebänder des Aluminiums.

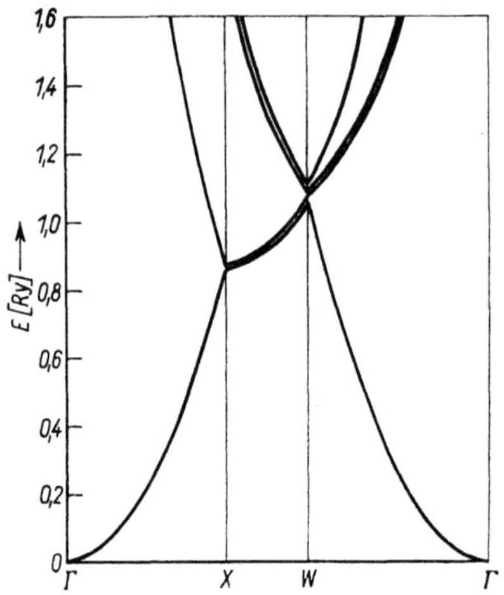

Abb. 28. Freie Energiebänder des Aluminiums (nach Harrison). (1 Ry = 13,6 eV)

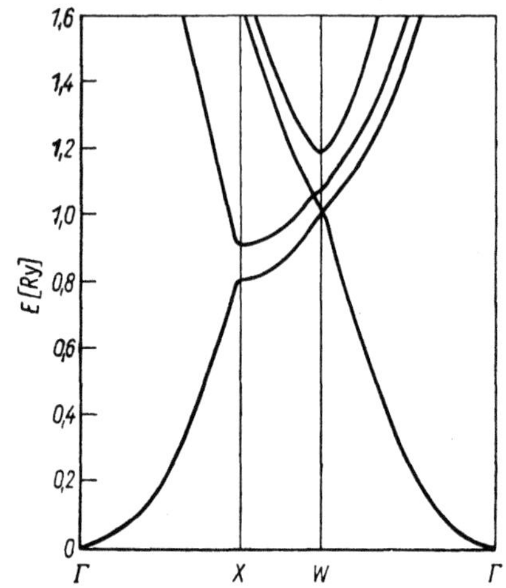

Abb. 29. Durch ein Pseudopotential-Verfahren korrigierte Energiebänder des Aluminiums (nach Harrison).

4.9. Zellenmethoden

Da wegen $\psi_{\boldsymbol{k}\nu}(\boldsymbol{r} + \boldsymbol{R}) = e^{i\boldsymbol{k}\boldsymbol{R}}\psi_{\boldsymbol{k}\nu}(\boldsymbol{r})$ eine Blochsche Lösung der Schrödinger-Gleichung bereits für den ganzen Kristall bekannt ist, wenn man sie für ein vollständiges System nichtäquivalenter Raumpunkte, also z. B. für eine Wigner-Seitz-Zelle, kennt, so genügt es, das Eigenwertproblem für eine solche Zelle zu lösen. Dabei entsteht sogleich das Problem der für die fragliche Lösung zu fordernden Randbedingungen auf der Oberfläche dieses Bereichs. Es wird gelöst durch Beachtung der Tatsache, daß die Wigner-Seitz-Zelle gemäß ihrer Konstruktion von je zwei zueinander parallelen Ebenenstücken begrenzt wird, deren sie verbindender kürzester Vektor gleich einem Gittervektor $\boldsymbol{R}$ ist (Abb. 30). Die Blochsche Eigenschaft der $\psi_{\boldsymbol{k}\nu}(\boldsymbol{r})$ ergibt damit

$$\psi_{\boldsymbol{k}\nu}(\boldsymbol{r}_{A'}) = e^{i\boldsymbol{k}\boldsymbol{R}}\,\psi_{\boldsymbol{k}\nu}(\boldsymbol{r}_A), \quad \boldsymbol{r}_{A'} = \boldsymbol{r}_A + \boldsymbol{R}. \tag{4.64}$$

[1]) Problematisch bleibt allerdings die Anwendbarkeit der Relation (4.62) auf den vorliegenden Fall, da die Vernachlässigung von $[V, W_1]$ bei deren Ableitung bedeutet, daß die durch V hervorgerufene Störung des Systems klein ist. Korrekterweise hat man deshalb die Ableitung des selbstkonsistenten Potentials mit Hilfe des Pseudopotential-Formalismus durchzuführen, was aber am Wesentlichen des Gedankengangs nichts ändert.

Da diese Gleichung darüber hinaus aber für alle $\boldsymbol{r}$ gilt, können wir sie differenzieren, z. B. in Richtung der jeweiligen (äußeren) Flächennormalen der Wigner-Seitz-Zelle; das ergibt

$$\frac{\partial}{\partial n}\,\psi_{\boldsymbol{k}\nu}(\boldsymbol{r}_{A'}) = -\mathrm{e}^{\mathrm{i}\boldsymbol{k}\boldsymbol{R}}\frac{\partial}{\partial n}\,\psi_{\boldsymbol{k}\nu}(\boldsymbol{r}_A). \tag{4.65}$$

Unter Berücksichtigung dieser die Kristallstruktur enthaltenden Randbedingungen ist die Schrödinger-Gleichung $H_0\psi_{\boldsymbol{k}\nu}(\boldsymbol{r}) = E_\nu(\boldsymbol{k})\,\psi_{\boldsymbol{k}\nu}(\boldsymbol{r})$ für die Wigner-Seitz-Zelle zu lösen.

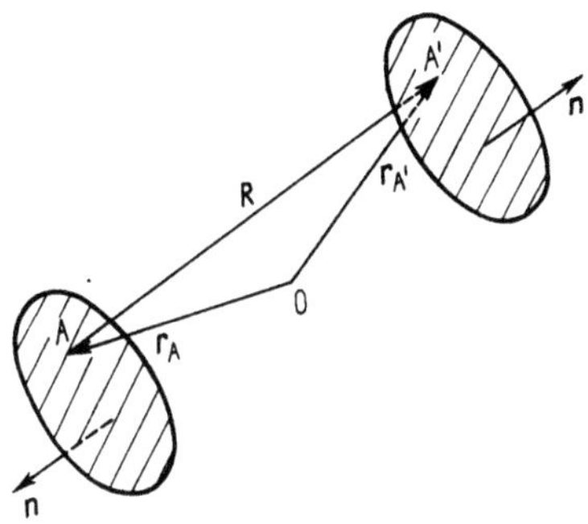

Abb. 30. Zur Geometrie an zwei zueinander parallelen Begrenzungsflächen einer Wigner-Seitz-Zelle

Die entscheidende Näherungsannahme der Methode besteht nun darin, das Kristallpotential in der Wigner-Seitz-Zelle als kugelsymmetrisch anzusehen, d. h. zu schreiben:

$$V_0(\boldsymbol{r}) = V_0(r). \tag{4.66}$$

Diese Annahme wird u. a. nahegelegt durch die Überlegung, daß für $V_0(\boldsymbol{r})$ hauptsächlich das der jeweiligen Zelle zugeordnete Ion verantwortlich sein wird, dessen Potential natürlich kugelsymmetrisch ist, während die übrigen Wigner-Seitz-Zellen wegen ihrer elektrischen Neutralität nur wesentlich schwächere Kräfte auf das Elektron in der betrachteten Zelle ausüben werden.

Auf Grund von (4.66) gilt für die Lösungen der Schrödinger-Gleichung in der Zelle

$$\psi_{lm} = R_l(r; E)\, Y_l^m(\vartheta, \varphi) \qquad (l = 0, 1, 2, \ldots; \quad |m| \leqq l), \tag{4.67}$$

wobei $R_l(r; E)$ der folgenden Gleichung genügt:

$$\left\{\frac{\mathrm{d}^2}{\mathrm{d}r^2} + \frac{2}{r}\frac{\mathrm{d}}{\mathrm{d}r} + \frac{2m}{\hbar^2}\left(E - V_0(r)\right) - \frac{l(l+1)}{r^2}\right\} R_l(r; E) = 0. \tag{4.68}$$

Die bei der Lösung von (4.68) auftretenden zwei Konstanten werden gemäß den Regularitätsbedingungen für ψ und $\nabla_{\boldsymbol{r}}\psi$ bei $r = 0$ bestimmt. Die Größe E in (4.68) ist vor der Berechnung von $R_l(r; E)$ ein frei wählbarer Parameter. Die Lösung $R_l(r; E)$ wird dann numerisch bestimmt. Die allgemeine Lösung der Schrödinger-Gleichung zum Eigenwert E wird danach

$$\psi = \sum_{lm} b_{lm} R_l(r; E)\, Y_l^m(\vartheta, \varphi). \tag{4.69}$$

Die Bestimmung der Konstanten b_{lm} gelingt nun zusammen mit der Festlegung des noch unbekannten Eigenwertes E durch Anpassung von (4.69) an die Randbedingungen (4.64) und (4.65). Zu diesem Zweck hat man einen reduzierten $\boldsymbol{k}$-Vektor zu wählen, dem die Wellenfunktion $\psi_{\boldsymbol{k}}$, die Konstanten $b_{lm,\boldsymbol{k}}$ und die Energie $E(\boldsymbol{k})$ zugeordnet sind, so daß (4.69) zu

$$\psi_{\boldsymbol{k}} = \sum_{lm} b_{lm,\boldsymbol{k}} R_l(r; E(\boldsymbol{k}))\, Y_l^m(\vartheta, \varphi) \tag{4.70}$$

wird, und hat dann mit (4.70) die Randbedingungen zu erfüllen. Die dabei für die $b_{lm,\boldsymbol{k}}$ entstehenden Bedingungsgleichungen lassen nur für gewisse diskrete $E_\nu(\boldsymbol{k})$ nichttriviale Lösungen zu. Dadurch ist prinzipiell das System der Eigenwerte, das zu $\boldsymbol{k}$ gehört, bestimmt. Praktisch ist man natürlich gezwungen, die Reihe (4.70) bei einem endlichen l abzubrechen, wodurch dann aber die Randbedingungen nur an endlich vielen Punkten der Zellenoberfläche befriedigt werden können. Die dabei zu bewältigenden praktischen Rechnungen sind nur dann übersehbar, wenn sowohl das gewählte $\boldsymbol{k}$ als auch diejenigen Punkte der Oberfläche, an denen die Randbedingungen erfüllt werden sollen, genügend symmetrische Punkte des Kristalls sind.

Nach dieser oder ähnlichen Methoden, die hier nicht aufgezählt werden sollen, sind Energiebänder verschiedener Metalle mit immer größerer Zuverlässigkeit berechnet worden.

Beträchtlich vereinfachen lassen sich diese Betrachtungen nach Wigner und Seitz für den Spezialfall $\boldsymbol{k} = 0$. Dann lauten die Randbedingungen nämlich einfach

$$\begin{aligned} \psi_{0\nu}(\boldsymbol{r}_{A'}) &= \psi_{0\nu}(\boldsymbol{r}_A), \\ \frac{\partial}{\partial n}\,\psi_{0\nu}(\boldsymbol{r}_{A'}) &= -\frac{\partial}{\partial n}\,\psi_{0\nu}(\boldsymbol{r}_A), \end{aligned} \tag{4.71}$$

und die Wellenfunktionen $\psi_{0\nu}(\boldsymbol{r})$ sind bis auf den Faktor $1/\sqrt{\Omega}$ identisch mit den entsprechenden Bloch-Faktoren $u_{0\nu}(\boldsymbol{r})$.

Für das Weitere ist nun die Bemerkung von wesentlicher Bedeutung, daß auf jenen Begrenzungsflächen der Wigner-Seitz-Zelle, die einer Spiegelungsebene des Kristalls parallel sind, exakt, d. h. auch ohne die Voraussetzung (4.66), die Beziehung

$$(\boldsymbol{n}, \nabla_{\boldsymbol{r}}\, \psi_{0\nu}(\boldsymbol{r})) = 0 \tag{4.72}$$

gilt. Diese Relation ist offenbar das direkte Analogon zu (2.48). Wir knüpfen hier an diese Relation und an Abb. 15 an. Nach (2.38) gilt bei nichtvorhandener Entartung

$$\psi_{0\nu}(\boldsymbol{r}_B) = \lambda_a(0,\nu)\,\psi_{0\nu}(\boldsymbol{r}_A), \qquad |\lambda_a| = 1 \tag{4.73}$$

und wegen (4.71)

$$\psi_{0\nu}(\boldsymbol{r}_{B'}) = \psi_{0\nu}(\boldsymbol{r}_B). \tag{4.74}$$

Die Beziehungen (4.73) und (4.74) ergeben zusammen

$$\psi_{0\nu}(\boldsymbol{r}_{B'}) = \lambda_a(0,\nu)\,\psi_{0\nu}(\boldsymbol{r}_A).$$

Aus der Stetigkeit von $\psi_{0\nu}(\boldsymbol{r})$ an der Zellenbegrenzung ergibt sich dann $\lambda_a(0,\nu) = 1$ oder $\psi_{0\nu} = 0$ auf der Oberfläche, was wir aber ausschließen wollen. So haben wir schließlich

$$\psi_{0\nu}(\boldsymbol{r}_{B'}) = \psi_{0\nu}(\boldsymbol{r}_A),$$

woraus offensichtlich unmittelbar die Beziehung (4.72) gefolgert werden kann.

Entsprechend unseren früheren Überlegungen zum Verhalten von $E_\nu(\boldsymbol{k})$ können wir weiter schließen, daß auf der ganzen Oberfläche der Wigner-Seitz-Zelle des kubisch-flächenzentrierten Gitters und wenigstens auf den quadratischen Flächen derselben beim kubisch-raumzentrierten Gitter, die Normalkomponente des Gradienten der Funktion $\psi_{0\nu}(\boldsymbol{r})$ verschwindet. Nach der gleichen Betrachtung, wie sie an Hand der Abb. 16 für $E_\nu(\boldsymbol{k})$ durchgeführt wurde, können wir hier schließen, daß $(\boldsymbol{n}, \nabla_{\boldsymbol{r}}\, \psi_{0\nu}(\boldsymbol{r}))$ auf den Verbindungslinien der Eckpunkte der Sechsecke verschwindet, wenn nur $\psi_{0\nu}(-\boldsymbol{r}) = \psi_{0\nu}(\boldsymbol{r})$ (was $E_\nu(-\boldsymbol{k}) = E_\nu(\boldsymbol{k})$ entspricht) gilt, d. h., wenn die betrachtete Bloch-Funktion von gerader Parität ist. Gilt dagegen $\psi_{0\nu}(-\boldsymbol{r}) = -\psi_{0\nu}(\boldsymbol{r})$, so verschwindet die Funktion selbst auf

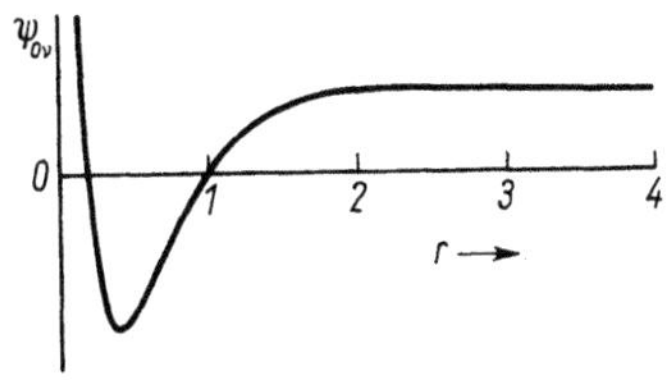

Abb. 31. Wellenfunktion des tiefsten Valenzzustandes für Natrium

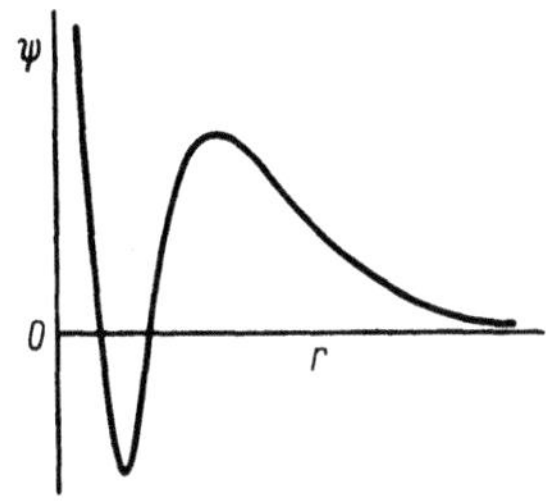

Abb. 32. 3s-Atom-Wellenfunktion für Natrium

diesen Linien. Da die Knoten der Wellenfunktionen jedoch (wenigstens für $\boldsymbol{k} = 0$) in kernnahen Bereichen liegen, ist dieser Fall von geringerer Bedeutung.

Das Verschwinden der Normalableitung von $\psi_{0\nu}(\boldsymbol{r})$ auf beträchtlichen Teilen der Wigner-Seitz-Zellen zumindest der kubischen Kristalle und deren nach Abb. 5 und Abb. 6 ersichtliche grobe Ähnlichkeit mit Kugeln kann man nun dazu benutzen, die Zellen in einem über die Annahme $V_0(\boldsymbol{r}) = V_0(r)$ wesentlich hinausgehenden Approximationsschritt durch ihre volumengleichen Kugeln zu ersetzen, deren Radien r_s durch (1.2) festgelegt sind. Die (4.71) und (4.72) entsprechenden Randbedingungen auf der Wigner-Seitz-Kugel sind dann offenbar

$$\psi_{0\nu}(-\boldsymbol{r}) = \psi_{0\nu}(\boldsymbol{r}), \qquad \frac{\partial \psi_{0\nu}(\boldsymbol{r})}{\partial r} = 0 \qquad (r = r_s). \tag{4.75}$$

Nimmt man noch an, daß der gesuchte, zu $\boldsymbol{k} = 0$ gehörende Bloch-Zustand als energetisch tiefster im Band ν ein s-Zustand ist, so kann man in (4.75) $\boldsymbol{r}$ durch r ersetzen. Das weitere Vorgehen stimmt prinzipiell mit dem bereits geschilderten überein: Man sucht bei der numerischen Integration von (4.68) dasjenige $E_\nu(0)$, für das die bei der Integration entstehende Wellenfunktion die Randbedingung (4.75) erfüllt.

Abb. 31 zeigt als Beispiel einer solchen Rechnung $\psi_{0\nu}(r)$ für Natrium. Man erkennt deutlich, im Vergleich zur analogen Atom-Wellenfunktion in Abb. 32, den stark ausgeprägten Charakter einer ebenen Welle im ganzen nicht kernnahen Bereich der Wigner-Seitz-Zelle. Die für Atome charakteristische starke Ortsabhängigkeit der Wellenfunktion tritt, wie bereits erwähnt, nur in einem relativ kleinen räumlichen Bereich in der Nähe des Kerns auf.

Zur Untersuchung der Verhältnisse bei $\boldsymbol{k} \neq 0$ knüpfen wir an das im Anschluß an Formel (4.12) Gesagte an: Wenn im betrachteten Band die Stelle $\boldsymbol{k} = 0$ keine Entartung aufweist, können wir in der Nähe derselben die Energie mit (2.69) folgendermaßen berechnen:

$$E_\nu(\boldsymbol{k}) = E_\nu(0) + \frac{\hbar^2}{2m_\nu^*(0)} k^2, \qquad m_\nu^*(0) = \frac{m}{1 - \dfrac{2}{m} \sum\limits_{\nu' \neq \nu} \dfrac{(\boldsymbol{p}_{\nu'\nu,0})^2}{E_{\nu'}(0) - E_\nu(0)}}. \tag{4.76}$$

$m_\nu^*(0)$ war für kubische Kristalle als Skalar nachgewiesen. Im Prinzip kann man nach (4.76) $E_\nu(\boldsymbol{k})$ für kleine k bestimmen, wenn das Problem für $\boldsymbol{k} = 0$ und für alle ν bereits gelöst ist. Tatsächlich wurden danach ursprünglich von Wigner und Seitz effektive Massen der Elektronen in Alkalimetallen berechnet.

Wesentlich einfacher und genauer ist ein später von Bardeen angegebenes Verfahren, das als Ausgangspunkt die Gleichung (2.31) benutzt, die sich von derjenigen für $\psi_{0\nu} \sim u_{0\nu}$ $\left(\text{abgesehen von dem trivialen Term } \frac{\hbar^2}{2m} k^2\right)$ durch den „Störterm" $-\mathrm{i}\frac{\hbar^2}{m}(\boldsymbol{k}, \nabla_{\boldsymbol{r}})\, u_{\boldsymbol{k}}(\boldsymbol{r})$ unterscheidet. Mittels einer Störungsrechnung mit $\boldsymbol{k}$ als Entwicklungsparameter gelingt es, $m_\nu^*(0)$ folgendermaßen darzustellen:

$$m_\nu^*(0) = \frac{m}{\dfrac{4\pi}{3} r_s^3 u_{0\nu}^2(r_s) \left[\dfrac{r}{P(r)} \dfrac{\mathrm{d}P}{\mathrm{d}r} - 1\right]_{r=r_s}},$$

wobei sich $P(r)$ aus einer gewöhnlichen Differentialgleichung berechnet. Die danach erhaltenen Werte der effektiven Massen $m_\nu^*(0)$ (der sogenannten „Leitungsbänder") liegen zwischen $1{,}4m$ für Lithium und $0{,}8m$ für Zäsium, wobei die Elektronen in Natrium mit $m_\nu^*(0) = 0{,}98m$ den freien Elektronen am nächsten kommen.

4.10. Fermi-Fläche

Nachdem wir dargelegt haben, wie sich aus einem vorgegebenen Kristallpotential $V_0(\boldsymbol{r})$ prinzipiell die möglichen Energiewerte $E_\nu(\boldsymbol{k})$ berechnen, wollen wir nun in Gedanken die Gesamtheit der zum Born-von-Karman-Block gehörenden Elektronen sukzessive auf diese als bekannt vorausgesetzten Terme verteilen und zwar so, daß dabei unter Berücksichtigung des Pauli-Prinzips stets die niedrigst möglichen Energien belegt werden. In jedem Stadium dieses Vorgangs sind dann alle Zustände unterhalb einer gewissen (von der Anzahl der verteilten Elektronen abhängigen) Energie E wegen der Spinentartung jeweils doppelt besetzt, oberhalb derselben sind sie leer. Die durch $E_\nu(\boldsymbol{k}) = E$ gegebene Fläche im $\boldsymbol{k}$-Raum, die bei Bandüberlappung zu mehreren Bändern gehören kann, trennt dann die besetzten von den unbesetzten Zuständen. Es ist dabei zweckmäßig, sich die Folge der Bänder durch übereinander angeordnete (erste) Brillouin-Zonen zu veranschaulichen, die sukzessive mit Elektronen aufgefüllt werden.

Von besonderer Wichtigkeit ist nun offenbar jene Energiefläche, die im Endstadium des gedachten Vorgangs erreicht wird, das der Belegung mit allen dem Block zugehörigen Elektronen entspricht. Diese sich möglicherweise gleichfalls durch mehrere Bänder hinziehende Fläche heißt Fermi-Fläche; sie ist die Energiefläche zur sogenannten Fermi-Energie E_F und trennt nach den Gesetzen der statistischen Thermodynamik besetzte und unbesetzte Einelektronenzustände bei $T = 0$ °K. Bei der Betrachtung der Fermi-Fläche kann man natürlich von den unteren vollbesetzten Bändern absehen und sich auf jene Bänder beschränken, die besetzte und unbesetzte Energie-Eigenwerte haben. Gibt es solche nicht, so hat man es definitionsgemäß mit einem Nichtmetall zu tun, das danach also keine Fermi-Fläche hat. Die Elektronen der teilweise besetzten Bänder nennen wir Leitungselektronen, und als Nullpunkt der Energiezählung bietet sich für sie ihr niedrigster Eigenwert an, auf den wir auch E_F beziehen wollen.

Nach dem in Kapitel 2 Ausgeführten können pro Energieband maximal $2G^3$ Elektronen (beiderlei Spins) untergebracht werden. Bezeichnet Z die Ordnungszahl des betreffenden Elements, r die Anzahl der Basisatome und n eine ganze Zahl, dann muß, soll der betreffende Elementfestkörper kein Metall sein, gelten: $rZG^3 = n \cdot 2G^3$ oder $rZ = 2n$, d. h., jede Elementarzelle muß eine gerade Anzahl von Elektronen haben. Wegen der Möglichkeit von Bandüberlappungen ist es aber klar, daß das keine hinreichende Bedingung für ein Nichtmetall ist. Umgekehrt folgt aus $rZ = 2n + 1$, daß notwendig ein Metall vorliegt.

Betrachten wir ein solches Element genauer, um aus der elektronischen Struktur seiner Atome Schlüsse zu ziehen bezüglich seiner Fermi-Fläche. Erstere ist qualitativ charakterisiert durch die Anordnung der Atomelektronen in (energetisch tiefen) abgeschlossenen und (energetisch höheren) nichtabgeschlossenen Schalen. Da sich nun bekanntlich in jeder abgeschlossenen Schale eine gerade Anzahl von Elektronen befindet und diese, verglichen mit den Elektronen nichtabgeschlossener Schalen, naturgemäß beim Zusammenschluß der Atome zum Kristall wenig beeinflußt werden, so liegt es nahe, die Elektronen der abgeschlossenen Schalen zumeist in gefüllten Bändern zu vermuten und umgekehrt, die Leitungselektronen als in der Regel aus Elektronen nichtabgeschlossener Schalen im freien Atom hervorgegangen anzusehen.

Danach würde also die sogenannte „Wertigkeit" die Struktur der Fermi-Fläche und somit die metallischen Eigenschaften wesentlich bestimmen. Für das Weitere ist es deshalb zweckmäßig, die Betrachtungen für die Metalle der verschiedenen Wertigkeiten gesondert durchzuführen.

4.11. Spezielle Metalle

Die einwertigen Metalle kristallisieren alle im kubisch-raumzentrierten oder im kubisch-flächenzentrierten Gitter. Die ersten umfassen die Alkalimetalle Li, Na, K, Rb, Cs, die letzten die Edelmetalle Cu, Ag, Au. Ihre Einwertigkeit bedingt das Vorhandensein von G^3 Leitungselektronen, die sich im $\boldsymbol{k}$-Raum über ein Volumen verteilen, das dem der Hälfte der Brillouin-Zone gleich ist. Daraus lassen sich bereits gewisse Schlußfolgerungen bezüglich der Fermi-Flächen ziehen.

Zunächst kann man annehmen, daß die Fermi-Flächen nur in einer der Brillouin-Zonen unserer Konstruktion, d. h. in einem Energieband, verlaufen. Der

Wert der Fermi-Energie bestimmt sich dabei aus der Zustandsdichte $N_\nu(E)$ (2.37) gemäß

$$\int_0^{E_F} N_\nu(E)\,\mathrm{d}E = G^3.$$

Das Integral gewinnt man bei bekanntem $E_\nu(\boldsymbol{k})$ aus der Relation

$$\int_0^E N_\nu(E')\mathrm{d}E' = \frac{\Omega}{4\pi^3} \int_{E_\nu(\boldsymbol{k}) \leqq E} \mathrm{d}^3\boldsymbol{k} = \frac{\Omega}{12\pi^3} \int_E k_\nu^3\left(E, \frac{\boldsymbol{k}}{k}\right) \mathrm{d}\omega,$$

wobei dω das Raumwinkelelement auf der Energiefläche E ist und der Integrand im letzten Integral aus $E_\nu(\boldsymbol{k})$ zu bestimmen ist.

Wenn wir uns weiter an die aus der Phillips-Kleinman-Gleichung (4.47) folgende Aussage erinnern, daß nämlich die Energiefunktionen $E_\nu(\boldsymbol{k})$ der höheren Bänder häufig nicht sehr von denjenigen für freie Elektronen abweichen, so erscheint es plausibel, zur groben Information zuerst jene Fermi-Flächen zu betrachten, die den freien Leitungselektronen einwertiger Metalle zukommen. Die Fermi-Flächen sind in diesem Falle Kugeln, deren respektive Radien wir mit k_F bezeichnen. Sie werden mit Hilfe von (1.6) nach

$$\frac{4\pi}{3} k_F^3 = \frac{4\pi^3}{\Omega_0} \tag{4.77}$$

zu

$$k_F = \sqrt[3]{\frac{3\pi^2}{\Omega_0}} \tag{4.78}$$

berechnet. Für die Fermi-Energie der freien Elektronen erhalten wir daraus

$$E_F = \frac{\hbar^2}{2m} k_F^2 = \frac{1}{2} (3\pi^2)^{2/3} \frac{\hbar^2}{m} \frac{1}{\Omega_0^{2/3}}. \tag{4.79}$$

$1/\Omega_0$ ist dabei hier identisch mit der Dichte n der Leitungselektronen. Berechnet man danach mit den gemessenen Wigner-Seitz-Radien die Fermi-Energien der Alkalimetalle, so findet man Werte zwischen 4,76 eV für Li und 1,57 eV für Cs sowie 5,51 eV für Ag und Au, 7,04 eV für Cu.

Durch Vergleich von (4.77) mit (1.17) erhalten wir weiterhin

$$\begin{aligned} k_F &= \sqrt[3]{\frac{3}{\sqrt{2}\,\pi}}\, s_r = 0{,}88\, s_r \\ &= \sqrt[3]{\frac{4}{\sqrt{3}\,\pi}}\, s_f = 0{,}90\, s_f. \end{aligned} \tag{4.80}$$

Dabei bedeuten s_r und s_f die respektiven kleinsten Entfernungen vom Nullpunkt bis zur Brillouinschen Zonengrenze des raumzentrierten bzw. des flächenzentrierten Gitters.

Man liest aus (4.80) ab, daß die Fermi-Kugeln der einwertigen Metalle tatsächlich ganz innerhalb der ersten Brillouin-Zone liegen und ihren nullpunktnächsten Oberflächenpunkten bis auf etwa 10% nahekommen. Danach wird man vermuten, daß die wirklichen Fermi-Flächen in nur einem Band verlaufen, möglicherweise allerdings unter Berührung der Zonengrenzen in ihren der Fermi-Kugel nächsten Bereichen.

Neben diesem rein geometrischen Argument für eine eventuelle Berührung zwischen Fermi-Fläche und Zonengrenze kommt noch hinzu, daß z. B. nach Abb. 19 in der Approximation starker Bindung (die natürlich für die Leitungselektronen höchstens von qualitativer Bedeutung sein kann) die Energie bei Annäherung an den nächsten Begrenzungspunkt der Zonenfläche (in [110]-Richtung beim raumzentrierten und in [111]-Richtung beim flächenzentrierten Gitter[1])) mit k langsamer wächst als in anderen Richtungen. Das führt zu einer Ausbuchtung der Energieflächen in dieser Richtung und einer entsprechenden Einbuchtung in jenen anderen Richtungen, in denen $E_\nu(\boldsymbol{k})$ mit $\boldsymbol{k}$ relativ stark wächst (Abb. 21).

Als Ergebnis der bisher durchgeführten numerischen Berechnungen der Energieband-Struktur ist bei den Alkalimetallen festzustellen: Die Abweichungen von der Kugelgestalt der Fermi-Flächen sind als Ausbuchtungen in [110]-Richtung bei Li und Cs am größten (etwa 5% des Fermi-Radius), sie reichen aber nicht zu einer Berührung der Zonengrenze. In der Reihenfolge Rb, K, Na nähern sich die Fermi-Flächen der übrigen Alkalimetalle der Kugelgestalt, die bei Na praktisch angenommen wird. Die bisher vorliegenden experimentellen Ergebnisse bestätigen diese Aussagen, wie wir noch zeigen werden, wenigstens qualitativ.

Während somit die Fermi-Flächen aller Alkalimetalle als mehr oder weniger deformierte Kugelflächen ohne Kontakt mit der Zonengrenze den Fermi-Flächen freier Elektronen topologisch äquivalent sind, ist das bei den drei Edelmetallen Cu, Ag, Au nach Experiment und Theorie nicht der Fall. Dabei unterscheiden sich diese in ihrer elektronischen Struktur insofern von den Alkali-Metallen, als ihr unter dem s-Band der Leitungselektronen liegendes abgeschlossenes d-Band mit ersterem überlappt.

Durch experimentelle Methoden, die z. T. noch darzustellen sein werden, und durch Bandstrukturberechnungen ist sichergestellt, daß die Fermi-Flächen aller drei Edelmetalle die Zonengrenze in der Umgebung des Punktes L (Abb. 5), d. h. in [111]-Richtung, berühren (Abb. 33). Man spricht in diesem Fall von offenen Fermi-Flächen. Diese sind offenbar keineswegs mehr Kugeln topologisch äquivalent.

Nach Pippard bestehen sie, wie Abb. 33 zeigt, zum größten Teil aus „Bäuchen", die die Form einer in [100]-Richtung leicht ausgebuchteten, in [110]-Richtung eingedrückten Kugel haben, und aus „Hälsen" an den Kontaktstellen in [111]-Richtung. Die Durchmesser der Hälse betragen etwa $^1/_6$ bis $^1/_5$ der Durchmesser der Hexagonalflächen. Nach dem im Zusammenhang mit Abb. 16 Gesagten treten die Fermi-Flächen im allgemeinen nur auf den Linien WW' senkrecht durch die Zonengrenze in die nächste (wiederholte) Zone. An allen anderen Stellen findet der Durchtritt unter einem von $\pi/2$ verschiedenen Winkel statt.

---

[1]) Hier und im folgenden werden, wie üblich, als Bezugsvektoren der Millerschen Indizes für die kubischen Kristalle die orthonormalen Vektoren $\boldsymbol{e}_i$ ($i = 1,2,3$) gewählt.

Es sei noch ausdrücklich darauf hingewiesen, daß die Berührungsflächen nicht zur Fermi-Fläche gehören, da ja diese Berührung z. B. im vorliegenden Fall gerade bedeutet, daß beim Fortschreiten in [111]-Richtung die Energie mit k so langsam wächst, daß E_F bei L noch nicht erreicht ist, die Punkte der Berührungsfläche also Energien $< E_F$ haben.

Die Fermi-Energie gerät danach im betrachteten Fall in die Energielücke bei L, wenn sie nicht sogar, was aber bei den Edelmetallen nicht der Fall ist, ins nächsthöhere Band fällt. Das würde dazu führen, daß die Fermi-Fläche durch mehr als ein Band ginge. Es erscheint bemerkenswert, daß sich damit die oben aus der

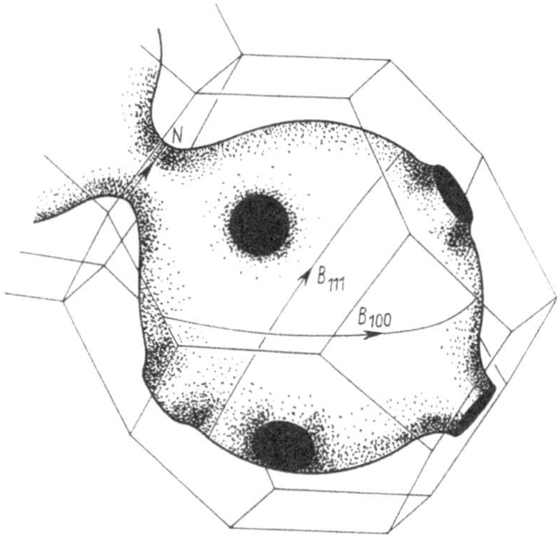

Abb. 33. Fermi-Fläche der Edelmetalle (nach Ziman)

Approximation tiefer Terme ergebenden Energieflächen als auch für die Leitungselektronen topologisch zutreffend erweisen. Daraus folgt, daß die Fermi-Flächen der Edelmetalle sich gemäß der strengen Formel (2.75) nach (4.8) durch bereits wenige Summenterme und Angleichung entsprechend weniger Parameter recht genau darstellen lassen müssen.

Die zweiwertigen Metalle kristallisieren vorzugsweise im hexagonal dichtgepackten Kristalltyp, und nur auf diese sei hier eingegangen. Es sind u. a. Be, Mg, Zn, Cd. Der c/a-Quotient steigt in dieser Reihe von 1,58 bis 1,89 und hat für Mg mit 1,63 den idealen Wert des dichtgepackten Kristalls. Die Zweiwertigkeit der betrachteten Metalle bedingt nach dem oben dargelegten die Notwendigkeit von Bandüberlappungen und somit auch das Hindurchlaufen der Fermi-Fläche durch mehrere Bänder. Da die Basis zwei Atome umfaßt, wird die Fermi-Kugel der 1-OPW-Approximation von vier Elektronen gebildet, so daß sich ihr Radius k_F gemäß (1.6) und (1.19) aus

$$\frac{4\pi}{3} k_F^3 = 2 \frac{16\pi^3}{\sqrt{3}\, a^2 c}$$

berechnet.

Führt man nun jene oben angegebene Konstruktion zur Herstellung der Flächen konstanter Energie $E = E_F$ im reduzierten Schema aus, dann erhält man für $c/a = 1{,}63$ neben einem ersten vollen Band die Abb. 34 und 35 für die quasifreien Fermi-Flächen im zweiten und dritten Band. Zum Verständnis der Figuren sei bemerkt, daß entsprechend der durchgeführten Konstruktion stets von Elektronen besetzte Zustände durch konvexe Flächen, freie Zustände („Lochzustände") von konkaven Flächen begrenzt werden. Berechnungen zur Korrektur

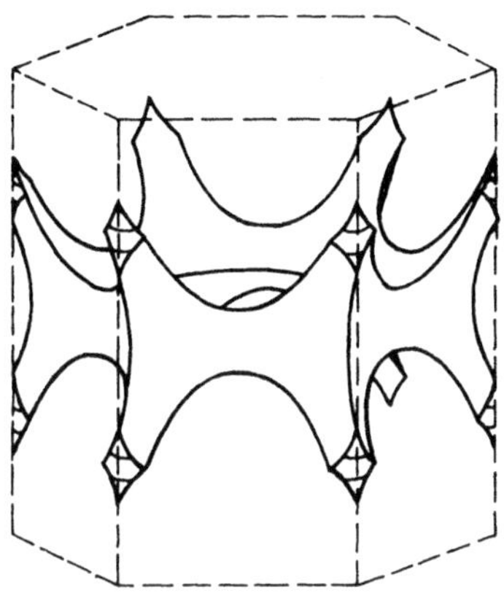

Abb. 34. 1-OPW-Fermi-Fläche im zweiten Band eines zweiwertigen hexagonal dichtgepackten Metalls (nach HARRISON)

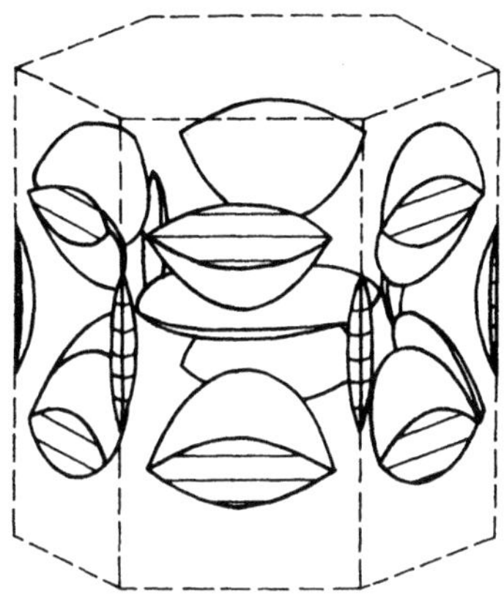

Abb. 35. 1-OPW-Fermi-Fläche im dritten Band eines zweiwertigen hexagonal dichtgepackten Metalls (nach HARRISON)

dieser Flächen mit Hilfe von (4.55) nach HARRISON und experimentelle Untersuchungen der Fermi-Flächen bei Zn und Mg haben ergeben, daß die so konstruierten Flächen den tatsächlichen sehr nahe kommen. Auf nähere Einzelheiten kann wegen der überaus großen Komplikation dieses Problems (u. a. durch die notwendige Berücksichtigung der Spin-Bahn-Kopplung) hier nicht eingegangen werden.

Unter den dreiwertigen Metallen spielen diejenigen mit kubisch-flächenzentriertem Gitter, d. h. Al, Ga, In, eine hervorragende Rolle, da sie, und dabei speziell Al, bislang besonders intensiv untersucht worden sind. Die 1-OPW-Konstruktion der Fermi-Flächen aus der drei Elektronen pro Zelle enthaltenden Fermi-Kugel ($E_F = 11{,}7$eV) führt hier auf ein erstes volles Band, ein zweites, dessen geschlossene Fermi-Fläche leere Zustände umschließt (Abb. 36), ein drittes, innerhalb dessen offener Fermi-Fläche (oft als „Monster" bezeichnet) sich Elektronen befinden (Abb. 37) (man beachte, daß die ganze Brillouin-Zone hier, damit man eine möglichst einfache Fermi-Fläche erhält, so verschoben ist, daß der Punkt Γ nach X gerutscht ist), und schließlich ein viertes, in dem sich sehr kleine „Taschen" von Elektronen befinden. Es ist bemerkenswert, daß, wie später noch genauer dargelegt werden wird, die „Lochfläche" im zweiten Band und die einzelnen

Teile des Monsters im dritten sich durch geeignete Experimente durchaus verifizieren lassen. Die mit der Pseudopotential-Methode berechneten Korrekturen an diesen freien Fermi-Flächen erweisen sich, wie bereits oben ausgeführt, ähnlich

Abb. 36. 1-OPW-Fermi-Fläche im zweiten Band eines dreiwertigen flächenzentrierten Metalls (nach HARRISON)

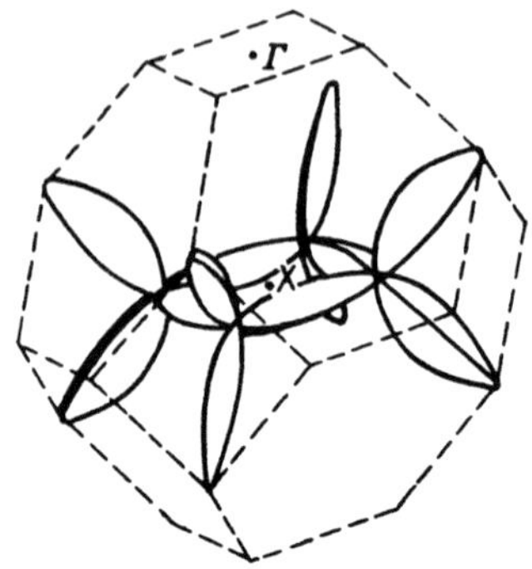

Abb. 37. 1-OPW-Fermi-Fläche im dritten Band eines dreiwertigen flächenzentrierten Metalls (nach HARRISON)

den zweiwertigen Metallen, als relativ klein, so daß die 1-OPW-Approximation für die zwei-, drei- (und übrigen auch vier-)wertigen Metalle zumindestens halbquantitativen Charakter hat.

5. Dynamik des Bloch-Elektrons

5.1. Hamilton-Operator und Kommutator

Im folgenden interessieren wir uns für das Verhalten von Elektronen, die sich in einem Metallstück befinden, das einem raumzeitlich konstanten elektrischen und magnetischen Feld ausgesetzt ist. Der Hamilton-Operator dieses Systems wird gegeben durch

$$H = \frac{1}{2m} \boldsymbol{P}^2 + V_0(\boldsymbol{r}) - e\boldsymbol{E}\boldsymbol{r} \tag{5.1}$$

mit dem verallgemeinerten Impuls

$$\boldsymbol{P} = \boldsymbol{p} - \frac{e}{c} \boldsymbol{A}(\boldsymbol{r}), \tag{5.2}$$

in dem das Vektorpotential $\boldsymbol{A}(\boldsymbol{r})$ gemäß $\operatorname{rot} \boldsymbol{A} = \boldsymbol{B}$ das Magnetfeld bestimmt, und mit $\boldsymbol{E}$ als dem elektrischen Feldvektor. Legen wir die z-Achse eines kartesischen Systems in die Richtung von $\boldsymbol{B}$, so können wir $\boldsymbol{A}$ z. B. folgendermaßen wählen:

$$\boldsymbol{A} = \begin{pmatrix} 0 \\ Bx \\ 0 \end{pmatrix} = B\hat{A}\boldsymbol{r} \tag{5.3}$$

mit der Eichmatrix

$$\hat{A} = \begin{pmatrix} 0 & 0 & 0 \\ 1 & 0 & 0 \\ 0 & 0 & 0 \end{pmatrix}.$$

Mit Hilfe von (5.1), (5.2) und (5.3) wollen wir nun den Kommutator $[T_{\boldsymbol{R}}, H]$ berechnen.

Es ergibt sich

$$[T_{\boldsymbol{R}}, H] = -\hbar(\boldsymbol{R}, \boldsymbol{\varkappa}) T_{\boldsymbol{R}}, \tag{5.4}$$

wobei

$$\hbar\boldsymbol{\varkappa} = \frac{eB}{mc} \tilde{\hat{A}} \boldsymbol{P} - \frac{e^2B^2}{2mc^2} \tilde{\hat{A}}\hat{A}\boldsymbol{R} + e\boldsymbol{E} \tag{5.5}$$

ist. $\tilde{\hat{A}}$ ist die transponierte Matrix. Wegen

$$B\tilde{\hat{A}}\boldsymbol{P} = B\hat{A}\boldsymbol{P} + \boldsymbol{P} \times \boldsymbol{B}$$

kann man (5.5) auch schreiben:

$$\hbar \dot{\boldsymbol{\varkappa}} = e\boldsymbol{E} + \frac{e}{mc} \boldsymbol{P} \times \boldsymbol{B} + \frac{eB}{mc} \hat{A}\boldsymbol{P} - \frac{e^2 B^2}{2mc^2} \tilde{\hat{A}} \hat{A} \boldsymbol{R}. \tag{5.6}$$

Da weiterhin nach (5.1)

$$\boldsymbol{v} \equiv \dot{\boldsymbol{r}} = \frac{1}{i\hbar} [\boldsymbol{r}, H] = \frac{\boldsymbol{P}}{m},$$

so hat man mit (5.3)

$$\frac{eB}{mc} \hat{A}\boldsymbol{P} = \frac{e}{c} \dot{\boldsymbol{A}}. \tag{5.7}$$

Damit können wir nach (5.6) schließlich schreiben:

$$\hbar \dot{\boldsymbol{\varkappa}} = e\boldsymbol{E} + \frac{e}{c} \boldsymbol{v} \times \boldsymbol{B} + \frac{e}{c} \dot{\boldsymbol{A}} - \frac{e^2 B^2}{2mc^2} \tilde{\hat{A}} \hat{A} \boldsymbol{R}. \tag{5.8}$$

Wir betrachten nun ein Kristallelektron, das sich zur Zeit $t = 0$ in einem Eigenzustand $\psi_{\boldsymbol{k}_0 \nu}$ des von äußeren Feldern freien Hamilton-Operators H_0 befindet. Sein Zustand ψ zur Zeit dt ist dann gegeben durch

$$\psi = \mathrm{e}^{-\frac{\mathrm{i}}{\hbar} H \mathrm{d}t} \psi_{\boldsymbol{k}_0 \nu}. \tag{5.9}$$

Wenden wir auf (5.9) den Operator $T_{\boldsymbol{R}}$ an, so erhalten wir mit (5.4)

$$T_{\boldsymbol{R}} \psi = \mathrm{e}^{-\frac{\mathrm{i}}{\hbar}\{H - \hbar(\boldsymbol{R}\boldsymbol{\varkappa})\}\mathrm{d}t} T_{\boldsymbol{R}} \psi_{\boldsymbol{k}_0 \nu} = \mathrm{e}^{-\frac{\mathrm{i}}{\hbar} H \mathrm{d}t + \mathrm{i}(\boldsymbol{R}, \boldsymbol{\varkappa}\,\mathrm{d}t + \boldsymbol{k}_0)} \psi_{\boldsymbol{k}_0 \nu}. \tag{5.10}$$

5.2. Elektrisches Feld

Die Relation (5.10) zeigt einen wesentlichen Unterschied in der Beeinflussung eines Bloch-Elektrons durch ein elektrisches bzw. magnetisches Feld. Während nämlich für $\boldsymbol{B} = 0$ der Vektor $\hbar \boldsymbol{\varkappa} = e\boldsymbol{E}$ dem Einheitsoperator proportional und dadurch mit H vertauschbar ist, gilt dies nicht für $\boldsymbol{B} \neq 0$. Für den Fall des rein elektrischen Feldes finden wir also aus (5.10)

$$T_{\boldsymbol{R}} \psi = \mathrm{e}^{\mathrm{i}(\boldsymbol{R}, \boldsymbol{\varkappa}\,\mathrm{d}t + \boldsymbol{k}_0)} \mathrm{e}^{-\frac{\mathrm{i}}{\hbar} H \mathrm{d}t} \psi_{\boldsymbol{k}_0 \nu} = \mathrm{e}^{\mathrm{i}\boldsymbol{k}\boldsymbol{R}} \psi. \tag{5.11}$$

mit

$$\boldsymbol{k} = \boldsymbol{k}_0 + \frac{e}{\hbar} \boldsymbol{E} \mathrm{d}t \tag{5.12}$$

oder

$$\hbar \dot{\boldsymbol{k}} = e\boldsymbol{E}. \tag{5.13}$$

Die Relationen (5.11) und (5.12) besagen, daß ein Kristallelektron, das sich einmal in einem Eigenzustand des Translationsoperators $T_{\boldsymbol{R}}$ befunden hat, unter dem

Einfluß eines konstanten elektrischen Feldes fortwährend in andere solche Eigenzustände übergeht, deren zugehörige Eigenwerte nach (5.12) bestimmt sind.

Abb. 38 veranschaulicht dieses Bewegungsgesetz von $\boldsymbol{k}$ und zeigt zugleich, daß der reduzierte Ausbreitungsvektor beim Erreichen der Zonengrenzen Sprünge um Vektoren des reziproken Gitters erleidet, die durch (5.12) natürlich nicht beschrieben werden. Will man diese physikalisch irrelevanten Sprünge vermeiden, so hat man die Relation (5.12) im wiederholten Zonenschema zu verstehen.

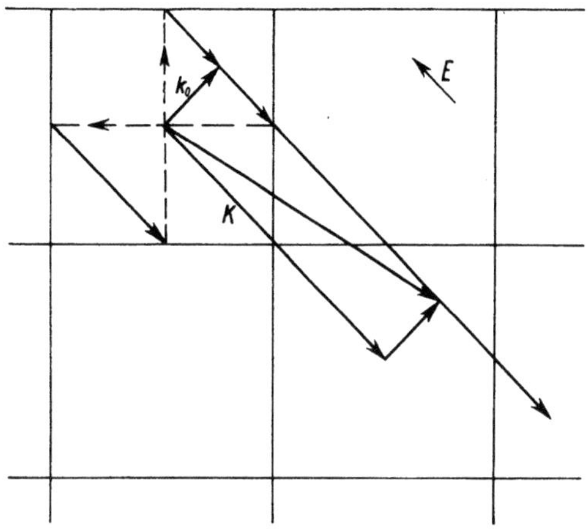

Abb. 38. Zum Bewegungsgesetz des Wellenvektors im elektrischen Feld

Hat $\boldsymbol{E}$ die Richtung eines (kleinstmöglichen) Vektors $\boldsymbol{K}$ des reziproken Gitters, so reproduziert sich der reduzierte Ausbreitungsvektor $\boldsymbol{k}$ gemäß (5.12) in einer Zeit Δt, die durch folgende Beziehung gegeben ist:

$$\boldsymbol{k}_{\text{red}}(\Delta t) = \boldsymbol{k}_0 + \frac{e}{\hbar} \boldsymbol{E} \Delta t - \boldsymbol{K} = \boldsymbol{k}_0 .$$

Daraus ergibt sich für die Periode

$$\Delta t = \frac{\hbar \, |\boldsymbol{K}|}{|e \boldsymbol{E}|} . \tag{5.14}$$

Da $|\boldsymbol{K}|$ von der Größenordnung 10^8 cm^{-1} ist, so wird für eine Feldstärke $|\boldsymbol{E}| = 1 \text{ V cm}^{-1}$ die Periode $\Delta t \approx 10^{-7}$ s. Wie wir später sehen werden, sind die Leitungselektronen stets wesentlich höherfrequenten Störungen ausgesetzt, die die Periode Δt damit völlig verdecken und ihre Beobachtung unmöglich machen.

Wie wir gesehen haben, entsteht aus einer Blochschen Eigenfunktion der Form $\psi_{\boldsymbol{k}_0 \nu_0}(\boldsymbol{r}, 0) = \frac{1}{\sqrt{\Omega}} u_{\boldsymbol{k}_0 \nu_0}(\boldsymbol{r}) \, e^{i \boldsymbol{k}_0 \boldsymbol{r}}$ unter dem Einfluß eines homogenen elektrischen Feldes $\boldsymbol{E}$ zur Zeit t eine Wellenfunktion, die sich in folgender Form schreiben läßt:

$$\psi(\boldsymbol{r}, t) = e^{-\frac{i}{\hbar} H t} \psi_{\boldsymbol{k}_0 \nu_0}(\boldsymbol{r}, 0) = u(\boldsymbol{k}_0, \nu_0; \boldsymbol{r}, t) \, e^{i \boldsymbol{k} \boldsymbol{r}}, \tag{5.15}$$

wobei $\boldsymbol{k} = \boldsymbol{k}(t)$ durch (5.12) gegeben und die Funktion $u(\boldsymbol{k}_0, \nu_0; \boldsymbol{r}, t)$ gitterperiodisch ist. Gemäß (2.53) können wir dann schreiben:

$$u(\boldsymbol{k}_0, \nu_0; \boldsymbol{r}, t) = \sum_{\nu} c_{\boldsymbol{k}\nu}(\boldsymbol{k}_0, \nu_0; t)\, u_{\boldsymbol{k}\nu}(\boldsymbol{r}); \tag{5.16}$$

hierbei wird über alle Bänder ν summiert, und der in (2.53) beliebige reduzierte Vektor $\boldsymbol{k}'$ ist hier $\boldsymbol{k} = \boldsymbol{k}(t)$.

Aus (5.15) und (5.16) ergibt sich: Die ursprünglich vorliegende Blochsche Funktion $\psi_{\boldsymbol{k}_0\nu_0}(\boldsymbol{r}, 0)$ wird unter dem Einfluß des elektrischen Feldes $\boldsymbol{E}$ zu einer Superposition von Bloch-Funktionen aller Bänder ν bei einem durch (5.12) gegebenen reduzierten Ausbreitungsvektor $\boldsymbol{k}(t)$. Die Beiträge der verschiedenen Bänder werden durch die Entwicklungskoeffizienten $c_{\boldsymbol{k}\nu}(t)$ bestimmt. Neben einer zeitlichen Veränderung des Ausbreitungsvektors bewirkt also das homogene elektrische Feld Interband-Übergänge. Deren Auftreten ist hauptverantwortlich für die bedeutenden Komplikationen, die bei der Behandlung des Problems des Bloch-Elektrons im elektrischen Feld auftreten. Das diese Übergänge bestimmende Matrixelement

$$\langle \boldsymbol{k}'\nu' | \boldsymbol{r} | \boldsymbol{k}\nu \rangle = \int_{\Omega} \psi^*_{\boldsymbol{k}'\nu'}(\boldsymbol{r})\, \boldsymbol{r}\, \psi_{\boldsymbol{k}\nu}(\boldsymbol{r})\, \mathrm{d}^3\boldsymbol{r} \tag{5.17}$$

wollen wir ausnahmsweise, um nicht die Funktion $\boldsymbol{r}$ „periodisch fortzusetzen“ zu müssen, im unendlichen Normierungsvolumen betrachten. Dabei bilden die $\boldsymbol{k}$-Vektoren ein Kontinuum, und der Faktor $1/\sqrt{\Omega}$ wird durch $1/(2\,\pi)^{3/2}$ ersetzt. Dann können wir für (5.17) auch schreiben:

$$\langle \boldsymbol{k}'\nu' | \boldsymbol{r} | \boldsymbol{k}\nu \rangle = -\mathrm{i}\nabla_{\boldsymbol{k}} \int \psi^*_{\boldsymbol{k}'\nu'}(\boldsymbol{r})\, \psi_{\boldsymbol{k}\nu}(\boldsymbol{r})\, \mathrm{d}^3\boldsymbol{r} + \frac{\mathrm{i}}{(2\,\pi)^3} \int \mathrm{e}^{\mathrm{i}(\boldsymbol{k}-\boldsymbol{k}',\boldsymbol{r})}\, u^*_{\boldsymbol{k}'\nu'}(\boldsymbol{r})\, \nabla_{\boldsymbol{k}} u_{\boldsymbol{k}\nu}(\boldsymbol{r})\, \mathrm{d}^3\boldsymbol{r}. \tag{5.18}$$

Den ersten Term kann man darin durch $-\mathrm{i}\delta_{\nu'\nu}\nabla_{\boldsymbol{k}}\,\delta(\boldsymbol{k}-\boldsymbol{k}')$ ersetzen. Formt man den zweiten gemäß (2.11) um, so erhält man für den Bloch-Darsteller des Ortes

$$\langle \boldsymbol{k}'\nu' | \boldsymbol{r} | \boldsymbol{k}\nu \rangle = -\mathrm{i}\,\delta_{\nu'\nu}\nabla_{\boldsymbol{k}}\delta(\boldsymbol{k}-\boldsymbol{k}') + \mathrm{i}\,\delta(\boldsymbol{k}-\boldsymbol{k}') \int_{\Omega_0} u^*_{\boldsymbol{k}'\nu'}(\boldsymbol{r})\, \nabla_{\boldsymbol{k}} u_{\boldsymbol{k}\nu}(\boldsymbol{r})\, \mathrm{d}^3\boldsymbol{r}. \tag{5.19}$$

Offenbar beschreibt der zweite Summand in den Termen mit $\nu' \neq \nu$ Interband-Übergänge, die durch das elektrische Feld erzeugt werden.

5.3. Äquivalenz-Hamilton-Operator

Unter Zuhilfenahme des Slaterschen Theorems (2.27) gelingt, wie wir jetzt zeigen wollen, eine besonders einfache Beschreibung der Bewegung von Bloch-Elektronen im elektrischen Feld, die in einer gewissen Korrespondenz zur klassischen Behandlung des Problems steht.

Wir gehen dazu von der Schrödinger-Gleichung

$$(H_0 - e\boldsymbol{E}\boldsymbol{r})\, \psi(\boldsymbol{r}, t) = \mathrm{i}\hbar\, \dot{\psi}(\boldsymbol{r}, t) \tag{5.20}$$

aus und setzen als für die ganze Betrachtung wesentliche Annahme voraus, daß alle Interband-Prozesse vernachlässigt werden können, so daß für die Lösung von (5.20) ein Ansatz der Form $\psi_{\nu_0}(\boldsymbol{r}, t) = \sum_{\boldsymbol{k}} c_{\boldsymbol{k}\nu_0}(t)\, \psi_{\boldsymbol{k}\nu_0}(\boldsymbol{r}, t)$ ausreichend ist. Gehen wir damit in (5.20) ein, so erhalten wir mit (2.27) sofort

$$(E_{\nu_0}(-\mathrm{i}\nabla_{\boldsymbol{r}}) - e\boldsymbol{E}\boldsymbol{r})\, \psi_{\nu_0}(\boldsymbol{r}, t) = \mathrm{i}\hbar\, \dot{\psi}_{\nu_0}(\boldsymbol{r}, t). \tag{5.21}$$

Insofern man also Interband-Prozesse in genügender Näherung zu vernachlässigen berechtigt ist, kann man das Problem (5.20) durch das (möglicherweise einfachere) Problem (5.21) ersetzen. Diese Aussage wird als das Theorem von Wannier bezeichnet. Aus ihm ergeben sich im vorliegenden Fall die folgenden quantenmechanischen Bewegungsgleichungen:

$$\dot{\boldsymbol{r}} = \nabla_{\boldsymbol{p}} E_{\nu_0}\left(\frac{\boldsymbol{p}}{\hbar}\right), \tag{5.22}$$

$$\dot{\boldsymbol{p}} = -\nabla_{\boldsymbol{r}}(-e\boldsymbol{E}\boldsymbol{r}) = e\boldsymbol{E}. \tag{5.23}$$

Beim Vergleich von (5.13) und (5.23) bemerken wir, daß für $\hbar\boldsymbol{k}$ durch den exakten Hamilton-Operator (5.20) dasselbe Bewegungsgesetz erzeugt wird wie für $\boldsymbol{p}$ durch den approximativen Hamilton-Operator (5.21).

Zum Verhältnis der approximativen Bewegungsgleichungen (5.22), (5.23) und der sich aus (5.20) ergebenden exakten Gleichung

$$\dot{\boldsymbol{r}} = \frac{\boldsymbol{p}}{m}, \qquad \dot{\boldsymbol{p}} = -\nabla_{\boldsymbol{r}} V_0(\boldsymbol{r}) + e\boldsymbol{E}$$

sei noch vermerkt, daß die Intraband-Matrixelemente ($\nu' = \nu$) der beiden Systeme von Bewegungsgleichungen streng gleich sind, im Gegensatz zu den Interband-Matrixelementen ($\nu' \neq \nu$). Es ist nämlich nach (2.27) und (2.64)

$$\frac{1}{m}\langle \boldsymbol{k}'\nu|\boldsymbol{p}|\boldsymbol{k}\nu\rangle = \langle \boldsymbol{k}'\nu|\nabla_{\boldsymbol{p}} E_{\nu}\left(\frac{\boldsymbol{p}}{\hbar}\right)|\boldsymbol{k}\nu\rangle = \delta_{\boldsymbol{k}'\boldsymbol{k}}\frac{1}{\hbar}\nabla_{\boldsymbol{k}} E_{\nu}(\boldsymbol{k})$$

und

$$\langle \boldsymbol{k}'\nu|\nabla_{\boldsymbol{r}} V_0|\boldsymbol{k}\nu\rangle = \frac{\mathrm{i}}{\hbar}\langle \boldsymbol{k}'\nu|[\boldsymbol{p}, H_0]|\boldsymbol{k}\nu\rangle$$

$$= \frac{\mathrm{i}}{\hbar}\{E_{\nu}(\boldsymbol{k}) - E_{\nu}(\boldsymbol{k}')\}\langle \boldsymbol{k}'\nu|\boldsymbol{p}|\boldsymbol{k}\nu\rangle = 0.$$

Die Verwendung des Äquivalenz-Hamilton-Operators (5.21) läuft also, wie bei der Ableitung des Wannierschen Theorems bemerkt, auf die Vernachlässigung der Interband-Matrixelemente hinaus.

Schließlich sei noch erwähnt, daß sich aus (5.22) und (5.23) für den Operator der Beschleunigung das Folgende ergibt:

$$\dot{\boldsymbol{v}} = \ddot{\boldsymbol{r}} = \nabla_{\boldsymbol{p}}\nabla_{\boldsymbol{p}} E_{\nu_0}\left(\frac{\boldsymbol{p}}{\hbar}\right)\cdot\dot{\boldsymbol{p}} = \nabla_{\boldsymbol{p}}\nabla_{\boldsymbol{p}} E_{\nu_0}\left(\frac{\boldsymbol{p}}{\hbar}\right)\cdot e\boldsymbol{E}. \tag{5.24}$$

Die Beschleunigung ist also im Gegensatz zur Impulsänderung nicht der äußeren Kraft parallel. Zwischen beiden vermittelt vielmehr der Tensoroperator $\nabla_{\boldsymbol{p}} \nabla_{\boldsymbol{p}} E_{\nu_0}(\boldsymbol{p}/\hbar)$ der nach (2.68) gleich $\frac{1}{m^*_{\nu_0}(\boldsymbol{p}/\hbar)}$ ist.

Bekanntlich beschreiben die Bewegungsgleichungen (5.22) und (5.23) die Bewegung der Erwartungswerte $\langle \boldsymbol{r} \rangle$, $\langle \boldsymbol{p} \rangle$ von Wellenpaketen, die aus Lösungen von (5.21) konstruiert sind. In diesem Sinne können diese Gleichungen als klassische Hamiltonsche Bewegungsgleichungen für Wellenpakete aufgefaßt werden.

5.4. Magnetisches Feld

Wie wir im Anschluß an (5.10) bereits erwähnten, bleibt in einem äußeren Magnetfeld die Eigenschaft einer Wellenfunktion, Eigenfunktion von $T_{\boldsymbol{R}}$ zu sein, nicht erhalten. Um jedoch wenigstens zu einer approximativen, zu (5.13) analogen Relation auch für den Fall $\boldsymbol{B} \neq 0$ zu gelangen, vernachlässigen wir zunächst in (5.8) den von $\boldsymbol{R}$ abhängigen, nicht eichinvarianten und zudem in B quadratischen Term und ersetzen dort (ebenfalls linear in B) $\boldsymbol{P}$ durch $\boldsymbol{p}$. Lassen wir weiterhin Interband-Terme bei der Anwendung von $\boldsymbol{p}$ auf Bloch-Zustände außer Betracht, so können wir $\boldsymbol{v}$ in (5.10) durch seinen Erwartungswert $\frac{1}{\hbar} \nabla_{\boldsymbol{k}} E_\nu(\boldsymbol{k})$ ersetzen, entsprechend mit (5.7) verfahren und (5.10) in einer zu (5.11) analogen Form interpretieren. Damit ergibt sich die folgende der Relation (5.13) entsprechende Beziehung:

$$\hbar \dot{\boldsymbol{k}} = \frac{e}{\hbar c} \nabla_{\boldsymbol{k}} E_\nu(\boldsymbol{k}) \times \boldsymbol{B} + \frac{e}{c} \dot{\boldsymbol{A}}.$$

Das bedeutet, daß der Vektor

$$\hat{\boldsymbol{k}} = \boldsymbol{k} - \frac{e}{\hbar c} \boldsymbol{A}(\boldsymbol{r}) \tag{5.25}$$

in einer in B linearen Näherung das eichinvariante Bewegungsgesetz

$$\hbar \dot{\hat{\boldsymbol{k}}} = \frac{e}{\hbar c} \nabla_{\hat{\boldsymbol{k}}} E_\nu(\hat{\boldsymbol{k}}) \times \boldsymbol{B} \tag{5.26}$$

befolgt.

5.5. Peierlssches Theorem

Im folgenden wollen wir uns mit der Frage beschäftigen, inwiefern ein der Relation (5.21) analoges Theorem im Falle des Magnetfeldes existiert.

Mit Luttinger nehmen wir dazu an, daß sich die Lösungen der Schrödingerschen Bewegungsgleichung in genügender Approximation durch die Bloch-Funktionen eines Bandes darstellen lassen, vernachlässigen also sogleich die – wie beim elektrischen Feld – sicher vorhandenen Interband-Übergänge. Explizit lautet der Luttingersche Ansatz für die Lösungsfunktionen

$$\psi_\nu(\boldsymbol{r}, t) = \sum_{\boldsymbol{R}} c_{\boldsymbol{R}}(t)\, \mathrm{e}^{\frac{ieB}{2\hbar c}(\hat{A}(\boldsymbol{r}+\boldsymbol{R}),\, \boldsymbol{r}-\boldsymbol{R})}\, a_\nu(\boldsymbol{r} - \boldsymbol{R}), \tag{5.27}$$

wo $a_\nu(\boldsymbol{r} - \boldsymbol{R})$ die gemäß (2.71) definierten Wannier-Funktionen sind. Gehen wir mit (5.27) in die Schrödinger-Gleichung $H\psi = \left\{\frac{1}{2m}\boldsymbol{P}^2 + V_0\right\}\psi = \mathrm{i}\hbar\dot{\psi}$ ein, so ergibt sich

$$0 = \left(H - \mathrm{i}\hbar\frac{\partial}{\partial t}\right)\psi(\boldsymbol{r}, t) = \sum_{\boldsymbol{R}}\left\{c_{\boldsymbol{R}}(t)\left[\frac{1}{2m}\left(-\mathrm{i}\hbar\nabla_{\boldsymbol{r}} - \frac{eB}{c}\hat{A}\boldsymbol{r}\right)^2 + V_0(\boldsymbol{r})\right]\right.$$

$$\left. - \mathrm{i}\hbar\dot{c}_{\boldsymbol{R}}(t)\right\} \mathrm{e}^{\frac{\mathrm{i}eB}{2\hbar c}(\hat{A}(\boldsymbol{r}+\boldsymbol{R}), \boldsymbol{r}-\boldsymbol{R})}\, a_\nu(\boldsymbol{r} - \boldsymbol{R})$$

$$= \sum_{\boldsymbol{R}} \mathrm{e}^{\frac{\mathrm{i}eB}{2\hbar c}(\hat{A}(\boldsymbol{r}+\boldsymbol{R}), \boldsymbol{r}-\boldsymbol{R})}\left\{c_{\boldsymbol{R}}(t)\left(\frac{1}{2m}\left[-\mathrm{i}\hbar\nabla_{\boldsymbol{r}} - \frac{eB}{c}\left(\hat{A}\boldsymbol{r} - \frac{1}{2}\nabla_{\boldsymbol{r}}\left(\hat{A}(\boldsymbol{r}+\boldsymbol{R}), \boldsymbol{r}-\boldsymbol{R}\right)\right)\right]^2\right.\right.$$

$$\left.\left. + V_0(\boldsymbol{r})\right) - \mathrm{i}\hbar\dot{c}_{\boldsymbol{R}}(t)\right\} a_\nu(\boldsymbol{r} - \boldsymbol{R}). \tag{5.28}$$

Wir berechnen

$$\nabla_{\boldsymbol{r}}\left(\hat{A}(\boldsymbol{r} + \boldsymbol{R}), \boldsymbol{r} - \boldsymbol{R}\right) = (\boldsymbol{r} - \boldsymbol{R}, \nabla_{\boldsymbol{r}})\,\hat{A}(\boldsymbol{r} + \boldsymbol{R}) + \left(\hat{A}(\boldsymbol{r} + \boldsymbol{R}), \nabla_{\boldsymbol{r}}\right)(\boldsymbol{r} - \boldsymbol{R})$$

$$+ \hat{A}(\boldsymbol{r} + \boldsymbol{R}) \times \nabla_{\boldsymbol{r}} \times (\boldsymbol{r} - \boldsymbol{R}) + (\boldsymbol{r} - \boldsymbol{R}) \times \nabla_{\boldsymbol{r}} \times \hat{A}(\boldsymbol{r} + \boldsymbol{R})$$

und überzeugen uns davon, daß dieses mit

$$(\boldsymbol{r} - \boldsymbol{R}, \nabla_{\boldsymbol{r}})\,\hat{A}(\boldsymbol{r} + \boldsymbol{R}) = \hat{A}(\boldsymbol{r} - \boldsymbol{R}), \qquad \left(\hat{A}(\boldsymbol{r} + \boldsymbol{R}), \nabla_{\boldsymbol{r}}\right)(\boldsymbol{r} - \boldsymbol{R}) = \hat{A}(\boldsymbol{r} + \boldsymbol{R}),$$

$$\nabla_{\boldsymbol{r}} \times \boldsymbol{r} = 0, \qquad \nabla_{\boldsymbol{r}} \times \hat{A}(\boldsymbol{r} + \boldsymbol{R}) = \frac{\boldsymbol{B}}{B}$$

gleich

$$2\hat{A}\boldsymbol{r} + (\boldsymbol{r} - \boldsymbol{R}) \times \frac{\boldsymbol{B}}{B}$$

wird. Wenn wir das in (5.28) einsetzen, finden wir

$$0 = \sum_{\boldsymbol{R}} \mathrm{e}^{\frac{\mathrm{i}eB}{2\hbar c}(\hat{A}(\boldsymbol{r}+\boldsymbol{R}), \boldsymbol{r}-\boldsymbol{R})}\left\{c_{\boldsymbol{R}}(t)\left(\frac{1}{2m}\left[-\mathrm{i}\hbar\nabla_{\boldsymbol{r}} + \frac{1}{2}\frac{e}{c}(\boldsymbol{r} - \boldsymbol{R}) \times \boldsymbol{B}\right]^2 + V_0(\boldsymbol{r})\right)\right.$$

$$\left. - \mathrm{i}\hbar\dot{c}_{\boldsymbol{R}}(t)\right\} a_\nu(\boldsymbol{r} - \boldsymbol{R}). \tag{5.29}$$

An dieser Stelle wird nun zum ersten Mal die folgende auf der räumlichen Lokalisierung der Wannier-Funktionen basierende Approximation gemacht: Da der in (5.29) bei $\boldsymbol{B}$ stehende Faktor $(\boldsymbol{r} - \boldsymbol{R})$ gerade dort klein ist, wo allein die Wannier-Funktion $a_\nu(\boldsymbol{r} - \boldsymbol{R})$ merklich von Null verschieden ist, vernachlässigt man diesen Term, wodurch sich die obige Gleichung beträchtlich vereinfacht; sie lautet jetzt nämlich

$$0 = \sum_{\boldsymbol{R}} \mathrm{e}^{\frac{\mathrm{i}eB}{2\hbar c}(\hat{A}(\boldsymbol{r}+\boldsymbol{R}), \boldsymbol{r}-\boldsymbol{R})}\left\{c_{\boldsymbol{R}}(t)\,H_0 - \mathrm{i}\hbar\dot{c}_{\boldsymbol{R}}(t)\right\} a_\nu(\boldsymbol{r} - \boldsymbol{R}).$$

Verwenden wir hier (2.76), so wird das zu

$$0 = \sum_{\boldsymbol{R}} e^{\frac{ieB}{2\hbar c}(\hat{A}(\boldsymbol{r}+\boldsymbol{R}),\, \boldsymbol{r}-\boldsymbol{R})} \left\{ c_{\boldsymbol{R}}(t) \sum_{\boldsymbol{R}'} \varepsilon_\nu(\boldsymbol{R}')\, a_\nu(\boldsymbol{r}-\boldsymbol{R}-\boldsymbol{R}') - i\hbar \dot{c}_{\boldsymbol{R}}(t)\, a_\nu(\boldsymbol{r}-\boldsymbol{R}) \right\}$$

$$= \sum_{\boldsymbol{R}} a_\nu(\boldsymbol{r}-\boldsymbol{R}) \left\{ \sum_{\boldsymbol{R}'} e^{\frac{ieB}{2\hbar c}(\hat{A}(\boldsymbol{r}+\boldsymbol{R}'),\, \boldsymbol{r}-\boldsymbol{R}')} c_{\boldsymbol{R}'}(t)\, \varepsilon_\nu(\boldsymbol{R}-\boldsymbol{R}') - e^{\frac{ieB}{2\hbar c}(\hat{A}(\boldsymbol{r}+\boldsymbol{R}),\, \boldsymbol{r}-\boldsymbol{R})}\, i\hbar \dot{c}_{\boldsymbol{R}}(t) \right\}.$$

In dieser Beziehung substituieren wir $\boldsymbol{R} - \boldsymbol{R}' = \boldsymbol{R}''$ und schreiben

$$c_{\boldsymbol{R}-\boldsymbol{R}''} = T_{-\boldsymbol{R}''} c_{\boldsymbol{R}} = e^{-\boldsymbol{R}''\nabla} c_{\boldsymbol{R}};$$

wir erhalten so

$$0 = \sum_{\boldsymbol{R}} a_\nu(\boldsymbol{r}-\boldsymbol{R}) \left\{ \sum_{\boldsymbol{R}''} \varepsilon_\nu(\boldsymbol{R}'')\, e^{\frac{ieB}{2\hbar c}(\hat{A}(\boldsymbol{r}+\boldsymbol{R}-\boldsymbol{R}''),\, \boldsymbol{r}-\boldsymbol{R}+\boldsymbol{R}'')}\, e^{-\boldsymbol{R}''\nabla} c_{\boldsymbol{R}} - e^{\frac{ieB}{2\hbar c}(\hat{A}(\boldsymbol{r}+\boldsymbol{R}),\, \boldsymbol{r}-\boldsymbol{R})}\, i\hbar \dot{c}_{\boldsymbol{R}} \right\}.$$

Jetzt wiederholen wir die auf der Lokalisierung der Wannier-Funktion $a_\nu(\boldsymbol{r} - \boldsymbol{R})$ basierende Approximation $\boldsymbol{r} \approx \boldsymbol{R}$; das ergibt

$$0 = \sum_{\boldsymbol{R}} a_\nu(\boldsymbol{r}-\boldsymbol{R}) \left\{ \sum_{\boldsymbol{R}'} \varepsilon_\nu(\boldsymbol{R}')\, e^{\frac{ieB}{2\hbar c}(\hat{A}(2\boldsymbol{R}-\boldsymbol{R}'),\, \boldsymbol{R}')}\, e^{-\boldsymbol{R}'\nabla} c_{\boldsymbol{R}} - i\hbar \dot{c}_{\boldsymbol{R}} \right\}. \tag{5.30}$$

Unter Benutzung der Beziehung[1])

$$e^Y e^X = e^{X+Y-\frac{1}{2}[X,Y]}, \tag{5.31}$$

die gilt, wenn $[X, [X, Y]] = [Y, [X, Y]] = 0$ ist, und mit

$$-(\boldsymbol{R}', \nabla)\, \frac{ieB}{2\hbar c}\big(\hat{A}(2\boldsymbol{R} - \boldsymbol{R}'), \boldsymbol{R}'\big) = -\frac{ieB}{\hbar c}(\hat{A}\boldsymbol{R}', \boldsymbol{R}')$$

---

[1]) Zum Beweis von (5.31) betrachten wir die Funktion $F(\eta) = e^{\eta Y + \frac{\eta^2}{2}[X,Y]}\, e^{\eta X}$ und bilden

$$F'(\eta) = e^{\eta Y + \frac{\eta^2}{2}[X,Y]} \{(Y + \eta[X,Y])\, e^{\eta X} + e^{\eta X} X\}.$$

Wegen

$$X^n Y = [X,Y]\, X^{n-1} + X^{n-1} Y X = n[X,Y]\, X^{n-1} + Y X^n$$

gilt

$$e^{\eta X}\, Y = (\eta[X,Y] + Y)\, e^{\eta X}.$$

Damit wird

$$F'(\eta) = F(\eta)\,(Y + X), \quad \text{das heißt} \quad F(\eta) = e^{\eta(X+Y)}.$$

Mit der Definitionsgleichung für $F(\eta)$ erhalten wir für $\eta = 1$ die angegebene Relation.

können wir (5.30) folgendermaßen schreiben:

$$0 = \sum_{\boldsymbol{R}} a_\nu(\boldsymbol{r} - \boldsymbol{R}) \left\{ \sum_{\boldsymbol{R}'} \varepsilon_\nu(\boldsymbol{R}') \, \mathrm{e}^{-\mathrm{i}\boldsymbol{R}'\left(-\mathrm{i}\nabla - \frac{eB}{\hbar c} \hat{A}\boldsymbol{R}\right)} c_{\boldsymbol{R}} - \mathrm{i}\hbar \dot{c}_{\boldsymbol{R}} \right\}.$$

Nach (2.75) und (5.3) ist das aber dasselbe wie

$$0 = \sum_{\nu} a_\nu(\boldsymbol{r} - \boldsymbol{R}) \left\{ E_\nu\left(-\mathrm{i}\nabla - \frac{e}{\hbar c}\boldsymbol{A}\right) c_{\boldsymbol{R}}(t) - \mathrm{i}\hbar \dot{c}_{\boldsymbol{R}}(t) \right\}, \tag{5.32}$$

woraus sich nach (2.73) ergibt:

$$E_\nu\left(-\mathrm{i}\nabla - \frac{e}{\hbar c}\boldsymbol{A}\right) c_{\boldsymbol{R}}(t) - \mathrm{i}\hbar \dot{c}_{\boldsymbol{R}}(t) = 0. \tag{5.33}$$

Umgekehrt folgt natürlich auch (5.32) aus (5.33); d. h. aber, unter den gemachten Voraussetzungen, speziell der Annahme (5.27), sind die Gleichungen $\left(H - \mathrm{i}\hbar \frac{\partial}{\partial t}\right) \psi(\boldsymbol{r}, t) = 0$ und (5.33) äquivalent. Dieses der Relation (5.21) analoge Resultat wird als Peierlssches Theorem bezeichnet;

$$E_\nu\left[\frac{1}{\hbar}\left(\boldsymbol{p} - \frac{e}{c}\boldsymbol{A}\right)\right] = E_\nu\left(\frac{1}{\hbar}\boldsymbol{P}\right) \tag{5.34}$$

ist der äquivalente Ein-Band-Hamilton-Operator.

Der Operator $\boldsymbol{P}$ befolgt dabei, wie man sofort sieht, folgende Vertauschungsrelationen:

$$P_x P_y - P_y P_x = \mathrm{i}\,\frac{e\hbar}{c}\left(\frac{\partial A_y}{\partial x} - \frac{\partial A_x}{\partial y}\right) = \mathrm{i}\hbar\,\frac{eB_z}{c}$$

oder, vektoriell geschrieben,

$$\boldsymbol{P} \times \boldsymbol{P} = \mathrm{i}\hbar\,\frac{e\boldsymbol{B}}{c}. \tag{5.35}$$

Seine drei Komponenten sind also nicht gleichzeitig festlegbar. In diesem Sinne ist der $\boldsymbol{P}$-Raum wesentlich nichtklassisch.

5.6. Zyklotronbahnen

Analog zu den Bewegungsgleichungen (5.22) und (5.23) für das elektrische Feld bilden wir jetzt mit (5.34) für den Fall des magnetischen Feldes

$$\dot{\boldsymbol{r}} = \boldsymbol{v} = \nabla_{\boldsymbol{P}} E_\nu\left(\frac{1}{\hbar}\boldsymbol{P}\right) = \frac{1}{\hbar}\nabla_{\frac{1}{\hbar}\boldsymbol{P}} E_\nu\left(\frac{1}{\hbar}\boldsymbol{P}\right), \tag{5.36}$$

$$\dot{\boldsymbol{p}} = -\nabla_{\boldsymbol{r}} E_\nu\left(\frac{1}{\hbar}\boldsymbol{P}\right) = \sum_i \nabla_{\frac{1}{\hbar}P_i} E_\nu\left(\frac{1}{\hbar}\boldsymbol{P}\right) \frac{e}{\hbar c} \nabla_{\boldsymbol{r}} A_i(\boldsymbol{r}) \tag{5.37}$$

und finden, indem wir (5.36) in (5.37) einsetzen,

$$\dot{\boldsymbol{p}} = \frac{e}{c} \nabla_{\boldsymbol{r}}(\boldsymbol{A}, \boldsymbol{v}),$$

wobei $\nabla_{\boldsymbol{r}}$ nur auf $\boldsymbol{A}(\boldsymbol{r})$ wirkt. Damit wird aber weiter

$$\dot{\boldsymbol{P}} = \dot{\boldsymbol{p}} - \frac{e}{c} \dot{\boldsymbol{A}} = \frac{e}{c} \nabla_{\boldsymbol{r}}(\boldsymbol{A}, \boldsymbol{v}) - \frac{e}{c} (\boldsymbol{v}, \nabla_{\boldsymbol{r}}) \boldsymbol{A} = \frac{e}{c} \boldsymbol{v} \times \nabla_{\boldsymbol{r}} \times \boldsymbol{A} = \frac{e}{c} \boldsymbol{v} \times \boldsymbol{B} . \tag{5.38}$$

Ähnlich unserem Vorgehen beim elektrischen Feld können wir jetzt (5.36) und (5.38) als Bewegungsgleichungen für Wellenpakete ansehen, die aus Lösungen von (5.33) konstruiert sind. Die diese Gleichungen veranschaulichende Bewegung im $\boldsymbol{P}$-Raum setzt natürlich die Vernachlässigung der Nichtvertauschbarkeit der Komponenten von $\boldsymbol{P}$ in (5.35) voraus.

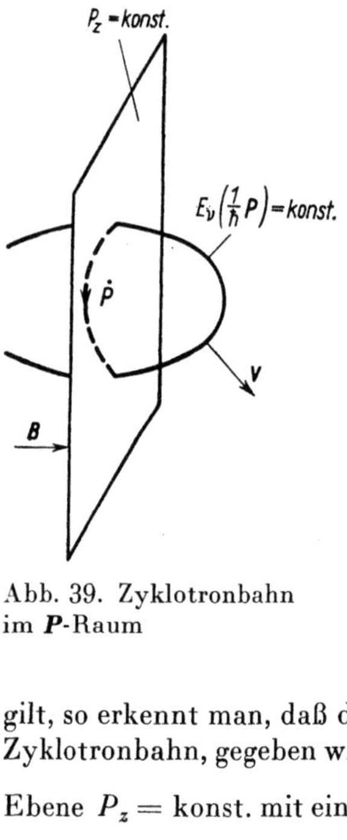

Abb. 39. Zyklotronbahn im $\boldsymbol{P}$-Raum

Weiterhin finden wir die beim elektrischen Feld bestehende Analogie zwischen den Gleichungen (5.13) und (5.23) als auch im magnetischen Feld vorhanden. Nach (5.26) und (5.38) entsprechen einander die Vektoren $\hbar\hat{\boldsymbol{k}}$ und $\boldsymbol{P}$ sowie, weniger wichtig, $\hbar\boldsymbol{k}$ und $\boldsymbol{p}$.

Aus (5.38) ergeben sich sofort zwei wichtige Konsequenzen für die Bewegung im $\boldsymbol{P}$-Raum oder, wie wir also auch sagen können, im $\hat{\boldsymbol{k}}$-Raum. Wir finden nämlich für die Änderung der Energie

$$\frac{\mathrm{d}}{\mathrm{d}t} E_\nu\left(\frac{1}{\hbar}\boldsymbol{P}\right) = \nabla_{\boldsymbol{P}} E_\nu\left(\frac{1}{\hbar}\boldsymbol{P}\right) \cdot \dot{\boldsymbol{P}} = \boldsymbol{v}\dot{\boldsymbol{P}} = 0 . \tag{5.39}$$

Da nach (5.38) und (5.3) außerdem

$$\dot{P}_z = 0 \tag{5.40}$$

gilt, so erkennt man, daß die Bahnkurve des Elektrons im $\boldsymbol{P}$-Raum, die sogenannte Zyklotronbahn, gegeben wird durch den Schnitt einer zum Magnetfeld senkrechten Ebene $P_z =$ konst. mit einer Fläche konstanter Energie $E_\nu\left(\frac{1}{\hbar}\boldsymbol{P}\right) =$ konst. (Abb. 39). Der jeweilige Bahntyp hängt dabei von der Richtung des Magnetfeldes relativ zur Orientierung des Kristalls, vom gewählten P_z und der Energie sowie von der Form der Funktion $E_\nu\left(\frac{1}{\hbar}\boldsymbol{P}\right)$ ab.

Im wesentlichen unterscheidet man zwischen den geschlossenen und den offenen Bahnen im $\boldsymbol{P}$-Raum, in welchem die Energie $E_\nu\left(\frac{1}{\hbar}\boldsymbol{P}\right)$ die Periodizität (2.49) im wiederholten Zonenschema hat. Die genannte Unterscheidung geschlossener und offener Bahnen bezieht sich dann auf diese Eigenschaften der Bahnen im wiederholten Zonenschema des $\boldsymbol{P}$-Raumes.

Eine weitere Unterscheidung von auftretenden Bahntypen geschieht dadurch, daß man bei den geschlossenen Bahnen sogenannte Elektronen- und Lochbahnen unterscheidet, je nachdem, ob sich für Bahnen $E_\nu\left(\frac{1}{\hbar}\,\boldsymbol{P}\right) = E_F$ in ihrem Innern von Elektronen besetzte oder unbesetzte Zustände befinden.

Bei den offenen Bahnen unterscheidet man noch, was hier weniger wichtig ist, zwischen periodischen und aperiodischen Bahnen, indem man die ersten als diejenigen kennzeichnet, bei denen, ausgehend etwa von $\boldsymbol{P}_0$, nach Durchlaufen einer gewissen Bahnstrecke im $\boldsymbol{P}$-Raum ein äquivalenter Punkt $\boldsymbol{P}_0 + \hbar\boldsymbol{K}_0$ erreicht wird.

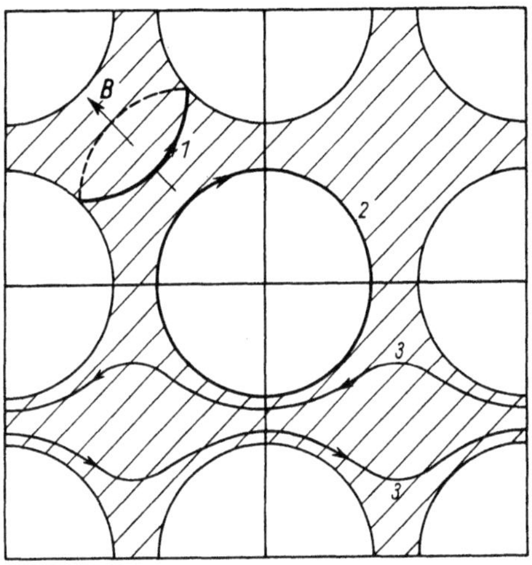

Abb. 40. Bahntypen für offene Fermi-Flächen im wiederholten Zonenschema.
1 Elektronenbahn; *2* Lochbahn; *3* offene Bahnen (***B*** ist auf den Betrachter gerichtet). Gestricheltes Gebiet von Elektronen besetzt

Offenbar ist dazu notwendig, daß in der betrachteten Ebene $P_z =$ konst. äquivalente Punkte liegen, was wiederum bedingt, daß $\boldsymbol{B}$ in einer Ebene des direkten Gitters liegt. Da sich jedoch einer irrationalen Orientierung stets eine rationale beliebig benachbart befindet, kann man ohne Beschränkung offene Bahnen stets als periodisch in obigem Sinne ansehen. Es ist ohne weiteres verständlich, daß offene Bahnen nur dann auftreten können, wenn die jeweilige Energiefläche die Zonenbegrenzung berührt, also selbst offen ist, so daß der Übertritt in die nächste (wiederholte) Zone möglich ist. Beispiele für eine geschlossene Elektronen- bzw. Lochbahn sowie für eine periodische offene Bahn zeigt schematisch Abb. 40.

Wir fragen jetzt nach der zeitlichen Periodenlänge T_c der Bahnen im $\boldsymbol{P}$-Raum. Bezeichnet $\mathrm{d}P_s = (\mathrm{d}P_x^2 + \mathrm{d}P_y^2)^{1/2}$ das Linienelement dieser Bahnen, dann erhält man aus (5.38)

$$\frac{\mathrm{d}P_s}{\mathrm{d}t} = \frac{|e|B}{c}\,v_\perp, \qquad v_\perp = +(v_x^2 + v_y^2)^{1/2}. \tag{5.41}$$

Daraus folgt für die Periode der durch E und P_z festgelegten Bahn

$$T_c(E, P_z) = \begin{cases} \dfrac{c}{|e|B} \oint \dfrac{\mathrm{d}P_s}{v_\perp} & \text{geschlossene Bahnen,} \\ & \text{für} \\ \dfrac{c}{|e|B} \int\limits_{\boldsymbol{P}_0}^{\boldsymbol{P}_0+\hbar \boldsymbol{K}_0} \dfrac{\mathrm{d}P_s}{v_\perp} & \text{offene (periodische) Bahnen.} \end{cases} \tag{5.42}$$

Dabei ist nach (5.41) stets im Umlaufsinn von $\boldsymbol{P}$ zu integrieren, der, da $\boldsymbol{v}$ immer ins Äußere der Elektronenbahnen bzw. ins Innere der Lochbahnen gerichtet ist, für beide Bahntypen umgekehrt ist (Abb. 40).

Der Periode T_c ist durch

$$\omega_c = \frac{2\pi}{T_c} \tag{5.43}$$

in üblicher Weise eine Kreisfrequenz ω_c, die sogenannte Zyklotronfrequenz, zugeordnet.

Es erweist sich nun im weiteren als zweckmäßig, einen Bahnparameter φ folgendermaßen zu definieren:

$$\mathrm{d}\varphi = \omega_c \mathrm{d}t = \frac{2\pi}{T_c} \frac{c}{|e|B} \frac{\mathrm{d}P_s}{v_\perp}. \tag{5.44}$$

Dadurch kann jeder Bahnpunkt statt durch die drei Komponenten von $\boldsymbol{P}$ durch E, P_z und φ dargestellt werden, von denen die ersten beiden zeitliche Konstanten sind.

Aus (5.43) und (5.44) folgt

$$2\pi = \begin{cases} \oint \mathrm{d}\varphi & \text{geschlossene Bahnen,} \\ & \text{für} \\ \int\limits_{\boldsymbol{P}_0}^{\boldsymbol{P}_0+\hbar \boldsymbol{K}_0} \mathrm{d}\varphi & \text{offene Bahnen.} \end{cases} \tag{5.45}$$

Die durch (5.43) definierte Zyklotronfrequenz ω_c liefert mit $\dfrac{|e|B}{\omega_c c}$ eine Größe von der Dimension einer Masse. Man bezeichnet dieselbe entsprechend als Zyklotronmasse m_c und findet sie nach (5.42) zu

$$m_c = \frac{1}{2\pi} \begin{cases} \oint \dfrac{\mathrm{d}P_s}{v_\perp} & \text{geschlossene Bahnen,} \\ & \text{für} \\ \int\limits_{\boldsymbol{P}_0}^{\boldsymbol{P}_0+\hbar \boldsymbol{K}_0} \dfrac{\mathrm{d}P_s}{v_\perp} & \text{offene Bahnen.} \end{cases} \tag{5.46}$$

Für geschlossene Bahnen kann (5.46) noch folgendermaßen umgeschrieben werden: Die Fläche $A(E, P_z)$, deren Berandung gerade die E-P_z-Bahnkurve im $\boldsymbol{P}$-Raum ist, stellt sich analog der Betrachtung zu (2.36) dar als

$$A(E, P_z) = \begin{cases} \oint \int\limits_0^E \dfrac{\mathrm{d}P_s\,\mathrm{d}E'}{\nabla_{P\perp} E'_\nu\left(\dfrac{\boldsymbol{P}}{\hbar}\right)} & \text{Elektronenbahnen,} \\ & \text{für} \\ \oint \int\limits_E^{E_m} \dfrac{\mathrm{d}P_s\,\mathrm{d}E'}{\nabla_{P\perp} E'_\nu\left(\dfrac{\boldsymbol{P}}{\hbar}\right)} & \text{Lochbahnen.} \end{cases}$$

Dabei bedeutet $\nabla_{P\perp}$ die Ableitung senkrecht zur Zyklotronbahn in deren Ebene. Daraus folgt

$$\frac{\partial A(E, P_z)}{\partial E} = \pm \oint \frac{\mathrm{d}P_s}{\nabla_{P\perp} E_\nu\left(\dfrac{\boldsymbol{P}}{\hbar}\right)} = \pm \oint \frac{\mathrm{d}P_s}{v_\perp}, \tag{5.47}$$

wobei (5.36) benutzt wurde und die Ringintegrale im betreffenden Umlaufssinn zu nehmen sind.

Setzt man (5.47) in (5.46) ein, so findet man für die Zyklotronmasse auf geschlossenen Bahnen

$$m_c(E, P_z) = \frac{1}{2\pi}\left|\frac{\partial A(E, P_z)}{\partial E}\right|. \tag{5.48}$$

Man kann leicht überprüfen, daß sich für freie Elektronen aus $E = P^2/2m$ die Schnittfläche $A(E, P_z) = \pi(2\,m\,E - P_z^2)$ ergibt, der nach (5.48) $m_c = m$ entspricht, wie man es erwartet.

5.7. Quantisierung

Bekanntlich ist das Problem freier Elektronen im homogenen Magnetfeld, d. h. das Problem $\dfrac{\boldsymbol{P}^2}{2m}\,\psi = E\psi$, streng lösbar und führt, wie wir in Kapitel 11 im einzelnen zeigen werden, auf folgende Eigenwerte der Energie, die man als Landau-Terme bezeichnet:

$$E_n(k_z) = \left(n + \frac{1}{2}\right)\hbar\omega_c^0 + \frac{\hbar^2}{2\,m}\,k_z^2 \qquad (n = 0, 1, 2, \ldots;\ k_z \text{ unreduziert}). \tag{5.49}$$

Dabei bedeutet ω_c^0 die Zyklotronfrequenz der freien Elektronen $\dfrac{|e|B}{mc}$. Es entsteht nun das Problem der Bestimmung der Eigenwerte des Operators $\dfrac{\boldsymbol{P}^2}{2m} + V_0(\boldsymbol{r})$ für ein Kristallelektron im Magnetfeld. Nach ONSAGER gelingt für geschlossene Bahnen eine einfache approximative Festlegung dieser Eigenwerte, wenn man an die quantenmechanischen Vertauschungsrelationen (5.35) eine der älteren Quantentheorie analoge Betrachtung anschließt.

Zu diesem Zweck interpretiert man (5.35) als Vertauschungsrelation der beiden kanonisch konjugierten Größen P_x und P_y, die beide mit dem festen P_z vertauschbar sind. Indem man sich weiterhin daran erinnert, daß der kanonischen Vertauschungsregel $[q, p] = i\hbar$ in der älteren Quantentheorie die Quantisierung der Phasenintegrale nach $\oint p\, \mathrm{d}q = (n + \gamma)\, h$ (n ganz, $0 \leqq \gamma < 1$) entspricht, so kann man sofort aus (5.35) folgern:

$$\oint P_x \mathrm{d} P_y = \frac{|e|\, B}{c} (n + \gamma) h. \tag{5.50}$$

Nun ist aber das Phasenintegral in (5.50) gerade gleich der Schnittfläche $A(E, P_z)$, die von der geschlossenen $\boldsymbol{P}$-Bahn des Elektrons berandet wird. (5.50) läuft demnach auf eine Quantisierung dieser Schnittflächen hinaus, die man wie folgt formuliert:

$$A(E, P_z) = (n + \gamma) \frac{|e| h B}{c}. \tag{5.51}$$

Als implizite Quantisierungsvorschrift der Energie gestattet (5.51) prinzipiell die Bestimmung der Eigenwerte $E = E_n(P_z)$ eines Kristallelektrons im Magnetfeld. Man erhält so zu jedem vorgegebenen P_z-Wert eine unendliche diskrete Folge erlaubter Energie-Eigenwerte. Diese werden jetzt als Folge der Vertauschungsrelationen (5.35) durch die zwei Quantenzahlen n und P_z festgelegt und nicht mehr, wie im klassischen Grenzfall, durch einen Vektor $\boldsymbol{P}$.

Wir überzeugen uns, daß aus der oben angegebenen Schnittfläche freier Elektronen $A(E, P_z) = \pi\, (2mE - P_z^2) = (n + \gamma) \frac{|e| h B}{c}$ sich ergibt:

$$E = (n + \gamma)\, \hbar \omega_c^0 + \frac{P_z^2}{2m},$$

was mit (5.49) übereinstimmt, wenn $\gamma = 1/2$ gesetzt wird.

Wir fragen jetzt nach dem Abstand benachbarter, sich aus (5.51) ergebender Energie-Eigenwerte bei festgehaltenem P_z. Aus der genannten Relation ergibt sich sofort

$$A(E_{n+1}(P_z), P_z) - A(E_n(P_z), P_z) = \pm \frac{|e| h B}{c},$$

wobei das obere bzw. untere Vorzeichen für Elektronen- bzw. Lochbahnen gilt. Daraus erhält man durch Entwicklung nach der gesuchten Energiedifferenz $E_{n+1}(P_z) - E_n(P_z)$, vorausgesetzt, diese ist klein gegen $E_n(P_z)$ selbst, d. h. für große n,

$$\frac{\partial A(E, P_z)}{\partial E} [E_{n+1}(P_z) - E_n(P_z)] = \pm \frac{|e| h B}{c}$$

oder mit (5.48)

$$E_{n+1}(P_z) - E_n(P_z) = \frac{|e| h B}{2 \pi m_c c} = \hbar \omega_c \qquad (n \gg 1). \tag{5.52}$$

Für konstantes P_z unterscheiden sich also benachbarte Energiezustände des Kristallelektrons im Magnetfeld um Energiequanten $\hbar\omega_c$. Abb. 41 veranschaulicht diese für eine Reihe von Phänomenen wichtige Tatsache am freien Elektronengas, indem sie im **P**-Raum die durch je ein n gekennzeichneten Zylinderflächen zeigt, auf denen P_z derart variiert, daß $E_n(P_z) \leqq E_F$ ist. Die in Abb. 41

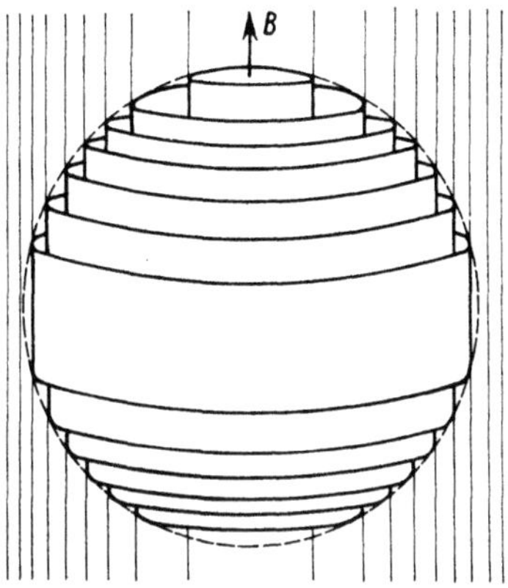

Abb. 41. Zur Veranschaulichung von Gleichung (5.52) für freie Elektronen

angegebene Figur ist charakteristisch für den Gebrauch der Quantisierungsvorschrift (5.51), indem sie, ähnlich dem Verfahren der älteren Quantentheorie, aus der Gesamtheit der im **P**-Raum möglichen Bahnen die erlaubten anzugeben gestattet. Wie erwähnt, widerspricht jedoch dabei strenggenommen die durch (5.51) gegebene Quantisierung von E gemäß n und P_z der Verwendung des **P**-Raumes.

6. Gitterschwingungen

6.1. Normalkoordinaten

Die Punkte $\boldsymbol{R} + \boldsymbol{d}_s$, von denen wir bisher annahmen, daß in ihnen die Kerne der den Kristall konstituierenden Atome liegen, stellen lediglich deren Ruhelagen dar, die zur minimalen potentiellen Energie des Systems gehören. Durch irgendwelche Einflüsse können die Atome aus diesen Gleichgewichtslagen gebracht werden und sich dadurch an verschobene Positionen $\boldsymbol{R} + \boldsymbol{d}_s + \boldsymbol{u}_{\boldsymbol{R}}^s$ bewegen, in denen ihre Energie durch $\frac{1}{2} \sum_{\boldsymbol{R}s} M(\dot{u}_{\boldsymbol{R}}^s)^2 + E_{\text{pot}}(\boldsymbol{u}_{\boldsymbol{R}}^s)$ gegeben ist. Lassen wir nur geringfügige Auslenkungen aus dem Gleichgewicht zu, so ist es sinnvoll, $E_{\text{pot}}(\boldsymbol{u}_{\boldsymbol{R}}^s)$ nach den Verrückungen in eine Taylor-Reihe um die Ruhelagen zu entwickeln. Bezeichnen die $u_{\boldsymbol{R}j}^s$ ($j = 1, 2, 3$) die kartesischen Komponenten von $\boldsymbol{u}_{\boldsymbol{R}}^s$, so ist

$$E_{\text{pot}} = \frac{1}{2!} \sum_{\substack{\boldsymbol{R}\boldsymbol{R}' \\ s\,s' \\ j\,j'}} D_{\substack{\boldsymbol{R}\boldsymbol{R}' \\ j\,j'}}^{ss'} u_{\boldsymbol{R}j}^s u_{\boldsymbol{R}'j'}^{s'} + \frac{1}{3!} \sum_{\substack{\boldsymbol{R}\boldsymbol{R}'\boldsymbol{R}'' \\ s\,s'\,s'' \\ j\,j'\,j''}} S_{\substack{\boldsymbol{R}\boldsymbol{R}'\boldsymbol{R}'' \\ j\,j'\,j''}}^{ss's''} u_{\boldsymbol{R}j}^s u_{\boldsymbol{R}'j'}^{s'} u_{\boldsymbol{R}''j''}^{s''} + \cdots \tag{6.1}$$

Dabei sind die Entwicklungskoeffizienten gegeben durch

$$D_{\substack{\boldsymbol{R}\boldsymbol{R}' \\ j\,j'}}^{ss'} = \frac{\partial^2 E_{\text{pot}}(0)}{\partial u_{\boldsymbol{R}j}^s \partial u_{\boldsymbol{R}'j'}^{s'}}, \qquad S_{\substack{\boldsymbol{R}\boldsymbol{R}'\boldsymbol{R}'' \\ j\,j'\,j''}}^{ss's''} = \frac{\partial^3 E_{\text{pot}}(0)}{\partial u_{\boldsymbol{R}j}^{s'}\, \partial u_{\boldsymbol{R}'j'}^{s'}\, \partial u_{\boldsymbol{R}''j''}^{s''}}. \tag{6.2}$$

Sie stellen $3r$-reihige reelle Tensoren zweiter bzw. dritter Stufe dar, für die offenbar folgende Symmetrierelationen gelten:

$$D_{\substack{\boldsymbol{R}'\boldsymbol{R} \\ j'j}}^{s's} = D_{\substack{\boldsymbol{R}\boldsymbol{R}' \\ j\,j'}}^{ss'}, \qquad S_{\substack{\boldsymbol{R}\boldsymbol{R}''\boldsymbol{R}' \\ j\,j''\,j'}}^{ss''s'} = S_{\substack{\boldsymbol{R}\boldsymbol{R}'\boldsymbol{R}'' \\ j\,j'\,j''}}^{ss's''} = \cdots \tag{6.3}$$

Außerdem bedingt die Translationsinvarianz die Gültigkeit der Beziehungen

$$D_{\substack{\boldsymbol{R}+\boldsymbol{R}_0,\, \boldsymbol{R}'+\boldsymbol{R}_0 \\ j\qquad j'}}^{ss'} = D_{\substack{\boldsymbol{R}\boldsymbol{R}' \\ j\,j'}}^{ss'}, \qquad S_{\substack{\boldsymbol{R}+\boldsymbol{R}_0,\, \boldsymbol{R}'+\boldsymbol{R}_0,\, \boldsymbol{R}''+\boldsymbol{R}_0 \\ j\qquad j'\qquad j''}}^{ss's''} = S_{\substack{\boldsymbol{R}\boldsymbol{R}'\boldsymbol{R}'' \\ j\,j'\,j''}}^{ss's''}. \tag{6.4}$$

Wir beschränken unsere weiteren Betrachtungen auf den in den Verrückungen quadratischen Term.

Im folgenden formen wir den Ausdruck für die Energie des aus seiner Ruhelage gebrachten Systems von Atomen durch eine Reihe von geeigneten Transformationen am diskreten Verschiebungsfeld $\boldsymbol{u}_{\boldsymbol{R}}^s$ um. Zu diesem Zweck gehen wir zunächst durch

$$\boldsymbol{u}_{\boldsymbol{R}}^s = \frac{1}{(G^3 M)^{1/2}} \sum_{\boldsymbol{w}} \boldsymbol{v}_{\boldsymbol{w}}^s e^{i\,\boldsymbol{w}\boldsymbol{R}}, \qquad \boldsymbol{v}_{-\boldsymbol{w}}^s = \boldsymbol{v}_{\boldsymbol{w}}^{s*} \tag{6.5}$$

von den $3rG^3$ Koordinaten $\boldsymbol{u}_{\boldsymbol{R}}^s$ zu ebenso vielen Größen $\boldsymbol{v}_{\boldsymbol{w}}^s$ über, indem wir in (6.5) über alle nach (2.2) erlaubten reduzierten Vektoren summieren.

Gehen wir weiterhin mit (6.5) in die Ausdrücke für die kinetische und die potentielle Energie ein, so ergibt sich

$$E_{\text{kin}} = \frac{M}{2} \sum_{\boldsymbol{R}s} (\dot{u}^s_{\boldsymbol{R}})^2 = \frac{G^{-3}}{2} \sum_{\substack{\boldsymbol{w}\boldsymbol{w}' \\ s}} \dot{\boldsymbol{v}}^s_{\boldsymbol{w}} \dot{\boldsymbol{v}}^s_{\boldsymbol{w}'} \sum_{\boldsymbol{R}} e^{i(\boldsymbol{w}+\boldsymbol{w}', \boldsymbol{R})}. \tag{6.6}$$

Mit (2.12) vereinfacht sich (6.6) zu

$$E_{\text{kin}} = \frac{1}{2} \sum_{\boldsymbol{w}s} \dot{\boldsymbol{v}}^s_{\boldsymbol{w}} \dot{\boldsymbol{v}}^{s*}_{\boldsymbol{w}'} \equiv \frac{1}{2} \sum_{\boldsymbol{w}} \dot{\boldsymbol{v}}_{\boldsymbol{w}} \dot{\boldsymbol{v}}^*_{\boldsymbol{w}}. \tag{6.7}$$

Ebenso behandeln wir

$$E_{\text{pot}} = \frac{1}{2} \sum_{\substack{\boldsymbol{R}\boldsymbol{R}' \\ s\,s'}} D^{ss'}_{\boldsymbol{R}\boldsymbol{R}'} \boldsymbol{u}^s_{\boldsymbol{R}} \boldsymbol{u}^{s'}_{\boldsymbol{R}'} = \frac{1}{2} \frac{G^{-3}}{M} \sum_{\substack{\boldsymbol{R}\boldsymbol{R}' \\ s\,s'}} D^{ss'}_{\boldsymbol{R}\boldsymbol{R}'} \sum_{\boldsymbol{w}\boldsymbol{w}'} \boldsymbol{v}^s_{\boldsymbol{w}} \boldsymbol{v}^{s'}_{\boldsymbol{w}'} e^{i(\boldsymbol{w}\boldsymbol{R}+\boldsymbol{w}'\boldsymbol{R}')}$$

$$= \frac{1}{2} \frac{G^{-3}}{M} \sum_{\substack{\boldsymbol{R}\boldsymbol{R}' \\ s\,s'}} D^{ss'}_{\boldsymbol{R}\boldsymbol{R}'} \sum_{\boldsymbol{w}\boldsymbol{w}'} \boldsymbol{v}^s_{\boldsymbol{w}} \boldsymbol{v}^{s'}_{\boldsymbol{w}'} e^{i[(\boldsymbol{w}+\boldsymbol{w}', \boldsymbol{R})+(\boldsymbol{w}', \boldsymbol{R}'-\boldsymbol{R})]}.$$

Mit der Substitution $\boldsymbol{R}' - \boldsymbol{R} = \boldsymbol{R}''$ wird daraus

$$E_{\text{pot}} = \frac{1}{2} \frac{G^{-3}}{M} \sum_{\substack{\boldsymbol{R}\boldsymbol{R}'' \\ s\,s'}} D^{ss'}_{\boldsymbol{R}, \boldsymbol{R}+\boldsymbol{R}''} \sum_{\boldsymbol{w}\boldsymbol{w}'} \boldsymbol{v}^s_{\boldsymbol{w}} \boldsymbol{v}^{s'}_{\boldsymbol{w}'} e^{i[(\boldsymbol{w}+\boldsymbol{w}', \boldsymbol{R})+\boldsymbol{w}'\boldsymbol{R}'']}.$$

Wegen (6.4) gilt nun $D^{ss'}_{\boldsymbol{R}, \boldsymbol{R}+\boldsymbol{R}''} = D^{ss'}_{0\boldsymbol{R}''}$, so daß

$$E_{\text{pot}} = \frac{1}{2} \frac{G^{-3}}{M} \sum_{\substack{\boldsymbol{R}'' \\ ss'}} D^{ss'}_{0\boldsymbol{R}''} \sum_{\boldsymbol{w}\boldsymbol{w}'} \boldsymbol{v}^s_{\boldsymbol{w}} \boldsymbol{v}^{s'}_{\boldsymbol{w}'} e^{i\boldsymbol{w}'\boldsymbol{R}''} \sum_{\boldsymbol{R}} e^{i(\boldsymbol{w}+\boldsymbol{w}', \boldsymbol{R})}$$

ist, was unter Benutzung von (2.12) ergibt:

$$E_{\text{pot}} = \frac{1}{2M} \sum_{\substack{\boldsymbol{R}'' \\ ss'}} D^{ss'}_{0\boldsymbol{R}''} \sum_{\boldsymbol{w}} \boldsymbol{v}^s_{\boldsymbol{w}} \boldsymbol{v}^{s'*}_{\boldsymbol{w}} e^{-i\boldsymbol{w}\boldsymbol{R}''}.$$

Setzen wir schließlich

$$\frac{1}{M} \sum_{\boldsymbol{R}''} D^{ss'}_{\substack{0\boldsymbol{R}'' \\ jj'}} e^{-i\boldsymbol{w}\boldsymbol{R}''} = D^{ss'}_{jj'}(\boldsymbol{w}), \tag{6.8}$$

so wird

$$E_{\text{pot}} = \frac{1}{2} \sum_{\substack{\boldsymbol{w} \\ ss'}} D^{ss'}(\boldsymbol{w}) \boldsymbol{v}^s_{\boldsymbol{w}} \boldsymbol{v}^{s'*}_{\boldsymbol{w}} \equiv \frac{1}{2} \sum_{\boldsymbol{w}} D(\boldsymbol{w}) \boldsymbol{v}_{\boldsymbol{w}} \boldsymbol{v}^*_{\boldsymbol{w}}. \tag{6.9}$$

Aus (6.8) erhalten wir wegen $D^{ss'*}_{\substack{0\boldsymbol{R}'' \\ jj'}} = D^{ss'}_{\substack{0\boldsymbol{R}'' \\ jj'}}$ sofort die Beziehung

$$D^{ss'}_{jj'}(-\boldsymbol{w}) = D^{ss'*}_{jj'}(\boldsymbol{w}). \tag{6.10}$$

Weiterhin schließen wir:

$$D_{jj'}^{ss'}(\boldsymbol{w}) = \frac{1}{M} \sum_{-\boldsymbol{R}} D_{\substack{0\boldsymbol{R}\\ jj'}}^{ss'} \mathrm{e}^{-\mathrm{i}\boldsymbol{w}\boldsymbol{R}} = \frac{1}{M} \sum_{\boldsymbol{R}} D_{\substack{0,-\boldsymbol{R}\\ j\;\;j'}}^{ss'} \mathrm{e}^{\mathrm{i}\boldsymbol{w}\boldsymbol{R}} = \frac{1}{M} \sum_{\boldsymbol{R}} D_{\substack{\boldsymbol{R}0\\ jj'}}^{ss'} \mathrm{e}^{\mathrm{i}\boldsymbol{w}\boldsymbol{R}}$$

$$= \frac{1}{M} \sum_{\boldsymbol{R}} D_{\substack{0\boldsymbol{R}\\ j'j}}^{s's} \mathrm{e}^{\mathrm{i}\boldsymbol{w}\boldsymbol{R}} = \left(D^{\dagger}(\boldsymbol{w})\right)_{jj'}^{ss'}. \tag{6.11}$$

Der Wechselwirkungstensor $D(\boldsymbol{w}) = \{D_{jj'}^{ss'}(\boldsymbol{w})\}$ ist also hermitesch.

Durch Betrachtung des zu diesem Tensor gehörigen Eigenwertproblems $D(\boldsymbol{w})\, \boldsymbol{e}_{\alpha}(\boldsymbol{w}) = \omega_{\alpha}^2(\boldsymbol{w})\, \boldsymbol{e}_{\alpha}(\boldsymbol{w})$, oder in Komponentenschreibweise

$$\sum_{s'j'} D_{jj'}^{ss'}(\boldsymbol{w})\, e_{\alpha j'}^{s'}(\boldsymbol{w}) = \omega_{\alpha}^2(\boldsymbol{w})\, e_{\alpha j}^{s}(\boldsymbol{w}) \qquad \left(\alpha = 1, 2, \ldots, 3r;\ \omega_{\alpha}(\boldsymbol{w}) \leqq \omega_{\alpha+1}(\boldsymbol{w})\right), \tag{6.12}$$

gelangen wir zu einem $3r$-dimensionalen Koordinatensystem $\boldsymbol{e}_{\alpha}(\boldsymbol{w})$, in bezug auf das die den Operator $D(\boldsymbol{w})$ darstellende Matrix $D_{jj'}^{ss'}(\boldsymbol{w})$ Diagonalform hat. Aus (6.11) ergibt sich in bekannter Weise, daß die Eigenwerte $\omega_{\alpha}^2(\boldsymbol{w})$ reell sein müssen. Weiterhin läßt es sich, wie man weiß, stets so einrichten, daß die $3r$ linear unabhängigen Eigenvektoren $\boldsymbol{e}_{\alpha}(\boldsymbol{w})$ zueinander orthogonal und normiert sind:

$$\boldsymbol{e}_{\alpha}^{*}(\boldsymbol{w})\, \boldsymbol{e}_{\alpha'}(\boldsymbol{w}) = \delta_{\alpha\alpha'}. \tag{6.13}$$

Aus (6.10) und der Relation $\omega_{\alpha}^2(\boldsymbol{w}) = \omega_{\alpha}^{2*}(\boldsymbol{w})$ folgern wir, entsprechend der Argumentation in Kapitel 2,

$$\omega_{\alpha}^2(-\boldsymbol{w}) = \omega_{\alpha}^2(\boldsymbol{w}), \qquad \boldsymbol{e}_{\alpha}(-\boldsymbol{w}) = \boldsymbol{e}_{\alpha}^{*}(\boldsymbol{w}). \tag{6.14}$$

Indem wir im folgenden die Fourier-Komponenten der Verrückungsvektoren im Eigenvektoren-System des Tensors $D(\boldsymbol{w})$ darstellen, gelangen wir zu einem neuen Satz von Variablen $q_{\alpha}(\boldsymbol{w})$, die die Verrückung beschreiben, den sogenannten Normalkoordinaten:

$$\begin{aligned} \boldsymbol{v}_{\boldsymbol{w}} &= \sum_{\alpha=1}^{3r} q_{\alpha}(\boldsymbol{w})\, \boldsymbol{e}_{\alpha}(\boldsymbol{w}), & q_{\alpha}(\boldsymbol{w}) &= \boldsymbol{v}_{\boldsymbol{w}}\, \boldsymbol{e}_{\alpha}^{*}(\boldsymbol{w}), \\ \boldsymbol{v}_{\boldsymbol{w}}^{s} &= \sum_{\alpha=1}^{3r} q_{\alpha}(\boldsymbol{w})\, \boldsymbol{e}_{\alpha}^{s}(\boldsymbol{w}), & q_{\alpha}(\boldsymbol{w}) &= \sum_{s=1}^{r} \boldsymbol{v}_{\boldsymbol{w}}^{s}\, \boldsymbol{e}_{\alpha}^{s*}(\boldsymbol{w}). \end{aligned} \tag{6.15}$$

Aus (6.6), (6.14) und (6.15) ergibt sich, daß

$$q_{\alpha}(-\boldsymbol{w}) = q_{\alpha}^{*}(\boldsymbol{w}) \tag{6.16}$$

ist. Indem wir nun (6.15) in (6.7) einsetzen und (6.13) berücksichtigen, können wir den Ausdruck für die kinetische Energie folgendermaßen schreiben:

$$E_{\mathrm{kin}} = \frac{1}{2} \sum_{\substack{\boldsymbol{w}\\ \alpha\alpha'}} \dot{q}_{\alpha}(\boldsymbol{w})\, \dot{q}_{\alpha'}^{*}(\boldsymbol{w})\, \boldsymbol{e}_{\alpha}(\boldsymbol{w})\, \boldsymbol{e}_{\alpha'}^{*}(\boldsymbol{w}) = \frac{1}{2} \sum_{\boldsymbol{w}\alpha} \dot{q}_{\alpha}(\boldsymbol{w})\, \dot{q}_{\alpha}^{*}(\boldsymbol{w}). \tag{6.17}$$

Entsprechend wird durch Substitution von (6.15) in (6.9) mit (6.12) und (6.13) die potentielle Energie wie folgt dargestellt:

$$\begin{aligned} E_{\text{pot}} &= \frac{1}{2} \sum_{\substack{\boldsymbol{w} \\ \alpha\alpha'}} D(\boldsymbol{w})\, \boldsymbol{e}_\alpha(\boldsymbol{w})\, q_\alpha(\boldsymbol{w})\, \boldsymbol{e}^*_{\alpha'}(\boldsymbol{w})\, q^*_{\alpha'}(\boldsymbol{w}) \\ &= \frac{1}{2} \sum_{\substack{\boldsymbol{w} \\ \alpha\alpha'}} \omega^2_\alpha(\boldsymbol{w})\, \boldsymbol{e}_\alpha(\boldsymbol{w})\, q_\alpha(\boldsymbol{w})\, \boldsymbol{e}^*_{\alpha'}(\boldsymbol{w})\, q^*_{\alpha'}(\boldsymbol{w}) \\ &= \frac{1}{2} \sum_{\boldsymbol{w}\alpha} \omega^2_\alpha(\boldsymbol{w})\, q_\alpha(\boldsymbol{w})\, q^*_\alpha(\boldsymbol{w}). \end{aligned} \tag{6.18}$$

Aus (6.16) bis (6.18) berechnen sich in bekannter Weise die zu den Normalkoordinaten $q_\alpha(\boldsymbol{w})$ kanonisch konjugierten Impulse:

$$p_\alpha(\boldsymbol{w}) = \frac{\partial(E_{\text{kin}} - E_{\text{pot}})}{\partial \dot{q}_\alpha(\boldsymbol{w})} = \dot{q}^*_\alpha(\boldsymbol{w}) = \dot{q}_\alpha(-\boldsymbol{w}). \tag{6.19}$$

Damit können wir die kinetische Energie als Funktion der Impulse darstellen:

$$E_{\text{kin}} = \frac{1}{2} \sum_{\boldsymbol{w}\alpha} p_\alpha(\boldsymbol{w})\, p^*_\alpha(\boldsymbol{w}).$$

Für die Gesamtenergie des schwingenden Kristalls, d. h. für die dem System zugeordnete Hamilton-Funktion, erhalten wir somit

$$H = \frac{1}{2} \sum_{\boldsymbol{w}\alpha} [p_\alpha(\boldsymbol{w})\, p^*_\alpha(\boldsymbol{w}) + \omega^2_\alpha(\boldsymbol{w})\, q_\alpha(\boldsymbol{w})\, q^*_\alpha(\boldsymbol{w})]. \tag{6.20}$$

Damit ist das System der schwingenden Kristallatome abgebildet auf ein solches von $3rG^3$ ungekoppelten linearen harmonischen Oszillatoren, deren (komplexe) Ortskoordinaten die Normalkoordinaten des Systems sind. Das Frequenzspektrum $\omega_\alpha(\boldsymbol{w})$ ergibt sich dabei prinzipiell aus der Lösung der Eigenwertgleichung (6.12). Man erkennt, daß zu jedem Vektor $\boldsymbol{w}$ aus der ersten Brillouin-Zone $3r$ Frequenzen $\omega_\alpha(\boldsymbol{w})$ gehören. Analog dem Sprachgebrauch für Elektronen spricht man hier von $3r$ Frequenzbändern.

Es wird sich als vorteilhaft erweisen, statt der $q_\alpha(\boldsymbol{w})$ und $p_\alpha(\boldsymbol{w})$ eine gewisse Linearkombination dieser Größen zur weiteren Behandlung der Gitterdynamik zu benutzen, nämlich

$$b_\alpha(\boldsymbol{w}) = \sqrt{\frac{\omega_\alpha(\boldsymbol{w})}{2\hbar}} \left[q_\alpha(\boldsymbol{w}) + \frac{\mathrm{i}}{\omega_\alpha(\boldsymbol{w})}\, p^*_\alpha(\boldsymbol{w}) \right]. \tag{6.21}$$

Daraus ergibt sich unter Verwendung von (6.14), (6.16) und (6.19)

$$b^*_\alpha(-\boldsymbol{w}) = \sqrt{\frac{\omega_\alpha(\boldsymbol{w})}{2\hbar}} \left[q_\alpha(\boldsymbol{w}) - \frac{\mathrm{i}}{\omega_\alpha(\boldsymbol{w})}\, p^*_\alpha(\boldsymbol{w}) \right]. \tag{6.22}$$

Durch Addition von (6.21) und (6.22) erhalten wir

$$q_\alpha(\boldsymbol{w}) = \sqrt{\frac{\hbar}{2\,\omega_\alpha(\boldsymbol{w})}}\,[b_\alpha(\boldsymbol{w}) + b_\alpha^*(-\boldsymbol{w})]\,. \tag{6.23}$$

Setzen wir (6.15) und (6.23) in (6.5) ein, so finden wir schließlich

$$\begin{aligned} \boldsymbol{u}_{\boldsymbol{R}}^s &= \frac{1}{G^{3/2}} \sum_{\boldsymbol{w}\alpha} \sqrt{\frac{\hbar}{2\,M\,\omega_\alpha(\boldsymbol{w})}}\, \boldsymbol{e}_\alpha^s(\boldsymbol{w})\,[b_\alpha(\boldsymbol{w}) + b_\alpha^*(-\boldsymbol{w})]\,\mathrm{e}^{\mathrm{i}\,\boldsymbol{w}\boldsymbol{R}} \\ &= \frac{1}{G^{3/2}} \sum_{\boldsymbol{w}\alpha} \sqrt{\frac{\hbar}{2\,M\,\omega_\alpha(\boldsymbol{w})}}\, \boldsymbol{e}_\alpha^s(\boldsymbol{w})\,[b_\alpha(\boldsymbol{w})\,\mathrm{e}^{\mathrm{i}\,\boldsymbol{w}\boldsymbol{R}} + b_\alpha^*(\boldsymbol{w})\,\mathrm{e}^{-\mathrm{i}\,\boldsymbol{w}\boldsymbol{R}}]\,. \end{aligned} \tag{6.24}$$

6.2. Phononen

Die bis jetzt dargestellte (trotz des formalen Auftretens von $\hbar$) rein klassische Theorie wollen wir nun in üblicher Weise dadurch quantisieren, daß wir $q_\alpha(\boldsymbol{w})$ und $p_\alpha(\boldsymbol{w})$ den kanonischen Vertauschungsregeln unterwerfen:

$$[q_\alpha(\boldsymbol{w}),\, p_{\alpha'}(\boldsymbol{w}')] = \mathrm{i}\,\hbar\,\delta_{\boldsymbol{w}\boldsymbol{w}'}\,\delta_{\alpha\alpha'}\,.$$

Für die Operatoren $b_\alpha(\boldsymbol{w})$ findet man daraus den Kommutator

$$[b_\alpha(\boldsymbol{w}),\, b_{\alpha'}^\dagger(\boldsymbol{w}')] = \delta_{\boldsymbol{w}\boldsymbol{w}'}\,\delta_{\alpha\alpha'}\,. \tag{6.25}$$

Die Vertauschungsrelationen (6.25) bedingen nun bekanntlich die Eigenschaft der $b_\alpha(\boldsymbol{w})$ bzw. $b_\alpha^\dagger(\boldsymbol{w})$, Vernichtungs- bzw. Erzeugungsoperatoren zu sein. Das bedeutet: Der Hamilton-Operator (6.20) hat, durch die $b_\alpha(\boldsymbol{w})$ und $b_\alpha^\dagger(\boldsymbol{w})$ ausgedrückt, die Form

$$H = \sum_{\boldsymbol{w}\alpha} \hbar\,\omega_\alpha(\boldsymbol{w}) \left[b_\alpha^\dagger(\boldsymbol{w})\,b_\alpha(\boldsymbol{w}) + \frac{1}{2}\right]. \tag{6.26}$$

Der hier auftretende „Teilchenzahl-Operator“ $b_\alpha^\dagger(\boldsymbol{w})\,b_\alpha(\boldsymbol{w})$ hat bekanntlich die Eigenwerte $n_\alpha(\boldsymbol{w}) = 0, 1, 2, \ldots$, und seine Eigenvektoren sind dementsprechend $|n_\alpha(\boldsymbol{w})\rangle$. Die letzteren ergeben nach (6.26) auch die Eigenvektoren $|\ldots n_\alpha(\boldsymbol{w})\ldots\rangle$ zu H mit den Eigenwerten

$$E_{\ldots n_\alpha(\boldsymbol{w})\ldots} = \sum_{\boldsymbol{w}\alpha} \hbar\,\omega_\alpha(\boldsymbol{w}) \left[n_\alpha(\boldsymbol{w}) + \frac{1}{2}\right]. \tag{6.27}$$

Die Wirkungen von $b_\alpha(\boldsymbol{w})$ und $b_\alpha^\dagger(\boldsymbol{w})$ auf die normierten stationären Zustände des Kristalls sind nun, wie man ohne weiteres nach (6.25) beweist, durch folgende Beziehungen gegeben:

$$\begin{aligned} b_\alpha(\boldsymbol{w})\,|\ldots n_\alpha(\boldsymbol{w})\ldots\rangle &= \sqrt{n_\alpha(\boldsymbol{w})}\,|\ldots, n_\alpha(\boldsymbol{w}) - 1, \ldots\rangle\,, \\ b_\alpha^\dagger(\boldsymbol{w})\,|\ldots n_\alpha(\boldsymbol{w})\ldots\rangle &= \sqrt{n_\alpha(\boldsymbol{w}) + 1}\,|\ldots, n_\alpha(\boldsymbol{w}) + 1, \ldots\rangle\,. \end{aligned} \tag{6.28}$$

Das heißt: Die stationären Zustände des oszillierenden Systems miteinander gekoppelter Atome werden zweckmäßig beschrieben durch Angabe des Satzes der ganzen Zahlen $n_\alpha(\boldsymbol{w})$, der darüber informiert, wie viele Quanten der Größe

$\hbar\omega_\alpha(\boldsymbol{w})$ sich in den formalen Oszillatoren, charakterisiert durch $(\boldsymbol{w}, \alpha)$, befinden. Man bezeichnet diese Energiequanten als Phononen. Die Anwendung von $b_\alpha(\boldsymbol{w})$ bzw. $b_\alpha^\dagger(\boldsymbol{w})$ auf einen solchen stationären Phononzustand ergibt dann nach (6.28) einen neuen Zustand, bei dem sich in dem Oszillator $(\boldsymbol{w}, \alpha)$ ein Phonon weniger bzw. mehr befindet, während alle anderen Oszillatoren unverändert bleiben.

6.3. Schwingungszweige

Für eine weitere Unterteilung der $3r$ Schwingungszweige in sogenannte akustische und optische Schwingungen ist eine von (6.3) und (6.4) unabhängige Symmetrierelation der $D^{ss'}_{\boldsymbol{R}\boldsymbol{R}'\,jj'}$ von Wichtigkeit. Sie ergibt sich aus der Tatsache, daß eine starre Verschiebung des ganzen Kristalls keine Änderung der potentiellen Energie hervorruft. Wir führen deshalb eine infinitesimale Translation $u'^{s}_{\boldsymbol{R}j} = \varepsilon\delta_{ji}$ am verspannten Kristall durch, die bei diesem zu einer Gesamtverrückung $u^s_{\boldsymbol{R}j} + u'^{s}_{\boldsymbol{R}j}$ führt. Damit ergibt sich nach (6.1) und (6.3) sofort die Gleichung

$$0 = \frac{1}{2}\,\varepsilon \sum_{\substack{\boldsymbol{R}\boldsymbol{R}'\\ s\,s'\\ j\,j'}} D^{ss'}_{\boldsymbol{R}\boldsymbol{R}'\,jj'}(u^s_{\boldsymbol{R}j}\,\delta_{j'i} + u^{s'}_{\boldsymbol{R}'j'}\,\delta_{ji}) = \varepsilon \sum_{\substack{\boldsymbol{R}\boldsymbol{R}'\\ s\,s'\\ j\,j'}} D^{ss'}_{\boldsymbol{R}\boldsymbol{R}'\,jj'}\,u^s_{\boldsymbol{R}j}\,\delta_{j'i}$$

$$= \varepsilon \sum_{\substack{\boldsymbol{R}\boldsymbol{R}'\\ s\,s'\\ j}} D^{ss'}_{\boldsymbol{R}\boldsymbol{R}'\,ji}\,u^s_{\boldsymbol{R}j}\,.$$

Wegen der Willkür bei der Wahl der $u^s_{\boldsymbol{R}j}$ folgt daraus

$$\sum_{\boldsymbol{R}'s'} D^{ss'}_{\boldsymbol{R}\boldsymbol{R}'\,jj'} = 0\,. \tag{6.29}$$

Aus (6.8) ergibt sich damit die Beziehung

$$\sum_{s'} D^{ss'}_{jj'}(0) = \frac{1}{M} \sum_{\boldsymbol{R}'s'} D^{ss'}_{0\boldsymbol{R}'\,jj'} = 0\,. \tag{6.30}$$

Jetzt ist es möglich, gewisse Schlüsse bezüglich des Verhaltens von $\omega_\alpha(\boldsymbol{w})$ für $\boldsymbol{w} \to 0$ zu ziehen. Zunächst ergibt sich aus (6.12)

$$\sum_{s'j'} D^{ss'}_{jj'}(0)\, e^{s'}_{\alpha j'}(0) = \omega^2_\alpha(0)\, e^s_{\alpha j}(0)\,. \tag{6.31}$$

Für den Fall der reinen Translation des gesamten Kristalls, bei dem also in (6.24) die Verrückungen für $\boldsymbol{w} = 0$ von $\boldsymbol{R}$ und von s unabhängig sind, sind danach auch die $\boldsymbol{e}^s_\alpha(\boldsymbol{w})$ von s unabhängig, und somit folgt nach (6.30) und (6.31)

$$\omega^2_\alpha(0) = 0\,. \tag{6.32}$$

Da zur Beschreibung der allgemeinen reinen Translation gemäß (6.24) drei Vektoren $\boldsymbol{e}_\alpha$ $(\alpha = 1, 2, 3)$ genügen, gilt (6.32) auch nur für diese drei Werte von α, die die drei sogenannten akustischen Zweige des Schwingungsspektrums darstellen.

Daneben gibt es die $3(r - 1)$ sogenannten optischen Zweige, für die $\omega_\alpha(0) \neq 0$ $(\alpha = 4, 5, \ldots, 3r)$ gilt. Während bei den akustischen Zweigen im Grenzfall $\boldsymbol{w} \to 0$ der Kristall als Ganzes eine Translation ausführt, schwingen bei den optischen Zweigen für $\boldsymbol{w} \to 0$ nach (6.24) die einzelnen Bravais-Gitter starr gegeneinander. Selbstverständlich fallen bei Gittern ohne Basis die optischen Zweige weg. Abb. 42 zeigt schematisch die sechs Dispersionskurven $\omega_\alpha(\boldsymbol{w})$ eines Gitters mit zweiatomiger Basis für eine Richtung in der Brillouin-Zone, wie sie sich prinzipiell durch die Lösung von (6.12) bei bekanntem Wechselwirkungstensor ergeben.

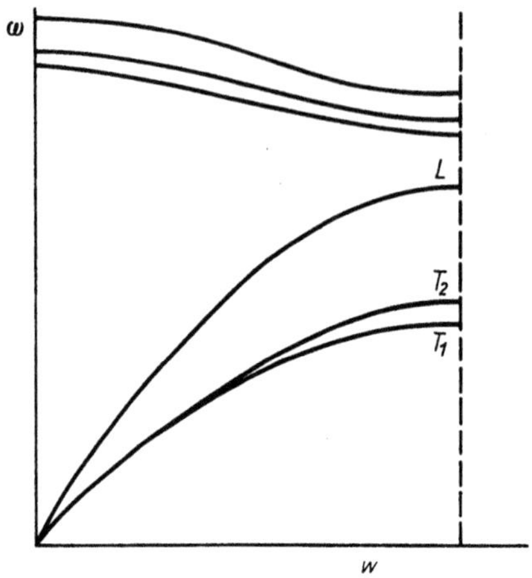

Abb. 42. Akustische und optische Schwingungszweige eines Gitters mit zwei Basisatomen

Dessen Berechnung ist im wesentlichen der Berechnung des Kristallpotentials für den Fall verschobener Kerne äquivalent. Entsprechend unseren Betrachtungen in Kapitel 4 verursacht eine Verschiebung der Ionen eine entsprechende Veränderung der Ladungsverteilung der Leitungselektronen, worauf wir in Kapitel 7 genauer eingehen werden. Diese abgeänderte Ladungsdichte verändert wiederum die zwischen den Ionen wirkenden Kräfte und damit die Komponenten des Wechselwirkungstensors (6.8). Bereits aus diesen qualitativen Betrachtungen erkennt man die außerordentliche Schwierigkeit des Problems einer ab ovo durchgeführten Bestimmung des Wechselwirkungstensors und damit des Frequenzspektrums $\omega_\alpha(\boldsymbol{w})$.

Von um so größerer Bedeutung erscheint somit ein in der letzten Zeit entwickeltes Verfahren, die Funktionen $\omega_\alpha(\boldsymbol{w})$ auf experimentellem Wege zu bestimmen. Zum Verständnis dieses Vorgehens müssen wir uns auf einige allgemeine Ergebnisse des folgenden Kapitels beziehen. Wir betrachten dazu die Situation eines in den schwingenden Kristall eindringenden Neutrons, dessen Energie E und dessen Impuls $\boldsymbol{p}$ vorher gemessen worden sind. Durch die Wechselwirkung dieses Neutrons mit dem System der Gitteroszillatoren können nun einzelne Phononen vom Neutron absorbiert oder emittiert werden. Dadurch gelangt das eingedrungene Teilchen in einen neuen Zustand, dem die Energie- bzw. Impulswerte E' bzw. $\boldsymbol{p}'$ entsprechen sollen. Es ist nun für die Methode von entscheidender Bedeutung, daß bei diesem Übergang als notwendige Bedingung die beiden folgenden Erhaltungssätze erfüllt sein müssen (7.39):

$$E - E' = \pm \hbar\,\omega_\alpha(\boldsymbol{w}), \qquad \boldsymbol{p} - \boldsymbol{p}' = \pm \hbar \boldsymbol{w} - \hbar \boldsymbol{K}.$$

Dabei gilt jeweils das obere Vorzeichen für Emission, das untere für Absorption eines Phonons. Durch die Messung der Größen E' und $\boldsymbol{p}'$ gelingt es so, die den am betrachteten Prozeß beteiligten Phononen entsprechenden Werte von $\boldsymbol{w}$ und $\omega_\alpha(\boldsymbol{w})$ zu bestimmen, d. h., man erhält die Dispersionskurven des untersuchten Kristalls. Die Abbildungen 43 und 44 zeigen derartige von Brockhouse u. a. erhaltene Kurven für Na und Pb und spezielle symmetrische Richtungen in der Brillouin-

Zone. Die Bezeichnungen T und L an den Kurven beziehen sich auf den transversalen bzw. longitudinalen Charakter des jeweiligen (akustischen) Schwingungszweiges, der in üblicher Weise durch $(\boldsymbol{w}, \boldsymbol{e}_T(\boldsymbol{w})) = 0$ bzw. $(\boldsymbol{w}, \boldsymbol{e}_L(\boldsymbol{w})) = w$ definiert ist. Man erkennt u. a., daß in manchen besonders symmetrischen Richtungen die beiden transversalen Schwingungen zusammenfallen.

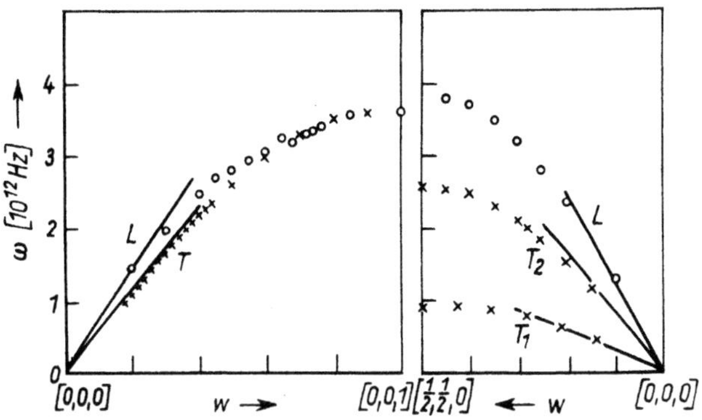

Abb. 43. Phonon-Dispersionskurven für Natrium bei 90 °K (nach Brockhouse u. a.)

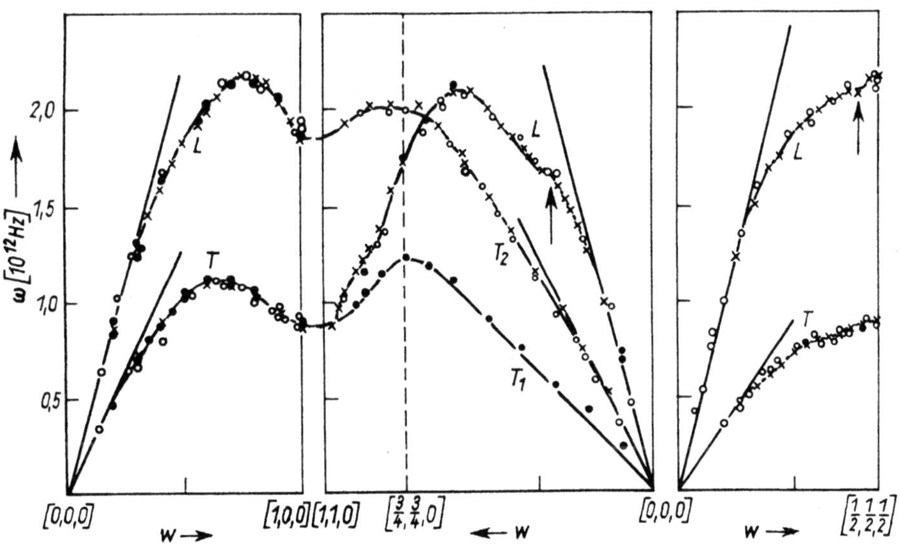

Abb. 44. Phonon-Dispersionskurven für Blei bei 100 °K (nach Brockhouse u. a.)

6.4. Kontinuumsnäherung

Es ist für spätere Anwendungen von Nutzen, den Zusammenhang der dargelegten Theorie mit der entsprechenden Kontinuumstheorie aufzuzeigen. In dieser wird die potentielle Energie bekanntlich in folgender Form dargestellt:

$$E_{\text{pot}} = \frac{1}{2} \sum_{ij} \int \sigma_{ij}\, \varepsilon_{ij}\, \mathrm{d}^3\boldsymbol{r} = \frac{1}{2} \sum_{ijmn} \int G_{ijmn}\, \varepsilon_{ij}\, \varepsilon_{mn}\, \mathrm{d}^3\boldsymbol{r}. \tag{6.33}$$

Dabei bezeichnet σ_{ij} bzw. ε_{ij} den Spannungs- bzw. den Dehnungstensor. Letzterer hängt mit dem kontinuierlichen Verschiebungsfeld $\boldsymbol{s}(\boldsymbol{r})$ durch $\varepsilon_{ij} = \frac{1}{2}\left(\frac{\partial s_i}{\partial r_j} + \frac{\partial s_j}{\partial r_i}\right)$ zusammen.

Da die Kontinuumstheorie ausschließlich Verzerrungen betrachtet, die die atomistische Struktur nicht berücksichtigen und genügend homogen sind, so können wir mit (6.6) für den Dehnungstensor in der Zelle bei $\boldsymbol{R}$ schreiben:

$$\varepsilon_{ij}(\boldsymbol{r}) \approx \varepsilon_{ij}(\boldsymbol{R}) = \frac{1}{2}\left(\frac{\partial u_{\boldsymbol{R}i}}{\partial R_j} + \frac{\partial u_{\boldsymbol{R}j}}{\partial R_i}\right) = \frac{\mathrm{i}}{2\,G^{3/2}\sqrt{rM}} \sum_{\boldsymbol{w}} v_{\boldsymbol{w}i} w_j + v_{\boldsymbol{w}j} w_i)\,\mathrm{e}^{\mathrm{i}\boldsymbol{w}\boldsymbol{R}}.$$

Damit wird bei $\boldsymbol{r} \approx \boldsymbol{R}$ der Integrand in (6.33) zu

$$-\frac{1}{8\,G^3 rM} \sum_{\boldsymbol{w}\boldsymbol{w}'} \mathrm{e}^{\mathrm{i}(\boldsymbol{w}+\boldsymbol{w}',\,\boldsymbol{R})} \sum_{ijmn} G_{ijmn}(v_{\boldsymbol{w}i} w_j + v_{\boldsymbol{w}j} w_i)(v_{\boldsymbol{w}'m} w'_n + v_{\boldsymbol{w}'n} w'_m).$$

Wegen $G_{ijmn} = G_{ijnm} = G_{jimn} = G_{mnij}$ ist das gleich

$$-\frac{1}{2\,G^3 rM} \sum_{\boldsymbol{w}\boldsymbol{w}'} \mathrm{e}^{\mathrm{i}(\boldsymbol{w}+\boldsymbol{w}',\,\boldsymbol{R})} \sum_{ijmn} G_{ijmn} v_{\boldsymbol{w}i} v_{\boldsymbol{w}'m} w_j w'_n.$$

Für die gesamte potentielle Energie ergibt sich daraus

$$E_{\mathrm{pot}} = -\frac{\Omega_0}{2\,G^3 rM} \sum_{\substack{\boldsymbol{R}\\ \boldsymbol{w}\boldsymbol{w}'}} \mathrm{e}^{\mathrm{i}(\boldsymbol{w}+\boldsymbol{w}',\,\boldsymbol{R})} \sum_{ijmn} G_{ijmn} v_{\boldsymbol{w}i} v_{\boldsymbol{w}'m} w_j w'_n.$$

Unter Verwendung von (2.12) und $\varrho = rM/\Omega_0$ erhält man

$$E_{\mathrm{pot}} = \frac{1}{2\varrho} \sum_{\substack{\boldsymbol{w}\\ ijmn}} G_{ijmn} v_{\boldsymbol{w}i} v^*_{\boldsymbol{w}m} w_j w_n = \frac{1}{2} \sum_{\substack{\boldsymbol{w}\\ im}} \overline{D}_{im}(\boldsymbol{w})\, v_{\boldsymbol{w}i} v^*_{\boldsymbol{w}m}, \tag{6.34}$$

wobei

$$\overline{D}_{im}(\boldsymbol{w}) = \frac{1}{\varrho} \sum_{jn} G_{ijmn} w_j w_n \tag{6.35}$$

ist. Damit ist über (6.9) der Anschluß zur atomistischen Theorie hergestellt. Das Eigenwertproblem lautet jetzt entsprechend (6.12)

$$\overline{D}_{im}(\boldsymbol{w})\, e_{\alpha m}(\boldsymbol{w}) = \omega_\alpha^2(\boldsymbol{w})\, e_{\alpha i}(\boldsymbol{w}). \qquad (\alpha = 1, 2, 3) \tag{6.36}$$

Danach existieren in der Kontinuumstheorie zu jedem $\boldsymbol{w}$ nur drei Frequenzen $\omega_\alpha(\boldsymbol{w})$, die alle nach (6.35) für $\boldsymbol{w} \to 0$ verschwinden. Sie korrespondieren also mit den drei akustischen Zweigen des Schwingungsspektrums der atomistischen Theorie. Da $\overline{D}(\boldsymbol{w})$ eine reelle symmetrische Matrix ist, können wir ihre Eigenvektoren ebenfalls reell wählen, wodurch wir jetzt statt (6.13) erhalten:

$$\boldsymbol{e}_\alpha(\boldsymbol{w})\, \boldsymbol{e}_{\alpha'}(\boldsymbol{w}) = \delta_{\alpha\alpha'}. \tag{6.37}$$

Wenn wir eine gewisse Richtung $\boldsymbol{w}/w$ betrachten und $\boldsymbol{w}$ nur längs dieser Richtung verändern, so verändert sich $\omega_\alpha(\boldsymbol{w})$ nach (6.35) und (6.36) proportional zu w, d. h., es gilt

$$\omega_\alpha(\boldsymbol{w}) = v_{s\alpha}\left(\frac{\boldsymbol{w}}{w}\right) w. \tag{6.38}$$

$v_{s\alpha}(\boldsymbol{w}/w)$ bezeichnet dabei offenbar die Schallgeschwindigkeit des Schwingungszweiges α in der durch $\boldsymbol{w}/w$ gegebenen Richtung. Die Kontinuumstheorie ergibt also einen Zusammenhang zwischen w und ω, wie er in der atomistischen Theorie für die akustischen Zweige nur im Grenzfall $\boldsymbol{w} \to 0$ gilt.

Liegt darüber hinaus ein isotropes Kontinuum vor, so wird $v_{s\alpha}$ überhaupt konstant. In diesem Falle ist die einzige in (6.36) auftretende Richtung diejenige von $\boldsymbol{w}$, so daß die drei Polarisationsvektoren $\boldsymbol{e}_\alpha(\boldsymbol{w})$ nur parallel oder senkrecht zu $\boldsymbol{w}$ orientiert sein können: Man hat eine longitudinale und zwei transversale Schallwellen. Im allgemeinen ist $v_{sL} > v_{sT}$ (siehe Abb. 42). In der atomistischen Theorie kann – darauf wurde bereits bei der Diskussion der Abbildungen 43 und 44 hingewiesen – für besondere symmetrische Richtungen von $\boldsymbol{w}$ die Einteilung in longitudinale und transversale Schwingungen exakt gelten. Im allgemeinen aber stellen die Schwingungen ein „Gemisch" aus beiden Schwingungstypen dar.

6.5. Debyesche Korrektur

Strenggenommen verlangt die dargestellte Kontinuumstheorie gegenüber der atomistischen eine Fourier-Entwicklung $\boldsymbol{u}(\boldsymbol{r}) \sim \sum_{\boldsymbol{w}} \boldsymbol{v}_{\boldsymbol{w}}\, e^{i\boldsymbol{w}\boldsymbol{r}}$ ($\boldsymbol{w}$ nichtreduziert) an Stelle der in (6.6) angegebenen, die gerade die atomistische Struktur des Metalls berücksichtigt, indem sie nur über eine endliche Anzahl von Verschiebungen eine Aussage macht. Nach (6.38) gelangt man dadurch zu beliebig hohen Frequenzen, die kein Analogon in der atomistischen Theorie haben. Um das zu vermeiden, modifiziert man nach Debye die Kontinuumstheorie insofern, als man trotz des Auftretens der Funktion $\boldsymbol{s}(\boldsymbol{r})$ $\boldsymbol{w}$ als auf die erste Brillouin-Zone beschränkt ansieht. Nach (6.38) ergibt sich dadurch für jede Richtung in der Zone eine maximale Frequenz, und die Gesamtzahl der zugelassenen Frequenzen wird statt unendlich gleich $3G^3$, der entsprechenden Anzahl in der atomistischen Theorie. Oft benutzt man, um eine einheitliche Maximalfrequenz $\omega_{\alpha D}$ zu erhalten, die Debyesche Kugelapproximation der volumengleichen Brillouin-Zone, indem man

$$\frac{4\pi}{3} w_D^3 = \frac{8\pi^3}{\Omega_0} \tag{6.39}$$

setzt. Daraus folgt die Existenz von Phononen der maximalen Energie

$$\hbar\omega_{\alpha D} = \hbar v_{s\alpha} w_D = \hbar v_{s\alpha} \sqrt[3]{\frac{6\pi^2}{\Omega_0}}\,. \tag{6.40}$$

Diese Energie beträgt für die meisten Metalle etwa 1/50 bis 1/10 eV.

7. Wechselwirkungen

7.1. Bloch-Darsteller von Störpotentialen

In den vorangehenden Kapiteln haben wir ausschließlich Elektronen unter dem Einfluß des ungestörten Kristallpotentials $V_0(\boldsymbol{r})$ und unter zusätzlicher Beeinflussung durch gegebene äußere Felder $(\boldsymbol{E}; \boldsymbol{B})$ betrachtet. Wir gehen jetzt dazu über, die Beeinflussung von Kristallelektronen durch solche Ursachen zu untersuchen, auf die erstere selbst verändernd einwirken können, d. h., wir beschäftigen uns mit dem Studium von Wechselwirkungsprozessen. Dabei beschränken wir uns auf Wechselwirkungen der Kristallelektronen mit Gitterschwingungen, mit elektromagnetischer Strahlung und mit anderen Elektronen.

Die durch derartige Wechselwirkungen beeinflußten Elektronen gehen – nach der Terminologie der Quantenmechanik – mit gewissen Übergangswahrscheinlichkeiten in neue Zustände des ungestörten Systems über. Die Übergangswahrscheinlichkeiten werden dabei im wesentlichen durch die Matrixelemente des jeweiligen Störoperators, gebildet mit den ungestörten Anfangs- und Endzuständen, gegeben.

Bevor wir zu den genannten speziellen Wechselwirkungen übergehen, wollen wir deshalb einige allgemeine Eigenschaften der Bloch-Darsteller von Operatoren betrachten, die später von Bedeutung sein werden. Zu diesem Zweck denken wir uns ein beliebiges ortsabhängiges Störpotential durch $\sum\limits_{\varkappa} \varphi_{\varkappa} \mathrm{e}^{\mathrm{i}\varkappa r}$ in eine Fourier-Reihe entwickelt. Für das interessierende Matrix-Element können wir dann schreiben:

$$\langle \boldsymbol{k}' \nu' | \sum_{\varkappa} \varphi_{\varkappa} \mathrm{e}^{\mathrm{i}\varkappa r} | \boldsymbol{k} \nu \rangle = \frac{1}{\Omega_0} \sum_{\varkappa \boldsymbol{K}} \varphi_{\varkappa} \delta_{\boldsymbol{k}+\varkappa-\boldsymbol{k}', \boldsymbol{K}} \int\limits_{\Omega_0} u^*_{\boldsymbol{k}'\nu'}(\boldsymbol{r})\, u_{\boldsymbol{k}\nu}(\boldsymbol{r})\, \mathrm{e}^{\mathrm{i}\boldsymbol{K}\boldsymbol{r}}\, \mathrm{d}^3\boldsymbol{r}$$

$$= \sum_{\boldsymbol{K}} \varphi_{\boldsymbol{k}'-\boldsymbol{k}-\boldsymbol{K}} B^{\boldsymbol{K}}_{\nu'\nu}(\boldsymbol{k}', \boldsymbol{k}).$$

Dabei bedeutet

$$B^{\boldsymbol{K}}_{\nu'\nu}(\boldsymbol{k}', \boldsymbol{k}) = \frac{1}{\Omega_0} \int\limits_{\Omega_0} u^*_{\boldsymbol{k}'\nu'}(\boldsymbol{r})\, u_{\boldsymbol{k}\nu}(\boldsymbol{r})\, \mathrm{e}^{-\mathrm{i}\boldsymbol{K}\boldsymbol{r}}\, \mathrm{d}^3\boldsymbol{r}$$

das nur vom Anfangs- und Endzustand abhängige Überlappungsintegral der Bloch-Faktoren.

Es ist interessant, den obigen Ausdruck für den wichtigen Spezialfall $\varphi_{\varkappa} = \delta_{\varkappa q}$ zu untersuchen, der einer periodischen Störung $\mathrm{e}^{\mathrm{i}qr}$ der Blochschen Elektronen entspricht:

$$\langle \boldsymbol{k}' \nu' | \mathrm{e}^{\mathrm{i}\boldsymbol{q}\boldsymbol{r}} | \boldsymbol{k} \nu \rangle = \sum_{\boldsymbol{K}} \delta_{\boldsymbol{k}', \boldsymbol{k}+\boldsymbol{q}+\boldsymbol{K}} B^{\boldsymbol{K}}_{\nu'\nu}(\boldsymbol{k}', \boldsymbol{k}). \tag{7.1}$$

Aus dieser Beziehung ersehen wir, daß die periodische Störung $\mathrm{e}^{\mathrm{i}qr}$ nur dann Übergänge zwischen den betrachteten Zuständen hervorrufen kann, wenn die Auswahlregel

$$\boldsymbol{k}' = \boldsymbol{k} + \boldsymbol{q} + \boldsymbol{K}$$

erfüllt ist. Je nachdem, ob das bei $\boldsymbol{K} = 0$ oder bei $\boldsymbol{K} \neq 0$ der Fall ist, spricht man von einem Normal(N)- oder einem Umklapp(U)-Prozeß.

Zu einer noch stärkeren Einschränkung der möglichen Prozesse gelangen wir, indem wir $\boldsymbol{q} = \boldsymbol{K}'$ setzen, d. h., indem wir eine gitterperiodische Störung betrachten:

$$\langle \boldsymbol{k}'\nu' | \, e^{i\boldsymbol{K}'\boldsymbol{r}} | \boldsymbol{k}\nu \rangle = \sum_{\boldsymbol{K}} \delta_{\boldsymbol{k}', \boldsymbol{k}+\boldsymbol{K}'+\boldsymbol{K}} B^{\boldsymbol{K}}_{\nu'\nu}(\boldsymbol{k}', \boldsymbol{k}) = \delta_{\boldsymbol{k}'\boldsymbol{k}} B^{-\boldsymbol{K}'}_{\nu'\nu}(\boldsymbol{k}', \boldsymbol{k}).$$

In diesem Fall, der sich sofort auf eine beliebige gitterperiodische Störung $\sum_{\boldsymbol{K}'} V_{\boldsymbol{K}'} e^{i\boldsymbol{K}'\boldsymbol{r}}$ verallgemeinern läßt, bleibt also der reduzierte Ausbreitungsvektor exakt erhalten; es können überhaupt nur Interband-Übergänge ($\nu' \neq \nu$) vorkommen.

Das, wie wir sahen, für jegliche ortsabhängige Störung von Bloch-Elektronen maßgebliche Integral $B^{\boldsymbol{K}}_{\nu'\nu}(\boldsymbol{k}', \boldsymbol{k})$ genügt nach (7.1) der Relation

$$\lim_{q \to 0} \sum_{\boldsymbol{K}} \delta_{\boldsymbol{k}', \boldsymbol{k}+\boldsymbol{q}+\boldsymbol{K}} B^{\boldsymbol{K}}_{\nu'\nu}(\boldsymbol{k}', \boldsymbol{k}) = \delta_{\nu'\nu}.$$

Außerdem ist offenbar

$$|B^{\boldsymbol{K}}_{\nu'\nu}(\boldsymbol{k}', \boldsymbol{k})| \leqq \frac{1}{\Omega_0} \int_{\Omega_0} |u_{\boldsymbol{k}'\nu'}(\boldsymbol{r})| |u_{\boldsymbol{k}\nu}(\boldsymbol{r})| \, d^3\boldsymbol{r}$$

$$= \frac{1}{2\Omega_0} \int_{\Omega_0} \{|u_{\boldsymbol{k}'\nu'}(\boldsymbol{r})|^2 + |u_{\boldsymbol{k}\nu}(\boldsymbol{r})|^2 - (|u_{\boldsymbol{k}'\nu'}(\boldsymbol{r})| - |u_{\boldsymbol{k}\nu}(\boldsymbol{r})|)^2\} \, d^3\boldsymbol{r} \leqq 1.$$

An (7.1) anknüpfend, wollen wir im folgenden das Integral $B^{\boldsymbol{K}}_{\nu'\nu}(\boldsymbol{k}', \boldsymbol{k})$ in eine Form umschreiben, die sich später als nützlich erweisen wird. Dazu multiplizieren wir diese Beziehung mit $E_{\nu'}(\boldsymbol{k}') - E_\nu(\boldsymbol{k})$. Das ergibt

$$[E_{\nu'}(\boldsymbol{k}') - E_\nu(\boldsymbol{k})] \int_{\Omega} \psi^*_{\boldsymbol{k}'\nu'}(\boldsymbol{r}) \, e^{i\boldsymbol{q}\boldsymbol{r}} \, \psi_{\boldsymbol{k}\nu}(\boldsymbol{r}) \, d^3\boldsymbol{r}$$

$$= \int_{\Omega} [H_0 \psi^*_{\boldsymbol{k}'\nu'}(\boldsymbol{r})] \, e^{i\boldsymbol{q}\boldsymbol{r}} \, \psi_{\boldsymbol{k}\nu}(\boldsymbol{r}) \, d^3\boldsymbol{r} - \int_{\Omega} \psi^*_{\boldsymbol{k}'\nu'}(\boldsymbol{r}) \, e^{i\boldsymbol{q}\boldsymbol{r}} H_0 \, \psi_{\boldsymbol{k}\nu}(\boldsymbol{r}) \, d^3\boldsymbol{r}$$

$$= \frac{\hbar^2}{2m} q^2 \int_{\Omega} \psi^*_{\boldsymbol{k}'\nu'}(\boldsymbol{r}) \, e^{i\boldsymbol{q}\boldsymbol{r}} \, \psi_{\boldsymbol{k}\nu}(\boldsymbol{r}) \, d^3\boldsymbol{r} - i \frac{\hbar^2}{m} \boldsymbol{q} \int_{\Omega} \psi^*_{\boldsymbol{k}'\nu'}(\boldsymbol{r}) \, e^{i\boldsymbol{q}\boldsymbol{r}} \nabla_{\boldsymbol{r}} \psi_{\boldsymbol{k}\nu}(\boldsymbol{r}) \, d^3\boldsymbol{r}$$

$$= \sum_{\boldsymbol{K}} \delta_{\boldsymbol{k}', \boldsymbol{k}+\boldsymbol{q}+\boldsymbol{K}} \left\{ \left[\frac{\hbar^2}{2m} q^2 + \frac{\hbar^2}{m} \boldsymbol{q}\boldsymbol{k} \right] B^{\boldsymbol{K}}_{\nu'\nu}(\boldsymbol{k}', \boldsymbol{k}) \right.$$

$$\left. - i \frac{\hbar^2}{m\Omega_0} \boldsymbol{q} \int_{\Omega_0} e^{-i\boldsymbol{K}\boldsymbol{r}} u^*_{\boldsymbol{k}'\nu'}(\boldsymbol{r}) \nabla_{\boldsymbol{r}} u_{\boldsymbol{k}\nu}(\boldsymbol{r}) \, d^3\boldsymbol{r} \right\}.$$

Durch Vergleich mit der rechten Seite der Beziehung (7.1) folgt daraus

$$B^{\boldsymbol{K}}_{\nu'\nu}(\boldsymbol{k}', \boldsymbol{k}) = \frac{\dfrac{\hbar^2}{i m \Omega_0} \boldsymbol{q} \displaystyle\int_{\Omega_0} e^{-i\boldsymbol{K}\boldsymbol{r}} u^*_{\boldsymbol{k}'\nu'}(\boldsymbol{r}) \nabla_{\boldsymbol{r}} u_{\boldsymbol{k}\nu}(\boldsymbol{r}) \, d^3\boldsymbol{r}}{E_{\nu'}(\boldsymbol{k}') - E_\nu(\boldsymbol{k}) - \dfrac{\hbar^2}{2m}(\boldsymbol{q}, \boldsymbol{q} + 2\boldsymbol{k})}, \qquad \boldsymbol{q} = \boldsymbol{k}' - \boldsymbol{k} - \boldsymbol{K}. \tag{7.2}$$

Nach (7.2) besteht also ein gewisser Zusammenhang zwischen den Bloch-Integralen $B^{\boldsymbol{K}}_{\nu'\nu}(\boldsymbol{k}', \boldsymbol{k})$ und den Bloch-Darstellern des Impulses.

7.2. Elektron-Phonon-Wechselwirkung

Im folgenden interessieren wir uns für die durch das Vorhandensein von Phononen bedingten Elektronenübergänge zwischen verschiedenen Bloch-Zuständen. Die betreffenden Übergangswahrscheinlichkeiten in der üblichen ersten störungstheoretischen Näherung sind proportional dem Absolutquadrat des folgenden Matrixelements:

$$\langle \boldsymbol{k}', \nu'; \ldots n'_\alpha(\boldsymbol{w}) \ldots |H_{EP}| \boldsymbol{k}, \nu; \ldots n_\alpha(\boldsymbol{w}) \ldots \rangle. \tag{7.3}$$

Dabei bedeutet H_{EP} den Operator der Elektron-Phonon-Wechselwirkung. Seine Aufstellung ist das eigentliche Ziel der nachfolgenden Betrachtungen. Zuvor jedoch wollen wir einige von der speziellen Gestalt von H_{EP} unabhängige Eigenschaften des Matrixelements (7.3) ableiten.

Wir bezeichnen mit $V(\boldsymbol{r}, \boldsymbol{u}^s_{\boldsymbol{R}})$ das auf ein Elektron am Orte $\boldsymbol{r}$ wirkende Potential des Kristalls bei einer Verschiebung $\boldsymbol{u}^s_{\boldsymbol{R}}$ der Kerne nach (6.24). Dann setzen wir

$$H_{EP} = V(\boldsymbol{r}, \boldsymbol{u}^s_{\boldsymbol{R}}) - V_0(\boldsymbol{r}). \tag{7.4}$$

Offenbar ist in (7.4) die Annahme enthalten, daß die Beeinflussung der Bloch-Elektronen durch den schwingenden Kristall nur von den jeweiligen Lagen seiner Kerne abhängt. Bis zu einem gewissen Grade kommt dadurch die rapide Reaktion der relativ trägheitsarmen Elektronen gegen nicht zu schnelle äußere Einflüsse zum Ausdruck.

Lassen wir, ebenso wie in Kapitel 6, nur geringfügige Auslenkungen aus den Ruhelagen der Kerne zu, so können wir für (7.4) auch schreiben:

$$H_{EP} = \sum_{\boldsymbol{R}s} \left(\boldsymbol{u}^s_{\boldsymbol{R}}, \nabla_{\boldsymbol{u}^s_{\boldsymbol{R}}} V(\boldsymbol{r}, \boldsymbol{u}^s_{\boldsymbol{R}})|_{\boldsymbol{u}^s_{\boldsymbol{R}}=0}\right) \equiv \sum_{\boldsymbol{R}s} \left(\boldsymbol{u}^s_{\boldsymbol{R}}, \nabla_{\boldsymbol{u}^s_{\boldsymbol{R}}} V_0(\boldsymbol{r})\right). \tag{7.5}$$

Indem wir das in (7.3) einsetzen, können wir folgern:

$$\begin{aligned} &\langle \boldsymbol{k}', \nu'; \cdots n'_\alpha(\boldsymbol{w}) \cdots \left| \sum_{\boldsymbol{R}s} \left(\boldsymbol{u}^s_{\boldsymbol{R}}, \nabla_{\boldsymbol{u}^s_{\boldsymbol{R}}} V_0(\boldsymbol{r})\right) \right| \boldsymbol{k}, \nu; \cdots n_\alpha(\boldsymbol{w}) \cdots \rangle \\ &= \sum_{\boldsymbol{R}s} \langle \cdots n'_\alpha(\boldsymbol{w}) \cdots |\boldsymbol{u}^s_{\boldsymbol{R}}| \cdots n_\alpha(\boldsymbol{w}) \cdots \rangle \int_\Omega \psi^*_{\boldsymbol{k}'\nu'}(\boldsymbol{r})\, \psi_{\boldsymbol{k}\nu}(\boldsymbol{r}) \nabla_{\boldsymbol{u}^s_{\boldsymbol{R}}} V_0(\boldsymbol{r})\, \mathrm{d}^3\boldsymbol{r}. \end{aligned} \tag{7.6}$$

Wenn wir (6.24) in den ersten Faktor von (7.6) einsetzen, so erhalten wir

$$\begin{aligned} &\langle \cdots n'_\alpha(\boldsymbol{w}) \cdots |\boldsymbol{u}^s_{\boldsymbol{R}}| \cdots n_\alpha(\boldsymbol{w}) \cdots \rangle \\ &= \frac{1}{G^{3/2}} \sum_{\boldsymbol{w}\alpha} \sqrt{\frac{\hbar}{2\, M \omega_\alpha(\boldsymbol{w})}}\, \boldsymbol{e}^s_\alpha(\boldsymbol{w}) \Big(\mathrm{e}^{\mathrm{i}\,\boldsymbol{w}\boldsymbol{R}} \langle \cdots n'_\alpha(\boldsymbol{w}) \cdots |b_\alpha(\boldsymbol{w})| \cdots n_\alpha(\boldsymbol{w}) \cdots \rangle \\ &\qquad + \mathrm{e}^{-\mathrm{i}\,\boldsymbol{w}\boldsymbol{R}} \langle \cdots n'_\alpha(\boldsymbol{w}) \cdots |b^\dagger_\alpha(\boldsymbol{w})| \cdots n_\alpha(\boldsymbol{w}) \cdots \rangle\Big), \end{aligned}$$

woraus sich mit (6.28)

$$\langle \cdots n'_\alpha(\boldsymbol{w}) \cdots |\boldsymbol{u}^s_{\boldsymbol{R}}| \cdots n_\alpha(\boldsymbol{w}) \cdots \rangle$$
$$= \frac{1}{G^{3/2}} \sum_{\boldsymbol{w}\alpha} \sqrt{\frac{\hbar}{2\,M\omega_\alpha(\boldsymbol{w})}}\; \boldsymbol{e}^s_\alpha(\boldsymbol{w}) \Big(\mathrm{e}^{\mathrm{i}\,\boldsymbol{wR}} \sqrt{n_\alpha(\boldsymbol{w})}\; \delta_{n'_\alpha(\boldsymbol{w}),\, n_\alpha(\boldsymbol{w})-1} \prod_{\boldsymbol{w}'\alpha'}{}' \delta_{n'_{\alpha'}(\boldsymbol{w}'),\, n_{\alpha'}(\boldsymbol{w}')}$$
$$+ \mathrm{e}^{-\mathrm{i}\,\boldsymbol{wR}} \sqrt{n_\alpha(\boldsymbol{w}) + 1} \cdots \Big) \tag{7.7}$$

ergibt.

Bereits an (7.7) kann man ablesen, daß gemäß unserer in den Verrückungen linearen Approximation (7.5) für den Wechselwirkungsoperator nur Ein-Phonon-Prozesse auftreten können, d. h., (7.6) kann nur Übergänge von Bloch-Elektronen unter Absorption oder Emission je eines Phonons beschreiben.

Indem wir nun (7.7) in (7.6) einsetzen, erhalten wir für das gesuchte Matrixelement

$$\frac{1}{G^{3/2}} \sum_{\substack{\boldsymbol{w}\alpha\\ s}} \sqrt{\frac{\hbar}{2\,M\omega_\alpha(\boldsymbol{w})}}\; \boldsymbol{e}^s_\alpha(\boldsymbol{w}) \Big(\sqrt{n_\alpha(\boldsymbol{w})}\, \delta_{n'_\alpha(\boldsymbol{w}),\, n_\alpha(\boldsymbol{w})-1} \prod_{\boldsymbol{w}'\alpha'}{}' \delta_{n'_{\alpha'}(\boldsymbol{w}'),\, n_{\alpha'}(\boldsymbol{w}')} \sum_{\boldsymbol{R}} \mathrm{e}^{\mathrm{i}\boldsymbol{wR}}$$
$$+ \sqrt{n_\alpha(\boldsymbol{w}) + 1} \cdots \Big) \int_\Omega \psi^*_{\boldsymbol{k}'\nu'}(\boldsymbol{r})\, \psi_{\boldsymbol{k}\nu}(\boldsymbol{r})\, \nabla_{\boldsymbol{u}^s_{\boldsymbol{R}}} V_0(\boldsymbol{r})\, \mathrm{d}^3\boldsymbol{r}. \tag{7.8}$$

Um (7.8) weiter umzuformen, substituieren wir in dem Integral $\boldsymbol{r} = \boldsymbol{r}' + \boldsymbol{R}$ und finden für die Summation $\sum_{\boldsymbol{R}}$ in (7.8)

$$\sum_{\boldsymbol{R}} \mathrm{e}^{\mathrm{i}\boldsymbol{wR}}\, \mathrm{e}^{\mathrm{i}(\boldsymbol{k}-\boldsymbol{k}',\,\boldsymbol{R})} \int_\Omega \psi^*_{\boldsymbol{k}'\nu'}(\boldsymbol{r}')\, \psi_{\boldsymbol{k}\nu}(\boldsymbol{r}')\, \nabla_{\boldsymbol{u}^s_{\boldsymbol{R}}} V_0(\boldsymbol{r}' + \boldsymbol{R})\, \mathrm{d}^3\boldsymbol{r}'. \tag{7.9}$$

Aus der Translationssymmetrie (Abb. 45) folgt aber

$$\nabla_{\boldsymbol{u}^s_{\boldsymbol{R}}} V_0(\boldsymbol{r}' + \boldsymbol{R}) = \nabla_{\boldsymbol{u}^s_0} V_0(\boldsymbol{r}'), \tag{7.10}$$

was, in (7.9) eingesetzt, für die Summe

$$\sum_{\boldsymbol{R}} \mathrm{e}^{\mathrm{i}(\boldsymbol{w}+\boldsymbol{k}-\boldsymbol{k}',\,\boldsymbol{R})} \int_\Omega \psi^*_{\boldsymbol{k}'\nu'}(\boldsymbol{r})\, \psi_{\boldsymbol{k}\nu}(\boldsymbol{r})\, \nabla_{\boldsymbol{u}^s_0} V_0(\boldsymbol{r})\, \mathrm{d}^3\boldsymbol{r}$$

ergibt. Jetzt können wir (2.12) anwenden und erhalten so

$$\sum_{\boldsymbol{R}} \mathrm{e}^{\mathrm{i}\,\boldsymbol{wR}} \int_\Omega \psi^*_{\boldsymbol{k}'\nu'}(\boldsymbol{r})\, \psi_{\boldsymbol{k}\nu}(\boldsymbol{r})\, \nabla_{\boldsymbol{u}^s_{\boldsymbol{R}}} V_0(\boldsymbol{r})\, \mathrm{d}^3\boldsymbol{r}$$
$$= G^3 \sum_{\boldsymbol{K}} \delta_{\boldsymbol{k}',\, \boldsymbol{k}+\boldsymbol{w}+\boldsymbol{K}} \int_\Omega \psi^*_{\boldsymbol{k}'\nu'}(\boldsymbol{r})\, \psi_{\boldsymbol{k}\nu}(\boldsymbol{r})\, \nabla_{\boldsymbol{u}^s_0} V_0(\boldsymbol{r})\, \mathrm{d}^3\boldsymbol{r}. \tag{7.11}$$

Die Invarianz (7.10) führt somit, wie zu erwarten, auf eine Auswahlregel für die vorkommenden Prozesse, d. h. zu einem „Erhaltungssatz".

Setzen wir schließlich (7.11) in (7.6) ein, so finden wir

$$\langle \boldsymbol{k}', \nu'; \cdots n'_\alpha(\boldsymbol{w}) \cdots |H_{EP}| \boldsymbol{k}, \nu; \cdots n_\alpha(\boldsymbol{w}) \cdots \rangle$$
$$= G^{3/2} \sum_{\substack{\boldsymbol{w}\alpha\\ s}} \sqrt{\frac{\hbar}{2\,M\omega_\alpha(\boldsymbol{w})}}\; \boldsymbol{e}^s_\alpha(\boldsymbol{w}) \Big(\sqrt{n_\alpha(\boldsymbol{w})}\; \delta_{n'_\alpha(\boldsymbol{w}),\, n_\alpha(\boldsymbol{w})-1} \prod_{\boldsymbol{w}'\alpha'}{}' \delta_{n'_{\alpha'}(\boldsymbol{w}'),\, n_{\alpha'}(\boldsymbol{w}')} \sum_{\boldsymbol{K}} \delta_{\boldsymbol{k}',\, \boldsymbol{k}+\boldsymbol{w}+\boldsymbol{K}}$$
$$+ \sqrt{n_\alpha(\boldsymbol{w}) + 1} \cdots \Big) \int_\Omega \psi^*_{\boldsymbol{k}'\nu'}(\boldsymbol{r})\, \psi_{\boldsymbol{k}\nu}(\boldsymbol{r})\, \nabla_{\boldsymbol{u}^s_0} V_0(\boldsymbol{r})\, \mathrm{d}^3\boldsymbol{r}. \tag{7.12}$$

Aus (7.12) ersehen wir, wie bereits bemerkt, daß eine Reaktion zwischen einem Bloch-Elektron und einem Phonon, das von diesem absorbiert oder emittiert wird, nur möglich ist, wenn folgende Bilanzgleichung erfüllt ist:

$$\boldsymbol{k}' = \boldsymbol{k} \pm \boldsymbol{w} + \boldsymbol{K}. \tag{7.13}$$

Es ist nach (7.13) durch Bildung von $\boldsymbol{k}' - \boldsymbol{k}$ ohne weiteres ersichtlich, ob ein Paar von Anfangs- und Endzuständen $(\boldsymbol{k}\nu)$ und $(\boldsymbol{k}'\nu')$ durch einen N- oder einen U-Prozeß miteinander verknüpft ist. Man hat zu diesem Zweck nur zu untersuchen,

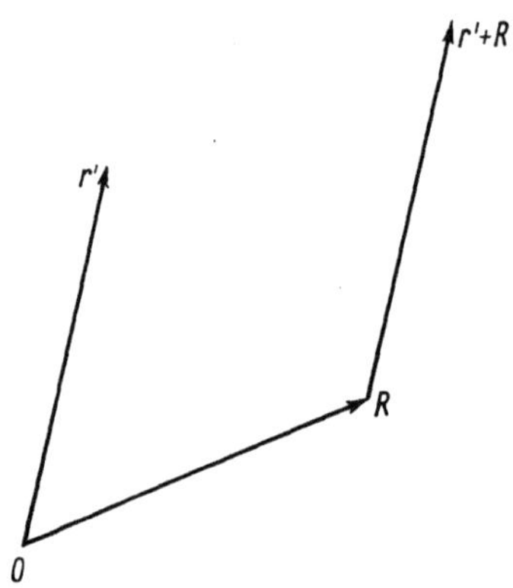

Abb. 45. Zu Gleichung (7.10)

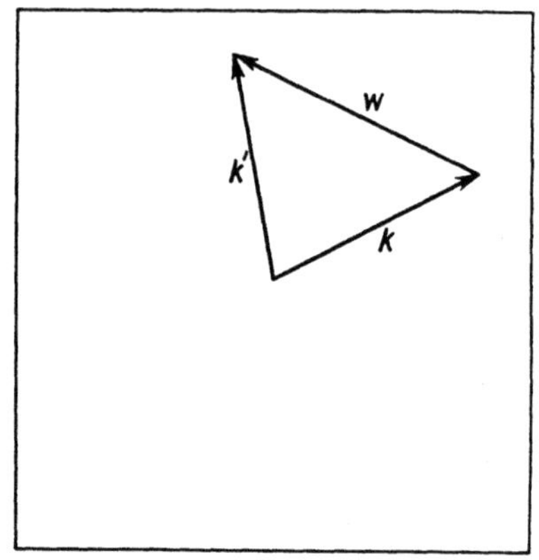

Abb. 46. Zur Geometrie der N-Prozesse

ob $\boldsymbol{k}' - \boldsymbol{k}$ gleich einem der (reduzierten) Phononvektoren ist oder nicht. Im zweiten Fall, also bei einem U-Prozeß, ist $\boldsymbol{k}' - \boldsymbol{k}$ als nichtreduzierter Vektor so groß, daß die Bilanz der Wellenvektoren nur mit einem (eindeutigen) $\boldsymbol{K} \neq 0$ zu erfüllen ist. Oft ist mit dieser relativ großen Veränderung des Wellenvektors des Bloch-elektrons auch eine relativ große Veränderung des Zustandes und damit z. B. auch des Impulserwartungswertes verbunden.

Während Abb. 46 am Beispiel des quadratischen Flächengitters schematisch einen N-Prozeß veranschaulicht, zeigt Abb. 47 das Entsprechende für die wesentlich komplizierter liegenden Verhältnisse bei einem U-Prozeß. Man erkennt, daß man die U-Prozesse auch interpretieren kann als Prozesse, die nach Wechselwirkung mit einem Phonon den Wellenvektor des Elektrons im wiederholten Schema aus der Brillouin-Zone herausführen. Die nachfolgende Addition von $\boldsymbol{K}$ führt dann wieder zu einem reduzierten $\boldsymbol{k}'$ zurück. Diese Überlegungen sind natürlich ganz unabhängig davon, ob bei dem betrachteten Übergang eine Änderung des Bandindex auftritt oder nicht. Abb. 47 macht außerdem deutlich, daß die Entscheidung darüber, ob ein N- oder ein U-Prozeß vorliegt, durch $|\boldsymbol{k}' - \boldsymbol{k}|$ allein nur dann gegeben ist, wenn dieser Betrag entweder größer ist als der größte bzw. kleiner als der kleinste zur Zonengrenze führende Wellenvektor der Phononen. Dann muß ein U- bzw. ein N-Prozeß vorliegen, unabhängig von der Richtung von $\boldsymbol{k}' - \boldsymbol{k}$. Liegt der Betrag dieses Vektors dazwischen, so ist das Vorliegen des einen oder anderen Prozesses von der Richtung von $\boldsymbol{k}' - \boldsymbol{k}$ abhängig. Diese Abhängigkeit verschwindet natürlich, wenn man die Brillouin-Zone der Phononen durch die Debye-Kugel approximiert. N- bzw. U-Prozesse liegen dann vor, je nachdem, ob $|\boldsymbol{k}' - \boldsymbol{k}| \lesseqgtr w_D$ ist.

Es sei noch erwähnt, daß die Zuordnung der N- und U-Prozesse zu gewissen Übergängen der Bloch-Elektronen wegen der Willkür bei der Wahl des vollständigen Satzes nichtäquivalenter $\boldsymbol{k}$-Vektoren konventionell ist. So kann man z. B. durch eine von der üblichen Wahl der Brillouin-Zone abweichende Konvention,

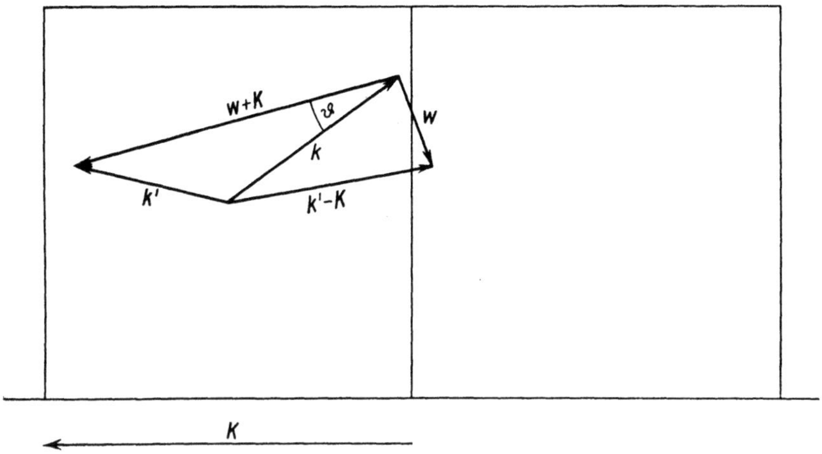

Abb. 47. Zur Geometrie der U-Prozesse

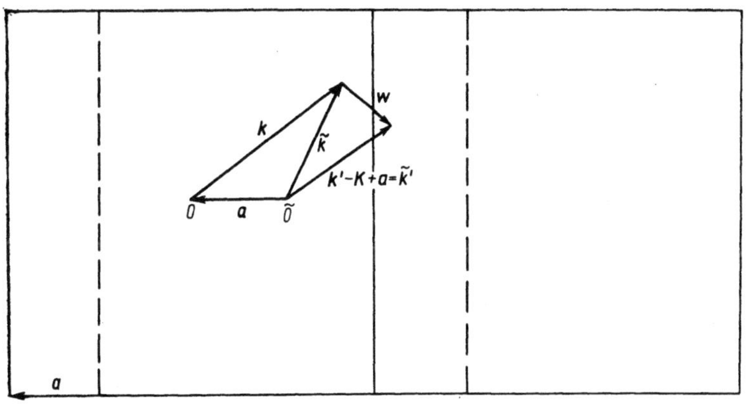

Abb. 48. Zur Konvention über die Unterscheidung von N- und U-Prozessen

wie Abb. 48 zeigt, aus einem U-Prozeß im üblichen Schema einen N-Prozeß im modifizierten Schema machen. Man ersieht aus Abb. 48, daß dabei einfach die nach der geeigneten Verschiebung $\boldsymbol{a}$ auftretenden neuen Vektoren $\tilde{\boldsymbol{k}} = \boldsymbol{k} + \boldsymbol{a}$ und $\tilde{\boldsymbol{k}}' = (\boldsymbol{k}' - \boldsymbol{K}) + \boldsymbol{a}$ reduziert sind und selbstverständlich die Beziehung $\tilde{\boldsymbol{k}}' - \tilde{\boldsymbol{k}} = \boldsymbol{k}' - \boldsymbol{K} - \boldsymbol{k} = \boldsymbol{w}$ erfüllen. Die übliche Wahl der nichtäquivalenten $\boldsymbol{k}$-Vektoren aus der ersten Brillouin-Zone ist aber, unbeschadet der angeführten Willkür, durch ihre besondere Symmetrie, wie wir wissen, vor allen übrigen bevorzugt. Das macht sich dann z. B. in der Gültigkeit von Relationen wie (2.47) auf gewissen Zonengrenzflächen bemerkbar.

7.3. Nordheim-Verfahren

Weitere Schlußfolgerungen bezüglich der Elektron-Phonon-Wechselwirkung werden erst möglich, nachdem man sich über eine geeignete Berechnung des in (7.12) vorkommenden Integrals klar geworden ist. Das kann nach Nordheim z. B. derart geschehen, daß man die folgenden Annahmen macht: Das auf ein herausgegriffenes Elektron des Metalls bei $\boldsymbol{r}$ von der zu $\boldsymbol{R}$ gehörigen Wigner-Seitz-Zelle wirkende Potential $v_a(\boldsymbol{r} - \boldsymbol{R})$ ist bei der Bewegung der Zelle an diese starr gekoppelt, also nach der Verschiebung $\boldsymbol{u_R}$ gegeben durch $v_a[\boldsymbol{r} - (\boldsymbol{R} + \boldsymbol{u_R})]$. Entsprechend dem Vorgehen beim Wigner-Seitz-Verfahren vernachlässigt man des weiteren die Wirkung aller Wigner-Seitz-Zellen auf das betrachtete Elektron außer der einen, die $\boldsymbol{r}$ enthält. Dadurch wird das zu dieser Zelle gehörige Potential (des dazugehörigen Ions) identisch mit dem Kristallpotential $V_0(\boldsymbol{r}) = \sum\limits_{\boldsymbol{R}} v_a(\boldsymbol{r} - \boldsymbol{R})$.

Günstigerweise kompensieren sich zum Teil die Fehler, die durch diese beiden Näherungsannahmen für die Matrixelemente entstehen. Während nämlich die erste Annahme, die die bei der Verrückung auftretende Deformation der Ladungsverteilung der äußeren Elektronen nicht berücksichtigt, auf eine zu starke Potentialänderung führt, gilt das Umgekehrte für die Vernachlässigung des Potentials der dem Ort $\boldsymbol{r}$ benachbarten Wigner-Seitz-Zellen.

Aus der ersten Annahme kann man nun folgern:

$$\nabla_{\boldsymbol{u}_0} V(\boldsymbol{r}, \boldsymbol{u_R})|_{\boldsymbol{u_R}=0} = \nabla_{\boldsymbol{u}_0} v_a(\boldsymbol{r} - \boldsymbol{u}_0)|_{\boldsymbol{u}_0=0},$$

was natürlich gleich $-\nabla_{\boldsymbol{r}} v_a(\boldsymbol{r} - \boldsymbol{u}_0)|_{\boldsymbol{u}_0=0} \equiv -\nabla_{\boldsymbol{r}} v_a(\boldsymbol{r})$ ist.

Unter Benutzung der zweiten Annahme erhalten wir damit weiterhin

$$\begin{aligned}\int\limits_{\Omega} \psi^*_{\boldsymbol{k}'\nu'}(\boldsymbol{r})\, \psi_{\boldsymbol{k}\nu}(\boldsymbol{r})\, \nabla_{\boldsymbol{u}_0} V_0(\boldsymbol{r})\, \mathrm{d}^3\boldsymbol{r} &= -\int\limits_{\Omega_0} \psi^*_{\boldsymbol{k}'\nu'}(\boldsymbol{r})\, \psi_{\boldsymbol{k}\nu}(\boldsymbol{r}) \nabla_{\boldsymbol{r}} v_a(\boldsymbol{r})\, \mathrm{d}^3\boldsymbol{r} \\ &= -\int\limits_{\Omega_0} \psi^*_{\boldsymbol{k}'\nu'}(\boldsymbol{r})\, \psi_{\boldsymbol{k}\nu}(\boldsymbol{r}) \nabla_{\boldsymbol{r}} V_0(\boldsymbol{r})\, d^3\boldsymbol{r}\,. \qquad (7.14)\end{aligned}$$

Wir haben somit eine Form des fraglichen Integrals erhalten, die eine weitere Umformung mit Hilfe der Schrödinger-Gleichung $H_0 \psi_{\boldsymbol{k}\nu}(\boldsymbol{r}) = E_\nu(\boldsymbol{k})\, \psi_{\boldsymbol{k}\nu}(\boldsymbol{r})$ ermöglicht. Zu diesem Zweck wendet man den Operator $\nabla_{\boldsymbol{r}}$ auf diese an und beachtet, daß

$$\nabla_{\boldsymbol{r}} \psi_{\boldsymbol{k}\nu}(\boldsymbol{r}) = \mathrm{i}\, \boldsymbol{k}\, \psi_{\boldsymbol{k}\nu}(\boldsymbol{r}) + \frac{1}{\sqrt{\Omega}}\, \mathrm{e}^{\mathrm{i}\boldsymbol{k}\boldsymbol{r}} \nabla_{\boldsymbol{r}} u_{\boldsymbol{k}\nu}(\boldsymbol{r}) \qquad (7.15)$$

ist. Das ergibt

$$\begin{aligned}-\psi^*_{\boldsymbol{k}'\nu'}(\boldsymbol{r})\, \psi_{\boldsymbol{k}\nu}(\boldsymbol{r}) \nabla_{\boldsymbol{r}} V_0(\boldsymbol{r}) = {}& \psi^*_{\boldsymbol{k}'\nu'}(\boldsymbol{r})\, \mathrm{i}\, \boldsymbol{k} \left\{-\frac{\hbar^2}{2m}\Delta + V_0(\boldsymbol{r}) - E_\nu(\boldsymbol{k})\right\} \psi_{\boldsymbol{k}\nu}(\boldsymbol{r}) \\ &+ \psi^*_{\boldsymbol{k}'\nu'}(\boldsymbol{r}) \frac{1}{\sqrt{\Omega}} \left\{-\frac{\hbar^2}{2m}\Delta + V_0(\boldsymbol{r}) - E_\nu(\boldsymbol{k})\right\} \mathrm{e}^{\mathrm{i}\boldsymbol{k}\boldsymbol{r}} \nabla_{\boldsymbol{r}} u_{\boldsymbol{k}\nu}(\boldsymbol{r})\,.\end{aligned}$$

Der erste Term auf der rechten Seite dieser Beziehung verschwindet; den zweiten kann man unter nochmaliger Verwendung der Schrödinger-Gleichung umformen, so daß gilt:

$$-\psi^*_{\boldsymbol{k}'\nu'}(\boldsymbol{r})\,\psi_{\boldsymbol{k}\nu}(\boldsymbol{r})\nabla_{\boldsymbol{r}}V_0(\boldsymbol{r}) = \psi^*_{\boldsymbol{k}'\nu'}(\boldsymbol{r})\,\frac{1}{\sqrt{\Omega}}\left\{-\frac{\hbar^2}{2m}\Delta\right\}\mathrm{e}^{\mathrm{i}\boldsymbol{k}\boldsymbol{r}}\nabla_{\boldsymbol{r}}u_{\boldsymbol{k}\nu}(\boldsymbol{r})$$
$$+\frac{1}{\sqrt{\Omega}}\,\mathrm{e}^{\mathrm{i}\boldsymbol{k}\boldsymbol{r}}\nabla_{\boldsymbol{r}}u_{\boldsymbol{k}\nu}(\boldsymbol{r})\,\{V_0(\boldsymbol{r})-E_\nu(\boldsymbol{k})\}\,\psi^*_{\boldsymbol{k}'\nu'}(\boldsymbol{r})$$
$$=\psi^*_{\boldsymbol{k}'\nu'}(\boldsymbol{r})\,\frac{1}{\sqrt{\Omega}}\left\{-\frac{\hbar^2}{2m}\Delta\right\}\mathrm{e}^{\mathrm{i}\boldsymbol{k}\boldsymbol{r}}\nabla_{\boldsymbol{r}}u_{\boldsymbol{k}\nu}(\boldsymbol{r})+\frac{1}{\sqrt{\Omega}}\,\mathrm{e}^{\mathrm{i}\boldsymbol{k}\boldsymbol{r}}\nabla_{\boldsymbol{r}}u_{\boldsymbol{k}\nu}(\boldsymbol{r})\left\{\frac{\hbar^2}{2m}\Delta\right\}\psi^*_{\boldsymbol{k}'\nu'}(\boldsymbol{r})$$
$$+\frac{1}{\sqrt{\Omega}}\,[E_{\nu'}(\boldsymbol{k}')-E_\nu(\boldsymbol{k})]\,\psi^*_{\boldsymbol{k}'\nu'}(\boldsymbol{r})\,\mathrm{e}^{\mathrm{i}\boldsymbol{k}\boldsymbol{r}}\nabla_{\boldsymbol{r}}u_{\boldsymbol{k}\nu}(\boldsymbol{r}). \tag{7.16}$$

Indem wir (7.16) über die Wigner-Seitz-Zelle bei $\boldsymbol{R} = 0$ integrieren und auf die beiden ersten Summanden den Greenschen Satz anwenden, erhalten wir

$$-\int\limits_{\Omega_0}\psi^*_{\boldsymbol{k}'\nu'}(\boldsymbol{r})\,\psi_{\boldsymbol{k}\nu}(\boldsymbol{r})\nabla_{\boldsymbol{r}}V_0(\boldsymbol{r})\,\mathrm{d}^3\boldsymbol{r}$$
$$=-\frac{1}{\sqrt{\Omega}}\frac{\hbar^2}{2m}\int\limits_{(\Omega_0)}\left\{\psi^*_{\boldsymbol{k}'\nu'}(\boldsymbol{r})\,\frac{\partial}{\partial n}\,[\mathrm{e}^{\mathrm{i}\boldsymbol{k}\boldsymbol{r}}\nabla_{\boldsymbol{r}}u_{\boldsymbol{k}\nu}(\boldsymbol{r})]-\mathrm{e}^{\mathrm{i}\boldsymbol{k}\boldsymbol{r}}\nabla_{\boldsymbol{r}}u_{\boldsymbol{k}\nu}(\boldsymbol{r})\,\frac{\partial}{\partial n}\,\psi^*_{\boldsymbol{k}'\nu'}(\boldsymbol{r})\right\}\mathrm{d}f$$
$$+\frac{1}{\sqrt{\Omega}}\,[E_{\nu'}(\boldsymbol{k}')-E_\nu(\boldsymbol{k})]\int\limits_{\Omega_0}\psi^*_{\boldsymbol{k}'\nu'}(\boldsymbol{r})\,\mathrm{e}^{\mathrm{i}\boldsymbol{k}\boldsymbol{r}}\nabla_{\boldsymbol{r}}u_{\boldsymbol{k}\nu}(\boldsymbol{r})\,\mathrm{d}^3\boldsymbol{r}. \tag{7.17}$$

Dabei ist bei dem ersten Integral auf der rechten Seite von (7.17) über die Oberfläche der Wigner-Seitz-Zelle (äußere Normale $\boldsymbol{n}$) zu integrieren. Der ganze Ausdruck ist im Rahmen der Nordheimschen Annahmen exakt.

Um das komplizierte Oberflächenintegral in (7.17) weiter zu vereinfachen, verwenden wir für $u_{\boldsymbol{k}\nu}(\boldsymbol{r})$ die bei (4.75) formulierte Wigner-Seitz-Approximation, indem wir schreiben:

$$u_{\boldsymbol{k}\nu}(\boldsymbol{r})\approx u_{0\nu}(r);\qquad \nabla_{\boldsymbol{r}}u_{0\nu}(r)=\boldsymbol{n}\,\frac{\partial}{\partial n}\,u_{0\nu}(r)=0\qquad \text{für } r=r_s.$$

Damit bleibt von dem Oberflächenintegral nur

$$-\frac{1}{\sqrt{\Omega}}\frac{\hbar^2}{2m}\int\limits_{(\Omega_0)}\psi^*_{\boldsymbol{k}'\nu'}(\boldsymbol{r})\,\mathrm{e}^{\mathrm{i}\boldsymbol{k}\boldsymbol{r}}\Delta\,u_{0\nu}(r)\,\mathrm{d}\vec{f}=-\frac{1}{\sqrt{\Omega}}\int\limits_{(\Omega_0)}\psi^*_{\boldsymbol{k}'\nu'}(\boldsymbol{r})\,\mathrm{e}^{\mathrm{i}\boldsymbol{k}\boldsymbol{r}}\{V_0(r)-E_\nu(0)\}\,u_{0\nu}(r)\,\mathrm{d}\vec{f}$$
$$=-\frac{1}{\sqrt{\Omega}}\,\{V_0(r_s)-E_\nu(0)\}\,u_{0\nu}(r_s)\int\limits_{(\Omega_0)}\psi^*_{\boldsymbol{k}'\nu'}(\boldsymbol{r})\,\mathrm{e}^{\mathrm{i}\boldsymbol{k}\boldsymbol{r}}\mathrm{d}\vec{f}$$

übrig. Bei Vernachlässigung von Interband-Prozessen wird daraus einfach

$$-\frac{1}{\Omega}\,\{V_0(r_s)-E_\nu(0)\}\,|u_{0\nu}(r_s)|^2\int\limits_{(\Omega_0)}\mathrm{e}^{\mathrm{i}(\boldsymbol{k}-\boldsymbol{k}',\boldsymbol{r})}\,\mathrm{d}\vec{f}. \tag{7.18}$$

Mit $\overrightarrow{\mathrm{d}f} = \boldsymbol{r}/r\,\mathrm{d}f$ und $\boldsymbol{k} - \boldsymbol{k}'$ als Polarachse folgt

$$\int\limits_{(\Omega_0)} e^{i(\boldsymbol{k}-\boldsymbol{k}',\boldsymbol{r})}\,\overrightarrow{\mathrm{d}f} = \frac{2\,\pi(\boldsymbol{k}-\boldsymbol{k}')\,r_s^3}{r_s|\boldsymbol{k}-\boldsymbol{k}'|}\int\limits_0^{\pi} e^{i|\boldsymbol{k}-\boldsymbol{k}'|r_s\cos\vartheta}\cos\vartheta\,\sin\vartheta\,\mathrm{d}\vartheta$$

$$= i\,\frac{4\,\pi}{3}\,r_s^3(\boldsymbol{k}-\boldsymbol{k}')\,3\,\frac{\sin\xi - \xi\cos\xi}{\xi^3}\,; \qquad \xi = |\boldsymbol{k}'-\boldsymbol{k}|\,r_s. \tag{7.19}$$

Setzt man (7.19) in (7.18) ein, so erhält man schließlich für den ersten Term in (7.17)

$$\frac{i}{G^3}\,|u_{0\nu}(r_s)|^2\{V_0(r_s) - E_\nu(0)\}\,\mathcal{G}(|\boldsymbol{k}'-\boldsymbol{k}|\,r_s)\,(\boldsymbol{k}'-\boldsymbol{k})\,; \qquad \mathcal{G}(\xi) = 3\,\frac{\sin\xi - \xi\cos\xi}{\xi^3}. \tag{7.20}$$

Da nach früheren Betrachtungen jedenfalls $\hbar\omega_D \ll E_F$ ist und da wegen der Energieerhaltung bei den behandelten Ein-Phonon-Prozessen $E_\nu(\boldsymbol{k}') = E_\nu(\boldsymbol{k}) \pm \hbar\omega$ gelten muß, so ist, wie wir später noch genauer ausführen werden, anzunehmen, daß Elektronenübergänge durch Wechselwirkung mit Phononen nur in der Nähe der Fermi-Fläche vor sich gehen können. Die beiden im Rahmen des Nordheim-Modells gemachten Annahmen bezüglich der Wigner-Seitz-Näherung und der Übergänge in nur einem Band sind danach genau für die jeweiligen Leitungsbänder der Alkalimetalle zutreffend, die durch je eine einfach zusammenhängende (fast kugelförmige) Fermi-Fläche charakterisiert sind. Für diese ist aber, wie oben u. a. an Hand der Wigner-Seitz-Näherung bemerkt wurde, $|u_{0\nu}(r_s)|^2 \approx 1$. Vernachlässigen wir das nach dem Energiesatz zu $\hbar\omega$ proportionale zweite Integral in (7.17) gegen das Oberflächenintegral, so ist schließlich nach (7.14), (7.17) und (7.20) unter Benutzung von $|u_{0\nu}(r_s)|^2 = 1$

$$\int\limits_{\Omega} \psi^*_{\boldsymbol{k}'\nu}(\boldsymbol{r})\,\psi_{\boldsymbol{k}\nu}(\boldsymbol{r})\,\nabla_{\boldsymbol{u}_0} V_0(\boldsymbol{r})\,\mathrm{d}^3\boldsymbol{r} = \frac{i}{G^3}\,\{V_0(r_s) - E_\nu(0)\}\,\mathcal{G}(|\boldsymbol{k}'-\boldsymbol{k}|r_s)(\boldsymbol{k}'-\boldsymbol{k}). \tag{7.21}$$

Zusammen mit (7.12) ergibt dieser Ausdruck das Matrixelement der Elektron-Phonon-Wechselwirkung unter der Voraussetzung der Starrheit der oszillierenden Wigner-Seitz-Zellen.

Neben den bereits an (7.12) unabhängig vom Nordheim-Modell ablesbaren Aussagen liefert (7.21) die folgenden drei weiteren Ergebnisse: Der Faktor $\{V_0(r_s) - E_\nu(0)\}$ verschwindet für konstantes Potential V_0, d. h. für freie Elektronen. Das Modell der starren Wigner-Seitz-Zellen ergibt demnach für freie Elektronen keine Elektron-Phonon-Wechselwirkung. Weiterhin führt das Auftreten des Produkts $(\boldsymbol{e}_\alpha(\boldsymbol{w}),\ \boldsymbol{k}'-\boldsymbol{k})$ zu der Aussage, daß im Rahmen der Kontinuumsnäherung der Gitterschwingungen bei N-Prozessen ($\boldsymbol{k}'-\boldsymbol{k} = \boldsymbol{w}$) eine Wechselwirkung der Elektronen nur mit longitudinalen Phononen ($\boldsymbol{w}\,||\,\boldsymbol{e}_3(\boldsymbol{w})$) existiert. Der Faktor $\mathcal{G}(|\boldsymbol{k}'-\boldsymbol{k}|r_s)$ schließlich zeigt (Abb. 49) die starke Bevorzugung kleiner Streuwinkel $\sphericalangle(\boldsymbol{k}', \boldsymbol{k})$ und damit von diesem Faktor her eine geringere Wahrscheinlichkeit der U-Prozesse gegenüber den N-Prozessen.

Die bedeutende Komplikation, die durch das Auftreten der U-Prozesse in die Theorie kommt, rührt einmal von der bereits oben erwähnten Tatsache her, daß die Entscheidung über das Vorliegen eines N- oder U-Prozesses nicht allein von $|\boldsymbol{k}' - \boldsymbol{k}|$ abhängt; andererseits ist aber bei den U-Prozessen selbst in der Debyeschen Kugel-Approximation gemäß (7.12) und (7.21) das Matrixelement der Wechselwirkung proportional zu $|\boldsymbol{k}' - \boldsymbol{k}|/\sqrt{\omega(\boldsymbol{w})} \sim |\boldsymbol{w} + \boldsymbol{K}|/\sqrt{|\boldsymbol{w}|}$, also bei festem $|\boldsymbol{k}' - \boldsymbol{k}|$ von der Richtung des Vektors $\boldsymbol{k}' - \boldsymbol{k}$ abhängig, von der ja $|\boldsymbol{w}|$ abhängt.[1]) In diesen Anisotropien des Matrixelements und damit später auch der Übergangswahrscheinlichkeiten bei U-Prozessen macht sich eben die durch das Kristallpotential $V_0(\boldsymbol{r})$ gegebene Anisotropie des Problems deutlich bemerkbar.

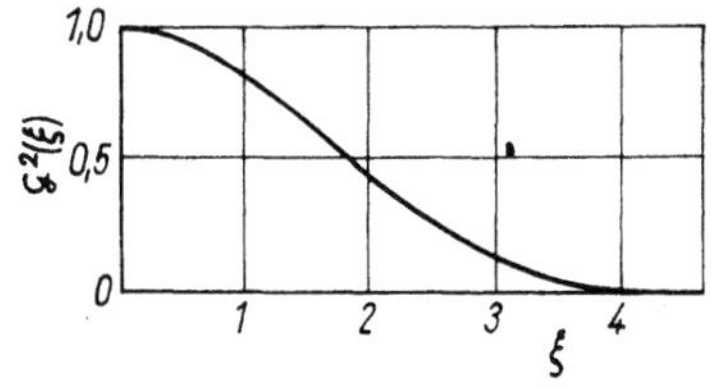

Abb. 49. Die Funktion $\mathcal{G}^2(\xi)$

7.4. Bardeen-Abschirmung

Die beim Nordheim-Verfahren hauptsächlich benutzte Annahme der völligen Starrheit der Ladungsverteilung einer Wigner-Seitz-Zelle bei ihrer Oszillation ist sicherlich nicht exakt richtig, da insbesondere die von den relativ locker gebundenen Leitungselektronen herrührende Ladungsdichte beträchtlichen Veränderungen bei den Schwingungen der Ionenrümpfe unterworfen sein wird. Dagegen wird man annehmen können, daß das Potential der von den Leitungselektronen freien Ionen in guter Näherung starr an dieselben gebunden ist. Diesen Überlegungen entsprechend, unterteilen wir nach Bardeen im folgenden das vorliegende (Alkali-)Metall wie bei unseren Betrachtungen zum selbstkonsistenten Kristallpotential in seine Ionen und Leitungselektronen. Wenn wir dann weiterhin das Potential des bei $\boldsymbol{R}$ liegenden Ions mit $v_i(\boldsymbol{r} - \boldsymbol{R})$ bezeichnen, die Wigner-Seitz-Zelle durch die Wigner-Seitz-Kugel approximieren und die Ladungsverteilung der Leitungselektronen vor der Verrückung der Ionen als homogen annehmen, so erhält das Potential an der Stelle $\boldsymbol{r}$, das von der bei $\boldsymbol{R}$ liegenden Wigner-Seitz-

1) Es könnte übrigens danach scheinen, als ob sich für kleine w das Matrixelement beim Übergang von N- zu U-Prozessen unstetig verhalte, da bei letzteren ein $\boldsymbol{K}$ im Zähler stehen bleibt. Tatsächlich dürfen sich aber die Übergangswahrscheinlichkeiten nahe benachbarter N- und U-Prozesse nicht wesentlich unterscheiden. Die Auflösung des scheinbaren Widerspruchs beruht darauf, daß die bei der Ableitung von (7.21) benutzte Approximation ebener Wellen für die Anfangs- und Endzustände der Bloch-Elektronen in der Nähe der Brillouinschen Zonengrenzen nicht mehr brauchbar ist. Entsprechend dem Verfahren, das in den Ausführungen zu dem Gleichungssystem (4.31) geschildert wurde, hat man vielmehr in diesem Falle anzusetzen:

$$\psi_{\boldsymbol{k}} \sim e^{i\boldsymbol{k}\boldsymbol{r}} + C\, e^{i(\boldsymbol{k}+\boldsymbol{K},\boldsymbol{r})}, \quad \psi^*_{\boldsymbol{k}'} = e^{-i\boldsymbol{k}'\boldsymbol{r}} + C'^*\, e^{-i(\boldsymbol{k}'-\boldsymbol{K},\boldsymbol{r})}.$$

Setzt man diese Wellenfunktionen in (7.18) ein, so erkennt man unter Beachtung von (7.13) für kleine w die Proportionalität des Matrixelements mit w auch im Falle von U-Prozessen, wie man es erwartet hat. Der Ausdruck (7.21) gilt also nur bei genügender Entfernung von den Zonengrenzen.

Kugel herrührt, folgende Form

$$v_a(\boldsymbol{r}-\boldsymbol{R}) = \begin{cases} v_i(\boldsymbol{r}-\boldsymbol{R}) + \dfrac{3}{2}\dfrac{e^2}{r_s} - \dfrac{e^2}{2r_s^3}\,r^2 & \text{für} \quad |\boldsymbol{r}-\boldsymbol{R}| < r_s, \\ 0 & \qquad\quad |\boldsymbol{r}-\boldsymbol{R}| > r_s. \end{cases} \tag{7.22}$$

Der Grundgedanke der folgenden Betrachtungen besteht darin, die Ionen des Metalls gemäß (6.24) starr zu verrücken und auf diese Verrückung die zunächst homogen verteilten Leitungselektronen reagieren zu lassen. Der so entstehende „Elektronen-Nachfluß" modifiziert also das ursprünglich von den verschobenen Ionen allein herrührende Störpotential δV_i, indem er dasselbe teilweise abschirmt, und ergibt mit diesem zusammen das vom ganzen Metall auf ein herausgegriffenes Leitungselektron wirkende Elektron-Phonon-Wechselwirkungspotential $\delta V_i + \delta V_s$, an dem die Bloch-Elektronen gestreut werden.

Da die starren Ionen jetzt formal ebenso zu behandeln sind wie oben die starren Wigner-Seitz-Zellen, so können wir für den Anteil δV_i des Störpotentials sofort schreiben:

$$\delta V_i = -\sum_{\boldsymbol{R}} \left(\boldsymbol{u}_{\boldsymbol{R}}, \nabla_{\boldsymbol{r}} v_i(\boldsymbol{r}-\boldsymbol{R})\right). \tag{7.23}$$

Das eigentliche Problem besteht also allein in der Bestimmung von δV_s. Hier können wir nun auf unsere allgemeinen Betrachtungen zur Lindhardschen Dielektrizitätsfunktion zurückgreifen, indem wir das dort mit $V_{\text{ext}}(\boldsymbol{r}, t)$ bezeichnete Potential mit δV_i identifizieren. Wir erhalten so

$$(\delta V_i + \delta V_s)_{\boldsymbol{k}} = \frac{(\delta V_i)_{\boldsymbol{k}}}{\varepsilon(\boldsymbol{k})} \tag{7.24}$$

mit $\varepsilon(\boldsymbol{k})$ gemäß (4.63). Die Aufgabe der Bestimmung des durch den Elektronen-Nachfluß bedingten Anteils der Elektron-Phonon-Wechselwirkung ist damit bereits im wesentlichen gelöst.

Die Berechnung des eigentlich interessierenden Matrixelements

$$\int_{\Omega} \psi_{\boldsymbol{k}'}^*(\boldsymbol{r})[\delta V_i(\boldsymbol{r}) + \delta V_s(\boldsymbol{r})]\,\psi_{\boldsymbol{k}}(\boldsymbol{r})\,\mathrm{d}^3\boldsymbol{r}$$
$$= \frac{1}{\Omega_0}\sum_{\boldsymbol{K}}(\delta V_i + \delta V_s)_{\boldsymbol{k}'-\boldsymbol{k}-\boldsymbol{K}} \int_{\Omega_0} u_{\boldsymbol{k}'}^*(\boldsymbol{r})\,u_{\boldsymbol{k}}(\boldsymbol{r})\,\mathrm{e}^{-\mathrm{i}\boldsymbol{K}\boldsymbol{r}}\,\mathrm{d}^3\boldsymbol{r}$$

wird nun in der Weise vorgenommen, daß man es mit (7.24) folgendermaßen approximiert:

$$\int_{\Omega} \psi_{\boldsymbol{k}'}^*(\boldsymbol{r})[\delta V_i(\boldsymbol{r}) + \delta V_s(\boldsymbol{r})]\,\psi_{\boldsymbol{k}}(\boldsymbol{r})\,\mathrm{d}^3\boldsymbol{r} = \frac{1}{\varepsilon(\boldsymbol{k}'-\boldsymbol{k})}\int_{\Omega} \psi_{\boldsymbol{k}'}^*(\boldsymbol{r})\,\delta V_i(\boldsymbol{r})\,\psi_{\boldsymbol{k}}(\boldsymbol{r})\,\mathrm{d}^3\boldsymbol{r}. \tag{7.25}$$

Die Behandlung des letzten Integrals kann nach (7.23) formal in der gleichen Weise geschehen, wie wir es bereits früher beim Nordheim-Verfahren dargestellt haben.

Anstelle der (starren) Wigner-Seitz-Potentiale $v_a(\boldsymbol{r} - \boldsymbol{R})$ treten hier die (starren) Ionenpotentiale $v_i(\boldsymbol{r} - \boldsymbol{R})$, so daß wir schließlich wieder

$$\int\limits_{\Omega} \psi_{\boldsymbol{k}'}^*(\boldsymbol{r})\, \delta V_i(\boldsymbol{r})\, \psi_{\boldsymbol{k}}(\boldsymbol{r})\, \mathrm{d}^3\boldsymbol{r} = -\sum_{\boldsymbol{R}} \boldsymbol{u}_{\boldsymbol{R}}\, \mathrm{e}^{\mathrm{i}(\boldsymbol{k}-\boldsymbol{k}', \boldsymbol{R})} \int\limits_{\Omega} \psi_{\boldsymbol{k}'}^*(\boldsymbol{r})\, \psi_{\boldsymbol{k}}(\boldsymbol{r}) \nabla_{\boldsymbol{r}} v_i(\boldsymbol{r})\, \mathrm{d}^3\boldsymbol{r} \tag{7.26}$$

erhalten.

Dabei wird das Potential des Ions bei $\boldsymbol{R} = 0$ mit Benutzung von (7.22) dargestellt durch

$$v_i(\boldsymbol{r}) = \begin{cases} v_a(\boldsymbol{r}) - \left(\dfrac{3}{2}\dfrac{e^2}{r_s} - \dfrac{e^2}{2 r_s^3} r^2\right) & r < r_s, \\ & \text{für} \\ -\dfrac{e^2}{r} & r > r_s. \end{cases} \tag{7.27}$$

Der vom $v_a(\boldsymbol{r})$ herrührende Beitrag zu (7.26) ist offenbar bereits durch (7.21) gegeben.

Bei der Berechnung der beiden übrigen Integrale nähert man die Bloch-Funktionen wiederum durch ebene Wellen an. So folgt

$$\int\limits_{\Omega_0} \psi_{\boldsymbol{k}'}^*(\boldsymbol{r})\, \psi_{\boldsymbol{k}}(\boldsymbol{r}) \nabla_{\boldsymbol{r}} \left\{\frac{3}{2}\frac{e^2}{r_s} - \frac{e^2}{2 r_s^3} r^2\right\} \mathrm{d}^3\boldsymbol{r} = -\frac{e^2}{r_s^3} \int\limits_{\Omega_0} \psi_{\boldsymbol{k}'}^*(\boldsymbol{r})\, \psi_{\boldsymbol{k}}(\boldsymbol{r})\, \boldsymbol{r}\, \mathrm{d}^3\boldsymbol{r}$$

$$= \mathrm{i}\frac{e^2}{\Omega r_s^3} \nabla_{\boldsymbol{k}} \int\limits_{\Omega_0} \mathrm{e}^{\mathrm{i}(\boldsymbol{k}-\boldsymbol{k}', \boldsymbol{r})}\, \mathrm{d}^3\boldsymbol{r}.$$

Mit Hilfe von (7.19) erkennt man ohne weiteres, daß dies gleich ist:

$$\frac{4\pi}{3}\frac{\mathrm{i}e^2}{\Omega} \nabla_{\boldsymbol{k}} \mathcal{G}(|\boldsymbol{k}' - \boldsymbol{k}| r_s)$$

$$= -\frac{4\pi \mathrm{i} e^2}{\Omega(\boldsymbol{k}'-\boldsymbol{k})^2} \frac{3(\xi\cos\xi - \sin\xi) + \xi^2 \sin\xi}{\xi^3} (\boldsymbol{k}' - \boldsymbol{k}). \tag{7.28}$$

Schließlich haben wir noch zu betrachten:

$$e^2 \int\limits_{\Omega-\Omega_0} \psi_{\boldsymbol{k}'}^*(\boldsymbol{r})\, \psi_{\boldsymbol{k}}(\boldsymbol{r}) \nabla_{\boldsymbol{r}} \frac{1}{r}\, \mathrm{d}^3\boldsymbol{r} = -\frac{e^2}{\Omega} \int\limits_{r_s}^{R} \int\limits_{0}^{\pi} \int\limits_{0}^{2\pi} \mathrm{e}^{\mathrm{i}(\boldsymbol{k}-\boldsymbol{k}', \boldsymbol{r})} \frac{\boldsymbol{r}}{r}\, \mathrm{d}r \sin\vartheta\, \mathrm{d}\vartheta\, \mathrm{d}\varphi.$$

Dabei ist R durch $\dfrac{4\pi}{3} R^3 = \Omega$ definiert. Wegen $R \gg r_s$ und mit Hilfe der bereits bei (7.18) angegebenen Überlegung erhält man dann

$$e^2 \int\limits_{\Omega-\Omega_0} \psi_{\boldsymbol{k}'}^*(\boldsymbol{r})\, \psi_{\boldsymbol{k}}(\boldsymbol{r}) \nabla_{\boldsymbol{r}} \frac{1}{r}\, \mathrm{d}^3\boldsymbol{r} = \frac{4\pi \mathrm{i} e^2}{\Omega(\boldsymbol{k}' - \boldsymbol{k})^2} \frac{\sin\xi}{\xi} (\boldsymbol{k}' - \boldsymbol{k}). \tag{7.29}$$

Addiert man nun (7.21), (7.28) und (7.29), so erhält man nach (7.25), (7.26) und (7.27) als Ergebnis des Bardeenschen Verfahrens

$$\int_{\Omega} \psi_{\boldsymbol{k}'}^*(\boldsymbol{r})[\delta V_i(\boldsymbol{r}) + \delta V_s(\boldsymbol{r})]\, \psi_{\boldsymbol{k}}(\boldsymbol{r})\, \mathrm{d}^3\boldsymbol{r}$$

$$= \frac{\mathrm{i}}{G^3} \sum_{\boldsymbol{R}} \boldsymbol{u}_{\boldsymbol{R}}\, \mathrm{e}^{\mathrm{i}(\boldsymbol{k}-\boldsymbol{k}', \boldsymbol{R})} \frac{V_0(r_s) - E(0) + \dfrac{4\pi e^2}{\Omega_0(\boldsymbol{k}'-\boldsymbol{k})^2}}{\varepsilon(\boldsymbol{k}'-\boldsymbol{k})} \mathcal{G}(|\boldsymbol{k}'-\boldsymbol{k}|r_s)(\boldsymbol{k}'-\boldsymbol{k}). \tag{7.30}$$

Der Vergleich mit (7.21) zeigt, daß die in (7.30) auftretenden, zu dem Faktor e^2 proportionalen Terme denjenigen Einfluß auf das Integral $\int_{\Omega} \psi_{\boldsymbol{k}'}^*(\boldsymbol{r})\, \psi_{\boldsymbol{k}}(\boldsymbol{r})\, \nabla_{\boldsymbol{u}_0} V_0(\boldsymbol{r})\, \mathrm{d}^3\boldsymbol{r}$ darstellen, der vom Elektronen-Nachfluß, d. h. von der Deformierung der äußeren Anteile der Alkaliatome bei ihrer Verrückung, herrührt.

Um diese Betrachtungen abzuschließen, führen wir noch die nach (4.63) in der Funktion $\varepsilon(\boldsymbol{q})$ auftretende Summation aus:

$$G^3 W^{-1}(\boldsymbol{q}) \equiv \sum_{\boldsymbol{k}} \frac{f_0(E(\boldsymbol{k}))}{E(\boldsymbol{k}+\boldsymbol{q}) - E(\boldsymbol{k})} = \frac{2m}{\hbar^2 q} \sum_{\boldsymbol{k}} \frac{f_0(E(\boldsymbol{k}))}{q + 2k\cos\vartheta}, \qquad \vartheta = \sphericalangle(\boldsymbol{k}, \boldsymbol{q}).$$

Der Übergang zum Integral ergibt nach (2.4)

$$\begin{aligned} W^{-1}(\boldsymbol{q}) &= \frac{m\Omega_0}{\pi^2\hbar^2 q} \int_0^{k_F} k^2\, \mathrm{d}k \int_{-1}^{+1} \frac{\mathrm{d}\xi}{q + 2k\xi} = \frac{m\Omega_0}{2\pi^2\hbar^2 q} \int_0^{k_F} k \ln \frac{q+2k}{|q-2k|}\, \mathrm{d}k \\ &= \frac{m\Omega_0 k_F}{2\pi^2\hbar^2} \left[\frac{1}{2} + \frac{4k_F^2 - q^2}{8k_F q} \ln \frac{2k_F + q}{|2k_F - q|}\right] \\ &= \frac{1}{\frac{4}{3}E_F} \left[\frac{1}{2} + \frac{4k_F^2 - q^2}{8k_F q} \ln \frac{2k_F + q}{|2k_F - q|}\right], \end{aligned} \tag{7.31}$$

letzteres nach (4.79). Da hiernach die in $\varepsilon(\boldsymbol{q})$ auftretende Summe stets größer als Null ist, so bedeutet (7.24), daß die Berücksichtigung des Elektronen-Nachflusses zu einer Abschirmung des von den Ionen allein herrührenden Störpotentials führt, wie man es auch erwartet hat.

Mit Verwendung von (4.77) und unter Einführung der sogenannten Plasmafrequenz

$$\omega_p = \left(\frac{4\pi n e^2}{m}\right)^{1/2} \tag{7.32}$$

können wir die Dielektrizitätsfunktion auch folgendermaßen schreiben $\left(v_F \equiv \frac{1}{\hbar} \nabla_{\boldsymbol{k}} E_\nu(\boldsymbol{k})|_{E=E_F}\right)$:

$$\varepsilon(\boldsymbol{k}) = 1 + \frac{3\omega_p^2}{v_F^2 k^2} \left[\frac{1}{2} + \frac{4k_F^2 - k^2}{8k_F k} \ln \frac{2k_F + k}{|2k_F - k|}\right]. \tag{7.33}$$

Unsere Untersuchungen zur Elektron-Phonon-Wechselwirkung zusammenfassend, können wir feststellen, daß sowohl das Nordheimsche als auch das

Bardeensche Verfahren zu folgender allgemeiner Form für das in (7.12) auftretende Integral führen:

$$\int_{\Omega} \psi_{\boldsymbol{k}'}^*(\boldsymbol{r})\, \psi_{\boldsymbol{k}}(\boldsymbol{r}) \nabla_{\boldsymbol{u}_0} V_0(\boldsymbol{r})\, \mathrm{d}^3\boldsymbol{r} = \frac{\mathrm{i}}{G^3}\, \mathcal{C}(|\boldsymbol{k}' - \boldsymbol{k}|)(\boldsymbol{k}' - \boldsymbol{k}), \tag{7.34}$$

wobei jedenfalls $\mathcal{C}(|\boldsymbol{k}' - \boldsymbol{k}|) \sim \mathcal{G}(|\boldsymbol{k}' - \boldsymbol{k}|\, r_s)$ ist.

Für sehr kleine $|\boldsymbol{k}' - \boldsymbol{k}|$ finden schließlich nur noch Elektron-Phonon-N-Prozesse mit sehr langwelligen Phononen ($|\boldsymbol{w}| = |\boldsymbol{k}' - \boldsymbol{k}|$) statt. Wegen $\mathcal{G}(0) = 1$ und $\lim\limits_{q \to 0} W(q) = \frac{4}{3} E_F$ erhält man dann

$$\lim_{|\boldsymbol{k}' - \boldsymbol{k}| \to 0} \mathcal{C}(|\boldsymbol{k}' - \boldsymbol{k}|) = \frac{2}{3} E_F. \tag{7.35}$$

Die Elektron-Phonon-Wechselwirkung wird danach für langwellige Phononen wegen des Faktors $(\boldsymbol{k}' - \boldsymbol{k})^{-2}$ in (7.30) überwiegend durch die Streuung der Leitungselektronen an ihrer eigenen deformierten Verteilung bedingt. Der von ihrer Bindung an das Gitter herrührende Anteil $V_0(r_s) - E(0)$ ist demgegenüber kaum von Bedeutung.

7.5. Übergangswahrscheinlichkeit

In den Diracschen Ausdruck für die Übergangswahrscheinlichkeit

$$\begin{aligned} &W_{\boldsymbol{k}', \ldots n'_\alpha(\boldsymbol{w}) \ldots ; \boldsymbol{k}, \ldots n_\alpha(\boldsymbol{w}) \ldots} = \\ &= \frac{2\pi}{\hbar} |\langle \boldsymbol{k}'; \ldots n'_\alpha(\boldsymbol{w}) \ldots | H_{EP} | \boldsymbol{k}; \ldots n_\alpha(\boldsymbol{w}) \ldots \rangle|^2\, \delta(E_{\boldsymbol{k}; \ldots n_\alpha(\boldsymbol{w}) \ldots} - E_{\boldsymbol{k}'; \ldots n'_\alpha(\boldsymbol{w}) \ldots}) \end{aligned} \tag{7.36}$$

ist nun der sich aus (7.12) und (7.34) ergebende Ausdruck für das Matrixelement

$$\begin{aligned} &\langle \boldsymbol{k}'; \ldots n'_\alpha(\boldsymbol{w}) \ldots | H_{EP} | \boldsymbol{k}; \ldots n_\alpha(\boldsymbol{w}) \ldots \rangle \\ &= \frac{\mathrm{i}}{G^{3/2}}\, \mathcal{C}(|\boldsymbol{k}' - \boldsymbol{k}|) \sum_{\boldsymbol{w}\alpha} \sqrt{\frac{\hbar}{2 M \omega_\alpha(\boldsymbol{w})}}\, (\boldsymbol{e}_\alpha(\boldsymbol{w}), \boldsymbol{k}' - \boldsymbol{k}) \prod_{\boldsymbol{w}'\alpha'}{}' \delta_{n'_{\alpha'}(\boldsymbol{w}'), n_{\alpha'}(\boldsymbol{w}')} \\ &\times \Big(\sqrt{n_\alpha(\boldsymbol{w})}\, \delta_{n'_\alpha(\boldsymbol{w}), n_\alpha(\boldsymbol{w}) - 1} \sum_{\boldsymbol{K}} \delta_{\boldsymbol{k}', \boldsymbol{k} + \boldsymbol{w} + \boldsymbol{K}} + \sqrt{n_\alpha(\boldsymbol{w}) + 1}\, \delta_{n'_\alpha(\boldsymbol{w}), n_\alpha(\boldsymbol{w}) + 1} \sum_{\boldsymbol{K}} \delta_{\boldsymbol{k}', \boldsymbol{k} - \boldsymbol{w} + \boldsymbol{K}} \Big) \end{aligned}$$

einzusetzen.

Man erhält zunächst

$$\begin{aligned} &|\langle \boldsymbol{k}'; \ldots n'_\alpha(\boldsymbol{w}) \ldots | H_{EP} | \boldsymbol{k}; \ldots n_\alpha(\boldsymbol{w}) \ldots \rangle|^2 \\ &= G^{-3}\, \mathcal{C}^2(|\boldsymbol{k}' - \boldsymbol{k}|) \frac{\hbar}{2M} \sum_{\substack{\boldsymbol{w}\alpha\boldsymbol{K} \\ \bar{\boldsymbol{w}}\bar{\alpha}\bar{\boldsymbol{K}}}} \frac{1}{\sqrt{\omega_\alpha(\boldsymbol{w})\, \omega_{\bar{\alpha}}(\bar{\boldsymbol{w}})}} (\boldsymbol{e}_\alpha(\boldsymbol{w}), \boldsymbol{k}' - \boldsymbol{k})(\boldsymbol{e}_{\bar{\alpha}}(\bar{\boldsymbol{w}}), \boldsymbol{k}' - \boldsymbol{k}) \\ &\times \prod_{\substack{\boldsymbol{w}'\alpha' \\ \bar{\boldsymbol{w}}'\bar{\alpha}'}}{}' \delta_{n'_{\alpha'}(\boldsymbol{w}'), n_{\alpha'}(\boldsymbol{w}')}\, \delta_{n'_{\bar{\alpha}'}(\bar{\boldsymbol{w}}'), n_{\bar{\alpha}'}(\bar{\boldsymbol{w}}')} \\ &\times \Big\{ \sqrt{n_\alpha(\boldsymbol{w})}\, \delta_{n'_\alpha(\boldsymbol{w}), n_\alpha(\boldsymbol{w}) - 1}\, \delta_{\boldsymbol{k}', \boldsymbol{k} + \boldsymbol{w} + \boldsymbol{K}} + \sqrt{n_\alpha(\boldsymbol{w}) + 1}\, \delta_{n'_\alpha(\boldsymbol{w}), n_\alpha(\boldsymbol{w}) + 1}\, \delta_{\boldsymbol{k}', \boldsymbol{k} - \boldsymbol{w} + \boldsymbol{K}} \Big\} \\ &\times \Big\{ \sqrt{n_{\bar{\alpha}}(\bar{\boldsymbol{w}})}\, \delta_{n'_{\bar{\alpha}}(\bar{\boldsymbol{w}}), n_{\bar{\alpha}}(\bar{\boldsymbol{w}}) - 1}\, \delta_{\boldsymbol{k}', \boldsymbol{k} + \bar{\boldsymbol{w}} + \bar{\boldsymbol{K}}} + \sqrt{n_{\bar{\alpha}}(\bar{\boldsymbol{w}}) + 1}\, \delta_{n'_{\bar{\alpha}}(\bar{\boldsymbol{w}}), n_{\bar{\alpha}}(\bar{\boldsymbol{w}}) + 1}\, \delta_{\boldsymbol{k}', \boldsymbol{k} - \bar{\boldsymbol{w}} + \bar{\boldsymbol{K}}} \Big\}. \end{aligned} \tag{7.37}$$

Die Summenterme in (7.37) mit $(\boldsymbol{w}, \alpha, \boldsymbol{K}) = (\overline{\boldsymbol{w}}, \bar{\alpha}, \overline{\boldsymbol{K}})$ ergeben wegen

$$\prod_{\substack{w'\alpha' \\ \overline{w}'\bar{\alpha}'}}' \delta_{n'_{\alpha'}(w'),\, n_{\alpha'}(w')} \delta_{n'_{\bar{\alpha}'}(\overline{w}'),\, n_{\bar{\alpha}'}(\overline{w}')} = \prod_{w'\alpha'}' \delta_{n'_{\alpha'}(w'),\, n_{\alpha'}(w')} \quad \text{für} \quad (\boldsymbol{w}, \alpha) = (\overline{\boldsymbol{w}}, \bar{\alpha})$$

den Beitrag

$$G^{-3} \mathfrak{C}^2(|\boldsymbol{k}' - \boldsymbol{k}|) \frac{\hbar}{2M} \sum_{\substack{w\alpha \\ K}} \frac{1}{\omega_\alpha(\boldsymbol{w})} (\boldsymbol{e}_\alpha(\boldsymbol{w}), \boldsymbol{k}' - \boldsymbol{k})^2 \prod_{w'\alpha'}' \delta_{n'_{\alpha'}(w'), n_{\alpha'}(w')}$$

$$\times \{n_\alpha(\boldsymbol{w})\, \delta_{n'_\alpha(w),\, n_\alpha(w)-1}\, \delta_{\boldsymbol{k}',\, \boldsymbol{k}+\boldsymbol{w}+\boldsymbol{K}} + (n_\alpha(\boldsymbol{w}) + 1)\, \delta_{n'_\alpha(w),\, n_\alpha(w)+1}\, \delta_{\boldsymbol{k}',\, \boldsymbol{k}-\boldsymbol{w}+\boldsymbol{K}}\}. \tag{7.38}$$

Da für $(\boldsymbol{w}, \alpha) \neq (\overline{\boldsymbol{w}}, \bar{\alpha})$

$$\prod_{\substack{w'\alpha' \\ \overline{w}'\bar{\alpha}'}}' \delta_{n'_{\alpha'}(w'),\, n_{\alpha'}(w')}\, \delta_{n'_{\bar{\alpha}'}(\overline{w}'),\, n_{\bar{\alpha}'}(\overline{w}')} = \prod_{w'\alpha'} \delta_{n'_{\alpha'}(w'),\, n_{\alpha'}(w')}$$

ist, was bedeutet, daß in diesem Fall keine Veränderungen am Phononsystem stattfinden, so erkennt man nach (7.37), daß die betreffenden Summenterme sämtlich verschwinden. Wegen der die Wellenvektoren enthaltenden Kronecker-Symbole gilt das gleiche auch für die Terme $(\boldsymbol{w}, \alpha) = (\overline{\boldsymbol{w}}, \bar{\alpha})$, $\boldsymbol{K} \neq \overline{\boldsymbol{K}}$, d. h., (7.38) ist mit (7.37) identisch, was nach Multiplikation mit $\frac{2\pi}{\hbar}\, \delta[E(\boldsymbol{k}) - E(\boldsymbol{k}') + \sum_{w''\alpha''} \hbar \{n_{\alpha''}(\boldsymbol{w}'') - n'_{\alpha''}(\boldsymbol{w}'')\}\, \omega_{\alpha''}(\boldsymbol{w}'')]$ die Übergangswahrscheinlichkeit (7.36) ergibt.

Wenn der Zustand des Phononsystems nach der Wechselwirkung nicht interessiert, so erhält man als dementsprechende Übergangswahrscheinlichkeit nach (7.36) und (7.38)

$$W_{\boldsymbol{k}';\, \boldsymbol{k}, \dots n_\alpha(w) \dots} = \sum_{n'_\alpha(w)} W_{\boldsymbol{k}', \dots n'_\alpha(w) \dots;\, \boldsymbol{k}, \dots n_\alpha(w) \dots}$$

$$= G^{-3} \frac{\pi}{M} \mathfrak{C}^2(|\boldsymbol{k}' - \boldsymbol{k}|) \sum_{\substack{w\alpha \\ K}} \frac{1}{\omega_\alpha(\boldsymbol{w})} (\boldsymbol{e}_\alpha(\boldsymbol{w}), \boldsymbol{k}' - \boldsymbol{k})^2$$

$$\times \{n_\alpha(\boldsymbol{w})\, \delta_{\boldsymbol{k}',\, \boldsymbol{k}+\boldsymbol{w}+\boldsymbol{K}}\, \delta[E(\boldsymbol{k}) - E(\boldsymbol{k}') + \hbar\omega_\alpha(\boldsymbol{w})]$$

$$+ (n_\alpha(\boldsymbol{w}) + 1)\, \delta_{\boldsymbol{k}',\, \boldsymbol{k}-\boldsymbol{w}+\boldsymbol{K}}\, \delta[E(\boldsymbol{k}) - E(\boldsymbol{k}') - \hbar\omega_\alpha(\boldsymbol{w})]\}. \tag{7.39}$$

7.6. Kohn-Effekt

Wie bereits in Kapitel 6 bemerkt wurde, muß die von den Leitungselektronen herrührende Abschirmung des Ionenpotentials den Verlauf der Dispersionskurven $\omega_\alpha(\boldsymbol{w})$ beeinflussen. Es ist deshalb anzunehmen, daß bei der Berechnung dieser Funktionen das im Rahmen des Bardeenschen Verfahrens sich ergebende Elektron-Phonon-Matrixelement (7.30) von großer Bedeutung ist. Eine Besonderheit desselben ist nach (7.31) die logarithmische Singularität in der Ableitung der Funktion $W^{-1}(\boldsymbol{k}' - \boldsymbol{k})$ an der Stelle $|\boldsymbol{k}' - \boldsymbol{k}| = 2k_F$ (Abb. 50). Diese Singularität führt, wie eine genaue Untersuchung ergibt, zu einer Singularität der Funktion $\nabla_w \omega_\alpha(\boldsymbol{w})$ für $|\boldsymbol{w} + \boldsymbol{K}| = 2k_F$. Der im Falle freier Elektronen in Gleichung (7.30) außerdem auftretende Faktor $\mathcal{G}(2k_F r_s)$ (Abb. 49) ist allerdings so klein, daß man etwa für Natrium kein abnormes Verhalten der Dispersionskurven der Phononen erwarten wird. Für ein Metall jedoch, dessen Leitungselektronen sich stark von freien Elektronen unterscheiden, kann man, wie erstmals KOHN bemerkte, an gewissen durch $|\boldsymbol{w} + \boldsymbol{K}| = 2k_F$ gegebenen Stellen des Phononspektrums Anomalien, d. h. starke Änderungen der Funktionen $\partial\omega_\alpha(\boldsymbol{w})/\partial w_i$ erwarten.

BROCKHOUSE und Mitarbeiter interpretieren nun tatsächlich die für Blei in Abb. 44 durch Pfeile gekennzeichneten merklichen Veränderungen des Dispersionskurvenanstiegs als „Kohn-Effekt", während sie, in qualitativer Übereinstimmung mit der Theorie, nichts ähnliches beim Natrium (Abb. 43) feststellen konnten. Dabei zeigte sich, daß die für den Kohn-Effekt am Blei charakteristische Beziehung quantitativ erfüllt ist, wenn man für k_F den sich aus der quasifreien Näherung für vier Leitungselektronen pro Zelle ergebenden Wert benutzt. Dennoch muß bemerkt werden, daß der gültige Nachweis des Kohn-Effekts bis jetzt kaum als gesichert angesehen werden kann.

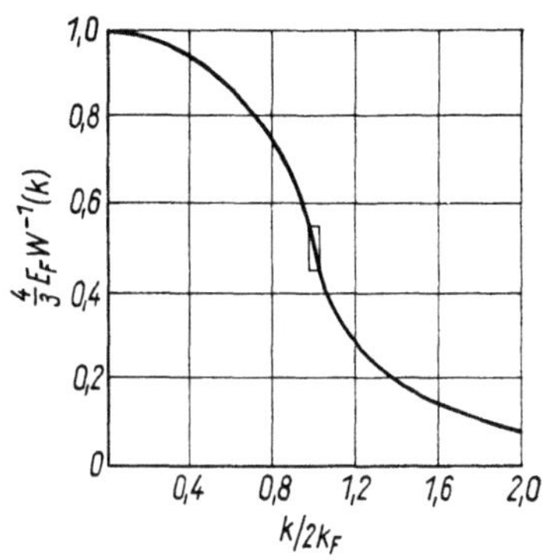

Abb. 50. Die Funktion $\frac{4}{3} E_F W^{-1}(k)$

7.7. Elektron-Photon-Wechselwirkung

Im folgenden wollen wir uns kurz mit jener Wechselwirkung beschäftigen, die auftritt, wenn wir Blochsche Elektronen der Einwirkung einer äußeren Lichtwelle aussetzen. Für die Theorie der optischen Eigenschaften der Metalle ist diese Wechselwirkung von fundamentaler Bedeutung.

Wir beschreiben zu diesem Zweck eine ebene monochromatische elektromagnetische Welle der Kreisfrequenz ω durch das folgende Vektorpotential:

$$\boldsymbol{A}(\boldsymbol{r}, t) = \frac{1}{2}\boldsymbol{A}_\omega\{e^{i(\boldsymbol{\varkappa r}-\omega t)} + e^{-i(\boldsymbol{\varkappa r}-\omega t)}\}. \tag{7.40}$$

Nach $\boldsymbol{E} = -\frac{1}{c}\dot{\boldsymbol{A}} = \frac{i\omega}{2c}\boldsymbol{A}_\omega\{e^{i(\boldsymbol{\varkappa r}-\omega t)} - e^{-i(\boldsymbol{\varkappa r}-\omega t)}\}$ berechnet man daraus den elektrischen Vektor der Lichtwelle. Wegen div $\boldsymbol{E} = 0$ gilt die Beziehung

$$(\boldsymbol{\varkappa}, \boldsymbol{A}_\omega) = 0\,. \tag{7.41}$$

Nach (5.1), (5.2) und (7.41) erhält man dann in der in $\boldsymbol{A}$ linearen Näherung folgenden Operator der Wechselwirkung eines Elektrons und der Lichtwelle (7.40):

$$H_{EL} = \frac{-e}{2mc}(\boldsymbol{pA} + \boldsymbol{Ap}) = -\frac{e}{mc}\boldsymbol{Ap}. \tag{7.42}$$

Die sekundliche Übergangswahrscheinlichkeit $P_{\boldsymbol{k}'\nu', \boldsymbol{k}\nu}$ für einen Absorptionsprozeß $(E_{\nu'}(\boldsymbol{k}') > E_\nu(\boldsymbol{k}))$ ergibt sich daraus in bekannter Weise zu

$$P_{\boldsymbol{k}'\nu', \boldsymbol{k}\nu} = \frac{2\pi}{\hbar}\left(\frac{e}{2mc}\right)^2 \left|\boldsymbol{A}_\omega \int_\Omega \psi^*_{\boldsymbol{k}'\nu'}(\boldsymbol{r})\, e^{i\boldsymbol{\varkappa r}}\boldsymbol{p}\, \psi_{\boldsymbol{k}\nu}(\boldsymbol{r})\, d^3\boldsymbol{r}\right|^2 \delta[E_{\nu'}(\boldsymbol{k}') - E_\nu(\boldsymbol{k}) - \hbar\omega]. \tag{7.43}$$

Nach (2.11) ist das Integral in (7.43) nur für

$$\boldsymbol{k}' = \boldsymbol{k} + \boldsymbol{\varkappa} + \boldsymbol{K} \tag{7.44}$$

von Null verschieden, in Analogie zur Auswahlregel (7.13) der Elektron-Phonon-Wechselwirkung. Beschränken wir uns auf sichtbares Licht, für das stets $\varkappa(\approx 10^5\,\mathrm{cm}^{-1}) \ll k(\approx 10^8\,\mathrm{cm}^{-1})$ ist, so vereinfacht sich (7.44) zu

$$\boldsymbol{k}' = \boldsymbol{k}, \tag{7.45}$$

woraus folgt, daß bei einer einfachen optischen Absorption notwendig $\nu' > \nu$ gilt. Für die Übergangswahrscheinlichkeit (7.43) erhalten wir dann

$$P_{\boldsymbol{k}'\nu',\,\boldsymbol{k}\nu} = \frac{\pi\hbar e^2}{2m^2c^2}\,\delta_{\boldsymbol{k}'\boldsymbol{k}}\,\frac{1}{\Omega_0^2}\,\Big|\boldsymbol{A}_\omega \int\limits_{\Omega_0} u^*_{\boldsymbol{k}\nu'}(\boldsymbol{r})\nabla_{\boldsymbol{r}} u_{\boldsymbol{k}\nu}(\boldsymbol{r})\,\mathrm{d}^3\boldsymbol{r}\Big|^2\,\delta[E_{\nu'}(\boldsymbol{k}) - E_\nu(\boldsymbol{k}) - \hbar\omega]. \tag{7.46}$$

Gleichung (7.46) besagt, daß im Bereich des sichtbaren Lichtes nur „vertikale Übergänge", d. h. solche mit Erhaltung des reduzierten Ausbreitungsvektors, erlaubt sind (Abb. 51). Daneben muß bei einem erlaubten Übergang noch der Energiesatz

$$E_{\nu'}(\boldsymbol{k}) = E_\nu(\boldsymbol{k}) + \hbar\omega$$

erfüllt sein, und das in (7.46) auftretende chrakteristische Integral darf nicht verschwinden.

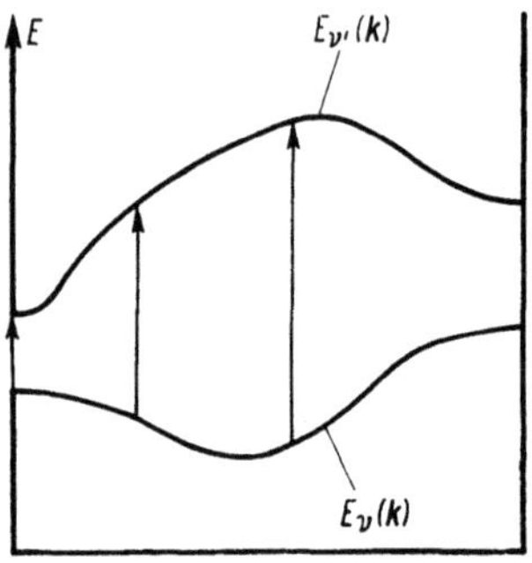

Abb. 51. Übergänge bei optischer Absorption

Für die von der Strahlung induzierten emittierenden Übergänge gilt (bis auf das Vorzeichen von $\hbar\omega$) selbstverständlich gleichfalls (7.46). Dazu kommen aber bekanntlich noch die spontanen Emissionsprozesse, die durch (7.42) nicht beschrieben werden, und die, wie im Falle der Phononemission, auf der Quantisierung des Strahlungsfeldes beruhen.

Fragt man nach der Zahl $P_{\nu'}(\boldsymbol{k}')\,\mathrm{d}^3\boldsymbol{k}'$ der aus allen besetzten Zuständen $(\boldsymbol{k}, \nu)$ pro Sekunde in Zustände des Intervalls $\mathrm{d}^3\boldsymbol{k}'$ um $(\boldsymbol{k}', \nu')$ übergehenden Elektronen, so findet man bei $T = 0\,°\mathrm{K}$ unter Berücksichtigung des Pauli-Prinzips

$$P_{\nu'}(\boldsymbol{k}')\,\mathrm{d}^3\boldsymbol{k}' = \frac{\Omega}{4\pi^3}\,\mathrm{d}^3\boldsymbol{k}' \sum_{(\boldsymbol{k}\nu)} P_{\boldsymbol{k}'\nu',\,\boldsymbol{k}\nu} \qquad E_{\nu'}(\boldsymbol{k}') > E_F > E_\nu(\boldsymbol{k}). \tag{7.47}$$

Als Anregungsfunktion $S_{\nu'}(\boldsymbol{k}')$ definiert man nun die durch (7.47) gegebene Anzahl von Elektronen, bezogen auf das Einheitsintervall im $\boldsymbol{k}'$-Raum, auf einen Kubikzentimeter und auf die Zahl der pro Sekunde und pro Quadratzentimeter auffallenden Photonen. Bezeichnet $S(\omega)$ den Betrag des zeitlichen Mittelwertes des Poyntingschen Energiestromes, der sich hier nach (7.40) zu $S(\omega) = A_\omega^2\,\omega^2/8\,\pi c$

($\boldsymbol{A}_\omega = \boldsymbol{e}_\omega A_\omega$) ergibt, so ist die Zahl der pro Sekunde senkrecht auf einen Quadratzentimeter einfallenden Photonen gegeben durch

$$\frac{S(\omega)}{\hbar\omega}. \tag{7.48}$$

Gemäß der angeführten Definition gilt dann mit Verwendung von (7.46), (7.47) und (7.48) für die Anregungsfunktion Blochscher Photoelektronen

$$S_{\nu'}(\boldsymbol{k}') = \frac{e^2\hbar^2}{\pi m^2 c\,\omega\,\Omega_0^2} \sum_{(\nu)} \left|\boldsymbol{e}_\omega \int\limits_{\Omega_0} u^*_{\boldsymbol{k}'\nu'}(\boldsymbol{r}) \nabla_{\boldsymbol{r}} u_{\boldsymbol{k}'\nu}(\boldsymbol{r})\, \mathrm{d}^3\boldsymbol{r}\right|^2 \delta[E_{\nu'}(\boldsymbol{k}') - E_\nu(\boldsymbol{k}') - \hbar\omega],$$

$$E_F + \hbar\omega > E_{\nu'}(\boldsymbol{k}') > E_F. \tag{7.49}$$

7.8. Elektron-Elektron-Wechselwirkung

Den Wechselwirkungsoperator H_{EE} zwischen zwei Elektronen an den Orten $\boldsymbol{r}_1$ und $\boldsymbol{r}_2$ finden wir gemäß $H_{EE} = e\varphi(\boldsymbol{r}_1 - \boldsymbol{r}_2)$ aus der Poissonschen Gleichung

$$\Delta_{\boldsymbol{r}_1}\varphi(\boldsymbol{r}_1 - \boldsymbol{r}_2) = -4\pi e\,\delta(\boldsymbol{r}_1 - \boldsymbol{r}_2). \tag{7.50}$$

Indem wir die Fourier-Entwicklungen

$$e\varphi(\boldsymbol{r}_1 - \boldsymbol{r}_2) = \sum_{\varkappa} \varphi^c_{\varkappa}\, \mathrm{e}^{\mathrm{i}(\varkappa,\, \boldsymbol{r}_1 - \boldsymbol{r}_2)}, \qquad \delta(\boldsymbol{r}_1 - \boldsymbol{r}_2) = \frac{1}{\Omega}\sum_{\varkappa} \mathrm{e}^{\mathrm{i}(\varkappa,\, \boldsymbol{r}_1 - \boldsymbol{r}_2)}$$

in (7.50) einsetzen, erhalten wir

$$\varphi^c_{\varkappa} = \frac{4\pi e^2}{\Omega}\,\frac{1}{\varkappa^2} \qquad (\varkappa \neq 0). \tag{7.51}$$

Somit ist

$$H_{EE} = \frac{4\pi e^2}{\Omega} \sum_{\varkappa}{}' \frac{1}{\varkappa^2}\, \mathrm{e}^{\mathrm{i}(\varkappa,\, \boldsymbol{r}_1 - \boldsymbol{r}_2)}. \tag{7.52}$$

Die Prozesse zwischen zwei sich in Bloch-Zuständen befindlichen Teilchen gemäß einer allgemeinen Wechselwirkung der Form $\sum_{\varkappa} \varphi_{\varkappa}\, \mathrm{e}^{\mathrm{i}(\varkappa,\boldsymbol{r}_1 - \boldsymbol{r}_2)}$ werden bestimmt durch das Matrixelement

$$\begin{aligned}
&\langle \boldsymbol{k}_1'\nu_1', \boldsymbol{k}_2'\nu_2' | \sum_{\varkappa} \varphi_{\varkappa}\, \mathrm{e}^{\mathrm{i}(\varkappa,\, \boldsymbol{r}_1 - \boldsymbol{r}_2)} | \boldsymbol{k}_1\nu_1, \boldsymbol{k}_2\nu_2\rangle \\
&= \sum_{\varkappa \boldsymbol{K}'\boldsymbol{K}''} \varphi_{\varkappa}\, \delta_{\boldsymbol{k}_1 - \boldsymbol{k}_1' + \varkappa,\, \boldsymbol{K}'}\, \delta_{\boldsymbol{k}_2 - \boldsymbol{k}_2' - \varkappa,\, \boldsymbol{K}''}\, B^{-\boldsymbol{K}'}_{\nu_1'\nu_1}(\boldsymbol{k}_1', \boldsymbol{k}_1)\, B^{-\boldsymbol{K}''}_{\nu_2'\nu_2}(\boldsymbol{k}_2', \boldsymbol{k}_2) \\
&= \sum_{\boldsymbol{K}'\boldsymbol{K}''} \varphi_{\boldsymbol{k}_2 - \boldsymbol{k}_2' - \boldsymbol{K}''}\, \delta_{\boldsymbol{k}_1 - \boldsymbol{k}_1' + \boldsymbol{k}_2 - \boldsymbol{k}_2',\, \boldsymbol{K}' + \boldsymbol{K}''}\, B^{-\boldsymbol{K}'}_{\nu_1'\nu_1}(\boldsymbol{k}_1', \boldsymbol{k}_1)\, B^{-\boldsymbol{K}''}_{\nu_2'\nu_2}(\boldsymbol{k}_2', \boldsymbol{k}_2) \\
&= \sum_{\boldsymbol{K}} \delta_{\boldsymbol{k}_1',\, \boldsymbol{k}_1 + \boldsymbol{k}_2 - \boldsymbol{k}_2' + \boldsymbol{K}} \sum_{\boldsymbol{K}'} \varphi_{\boldsymbol{k}_2 - \boldsymbol{k}_2' + \boldsymbol{K}'}\, B^{\boldsymbol{K} - \boldsymbol{K}'}_{\nu_1'\nu_1}(\boldsymbol{k}_1', \boldsymbol{k}_1)\, B^{\boldsymbol{K}'}_{\nu_2'\nu_2}(\boldsymbol{k}_2', \boldsymbol{k}_2).
\end{aligned} \tag{7.53}$$

Wir ersehen aus (7.53), daß jedenfalls die Auswahlregel

$$\boldsymbol{k}_1 + \boldsymbol{k}_2 - (\boldsymbol{k}_1' + \boldsymbol{k}_2') + \boldsymbol{K} = 0 \tag{7.54}$$

erfüllt sein muß, um den betrachteten Prozeß $(\boldsymbol{k}_1\,\nu_1,\ \boldsymbol{k}_2\,\nu_2) \rightarrow (\boldsymbol{k}_1'\,\nu_1',\ \boldsymbol{k}_2'\,\nu_2')$ zu ermöglichen.

Im Spezialfall der Coulomb-Wechselwirkung wird nach (7.51) und (7.53)

$$\langle \boldsymbol{k}_1'\nu_1',\ \boldsymbol{k}_2'\nu_2'|H_{EE}|\boldsymbol{k}_1\nu_1,\ \boldsymbol{k}_2\nu_2\rangle = \frac{4\pi e^2}{\Omega}\sum_{\boldsymbol{K}}\delta_{\boldsymbol{k}_1',\,\boldsymbol{k}_1+\boldsymbol{k}_2-\boldsymbol{k}_2'+\boldsymbol{K}}\sum_{\boldsymbol{K}'}\frac{1}{(\boldsymbol{k}_2-\boldsymbol{k}_2'+\boldsymbol{K}')^2}B_{\nu_1'\nu_1}^{\boldsymbol{K}-\boldsymbol{K}'}(\boldsymbol{k}_1',\ \boldsymbol{k}_1)\,B_{\nu_2'\nu_2}^{\boldsymbol{K}'}(\boldsymbol{k}_2',\ \boldsymbol{k}_2). \tag{7.55}$$

Dieser noch ganz exakte Ausdruck vereinfacht sich nun stark, wenn man annimmt, daß die Bindung des zweiten Elektrons an das Gitter, z. B. wegen seiner großen Energie, vernachlässigbar klein ist. Nach (4.27) werden dann die Bloch-Faktoren zu $u_{\boldsymbol{k}_2'\nu_2'}(\boldsymbol{r}_2) = e^{i\boldsymbol{K}_2'\boldsymbol{r}_2}$ und $u_{\boldsymbol{k}_2\nu_2}(\boldsymbol{r}_2) = e^{i\boldsymbol{K}_2\boldsymbol{r}_2}$ mit bestimmtem von $(\boldsymbol{k}_2'\,\nu_2')$ bzw. $(\boldsymbol{k}_2\,\nu_2)$ abhängigem $\boldsymbol{K}_2'$ bzw. $\boldsymbol{K}_2$. Damit wird nach (2.6) $B_{\nu_2'\nu_2}^{\boldsymbol{K}'}(\boldsymbol{k}_2',\ \boldsymbol{k}_2) = \delta_{\boldsymbol{K}_2-\boldsymbol{K}_2'-\boldsymbol{K}',\,0}$, und für das Matrixelement (7.55) ergibt sich

$$\frac{4\pi e^2}{\Omega}\,\frac{1}{(\boldsymbol{k}_2+\boldsymbol{K}_2-\boldsymbol{k}_2'-\boldsymbol{K}_2')^2}\sum_{\boldsymbol{K}}\delta_{\boldsymbol{k}_1',\,\boldsymbol{k}_1+\boldsymbol{k}_2-\boldsymbol{k}_2'+\boldsymbol{K}}\,B_{\nu_1'\nu_1}^{\boldsymbol{K}-\boldsymbol{K}_2+\boldsymbol{K}_2'}(\boldsymbol{k}_1',\ \boldsymbol{k}_1). \tag{7.56}$$

Offenbar sind $\boldsymbol{k}_2 + \boldsymbol{K}_2 = \bar{\boldsymbol{k}}_2$ und $\boldsymbol{k}_2' + \boldsymbol{K}_2' = \bar{\boldsymbol{k}}_2'$ die den Zuständen $(\boldsymbol{k}_2\,\nu_2)$ und $(\boldsymbol{k}_2'\,\nu_2')$ zugeordneten Wellenvektoren im ausgebreiteten Schema. Mit $\boldsymbol{k}_2 - \boldsymbol{k}_2' = \boldsymbol{q}$ und $\boldsymbol{q} + \boldsymbol{K}_2 - \boldsymbol{K}_2' = \bar{\boldsymbol{q}}$ können wir dann das Matrixelement (7.56) auch

$$\frac{4\pi e^2}{\Omega}\,\frac{1}{\bar{q}^2}\sum_{\boldsymbol{K}}\delta_{\boldsymbol{k}',\,\boldsymbol{k}+\bar{\boldsymbol{q}}+\boldsymbol{K}}\,B_{\nu'\nu}^{\boldsymbol{K}}(\boldsymbol{k}',\ \boldsymbol{k}) \tag{7.57}$$

schreiben.

Wir wollen diesen Ausdruck jetzt für kleine $\bar{q}$-Werte betrachten. Durch Entwicklung nach $\bar{q}$ bis zur zweiten Ordnung erhält man aus (7.2) mit Berücksichtigung von (2.68) und der (2.49) äquivalenten Beziehung $u_{\boldsymbol{k}+\boldsymbol{K},\nu}^*(\boldsymbol{r})\,e^{-i\boldsymbol{K}\boldsymbol{r}} = u_{\boldsymbol{k}\nu}^*(\boldsymbol{r})$ sowie der Stetigkeit von $u_{\boldsymbol{k}\nu}(\boldsymbol{r})$ im $\boldsymbol{k}$-Raum

$$B_{\nu'\nu}^{\boldsymbol{K}}(\boldsymbol{k}',\ \boldsymbol{k}) = \frac{\dfrac{\hbar^2}{i m \Omega_0}\left(\bar{\boldsymbol{q}},\ \displaystyle\int_{\Omega_0} u_{\boldsymbol{k}\nu'}^*(\boldsymbol{r})\nabla_{\boldsymbol{r}}u_{\boldsymbol{k}\nu}(\boldsymbol{r})\,d^3\boldsymbol{r} + \bar{\boldsymbol{q}}\int_{\Omega_0}\nabla_{\boldsymbol{k}}u_{\boldsymbol{k}\nu'}^*(\boldsymbol{r})\nabla_{\boldsymbol{r}}u_{\boldsymbol{k}\nu}(\boldsymbol{r})\,d^3\boldsymbol{r}\right)}{E_{\nu'}(\boldsymbol{k}) - E_\nu(\boldsymbol{k}) + \left(\bar{\boldsymbol{q}},\nabla_{\boldsymbol{k}}E_{\nu'}(\boldsymbol{k}) - \dfrac{\hbar^2}{m}\boldsymbol{k} + \dfrac{\hbar^2}{2}\bar{\boldsymbol{q}}\left(\dfrac{1}{m_{\nu'}^*(\boldsymbol{k})} - \dfrac{1}{m}\right)\right)}. \tag{7.58}$$

Für $\nu' \neq \nu$ ergibt sich daraus als erstes Glied

$$B_{\nu'\nu}^{\boldsymbol{K}}(\boldsymbol{k}',\ \boldsymbol{k}) = \frac{\hbar^2}{i m \Omega_0}\,[E_{\nu'}(\boldsymbol{k}) - E_\nu(\boldsymbol{k})]^{-1}\,\bar{\boldsymbol{q}}\int_{\Omega_0} u_{\boldsymbol{k}\nu'}^*(\boldsymbol{r})\,\nabla_{\boldsymbol{r}}u_{\boldsymbol{k}\nu}(\boldsymbol{r})\,d^3\boldsymbol{r} \qquad (\bar{\boldsymbol{q}} = \boldsymbol{k}' - \boldsymbol{k} - \boldsymbol{K}). \tag{7.59}$$

Bei Interband-Prozessen ist also das Integral $B_{\nu'\nu}^{\boldsymbol{K}}(\boldsymbol{k}',\ \boldsymbol{k})$ für kleine q bzw. $\bar{q}$ bei N- bzw. U-Prozessen dem $\boldsymbol{q}$ bzw. $\bar{\boldsymbol{q}}$ proportional. Im besonderen erhalten wir aus (7.59) einen Zusammenhang zwischen $B_{\nu'\nu}^{\boldsymbol{K}}(\boldsymbol{k}',\ \boldsymbol{k})$ und dem in (2.67) definierten Tensor $\hat{f}_{\nu'\nu,\boldsymbol{k}}$, nämlich

$$[E_{\nu'}(\boldsymbol{k}) - E_\nu(\boldsymbol{k})]\,|B_{\nu'\nu}^{\boldsymbol{K}}(\boldsymbol{k}',\ \boldsymbol{k})|^2 = \frac{\hbar^2}{2m}\,(\hat{f}_{\nu'\nu,\boldsymbol{k}}\bar{\boldsymbol{q}},\ \bar{\boldsymbol{q}}). \tag{7.60}$$

Der Summensatz (2.69) läßt aus (7.60) folgern:

$$\sum_{\nu' \neq \nu} [E_{\nu'}(\boldsymbol{k}) - E_\nu(\boldsymbol{k})] \, |B_{\nu'\nu}^{\boldsymbol{K}}(\boldsymbol{k}', \boldsymbol{k})|^2 = \frac{\hbar^2}{2m} \bar{q}^2 - \frac{\hbar^2}{2} \left(\frac{1}{m_\nu^*(\boldsymbol{k})} \bar{\boldsymbol{q}}, \bar{\boldsymbol{q}} \right). \tag{7.61}$$

Wir gehen zur Betrachtung des Falles $\nu' = \nu$ über, bei dem in (7.58) der von $\bar{\boldsymbol{q}}$ freie Term verschwindet und $B_{\nu\nu}^{\boldsymbol{K}}(\boldsymbol{k}', \boldsymbol{k})$ mit $\bar{\boldsymbol{q}} \to 0$ gegen 1 strebt. Wir untersuchen deshalb das entsprechende Verhalten für kleine $\bar{\boldsymbol{q}}$, indem wir $B_{\nu\nu}^{\boldsymbol{K}}(\boldsymbol{k}', \boldsymbol{k})$ nach $\bar{\boldsymbol{q}}$ in eine Taylor-Reihe entwickeln:

$$B_{\nu\nu}^{\boldsymbol{K}}(\boldsymbol{k}', \boldsymbol{k})$$
$$= 1 + \bar{\boldsymbol{q}} \frac{1}{\Omega_0} \int\limits_{\Omega_0} u_{\boldsymbol{k}\nu}(\boldsymbol{r}) \nabla_{\boldsymbol{k}} u_{\boldsymbol{k}\nu}^*(\boldsymbol{r}) \, \mathrm{d}^3\boldsymbol{r} + \frac{1}{2} \left(\bar{\boldsymbol{q}}, \bar{\boldsymbol{q}} \frac{1}{\Omega_0} \int\limits_{\Omega_0} u_{\boldsymbol{k}\nu}(\boldsymbol{r}) \nabla_{\boldsymbol{k}} \nabla_{\boldsymbol{k}} u_{\boldsymbol{k}\nu}^*(\boldsymbol{r}) \, \mathrm{d}^3\boldsymbol{r} \right) + \ldots \tag{7.62}$$

Unter Verwendung von (2.95) vereinfacht sich diese Entwicklung für inversionssymmetrische Kristalle zu

$$B_{\nu\nu}^{\boldsymbol{K}}(\boldsymbol{k}', \boldsymbol{k}) = 1 + \frac{1}{2} \left(\bar{\boldsymbol{q}}, \bar{\boldsymbol{q}} \frac{1}{\Omega_0} \int\limits_{\Omega_0} u_{\boldsymbol{k}\nu}(\boldsymbol{r}) \nabla_{\boldsymbol{k}} \nabla_{\boldsymbol{k}} u_{\boldsymbol{k}\nu}^*(\boldsymbol{r}) \, \mathrm{d}^3\boldsymbol{r} \right) + \ldots, \tag{7.63}$$

d. h., für Prozesse in einem Band sind die ersten von $\bar{\boldsymbol{q}}$ abhängigen Glieder von zweiter Ordnung.[1])

Als Anregungsfunktion $S_{\nu'}(\boldsymbol{k}')$ definieren wir analog dem Fall der Elektron-Photon-Wechselwirkung die Zahl derjenigen Elektronen, die pro Kubikzentimeter und pro Sekunde in das Band ν' und das Einheitsintervall des $\boldsymbol{k}'$-Raumes durch ein sekundlich auf einen Quadratzentimeter senkrecht einfallendes Elektron des Wellenvektors $\boldsymbol{k}_p$ angeregt werden. Wir erhalten so unter Verwendung von (7.57) und mit $\hbar \boldsymbol{k}_p / m\Omega$ als einfallender Stromdichte

$$S_{\nu'}(\boldsymbol{k}') = \frac{8e^4 m}{\hbar^2 k_p \Omega} \sum_{\substack{(\boldsymbol{k}\nu) \\ \boldsymbol{K}}} \frac{1}{(\boldsymbol{k}' - \boldsymbol{k} - \boldsymbol{K})^4} |B_{\nu'\nu}^{\boldsymbol{K}}(\boldsymbol{k}', \boldsymbol{k})|^2 \, \delta\left[E_{\nu'}(\boldsymbol{k}') - E_\nu(\boldsymbol{k}) + \frac{\hbar^2}{2m}(\bar{k}_2'^2 - \bar{k}_2^2)\right], \tag{7.64}$$

wobei $E_{\nu'}(\boldsymbol{k}') > E_F > E_\nu(\boldsymbol{k})$ ist.

Mit Benutzung von $\bar{\boldsymbol{k}}_2 = \boldsymbol{k}_p$ und wegen $\bar{\boldsymbol{k}}_2' = \bar{\boldsymbol{k}}_2 - \bar{\boldsymbol{q}} = \boldsymbol{k}_p + \boldsymbol{k}' - \boldsymbol{k} - \boldsymbol{K}$ ist aber

$$\bar{k}_2'^2 - \bar{k}_2^2 = (\boldsymbol{k}' - \boldsymbol{k} - \boldsymbol{K})^2 - 2(\boldsymbol{k}' - \boldsymbol{k} - \boldsymbol{K}, \boldsymbol{k}_p), \tag{7.65}$$

was man in den Energiesatz von (7.64) einzusetzen hat, um die für weitere Rechnungen geeignete Form der Anregungsfunktion $S_{\nu'}(\boldsymbol{k}')$ zu erhalten.

---

[1]) Davon unabhängig erkennt man aus (7.62) mit (2.35), daß stets gilt: $|B_{\nu\nu}^{\boldsymbol{K}}(\boldsymbol{k}', \boldsymbol{k})|^2 = 1 + (\sim \bar{q}^2)$.

8. Boltzmann-Gleichung

8.1. Herleitung der Boltzmann-Gleichung

Wir haben bisher fast ausschließlich das Verhalten einzelner Elektronen (oder Phononen) im Metall betrachtet. Interessiert man sich darüber hinaus jedoch für die Eigenschaften mehrerer zugleich vorhandener Teilchen, so wird man den Zustand des ganzen Systems durch eine geeignete Verteilungsfunktion beschreiben, die Aussagen darüber macht, wie viele Teilchen sich in den möglichen (Einteilchen-) Zuständen des Mehrteilchensystems befinden. Um auch räumliche Inhomogenitäten berücksichtigen zu können, werden wir versuchen, diese Verteilungsfunktionen, analog dem bekannten Vorgehen in der kinetischen Gastheorie, als Funktionen des Bewegungszustandes und des Ortes aufzufassen.

Den in Kapitel 5 durchgeführten Betrachtungen entnehmen wir, daß die Größen $\boldsymbol{k}$ (oder $\boldsymbol{P}$) und ν in guter Näherung geeignete Zustandsparameter für ein Kristallelektron im äußeren Feld sind. Damit können wir eine Verteilungsfunktion $f_\nu(\boldsymbol{r}, \boldsymbol{k}, t)$ für Elektronen folgendermaßen definieren: Es sei

$$\frac{1}{4\,\pi^3} f_\nu(\boldsymbol{r}, \boldsymbol{k}, t)\, \mathrm{d}^3\boldsymbol{r}\, \mathrm{d}^3\boldsymbol{k}$$

die Anzahl der Elektronen, die sich zur Zeit t im Energieband ν und im Element $\mathrm{d}^3\boldsymbol{r}\,\mathrm{d}^3\boldsymbol{k}$ des sechsdimensionalen $(\boldsymbol{r}-\boldsymbol{k})$-Raumes befinden. Der Funktion $f_\nu(\boldsymbol{r}, \boldsymbol{k}, t)$ kommt damit die Bedeutung einer Besetzungswahrscheinlichkeit von Quantenzuständen zu. Das simultane Auftreten der Variablen $\boldsymbol{r}$ und $\boldsymbol{k}$ in der Verteilungsfunktion bedingt, daß wir die Elektronen als Wellenpakete, d. h. als Superpositionen von Bloch-Funktionen, auffassen, die auf ein räumliches Gebiet konzentriert sind, das noch genügend homogen ist. Dazu werden bei nicht zu großen Inhomogenitäten bereits so wenige Bloch-Funktionen genügen, daß das betreffende Wellenpaket in guter Näherung durch ein bestimmtes $\boldsymbol{k}$ beschrieben werden kann. Auf diese Weise gelangt man nicht in Widerspruch zu der quantenmechanischen Unschärferelation.

Unter dem alleinigen Einfluß der äußeren Felder $(\boldsymbol{E}, \boldsymbol{B})$ verändern die Elektronen unter Vernachlässigung von Interband-Prozessen ihre Positionen im $(\boldsymbol{r}-\boldsymbol{k})$-Raum stetig, und ihre Verteilungsfunktion befriedigt dabei die folgende Kontinuitätsgleichung:

$$\frac{\partial f_\nu}{\partial t} + \dot{\boldsymbol{r}} \nabla_r f_\nu + \dot{\boldsymbol{k}} \nabla_k f_\nu + f_\nu \nabla_r \cdot \dot{\boldsymbol{r}} + f_\nu \nabla_k \cdot \dot{\boldsymbol{k}} = 0. \tag{8.1}$$

Wegen (5.26) gilt aber

$$\nabla_r \cdot \dot{\boldsymbol{r}}|_{k=\mathrm{konst.}} = 0, \quad \nabla_k \cdot \dot{\boldsymbol{k}} = \frac{e}{\hbar^2 c} (\boldsymbol{B}, \nabla_k \times \nabla_k E_\nu(\boldsymbol{k})) = 0. \tag{8.2}$$

Unter Verwendung von (8.2), einer speziellen Form des Liouvilleschen Satzes, wird (8.1) zu

$$\frac{\partial f_\nu}{\partial t} + \boldsymbol{v}\nabla_{\boldsymbol{r}} f_\nu + \dot{\boldsymbol{k}}\nabla_{\boldsymbol{k}} f_\nu = 0. \tag{8.3}$$

Sind die betrachteten Elektronen außerdem noch anderen Einflüssen ausgesetzt, wie z. B. Streuprozessen mit dem Phononsystem, so treten die dadurch hervorgerufenen Veränderungen in der Verteilungsfunktion als zusätzlicher Quellterm auf der rechten Seite der Kontinuitätsgleichung (8.1) auf; bezeichnen wir diese nichtdynamische Quelle der Veränderung von $f_\nu(\boldsymbol{r}, \boldsymbol{k}, t)$ mit $(\partial f_\nu/\partial t)_{\text{Stoß}}$, so erhält man die folgende als Boltzmannsche Transportgleichung bezeichnete Relation für die Verteilungsfunktion $f_\nu(\boldsymbol{r}, \boldsymbol{k}, t)$:

$$\frac{\partial f_\nu}{\partial t} + \boldsymbol{v}\nabla_{\boldsymbol{r}} f_\nu + \dot{\boldsymbol{k}}\nabla_{\boldsymbol{k}} f_\nu = \left(\frac{\partial f_\nu}{\partial t}\right)_{\text{Stoß}}. \tag{8.4}$$

Mit der üblichen Bezeichnung

$$-\boldsymbol{v}\nabla_{\boldsymbol{r}} f_\nu - \dot{\boldsymbol{k}}\nabla_{\boldsymbol{k}} f_\nu = \left(\frac{\partial f_\nu}{\partial t}\right)_{\text{Drift}} \tag{8.5}$$

und mit der im folgenden stets vorausgesetzten Stationarität ($\partial f_\nu/\partial t = 0$) erhält die Boltzmann-Gleichung folgende Form:

$$\left(\frac{\partial f_\nu}{\partial t}\right)_{\text{Drift}} + \left(\frac{\partial f_\nu}{\partial t}\right)_{\text{Stoß}} = 0. \tag{8.6}$$

Ohne äußere Felder ($\dot{\boldsymbol{k}} = 0$) und bei räumlicher Homogenität ($\nabla_{\boldsymbol{r}} f_\nu = 0$) verschwindet der Driftterm, nach (8.6) also auch der Stoßterm. Bezeichnen wir die dann vorliegende Verteilungsfunktion mit $f_{0\nu}(\boldsymbol{k})$, sie hat nach den Ergebnissen der Statistik wechselwirkungsfreier Fermi-Systeme die Form

$$f_{0\nu}(\boldsymbol{k}) = \frac{1}{e^{\frac{E_\nu(\boldsymbol{k}) - \zeta}{k_B T}} + 1} \tag{8.7}$$

(ζ chemisches Potential, k_B Boltzmann-Konstante) und trat bereits im Kapitel 4 auf, so heißt das:

$$\left(\frac{\partial f_{0\nu}}{\partial t}\right)_{\text{Stoß}} = 0. \tag{8.8}$$

Es wird sich als zweckmäßig erweisen, die gesuchte Verteilungsfunktion folgendermaßen aufzuspalten:

$$f_\nu(\boldsymbol{r}, \boldsymbol{k}) = f_{0\nu}(\boldsymbol{k}) + f_{1\nu}(\boldsymbol{r}, \boldsymbol{k}). \tag{8.9}$$

Die Funktion $f_{1\nu}(\boldsymbol{r}, \boldsymbol{k})$ beschreibt also die Abweichung der gesuchten Verteilungsfunktion f_ν von derjenigen bei abgeschalteten äußeren Einflüssen.

Wir setzen jetzt (8.9) in (8.5) ein. Für den von den Feldern abhängigen Term erhalten wir unter Verwendung von (5.13) und (5.26)

$$\dot{\hat{\boldsymbol{k}}} \nabla_{\hat{k}} f_\nu(\boldsymbol{r}, \hat{\boldsymbol{k}}) = \frac{e}{\hbar}\left[\boldsymbol{E} + \frac{1}{\hbar c} \nabla_{\hat{k}} E_\nu(\hat{\boldsymbol{k}}) \times \boldsymbol{B}\right]\left[\frac{\partial f_{0\nu}}{\partial E_\nu(\hat{\boldsymbol{k}})} \nabla_{\hat{k}} E_\nu(\hat{\boldsymbol{k}}) + \nabla_{\hat{k}} f_{1\nu}\right]. \tag{8.10}$$

Indem wir uns im folgenden stets auf kleine Abweichungen $f_{1\nu}(\boldsymbol{r}, \hat{\boldsymbol{k}})$ vom Gleichgewicht beschränken wollen, berücksichtigen wir in (8.10) nur die ersten in den Feldern nichtverschwindenden Terme, wir erhalten also

$$\dot{\hat{\boldsymbol{k}}} \nabla_{\hat{k}} f_\nu(\boldsymbol{r}, \hat{\boldsymbol{k}}) = e \frac{\partial f_{0\nu}}{\partial E_\nu(\hat{\boldsymbol{k}})} \boldsymbol{v}_\nu(\hat{\boldsymbol{k}}) \cdot \boldsymbol{E} + \frac{e}{\hbar c} [\boldsymbol{v}_\nu(\hat{\boldsymbol{k}}) \times \boldsymbol{B}] \nabla_{\hat{k}} f_{1\nu}(\boldsymbol{r}, \hat{\boldsymbol{k}}). \tag{8.11}$$

Diese Gleichung besagt u. a., daß das Magnetfeld an der ungestörten Verteilung $f_{0\nu}(E_\nu(\hat{\boldsymbol{k}}))$ keine Veränderung hervorruft, indem es diese Verteilung nur in sich dreht, im Unterschied zum elektrischen Feld, das die Elektronenverteilung im $\hat{\boldsymbol{k}}$-Raum verschiebt.

Bezüglich der $\boldsymbol{r}$-Abhängigkeit der Verteilungsfunktion machen wir uns folgende Vorstellung: Die Abweichung von der Gleichgewichtsverteilung (8.7) sei so gering, daß wir an jedem Ort $\boldsymbol{r}$ thermodynamisches Gleichgewicht mit entsprechenden Werten von $T(\boldsymbol{r})$ und $\zeta(\boldsymbol{r})$ annehmen können. In dieser Weise wird $f_{0\nu}$ in (8.9) ortsabhängig, und man erhält aus (8.7)

$$\nabla_{\boldsymbol{r}} f_{0\nu} = -\frac{\partial f_{0\nu}}{\partial E_\nu(\hat{\boldsymbol{k}})} \frac{1}{T} [E_\nu(\hat{\boldsymbol{k}}) - \zeta] \nabla_{\boldsymbol{r}} T - \frac{\partial f_{0\nu}}{\partial E_\nu(\hat{\boldsymbol{k}})} \nabla_{\boldsymbol{r}} \zeta. \tag{8.12}$$

Unter Verwendung von (8.11) erhält die Boltzmann-Gleichung jetzt folgende Form:

$$e \frac{\partial f_{0\nu}}{\partial E_\nu(\hat{\boldsymbol{k}})} \boldsymbol{v}_\nu(\hat{\boldsymbol{k}}) \boldsymbol{E} - \frac{\partial f_{0\nu}}{\partial E_\nu(\hat{\boldsymbol{k}})} \frac{1}{T} [E_\nu(\hat{\boldsymbol{k}}) - \zeta] \boldsymbol{v}_\nu(\hat{\boldsymbol{k}}) \nabla_{\boldsymbol{r}} T$$
$$- \frac{\partial f_{0\nu}}{\partial E_\nu(\hat{\boldsymbol{k}})} \boldsymbol{v}_\nu(\hat{\boldsymbol{k}}) \nabla_{\boldsymbol{r}} \zeta + \frac{e}{\hbar c} [\boldsymbol{v}_\nu(\hat{\boldsymbol{k}}) \times \boldsymbol{B}] \nabla_{\hat{k}} f_{1\nu}(\boldsymbol{r}, \hat{\boldsymbol{k}}) = \left(\frac{\partial f_\nu}{\partial t}\right)_{\text{Stoß}}. \tag{8.13}$$

Wie man aus (8.13) erkennt, ist das Magnetfeld hier insofern von besonderer Bedeutung, als bei seinem Verschwinden in der hier verwendeten Approximation der Driftterm eine bekannte Größe wird, während er bei vorhandenem Magnetfeld noch von der gesuchten Funktion $f_{1\nu}(\boldsymbol{r}, \hat{\boldsymbol{k}})$ abhängt. Wir werden uns deshalb in den folgenden Betrachtungen dieses Kapitels auf den Fall $\boldsymbol{B} = 0$ beschränken und die sich für $f_\nu(\boldsymbol{r}, \hat{\boldsymbol{k}})$ aus dem Vorhandensein eines Magnetfeldes ergebenden Konsequenzen später untersuchen.

Indem wir bemerken, daß alle später zu berechnenden makroskopischen Meßgrößen als Mittelwerte Integrale im $\hat{\boldsymbol{k}}$-Raum sind, d. h. nach (5.25) Integrale über eine um $\frac{e}{\hbar c}\boldsymbol{A}(\boldsymbol{r})$ verschobene erste Brillouin-Zone, wird verständlich, daß wir von jetzt an $\hat{\boldsymbol{k}}$ durch $\boldsymbol{k}$ ersetzen können, um dann später stets über eine unverschobene Brillouin-Zone zu integrieren. Wir können damit die Boltzmann-

Gleichung im magnetfeldfreien Fall auch folgendermaßen schreiben:

$$\frac{\partial f_{0\nu}}{\partial E_\nu(\boldsymbol{k})} \boldsymbol{v}_\nu(\boldsymbol{k}) \left\{ e\boldsymbol{E} - \nabla_{\boldsymbol{r}} \zeta - \frac{1}{T} [E_\nu(\boldsymbol{k}) - \zeta] \nabla_{\boldsymbol{r}} T \right\} = \left(\frac{\partial f_\nu}{\partial t} \right)_{\text{Stoß}}. \tag{8.14}$$

Wir wenden uns jetzt der Betrachtung des Stoßterms zu, der die eigentliche Problematik der Transportgleichung enthält. Die folgende Betrachtung zur Ableitung seiner expliziten Form erscheint plausibel: Nehmen wir an, die betrachtete, die „Stöße" der Elektronen verursachende Wechselwirkung würde zu einer gewissen sekundlichen Übergangswahrscheinlichkeit $W_{\boldsymbol{k}'\nu', \boldsymbol{k}\nu}$ von $(\boldsymbol{k}\nu)$ nach $(\boldsymbol{k}'\nu')$ führen. Nehmen wir weiterhin an, Anfangs- und Endzustand seien mit der durch die Verteilungsfunktion $f_\nu(\boldsymbol{r}, \boldsymbol{k})$ gegebenen Wahrscheinlichkeit besetzt, dann ist es naheliegend zu schreiben:

$$\left(\frac{\partial f_\nu(\boldsymbol{r}, \boldsymbol{k})}{\partial t} \right)_{\text{Stoß}} = \sum_{\boldsymbol{k}'\nu'} \{ W_{\boldsymbol{k}\nu, \boldsymbol{k}'\nu'} f_{\nu'}(\boldsymbol{r}, \boldsymbol{k}') [1 - f_\nu(\boldsymbol{r}, \boldsymbol{k})] - W_{\boldsymbol{k}'\nu', \boldsymbol{k}\nu} f_\nu(\boldsymbol{r}, \boldsymbol{k}) [1 - f_{\nu'}(\boldsymbol{r}, \boldsymbol{k}')] \}. \tag{8.15}$$

Dabei berücksichtigen die Faktoren $(1 - f)$ offenbar das Pauli-Prinzip, nach welchem ein Übergang in einen bereits besetzten Zustand unmöglich ist.

So naheliegend auch der durch (8.15) definierte Boltzmannsche „Stoßzahl-Ansatz" erscheint, so schwierig und problematisch ist seine genaue Begründung aus den Grundlagen der statistischen Physik. Tatsächlich beinhaltet er die für die Transportvorgänge typische Irreversibilität, deren Deduktion aus den zunächst nur reversible Vorgänge beschreibenden Bewegungsgleichungen das eigentliche Problem solcher Betrachtungen ist. So werden wir als Hauptargument für die Verwendung von (8.15) die erfolgreiche Beschreibung einer großen Reihe von physikalischen Phänomenen ansehen und uns nicht weiter mit seiner Begründung beschäftigen.

Zur Abkürzung der Schreibweise wollen wir von jetzt an $\boldsymbol{r}$ im Argument der Verteilungsfunktionen unterdrücken und außerdem statt $(\boldsymbol{k}\nu)$ einfach $\boldsymbol{k}$ schreiben. Weiterhin wollen wir uns auf den Fall der Elektron-Phonon-Wechselwirkung spezialisieren. Nach (7.39) können wir dann schreiben:

$$W_{\boldsymbol{k}'; \boldsymbol{k}, \ldots n_\alpha(\boldsymbol{w}) \ldots} = \sum_{\boldsymbol{w}\alpha} \{ n_\alpha(\boldsymbol{w}) W^a_{\boldsymbol{k}'\boldsymbol{k}, \boldsymbol{w}\alpha} + (n_\alpha(\boldsymbol{w}) + 1) W^e_{\boldsymbol{k}'\boldsymbol{k}, \boldsymbol{w}\alpha} \}. \tag{8.16}$$

Dabei bedeutet

$$\begin{aligned} &W^{\substack{a\\e}}_{\boldsymbol{k}'\boldsymbol{k}, \boldsymbol{w}\alpha} \\ &= G^{-3} \frac{\pi}{M} \sum_{\boldsymbol{K}} \mathfrak{C}^2(|\boldsymbol{k}' - \boldsymbol{k}|) \frac{1}{\omega_\alpha(\boldsymbol{w})} (\boldsymbol{e}_\alpha(\boldsymbol{w}), \boldsymbol{k}' - \boldsymbol{k})^2 \\ &\times \delta_{\boldsymbol{k}', \boldsymbol{k} \pm \boldsymbol{w} + \boldsymbol{K}} \delta[E(\boldsymbol{k}) - E(\boldsymbol{k}') \pm \hbar\omega_\alpha(\boldsymbol{w})], \end{aligned} \tag{8.17}$$

und das obere Vorzeichen gilt für Phononabsorption, das untere für Emission.

Indem wir nun (8.16) in (8.15) einsetzen und ebenfalls $(\boldsymbol{w}\alpha)$ durch $\boldsymbol{w}$ abkürzen, erhalten wir

$$\begin{aligned} \left(\frac{\partial f(\boldsymbol{k})}{\partial t} \right)_{\text{Stoß}} = \sum_{\boldsymbol{k}'} \sum_{\boldsymbol{w}} \{ & [n(\boldsymbol{w}) W^a_{\boldsymbol{k}\boldsymbol{k}', \boldsymbol{w}} + (n(\boldsymbol{w}) + 1) W^e_{\boldsymbol{k}\boldsymbol{k}', \boldsymbol{w}}] f(\boldsymbol{k}')(1 - f(\boldsymbol{k})) \\ & - [n(\boldsymbol{w}) W^a_{\boldsymbol{k}'\boldsymbol{k}, \boldsymbol{w}} + (n(\boldsymbol{w}) + 1) W^e_{\boldsymbol{k}'\boldsymbol{k}, \boldsymbol{w}}] f(\boldsymbol{k})(1 - f(\boldsymbol{k}')) \}. \end{aligned} \tag{8.18}$$

Wie zu erwarten war, enthält die Bestimmungsgleichung der Elektronenverteilungsfunktion die ebenfalls unbekannte Verteilungsfunktion $n(\boldsymbol{w})$ der Phononen. Eine konsequente Behandlung des Problems erfordert deshalb neben der durch (8.14) und (8.18) gegebenen Transportgleichung eine entsprechende für Phononen.

Die Aufstellung dieser Gleichung erfolgt in ähnlicher Weise wie die für Elektronen. Da statische elektromagnetische Felder auf die Phononen nicht einwirken, erhält der Driftterm die Form

$$\left(\frac{\partial n(\boldsymbol{r}, \boldsymbol{w})}{\partial t}\right)_{\text{Drift}} = -(\boldsymbol{u}(\boldsymbol{w}), \nabla_{\boldsymbol{r}} n(\boldsymbol{r}, \boldsymbol{w})), \tag{8.19}$$

wobei

$$\boldsymbol{u}(\boldsymbol{w}) = \nabla_{\boldsymbol{w}} \omega(\boldsymbol{w}) \tag{8.20}$$

die Gruppengeschwindigkeit der Phononen ist, in direkter Analogie zur entsprechenden Relation (2.64) für Elektronen $[E_\nu(\boldsymbol{k}) \leftrightarrow \hbar\omega_\alpha(\boldsymbol{w})]$. Also lautet die Boltzmann-Gleichung für Phononen

$$(\boldsymbol{u}(\boldsymbol{w}), \nabla_{\boldsymbol{r}} n(\boldsymbol{r}, \boldsymbol{w})) = \left(\frac{\partial n(\boldsymbol{r}, \boldsymbol{w})}{\partial t}\right)_{\text{Stoß}}. \tag{8.21}$$

Der explizite Ausdruck für den durch Elektron-Phonon-Wechselwirkung erzeugten Stoßterm ergibt sich unmittelbar aus (8.18). Selbstverständlich können in demselben nur Absorptions- und Emissionsprozesse von Phononen der Sorte $\boldsymbol{w}$ in Verbindung mit Elektronen beliebiger Anfangs- und Endzustände auftreten. Das ergibt sofort

$$\begin{aligned}\left(\frac{\partial n(\boldsymbol{r}, \boldsymbol{w})}{\partial t}\right)_{\text{Stoß}} = \frac{1}{2} \sum_{\boldsymbol{k}\boldsymbol{k}'} \{&(n(\boldsymbol{w}) + 1)[W^e_{\boldsymbol{k}\boldsymbol{k}',\boldsymbol{w}} f(\boldsymbol{k}')(1 - f(\boldsymbol{k})) + W^e_{\boldsymbol{k}'\boldsymbol{k},\boldsymbol{w}} f(\boldsymbol{k})(1 - f(\boldsymbol{k}'))] \\ &- n(\boldsymbol{w})[W^a_{\boldsymbol{k}\boldsymbol{k}',\boldsymbol{w}} f(\boldsymbol{k}')(1 - f(\boldsymbol{k})) + W^a_{\boldsymbol{k}'\boldsymbol{k},\boldsymbol{w}} f(\boldsymbol{k})(1 - f(\boldsymbol{k}'))]\}.\end{aligned} \tag{8.22}$$

Mit (8.14), (8.18), (8.21), (8.22) haben wir ein gekoppeltes System von Bilanzgleichungen für die betrachteten wechselwirkenden Systeme der Elektronen und Phononen erhalten.

8.2. Detailliertes Gleichgewicht; Symmetrien

Wie wir bereits oben erwähnt haben, verschwinden die Stoßterme im thermodynamischen Gleichgewicht, d. h. bei nichtvorhandenen äußeren Einflüssen. Es gilt dann also

$$\left(\frac{\partial f_0(\boldsymbol{k})}{\partial t}\right)_{\text{Stoß}} = \left(\frac{\partial n_0(\boldsymbol{w})}{\partial t}\right)_{\text{Stoß}} = 0. \tag{8.23}$$

Nach dem Prinzip des detaillierten Gleichgewichts geschieht dieses Verschwinden der Summen in (8.18) und (8.22) dadurch, daß jeder Summenterm einzeln verschwindet, d. h., daß jeder betrachtete mögliche Mikroprozeß gleich häufig dem ihm inversen ist, in welchem Anfangs- und Endzustand miteinander vertauscht sind. Formal ergeben sich hieraus folgende Gleichungen:

$$\begin{aligned}
&[n_0(\boldsymbol{w})\, W^a_{\boldsymbol{k}\boldsymbol{k}',\,\boldsymbol{w}} + (n_0(\boldsymbol{w})+1)\, W^e_{\boldsymbol{k}\boldsymbol{k}',\,\boldsymbol{w}}]\, f_0(\boldsymbol{k}')(1-f_0(\boldsymbol{k}))\\
&= [n_0(\boldsymbol{w})\, W^a_{\boldsymbol{k}'\boldsymbol{k},\,\boldsymbol{w}} + (n_0(\boldsymbol{w})+1)\, W^e_{\boldsymbol{k}'\boldsymbol{k},\,\boldsymbol{w}}]\, f_0(\boldsymbol{k})(1-f_0(\boldsymbol{k}')),\\
&[-n_0(\boldsymbol{w})\, W^a_{\boldsymbol{k}\boldsymbol{k}',\,\boldsymbol{w}} + (n_0(\boldsymbol{w})+1)\, W^e_{\boldsymbol{k}\boldsymbol{k}',\,\boldsymbol{w}}]\, f_0(\boldsymbol{k}')(1-f_0(\boldsymbol{k}))\\
&= [n_0(\boldsymbol{w})\, W^a_{\boldsymbol{k}'\boldsymbol{k},\,\boldsymbol{w}} - (n_0(\boldsymbol{w})+1)\, W^e_{\boldsymbol{k}'\boldsymbol{k},\,\boldsymbol{w}}]\, f_0(\boldsymbol{k})(1-f_0(\boldsymbol{k}')).
\end{aligned} \tag{8.24}$$

Unter Verwendung von

$$\begin{aligned}
&n_0(\boldsymbol{w})\, f_0(\boldsymbol{k}')(1-f_0(\boldsymbol{k}))\, W^a_{\boldsymbol{k}\boldsymbol{k}',\,\boldsymbol{w}} = P^a_{\boldsymbol{k}\boldsymbol{k}',\,\boldsymbol{w}},\\
&(n_0(\boldsymbol{w})+1)\, f_0(\boldsymbol{k}')(1-f_0(\boldsymbol{k}))\, W^e_{\boldsymbol{k}\boldsymbol{k}',\,\boldsymbol{w}} = P^e_{\boldsymbol{k}\boldsymbol{k}',\,\boldsymbol{w}}
\end{aligned} \tag{8.25}$$

ergibt sich für die Gleichungen (8.24)

$$\begin{aligned}
&P^a_{\boldsymbol{k}\boldsymbol{k}',\,\boldsymbol{w}} + P^e_{\boldsymbol{k}\boldsymbol{k}',\,\boldsymbol{w}} = P^a_{\boldsymbol{k}'\boldsymbol{k},\,\boldsymbol{w}} + P^e_{\boldsymbol{k}'\boldsymbol{k},\,\boldsymbol{w}},\\
&-P^a_{\boldsymbol{k}\boldsymbol{k}',\,\boldsymbol{w}} + P^e_{\boldsymbol{k}\boldsymbol{k}',\,\boldsymbol{w}} = P^a_{\boldsymbol{k}'\boldsymbol{k},\,\boldsymbol{w}} - P^e_{\boldsymbol{k}'\boldsymbol{k},\,\boldsymbol{w}}.
\end{aligned} \tag{8.26}$$

Daraus erhält man sofort

$$P^e_{\boldsymbol{k}\boldsymbol{k}',\,\boldsymbol{w}} = P^a_{\boldsymbol{k}'\boldsymbol{k},\,\boldsymbol{w}} \tag{8.27}$$

als Ausdruck des detaillierten Gleichgewichts im betrachteten Fall. Dies wird in Abb. 52 veranschaulicht. Selbstverständlich folgen auch umgekehrt die Gleichungen (8.24) aus der unmittelbar evidenten Relation (8.27).

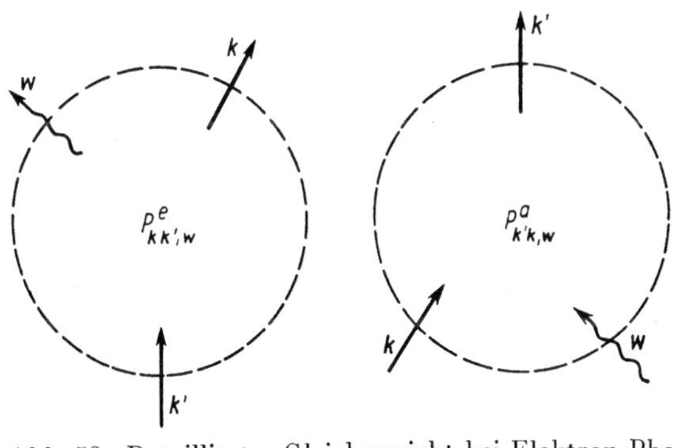

Abb. 52. Detailliertes Gleichgewicht bei Elektron-Phonon-Prozessen

Außer der Symmetrierelation (8.27) geben wir noch jene an, die sich aus der im thermodynamischen Gleichgewicht vorhandenen Invarianz der Vorgänge gegen Umkehrung der Zeitrichtung ergibt. Aus Abb. 53 ersehen wir, daß

$$P^a_{k' k, w} = P^e_{-k, -k'; -w} \tag{8.28}$$

ist.

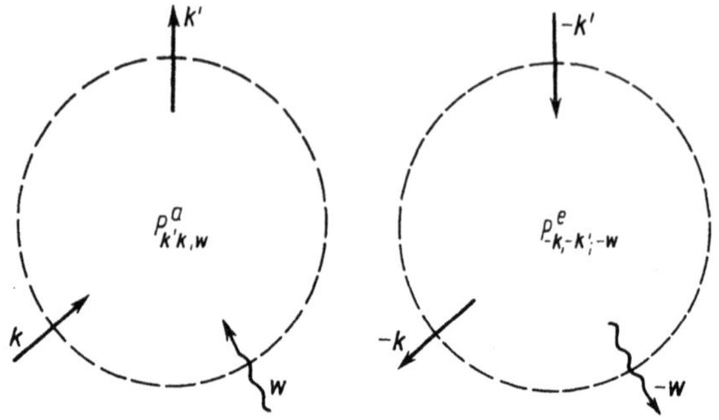

Abb. 53. Zeitumkehr-Symmetrie bei Elektron-Phonon-Prozessen

8.3. Linearisierung des Stoßterms

Die zu (8.7) und (8.9) analogen Relationen für Phononen lauten offenbar

$$n_{0\alpha}(\boldsymbol{w}) = \frac{1}{e^{\frac{\hbar\omega_\alpha(\boldsymbol{w})}{k_B T}} - 1}, \qquad n_\alpha(\boldsymbol{r}, \boldsymbol{w}) = n_{0\alpha}(\boldsymbol{w}) + n_{1\alpha}(\boldsymbol{r}, \boldsymbol{w}). \tag{8.29}$$

Für die Funktionen $f_1(\boldsymbol{k})$ und $n_1(\boldsymbol{w})$ machen wir nun folgenden Ansatz:

$$f_1(\boldsymbol{k}) = -\frac{\partial f_0(\boldsymbol{k})}{\partial E(\boldsymbol{k})}\,\Phi(\boldsymbol{k}), \qquad n_1(\boldsymbol{w}) = -\frac{\partial n_0(\boldsymbol{w})}{\partial(\hbar\omega(\boldsymbol{w}))}\,\varphi(\boldsymbol{w}). \tag{8.30}$$

Wegen (8.7) und (8.29) können wir (8.30) auch folgendermaßen schreiben:

$$\begin{aligned} f(\boldsymbol{k}) &= f_0(\boldsymbol{k}) + \frac{1}{k_B T} f_0(\boldsymbol{k})(1 - f_0(\boldsymbol{k}))\,\Phi(\boldsymbol{k}), \\ n(\boldsymbol{w}) &= n_0(\boldsymbol{w}) + \frac{1}{k_B T} n_0(\boldsymbol{w})(1 + n_0(\boldsymbol{w}))\,\varphi(\boldsymbol{w}). \end{aligned} \tag{8.31}$$

Indem wir nun (8.31) in (8.18) und (8.22) einsetzen, erhalten wir Ausdrücke für $(\partial f/\partial t)_{\text{Stoß}}$ und $(\partial n/\partial t)_{\text{Stoß}}$, die sich aus Termen mit verschiedenen Potenzen in den Störfunktionen $\Phi(\boldsymbol{k})$ und $\varphi(\boldsymbol{w})$ zusammensetzen. Nach (8.23) verschwindet jeweils der Term nullter Ordnung. Entsprechend dem Vorgehen beim Driftterm interessieren wir uns nur für kleine Abweichungen der Verteilungsfunktionen vom Gleichgewicht und berücksichtigen demzufolge nur die ersten nichtverschwindenden Terme, d. h., wir vernachlässigen Produkte von Störfunktionen. Dann wird nach (8.18) und (8.31) z. B. der der Störfunktion $\Phi(\boldsymbol{k})$ proportionale Term zu

$$\sum_{k'w} \Big\{ [n_0 W^a_{kk',w} + (n_0 + 1) W^e_{kk',w}] f_0(\boldsymbol{k}') \Big[-\frac{1}{k_B T} f_0(\boldsymbol{k})(1 - f_0(\boldsymbol{k})\Big] \Phi(\boldsymbol{k})$$

$$- [n_0 W^a_{k'k,w} + (n_0 + 1) W^e_{k'k,w}] \frac{1}{k_B T} f_0(\boldsymbol{k})(1 - f_0(\boldsymbol{k}))\,\Phi(\boldsymbol{k})(1 - f_0(\boldsymbol{k}')) \Big\}$$

oder unter Verwendung von (8.25) zu

$$-\frac{1}{k_B T}\sum_{k'w}\{[P^a_{kk',w}+P^e_{kk',w}]f_0(\boldsymbol{k})+[P^a_{k'k,w}+P^e_{k'k,w}](1-f_0(\boldsymbol{k}))\}\,\Phi(\boldsymbol{k}).$$

Berücksichtigen wir jetzt die Symmetrie (8.27), so wird dieser Ausdruck gleich

$$-\frac{1}{k_B T}\sum_{k'w}[P^a_{k'k,w}+P^e_{k'k,w}]\,\Phi(\boldsymbol{k}).$$

In der gleichen Weise können wir die übrigen Terme in (8.18) und (8.22) behandeln und erhalten so schließlich

$$\left(\frac{\partial f}{\partial t}\right)_{\text{Stoß}}=\frac{1}{k_B T}\sum_{k'w}\{P^a_{k'k,w}[\Phi(\boldsymbol{k}')-\Phi(\boldsymbol{k})-\varphi(\boldsymbol{w})]+P^e_{k'k,w}[\Phi(\boldsymbol{k}')-\Phi(\boldsymbol{k})+\varphi(\boldsymbol{w})]\}\tag{8.32}$$

und

$$\left(\frac{\partial n}{\partial t}\right)_{\text{Stoß}}=\frac{1}{k_B T}\sum_{k'k}P^a_{k'k,w}[\Phi(\boldsymbol{k}')-\Phi(\boldsymbol{k})-\varphi(\boldsymbol{w})].\tag{8.33}$$

Damit und unter Verwendung von (8.14) und (8.19) können wir die Boltzmann-Gleichungen des gekoppelten Elektron-Phonon-Systems im magnetfeldfreien Fall endgültig formulieren. Sie lauten

$$\frac{\partial f_0(\boldsymbol{k})}{\partial E(\boldsymbol{k})}\boldsymbol{v}(\boldsymbol{k})\left\{e\boldsymbol{E}-\nabla_{\boldsymbol{r}}\zeta-\frac{1}{T}(E-\zeta)\nabla_{\boldsymbol{r}}T\right\}$$
$$=\frac{1}{k_B T}\sum_{k'}\sum_{w}\{P^a_{k'k,w}[\Phi(\boldsymbol{k}')-\Phi(\boldsymbol{k})-\varphi(\boldsymbol{w})]+P^e_{k'k,w}[\Phi(\boldsymbol{k}')-\Phi(\boldsymbol{k})+\varphi(\boldsymbol{w})]\},\tag{8.34}$$

$$-\frac{1}{T}\hbar\omega(\boldsymbol{w})\frac{\partial n_0(\boldsymbol{w})}{\partial(\hbar\omega(\boldsymbol{w}))}(\boldsymbol{u}(\boldsymbol{w}),\nabla_{\boldsymbol{r}}T)=\frac{1}{k_B T}\sum_{k'k}P^a_{k'k,w}[\Phi(\boldsymbol{k}')-\Phi(\boldsymbol{k})-\varphi(\boldsymbol{w})].\tag{8.35}$$

Diese linearisierte Näherung der ursprünglichen Boltzmann-Gleichungen führt offenbar notwendig auf Störfunktionen $\Phi(\boldsymbol{k})$ bzw. $\varphi(\boldsymbol{w})$, die den Drifttermen, d. h. den äußeren Einflüssen ($\boldsymbol{E}$; $\nabla_{\boldsymbol{r}}T$) selbst, proportional sind. Auf die wichtige physikalische Bedeutung dieser Tatsache kommen wir später zurück.

Abschließend bemerken wir, daß die Bilanzgleichungen (8.34) und (8.35) des gekoppelten Elektron-Phonon-Systems die in diesem selbstverständlich auftretenden Elektron-Elektron- und Phonon-Phonon-Stöße, letztere verursacht durch den kubischen Term in (6.1), nicht enthalten. Die betreffenden Stoßterme lassen sich analog den in (8.34) und (8.35) vorkommenden Termen sofort aufschreiben und sind, wenn man sie mitberücksichtigt, auf den rechten Seiten dieser Gleichungen zu addieren. So lautet z. B. der Term für Elektron-Elektron-Stöße

$$\frac{1}{k_B T}\sum_{k'k''k'''}P_{k''k''',kk'}[\Phi(\boldsymbol{k}'')+\Phi(\boldsymbol{k}''')-\Phi(\boldsymbol{k})-\Phi(\boldsymbol{k}')].$$

Auch ihre weitere formale Behandlung ist ganz analog derjenigen der hier ausschließlich behandelten Elektron-Phonon-Stoßterme. Ihre Bedeutung für die später zu berechnenden Meßgrößen werden wir im folgenden Kapitel, wo es erforderlich ist, zu berücksichtigen haben.

8.4. Variationsprinzip

Für die folgenden Betrachtungen ist es zweckmäßig, die Gleichungen (8.34) und (8.35) in einer abgekürzten Schreibweise anzugeben. Deshalb setzen wir

$$\frac{\partial f_0(\boldsymbol{k})}{\partial E(\boldsymbol{k})} \boldsymbol{v}(\boldsymbol{k}) \left\{ e\boldsymbol{E} - \nabla_{\boldsymbol{r}} \zeta - \frac{1}{T}(E-\zeta)\nabla_{\boldsymbol{r}} T \right\} = F(\boldsymbol{k}), \tag{8.36}$$

$$-\frac{1}{T}\hbar\omega(\boldsymbol{w}) \frac{\partial n_0(\boldsymbol{w})}{\partial(\hbar\omega(\boldsymbol{w}))} (\boldsymbol{u}(\boldsymbol{w}), \nabla_{\boldsymbol{r}} T) = G(\boldsymbol{w}), \tag{8.37}$$

$$\begin{aligned} &\frac{1}{k_B T} \sum_{\boldsymbol{k}'} \sum_{\boldsymbol{w}} \{ P^a_{\boldsymbol{k}'\boldsymbol{k},\boldsymbol{w}} [\Phi(\boldsymbol{k}') - \Phi(\boldsymbol{k}) - \varphi(\boldsymbol{w})] + P^e_{\boldsymbol{k}'\boldsymbol{k},\boldsymbol{w}} [\Phi(\boldsymbol{k}') - \Phi(\boldsymbol{k}) + \varphi(\boldsymbol{w})] \} \\ &= \frac{1}{k_B T} \sum_{\boldsymbol{k}'} \sum_{\boldsymbol{w}} \{ (P^a_{\boldsymbol{k}'\boldsymbol{k},\boldsymbol{w}} + P^e_{\boldsymbol{k}'\boldsymbol{k},\boldsymbol{w}}) [\Phi(\boldsymbol{k}') - \Phi(\boldsymbol{k})] + (P^e_{\boldsymbol{k}'\boldsymbol{k},\boldsymbol{w}} - P^a_{\boldsymbol{k}'\boldsymbol{k},\boldsymbol{w}}) \varphi(\boldsymbol{w}) \} \qquad (8.38) \\ &= P_1 \Phi + P_2 \varphi = P_E[\Phi, \varphi], \end{aligned}$$

$$\frac{1}{k_B T} \sum_{\boldsymbol{k}'\boldsymbol{k}} P^a_{\boldsymbol{k}'\boldsymbol{k},\boldsymbol{w}} [\Phi(\boldsymbol{k}') - \Phi(\boldsymbol{k}) - \varphi(\boldsymbol{w})] = P_3 \Phi + P_4 \varphi = P_{Ph}[\Phi, \varphi]. \tag{8.39}$$

Damit kann man (8.34) und (8.35) kurz folgendermaßen schreiben:

$$F(\boldsymbol{k}) = P_1 \Phi + P_2 \varphi = P_E[\Phi, \varphi], \tag{8.40}$$

$$G(\boldsymbol{w}) = P_3 \Phi + P_4 \varphi = P_{Ph}[\Phi, \varphi]. \tag{8.41}$$

Unter Benutzung der Bezeichnungen

$$\sum_{\boldsymbol{k}} \Psi(\boldsymbol{k}) \tilde{\Psi}(\boldsymbol{k}) = (\Psi, \tilde{\Psi}), \qquad \sum_{\boldsymbol{w}} \psi(\boldsymbol{w}) \tilde{\psi}(\boldsymbol{w}) = (\psi, \tilde{\psi}) \tag{8.42}$$

bilden wir jetzt den Ausdruck

$$(\Psi, P_E[\tilde{\Psi}, \tilde{\psi}]) + (\psi, P_{Ph}[\tilde{\Psi}, \tilde{\psi}])$$

mit beliebigen Funktionen $\Psi(\boldsymbol{k})$, $\tilde{\Psi}(\boldsymbol{k})$, $\psi(\boldsymbol{w})$, $\tilde{\psi}(\boldsymbol{w})$. Für die nachfolgenden Betrachtungen wird es sich als wesentlich erweisen, daß dieser Ausdruck zwei Eigenschaften hat, die wir später beweisen werden. Sie kommen in den folgenden Relationen zum Ausdruck:

$$(\Psi, P_E[\tilde{\Psi}, \tilde{\psi}]) + (\psi, P_{Ph}[\tilde{\Psi}, \tilde{\psi}]) = (\tilde{\Psi}, P_E[\Psi, \psi]) + (\tilde{\psi}, P_{Ph}[\Psi, \psi]) \tag{8.43}$$

und

$$(\Psi, P_E[\Psi, \psi]) + (\psi, P_{Ph}[\Psi, \psi]) \leqq 0. \tag{8.44}$$

Indem wir die Boltzmann-Gleichungen (8.40) bzw. (8.41) nach der durch (8.42) gegebenen Vorschrift mit Φ bzw. φ multiplizieren und danach addieren, erhalten wir

$$(\Phi, F) + (\varphi, G) = (\Phi, P_E[\Phi, \varphi]) + (\varphi, P_{Ph}[\Phi, \varphi]). \tag{8.45}$$

Es ist nun klar, daß diese Gleichung neben den Lösungsfunktionen $\Phi(\boldsymbol{k})$, $\Psi(\boldsymbol{w})$ der Boltzmann-Gleichungen (8.40) und (8.41) auch andere Funktionen $\Psi(\boldsymbol{k})$, $\psi(\boldsymbol{w})$ als Lösungen hat. Es gilt aber das folgende Theorem, das man als das Variationsprinzip der Transporttheorie bezeichnet: Unter allen Lösungen $\Psi(\boldsymbol{k})$, $\psi(\boldsymbol{w})$ der Gleichung (8.45) sind die Lösungen $\Phi(\boldsymbol{k})$, $\varphi(\boldsymbol{w})$ von (8.40) und (8.41) dadurch ausgezeichnet, daß für sie der Ausdruck auf der rechten Seite von (8.45) zu einem Minimum wird.

Der Beweis dieses, wie sich zeigen wird, für die Lösung der Boltzmann-Gleichungen geeigneten Variationsprinzips knüpft an (8.44) an. Wir ersetzen dort die beliebigen Funktionen $\Psi(\boldsymbol{k})$ und $\psi(\boldsymbol{w})$ durch $\Phi(\boldsymbol{k}) - \Psi(\boldsymbol{k})$ und $\varphi(\boldsymbol{w}) - \psi(\boldsymbol{w})$; dann erhalten wir

$$0 \geqq (\Phi - \Psi, P_E[\Phi - \Psi, \varphi - \psi]) + (\varphi - \psi, P_{Ph}[\Phi - \Psi, \varphi - \psi]).$$

Unter Verwendung von (8.38), (8.39) und (8.42) können wir dafür auch schreiben:

$$\begin{aligned} 0 \geqq\ & (\Phi, P_E[\Phi, \varphi]) + (\Psi, P_E[\Psi, \psi]) - (\Phi, P_E[\Psi, \psi]) - (\Psi, P_E[\Phi, \varphi]) \\ & + (\varphi, P_{Ph}[\Phi, \varphi]) + (\psi, P_{Ph}[\Psi, \psi]) - (\varphi, P_{Ph}[\Psi, \psi]) - (\psi, P_{Ph}[\Phi, \varphi]). \end{aligned}$$

Bei Berücksichtigung der Symmetrierelation (8.43) kann man daraus

$$\begin{aligned} 0 \geqq\ & (\Phi, P_E[\Phi, \varphi]) + (\varphi, P_{Ph}[\Phi, \varphi]) + (\Psi, P_E[\Psi, \psi]) + (\psi, P_{Ph}[\Psi, \psi]) \\ & -2(\Psi, P_E[\Phi, \varphi]) - 2(\psi, P_{Ph}[\Phi, \varphi]) \end{aligned} \tag{8.46}$$

folgern.

Die Beachtung der Voraussetzung, daß Φ und φ die gesuchten Lösungen der Boltzmann-Gleichungen sind, d. h., daß sie den Gleichungen (8.40) und (8.41) genügen, ergibt für die beiden letzten Terme von (8.46)

$$-2(\Psi, F) - 2(\psi, G) = -2(\Psi, P_E[\Psi, \psi]) - 2(\psi, P_{Ph}[\Psi, \psi]),$$

wobei noch berücksichtigt wurde, daß Ψ und ψ der Relation (8.45) genügen. Setzen wir das in (8.46) ein, so erhalten wir sofort, wie behauptet, das Extremalprinzip:

$$(\Phi, P_E[\Phi, \varphi]) + (\varphi, P_{Ph}[\Phi, \varphi]) \leqq (\Psi, P_E[\Psi, \psi]) + (\psi, P_{Ph}[\Psi, \psi]). \tag{8.47}$$

Wir holen jetzt den Beweis der Relationen (8.43) und (8.44) nach. Der erste Term auf der linken Seite der Beziehung (8.43) lautet gemäß (8.38)

$$\frac{1}{k_B T} \sum_{\boldsymbol{k}\boldsymbol{k}'} \sum_{\boldsymbol{w}} \{P^a_{\boldsymbol{k}'\boldsymbol{k},\boldsymbol{w}} + P^e_{\boldsymbol{k}'\boldsymbol{k},\boldsymbol{w}}\}\, \Psi(\boldsymbol{k})[\widetilde{\Psi}(\boldsymbol{k}') - \widetilde{\Psi}(\boldsymbol{k})] \tag{8.48}$$

und läßt sich mit Verwendung von (8.26) nach Vertauschung von $\boldsymbol{k}$ und $\boldsymbol{k}'$ auch schreiben:

$$\frac{1}{k_B T} \sum_{\boldsymbol{k}\boldsymbol{k}'} \sum_{\boldsymbol{w}} \{P^a_{\boldsymbol{k}'\boldsymbol{k},\boldsymbol{w}} + P^e_{\boldsymbol{k}'\boldsymbol{k},\boldsymbol{w}}\}\, \Psi(\boldsymbol{k}')[\widetilde{\Psi}(\boldsymbol{k}) - \widetilde{\Psi}(\boldsymbol{k}')]. \tag{8.49}$$

Die Addition von (8.48) und (8.49) ergibt den in Ψ und $\tilde{\Psi}$ symmetrischen Ausdruck

$$-\frac{1}{2\,k_B T}\sum_{kk'}\sum_{w}\{P^a_{k'k,\,w}+P^e_{k'k,\,w}\}[\Psi(\boldsymbol{k}')-\Psi(\boldsymbol{k})][\tilde{\Psi}(\boldsymbol{k}')-\tilde{\Psi}(\boldsymbol{k})]. \tag{8.50}$$

Die entsprechende Symmetrie beim letzten Term von (8.43) ist sofort ersichtlich:

$$-\frac{1}{k_B T}\sum_{w}\sum_{kk'}P^a_{k'k,\,w}\,\psi(\boldsymbol{w})\,\tilde{\psi}(\boldsymbol{w})=(\tilde{\psi},\,P_4\,\psi). \tag{8.51}$$

Wir betrachten jetzt den zweiten Term in (8.43):

$$\frac{1}{k_B T}\sum_{kk'}\sum_{w}\{P^e_{k'k,\,w}-P^a_{k'k,\,w}\}\,\Psi(\boldsymbol{k})\,\tilde{\psi}(\boldsymbol{w}),$$

und formen ihn mit Hilfe von (8.27) um in

$$\frac{1}{k_B T}\sum_{kk'}\sum_{w}P^a_{k'k,\,w}\,\tilde{\psi}(\boldsymbol{w})[\Psi(\boldsymbol{k}')-\Psi(\boldsymbol{k})]=(\tilde{\psi},P_3\Psi). \tag{8.52}$$

Daraus folgt aber auch sofort

$$(\psi,\,P_3\tilde{\Psi})=(\tilde{\Psi},\,P_2\,\psi),$$

womit der Beweis von (8.43) vollständig ist.

Wir beweisen jetzt die Relation (8.44). Für $\tilde{\Psi}=\Psi$ wird (8.50) unter Berücksichtigung von (8.27) zu

$$-\frac{1}{k_B T}\sum_{kk'}\sum_{w}P^a_{k'k,\,w}[\Psi(\boldsymbol{k}')-\Psi(\boldsymbol{k})]^2. \tag{8.53}$$

Entsprechend wird aus (8.51)

$$-\frac{1}{k_B T}\sum_{w}\sum_{kk'}P^a_{k'k,\,w}\,\psi^2(\boldsymbol{w}), \tag{8.54}$$

und nach (8.52) wird

$$(\Psi,\,P_2\,\psi)=(\psi,\,P_3\,\Psi)=\frac{1}{k_B T}\sum_{kk'}\sum_{w}P^a_{k'k,\,w}\,\psi(\boldsymbol{w})[\Psi(\boldsymbol{k}')-\Psi(\boldsymbol{k})]. \tag{8.55}$$

Die Addition von (8.53), (8.54) und dem Zweifachen von (8.55) ergibt

$$-\frac{1}{k_B T}\sum_{kk'}\sum_{w}P^a_{k'k,\,w}[\Psi(\boldsymbol{k}')-\Psi(\boldsymbol{k})-\psi(\boldsymbol{w})]^2\leqq 0,$$

d. h., es ergibt sich (8.44).

Die praktische Verwendung des Extremalprinzips (8.47) geht nun in der Weise vor sich, daß man für die gesuchten Lösungsfunktionen einen Ansatz mit noch unbestimmten Parametern macht, die dann derart bestimmt werden, daß das Funktional (8.47), das mit den gewählten Vergleichsfunktionen gebildet wird, unter Berücksichtigung der Nebenbedingung (8.45) zu einem Minimum wird. Die so berechneten, selbstverständlich approximierten Lösungsfunktionen der Boltzmann-Gleichungen sind dann diejenigen aus der Gesamtheit der gewählten Vergleichsfunktionen, die den exakten Lösungen am nächsten kommen.

Die genannten Ansätze für die Vergleichsfunktionen wählen wir folgendermaßen:

$$\Psi(\boldsymbol{k}) = \sum_{r=1}^{n} a_r \Xi_r(\boldsymbol{k}), \qquad \psi(\boldsymbol{w}) = \sum_{r=1}^{n} b_r \chi_r(\boldsymbol{w}). \tag{8.56}$$

Dabei sind $\Xi_r(\boldsymbol{k})$ und $\chi_r(\boldsymbol{w})$ geeignet gewählte Funktionen, a_r und b_r die zu bestimmenden Variationsparameter. Mit (8.56) können wir nun den Ausdruck (8.47), der ein Minimum werden soll, und die Nebenbedingung (8.45) durch die Koeffizienten a_r und b_r darstellen. Wir erhalten so für das Funktional

$$\begin{aligned}
&(\Psi, P_E[\Psi, \psi]) + (\psi, P_{Ph}[\Psi, \psi]) \\
&= (\Psi, P_1\Psi) + (\Psi, P_2\psi) + (\psi, P_3\Psi) + (\psi, P_4\psi) \\
&= \sum_{rs} \{a_r a_s d_{rs}^1 + 2\,a_r b_s d_{rs}^2 + b_r b_s d_{rs}^4\}
\end{aligned} \tag{8.57}$$

mit den folgenden Abkürzungen:

$$\begin{aligned}
&d_{rs}^1 = (\Xi_r, P_1\,\Xi_s), \qquad d_{rs}^2 = d_{sr}^3 = (\Xi_r, P_2\,\chi_s) = (\chi_s, P_3\,\Xi_r), \\
&d_{rs}^4 = (\chi_r, P_4\,\chi_s).
\end{aligned} \tag{8.58}$$

Entsprechend erhalten wir für die Nebenbedingung

$$\sum_r \{a_r\alpha_r + b_r\beta_r\} = \sum_{rs} \{a_r a_s d_{rs}^1 + 2\,a_r b_s d_{rs}^2 + b_r b_s d_{rs}^4\} \tag{8.59}$$

mit den Abkürzungen

$$\alpha_r = (\Xi_r, F), \qquad \beta_r = (\chi_r, G). \tag{8.60}$$

Nach dem Lagrangeschen Multiplikatorenverfahren haben wir jetzt nach (8.57) und (8.59) die noch unbestimmten Größen a_r und b_r sowie den Multiplikator λ aus folgenden Gleichungen zu bestimmen:

$$0 = \left\{\begin{matrix} \dfrac{\partial}{\partial a_l} \\ \dfrac{\partial}{\partial b_l} \end{matrix}\right\} \left\{ (\lambda + 1) \sum_{rs} \{a_r a_s d_{rs}^1 + 2\,a_r b_s d_{rs}^2 + b_r b_s d_{rs}^4\} - \lambda \sum_r \{a_r\alpha_r + b_r\beta_r\} \right\},$$

d. h. aus

$$2(\lambda + 1) \sum_r \{a_r d_{rl}^1 + b_r d_{lr}^2\} - \lambda\alpha_l = 0 \tag{8.61}$$

und

$$2(\lambda + 1) \sum_r \{a_r d_{rl}^2 + b_r d_{rl}^4\} - \lambda\beta_l = 0. \tag{8.62}$$

Wir berechnen zunächst λ, indem wir (8.61) mit a_l, (8.62) mit b_l multiplizieren, dann über l summieren und beide Gleichungen addieren; das ergibt

$$2(\lambda + 1) \sum_{lr} \{a_l a_r d_{lr}^1 + 2\,a_l b_r d_{lr}^2 + b_l b_r d_{lr}^4\} - \lambda \sum_l \{a_l\alpha_l + b_l\beta_l\} = 0. \tag{8.63}$$

Subtrahieren wir davon die mit λ multiplizierte Nebenbedingung (8.59), so finden wir $\lambda = -2$. Damit erhält das Gleichungssystem (8.61), (8.62), aus dem die a_r und b_r zu bestimmen sind, die folgende Form:

$$\sum_r \{a_r d_{rl}^1 + b_r d_{lr}^2\} = \alpha_l, \tag{8.64}$$

$$\sum_r \{a_r d_{rl}^2 + b_r d_{rl}^4\} = \beta_l. \tag{8.65}$$

Das sind $2n$ lineare Gleichungen für die $2n$ Unbekannten a_r und b_r. Die Inhomogenitäten α_l, β_l werden durch die Driftterme und die Koeffizienten d_{rs} durch die Stoßterme bestimmt, wenn der Funktionensatz $\Xi_r(\boldsymbol{k})$, $\chi_r(\boldsymbol{w})$ gegeben ist. Die Lösung der Boltzmann-Gleichungen ist damit prinzipiell auf die Berechnung der Integrale α_r, β_r und d_{rs} zurückgeführt.

8.5. Relaxationszeit

Die Tatsache, daß durch „Stöße" Teilchen von irgendwelchen besetzten Zuständen $\boldsymbol{k}'$ in einen betrachteten Zustand $\boldsymbol{k}$ überwechseln können, bedeutet mathematisch, wie man etwa an (8.15) erkennt, daß der Stoßterm $(\partial f(\boldsymbol{k})/\partial t)_{\text{Stoß}}$ abhängig ist vom ganzen Verlauf der gesuchten Funktion $f(\boldsymbol{k})$, d. h., daß er ein Funktional von $f(\boldsymbol{k})$ ist:

$$\left(\frac{\partial f(\boldsymbol{k})}{\partial t}\right)_{\text{Stoß}} = F[f(\boldsymbol{k})], \qquad F[f_0(\boldsymbol{k})] = 0. \tag{8.66}$$

Entsprechend gilt für die linearisierte Gleichung

$$\left(\frac{\partial f_1(\boldsymbol{k})}{\partial t}\right)_{\text{Stoß}} = F_L[f_1(\boldsymbol{k})], \qquad F_L[f_1(\boldsymbol{k}) \equiv 0] = 0.$$

Es ist trivial, daß man nun stets schreiben kann:

$$F_L\,[f_1(\boldsymbol{k})] = -\frac{f_1(\boldsymbol{k})}{\tau(\boldsymbol{k})}, \tag{8.67}$$

wenn man eine Funktion $\tau(\boldsymbol{k})$ bei berechnetem $f_1(\boldsymbol{k})$ so definiert, daß (8.67) gilt. Selbstverständlich wird aber diese Funktion $\tau(\boldsymbol{k})$ im allgemeinen von der Funktion $f_1(\boldsymbol{k})$ abhängen, d. h., sie wird über den Driftterm von den äußeren Feldern abhängen, also ebenfalls ein Funktional von $f_1(\boldsymbol{k})$ sein.

Nichttrivial wäre deshalb die Relation (8.67) erst, wenn es sich in einem betrachteten Fall herausstellen würde, daß $\tau(\boldsymbol{k})$ unabhängig von der jeweiligen Lösung $f_1(\boldsymbol{k})$, d. h. unabhängig von den äußeren Feldern, wäre, daß $\tau(\boldsymbol{k})$ also nur von $\boldsymbol{k}$ selbst abhängen würde, somit also eine Funktion von $\boldsymbol{k}$ und nicht ein Funktional von $f_1(\boldsymbol{k})$ wäre. In diesem Falle nennt man die Funktion $\tau(\boldsymbol{k})$ Relaxationszeit. Sie ist allein abhängig von dem den Stoßterm bestimmenden Streumechanismus.

Die Lösung der stationären Boltzmann-Gleichung ergibt sich in diesem Sonderfall nach (8.40) zu

$$f(\boldsymbol{k}) = f_0(\boldsymbol{k}) - \tau(\boldsymbol{k})\, F(\boldsymbol{k}) \tag{8.68}$$

mit einer von $F(\boldsymbol{k})$ unabhängigen Funktion $\tau(\boldsymbol{k})$, der Relaxationszeit. Die Größe $l(\boldsymbol{k}) = \tau(\boldsymbol{k})\,v(\boldsymbol{k})$ bezeichnet man als freie Weglänge der Elektronen.

Ein einfacher Fall, in dem die Existenz einer Relaxationszeit nachgewiesen werden kann, ist der der elastischen isotropen Streuung von Elektronen mit kugelförmigen Energieflächen. Wenn $v(\boldsymbol{r})$ das die Streuung der Elektronen verursachende Störpotential ist, so lauten die in (8.15) eingehenden Übergangswahrscheinlichkeiten

$$W_{\boldsymbol{k}'\boldsymbol{k}} = \frac{2\pi}{\hbar}\,|\langle \boldsymbol{k}'|v|\boldsymbol{k}\rangle|^2\,\delta[E(\boldsymbol{k}') - E(\boldsymbol{k})] = W_{\boldsymbol{k}\boldsymbol{k}'}. \tag{8.69}$$

Die hier auftretende Symmetrie der Übergangswahrscheinlichkeit bezeichnet man als „mikroskopische Reversibilität". Das Einsetzen in (8.15) ergibt

$$\left(\frac{\partial f(\boldsymbol{k})}{\partial t}\right)_{\text{Stoß}} = \sum_{\boldsymbol{k}'} W_{\boldsymbol{k}'\boldsymbol{k}}\,\{f(\boldsymbol{k}') - f(\boldsymbol{k})\},$$

d. h., bei elastischer Streuung linearisiert sich der Stoßterm von selbst. Mit Hilfe von (8.7) und (8.9) können wir dafür auch

$$\left(\frac{\partial f(\boldsymbol{k})}{\partial t}\right)_{\text{Stoß}} = \sum_{\boldsymbol{k}'} W_{\boldsymbol{k}'\boldsymbol{k}}\,\{f_1(\boldsymbol{k}') - f_1(\boldsymbol{k})\} = -f_1(\boldsymbol{k}) \sum_{\boldsymbol{k}'} W_{\boldsymbol{k}'\boldsymbol{k}} \left\{1 - \frac{f_1(\boldsymbol{k}')}{f_1(\boldsymbol{k})}\right\} \tag{8.70}$$

schreiben. Man erkennt aus (8.70), daß im betrachteten Fall eine Relaxationszeit existiert, wenn sich die Summe $\sum_{\boldsymbol{k}'}$ als von $f_1(\boldsymbol{k})$ unabhängig ergibt. Denkt man sich $f_1(\boldsymbol{k}')$ und $f_1(\boldsymbol{k})$ nach Kugelflächen-Funktionen entwickelt, so erkennt man, daß der Quotient in (8.70) genau dann von $f_1(\boldsymbol{k})$ unabhängig wird, wenn die Entwicklung nach dem ersten zu Y_1^m proportionalen nichtverschwindenden Glied abbricht und wenn aus $E' = E$ die Beziehung $k' = k$ folgt, d. h., wenn sphärische Energieflächen vorliegen. Dementsprechend versuchen wir für die Lösung der betrachteten Boltzmann-Gleichung folgenden Ansatz:

$$f_1(\boldsymbol{k}) = -\frac{\partial f_0(k)}{\partial E(k)}\,c(E(k))\,(\boldsymbol{k}, \boldsymbol{Z}), \tag{8.71}$$

wobei

$$\boldsymbol{Z} = e\boldsymbol{E} - \nabla_{\boldsymbol{r}}\zeta - \frac{1}{T}\,(E(\boldsymbol{k}) - \zeta)\nabla_{\boldsymbol{r}} T \tag{8.72}$$

ist. Nach (8.70) und (8.14) erhalten wir dann

$$\boldsymbol{v}\boldsymbol{Z} = c(E)(\boldsymbol{k}, \boldsymbol{Z}) \sum_{\boldsymbol{k}'} W_{\boldsymbol{k}'\boldsymbol{k}} \left\{1 - \frac{(\boldsymbol{k}', \boldsymbol{Z})}{(\boldsymbol{k}, \boldsymbol{Z})}\right\}.$$

Unter Benutzung von

$$\boldsymbol{v} = \frac{1}{\hbar}\nabla_{\boldsymbol{k}} E(k) = \alpha(k)\,\boldsymbol{k}, \qquad \sphericalangle\,(\boldsymbol{k}, \boldsymbol{Z}) = \vartheta, \qquad \sphericalangle\,(\boldsymbol{k}', \boldsymbol{Z}) = \vartheta'$$

ergibt sich daraus

$$\alpha(k) = c(E) \sum_{k'} W_{k'k} \left\{ 1 - \frac{\cos \vartheta'}{\cos \vartheta} \right\}. \tag{8.73}$$

Aus (8.73) ergibt sich, daß die Summe $\sum_{k'}$, d. h. die hypothetische reziproke Relaxationszeit, jedenfalls nur von E abhängig sein kann. Das wird explizit möglich, wenn wir für die Streuwahrscheinlichkeit $W_{k'k}$ selbst Isotropie voraussetzen, d. h., wenn wir annehmen, daß

$$W_{k'k} = w(k, \Theta)\, \delta(k'^2 - k^2), \qquad \Theta = \sphericalangle\, (\boldsymbol{k}, \boldsymbol{k}')$$

ist. Aus Abb. 54 ersehen wir, daß

$$\cos \vartheta' = \cos \vartheta \cos \Theta + \sin \vartheta \sin \Theta \cos \varphi$$

ist. Setzen wir diese Ausdrücke in (8.73) ein, gehen gemäß $\sum_{k'} \to \Omega/8\pi^3 \int \ldots \mathrm{d}^3\boldsymbol{k}'$ zum Integral über, indem wir eine Änderung des Spins beim Streuprozeß ausschließen, und integrieren über φ, dann folgt

$$\frac{1}{\tau(E)} = \frac{\Omega}{8\pi^2} \int\limits_0^\pi k w(k, \Theta)(1 - \cos \Theta) \sin \Theta \, \mathrm{d}\Theta . \tag{8.74}$$

Damit haben wir für das betrachtete Problem die Existenz einer isotropen, d. h. nur von der Energie abhängigen Relaxationszeit nachgewiesen.

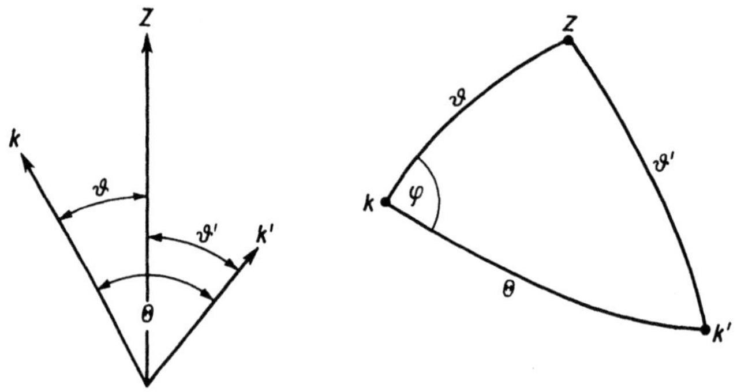

Abb. 54. Zur Orientierung der Vektoren $\boldsymbol{k}$, $\boldsymbol{k}'$, $\boldsymbol{Z}$

Im allgemeinen existiert eine Relaxationszeit bei komplizierten Problemen keineswegs im strengen oben angegebenen Sinn. Wegen der großen Kompliziertheit der Stoßterme der Boltzmann-Gleichungen behandelt man in der Transporttheorie jedoch viele Probleme zunächst so, als seien sie durch einen Ansatz der Form (8.68) in ausreichender Approximation gelöst.

Unter Benutzung des Begriffs einer (approximativen) Relaxationszeit scheint man, wie hier noch dargelegt werden soll, auf eine bedenkliche Inkonsistenz der betrachteten Theorie geführt zu werden. Nach den Aussagen der Quantenmechanik ist die Energie eines Systems nur bei völliger Isolierung von anderen

Systemen scharf bestimmt. Währt diese Isolierung jedoch nur über eine Zeit τ, so ist die Energie des Systems mit einer Unschärfe $\hbar/\tau$ behaftet. Wenden wir das auf die mit Phononen in Wechselwirkung stehenden Metallelektronen an und identifizieren die Zeit der ungestörten Bewegung der Elektronen angenähert mit der aus Messungen der elektrischen Leitfähigkeit bestimmten Relaxationszeit τ, so wird die durch Elektron-Phonon-Wechselwirkung bedingte Energie-Unschärfe von der Größenordnung 0,1 eV bei $T = 300\,°\mathrm{K}$. Vergleicht man damit die zugehörige energetische „Dicke“ $k_B T \approx 0{,}02$ eV der Verteilungsfunktion, so erkennt man, daß die zu einer vernünftigen Definition der Funktion $f(\boldsymbol{k})$ notwendige Bedingung

$$\frac{\hbar}{\tau} \ll k_B T \tag{8.75}$$

offenbar keineswegs ohne weiteres erfüllt ist.

Ein Hinweis zur Lösung dieser Schwierigkeit knüpft an die Form (8.71) der Lösung der Boltzmann-Gleichung an. Diese bestimmt, wie wir später noch genauer ausführen werden, die makroskopischen Meßgrößen durch Integrale im $\boldsymbol{k}$-Raum. Dabei führt aber der Faktor $-\frac{\partial f_0(\boldsymbol{k})}{\partial E(\boldsymbol{k})}$ als Ableitung einer genäherten Sprungfunktion $\Theta(E - E_F) = \begin{cases} 0 & \text{für } E < E_F \\ 1 & \phantom{\text{für }} E > E_F \end{cases}$, dazu, daß praktisch nur über die Fermi-Oberfläche integriert wird. Eine Unbestimmtheit der $E(\boldsymbol{k})$-Werte gemäß $\Delta E(\boldsymbol{k}) \approx \hbar/\tau$ ändert dann offenbar nichts Wesentliches an dem jeweiligen Integral, wenn diese Unbestimmtheit vernachlässigbar gegen E_F ist. Man kommt somit in dem betrachteten Fall zu dem Ergebnis, daß die in der angegebenen Weise berechnete Meßgröße korrekt erhalten wird, solange nur

$$\frac{\hbar}{\tau} \ll E_F \tag{8.76}$$

gilt. Wegen $E_F \approx 10^2 k_B T$ bei Zimmertemperatur ist (8.76) im Unterschied zu (8.75) stets erfüllt. Eine vollkommen befriedigende Untersuchung der Bedeutung der Relationen (8.75) und (8.76) ist jedoch nur auf der Grundlage einer allgemeineren Transporttheorie mit Verwendung des statistischen Operators möglich.

9. Thermoelektrische Phänomene

9.1. Phänomenologische Theorie

Setzt man ein Metall gewissen äußeren Einflüssen wie elektromagnetischen Feldern und Temperaturgradienten aus, so findet in diesem erfahrungsgemäß ein Transport verschiedener physikalischer Größen wie Energie, Entropie, Ladung, Impuls usw. statt, d. h., es treten entsprechende Stromdichten dieser Größen im Metall auf. Das Ziel der Transporttheorie ist die Berechnung dieser Stromdichten bei vorgegebenen äußeren Feldern für den jeweils betrachteten Festkörper. Wie wir im folgenden sehen werden, ist diese Aufgabe im magnetfeldfreien Fall und in genügend symmetrischen Metallen identisch mit der Berechnung von drei dem untersuchten Material eigenen Kenngrößen, der elektrischen und thermischen Leitfähigkeit und der Thermokraft.

Allein schon das Vorhandensein von Temperaturgradienten läßt erkennen, daß die übliche Thermodynamik der Gleichgewichtszustände zur Beschreibung der hier betrachteten Probleme nicht ausreicht. Tatsächlich wird, wie das bekannte Beispiel der Jouleschen Wärme zeigt, während des Transportprozesses überall im Festkörper Entropie erzeugt, und zwar im stationären Fall pro Sekunde und pro Kubikzentimeter vom Betrag div $\boldsymbol{j}_S$, wenn $\boldsymbol{j}_S$ die Stromdichte der Entropie ist.

Wir bezeichnen weiterhin die Wärmestromdichte mit $\boldsymbol{j}_Q$, die Energiestromdichte mit $\boldsymbol{j}_U$, die Teilchenstromdichte mit $\boldsymbol{j}$, so daß $\mu\boldsymbol{j}$ die Stromdichte der freien Energie darstellt, wenn μ die freie Energie pro Teilchen ist. Die Größe μ stimmt dabei mit der Summe aus dem chemischen Potential ζ und dem e-fachen elektrischen Potential φ (elektrochemisches Potential $\mu = \zeta + e\varphi$) überein. Unter der Annahme lokalen thermodynamischen Gleichgewichts gilt dann nach der gewöhnlichen Thermodynamik

$$\boldsymbol{j}_S = \frac{1}{T}\boldsymbol{j}_Q = \frac{1}{T}(\boldsymbol{j}_U - \mu\boldsymbol{j}). \tag{9.1}$$

Damit können wir die lokale Entropie-Erzeugung auch folgendermaßen schreiben:

$$\operatorname{div}\boldsymbol{j}_S = \operatorname{div}\frac{\boldsymbol{j}_Q}{T} = \frac{1}{T}\operatorname{div}\boldsymbol{j}_Q + \boldsymbol{j}_Q\nabla\frac{1}{T} = \frac{1}{T}\operatorname{div}\boldsymbol{j}_U - \frac{1}{T}\operatorname{div}\mu\boldsymbol{j} + \boldsymbol{j}_Q\nabla\frac{1}{T}. \tag{9.2}$$

Die Erhaltungssätze für die Energie und für die Teilchenzahl (Masse) ergeben die Bedingungen

$$\operatorname{div}\boldsymbol{j}_U = \operatorname{div}\boldsymbol{j} = 0. \tag{9.3}$$

Damit folgt aus (9.2)

$$\operatorname{div} \boldsymbol{j}_S = -\boldsymbol{j} \frac{1}{T} \nabla \mu + \boldsymbol{j}_Q \nabla \frac{1}{T}. \tag{9.4}$$

Aus (9.4) ersehen wir, daß sich die bei einem Transportprozeß pro Sekunde erzeugte Entropiedichte als Linearform in den Stromdichten $\boldsymbol{j}_i$ ausdrücken läßt:

$$\operatorname{div} \boldsymbol{j}_S = \sum_i \boldsymbol{j}_i \boldsymbol{X}_i. \tag{9.5}$$

Man bezeichnet die durch (9.5) definierten Vektorkoeffizienten $\boldsymbol{X}_i$ als die den entsprechenden Stromdichten $\boldsymbol{j}_i$ „konjugierten Kräfte". Sie sind nach (9.4) im vorliegenden Fall durch $-\frac{1}{T} \nabla \mu$ und $\nabla \frac{1}{T}$ gegeben und verschwinden selbstverständlich im Gleichgewicht. Die übliche makroskopische Theorie der Transportvorgänge untersucht nun allein solche Probleme, für die Proportionalität zwischen den Strömen $\boldsymbol{j}_i$ und Kräften $\boldsymbol{X}_i$ besteht, was tatsächlich meist der Fall ist.[1]) Man setzt also

$$\boldsymbol{j}_i = \sum_k L_{ik} \boldsymbol{X}_k. \tag{9.6}$$

Durch den Ansatz (9.6) sind alle Ströme $\boldsymbol{j}_i$ durch alle Kräfte $\boldsymbol{X}_k$ bedingt, und zwar nach Maßgabe der von den Materialeigenschaften abhängigen sogenannten „Onsager-Koeffizienten" L_{ik}, die im allgemeinen Fall Tensoren sind.

Das Fundament der gesamten Thermodynamik irreversibler Vorgänge stellen nun die folgenden Onsagerschen Symmetrierelationen dar:

$$L_{ik}(\boldsymbol{B}) = \tilde{L}_{ki}(-\boldsymbol{B}). \tag{9.7}$$

($\tilde{L}$ und L sind zueinander transponierte Matrizen.) Sie gehen in die im folgenden durchzuführenden Betrachtungen als Axiom ein.

Im hier betrachteten Problem der Bestimmung der Teilchen- und Wärmeströme unter dem simultanen Einfluß eines elektromagnetischen Feldes und eines Temperaturgradienten folgt aus (9.4), (9.5) und (9.6)

$$\begin{aligned} \boldsymbol{j} &= -L_{11} \frac{1}{T} \nabla \mu + L_{12} \nabla \frac{1}{T}, \\ \boldsymbol{j}_Q &= -L_{21} \frac{1}{T} \nabla \mu + L_{22} \nabla \frac{1}{T}, \end{aligned} \tag{9.8}$$

und es gelten die Onsager-Relationen:

$$L_{11}(\boldsymbol{B}) = \tilde{L}_{11}(-\boldsymbol{B}), \quad L_{22}(\boldsymbol{B}) = \tilde{L}_{22}(-\boldsymbol{B}), \quad L_{12}(\boldsymbol{B}) = \tilde{L}_{21}(-\boldsymbol{B}). \tag{9.9}$$

Durch geeignete Spezialisierung der Versuchsbedingungen kann man nun die verschiedenen Tensorkomponenten der Onsager-Koeffizienten mit prinzipiell

[1]) Offenbar entspricht das genau der in Kapitel 8 vorgenommenen Linearisierung der Transportgleichungen, die schließlich auf die Gleichungen (8.34) und (8.35) führte.

einfachen Meßgrößen verknüpfen, zwischen denen wiederum die Symmetrierelationen (9.9) gewisse Beziehungen herstellen.

Betrachten wir zunächst den Fall verschwindenden Temperaturgradientens $\left(\nabla \frac{1}{T} = 0\right)$ in einem homogenen Metall ($\nabla \zeta = 0$), bei dem nach (9.8) der elektrische Stromdichtevektor $e\boldsymbol{j} = -L_{11} \frac{e^2}{T} \nabla \varphi = \frac{e^2}{T} L_{11} \boldsymbol{E}$ wird. Der Leitfähigkeitstensor ergibt sich daraus zu

$$\hat{\sigma} = \frac{e^2}{T} L_{11}. \tag{9.10}$$

Nach (9.9) gilt die Symmetrierelation

$$\hat{\sigma}(\boldsymbol{B}) = \tilde{\hat{\sigma}}(-\boldsymbol{B}), \tag{9.11}$$

d. h., für verschwindendes Magnetfeld ist der Leitfähigkeitstensor symmetrisch. Bei kubischer Symmetrie des Kristalls entartet er sogar zum Skalar, wie man sofort erkennt, wenn man die Symmetrie-Operation der Spiegelung der [100]-Achse ausführt. Unter Verwendung von

$$\alpha = \begin{pmatrix} -1 & 0 & 0 \\ 0 & +1 & 0 \\ 0 & 0 & +1 \end{pmatrix}$$

ergibt das die Beziehung $\sigma_{xy} = \sum_{lm} \alpha_{xl} \alpha_{ym} \sigma_{lm} = -\sigma_{xy}$, d. h., $\hat{\sigma}$ ist in diesem Koordinatensystem diagonal. Da außerdem die [111]-Richtung eine dreizählige Symmetrierichtung ist, folgt $\sigma_{xx} = \sigma_{yy} = \sigma_{zz} \equiv \sigma$, d. h., der $\hat{\sigma}$-Tensor ist ein Vielfaches des Einheitstensors.

Indem wir jetzt wieder auf die allgemeinen Gleichungen (9.8) zurückkommen, wollen wir die weiteren Betrachtungen auf den Fall verschwindenden Magnetfeldes und einer solchen Kristallsymmetrie spezialisieren, daß alle Onsager-Koeffizienten Skalare werden. Dann ersehen wir sofort aus der ersten der Gleichungen (9.8), daß gilt:

$$-\frac{1}{T} \nabla \mu = \frac{1}{L_{11}} \left(\boldsymbol{j} - L_{12} \nabla \frac{1}{T}\right). \tag{9.12}$$

Das Einsetzen in die zweite der Gleichungen (9.8) ergibt

$$\boldsymbol{j}_Q = \frac{L_{21}}{L_{11}} \boldsymbol{j} - \frac{1}{L_{11}} (L_{21} L_{12} - L_{11} L_{22}) \nabla \frac{1}{T}. \tag{9.13}$$

Für die durch $\boldsymbol{j}_Q = -\varkappa \nabla T$ und die Nebenbedingung $\boldsymbol{j} = 0$ definierte Wärmeleitfähigkeit $\varkappa$ ergibt sich dann aus (9.13)

$$\varkappa = \frac{1}{T^2} \left(L_{22} - \frac{L_{12} L_{21}}{L_{11}}\right). \tag{9.14}$$

Als Bedingung für Stromlosigkeit in einem Metall unter dem Einfluß eines Temperaturgradienten erhalten wir aus (9.12)

$$\nabla \mu = T \frac{L_{12}}{L_{11}} \nabla \frac{1}{T} . \tag{9.15}$$

Diese Gleichung gibt an, welches elektrochemische Feld in einem isolierten Metall mit variabler Temperatur entsteht, um einen verschwindenden Teilchenstrom

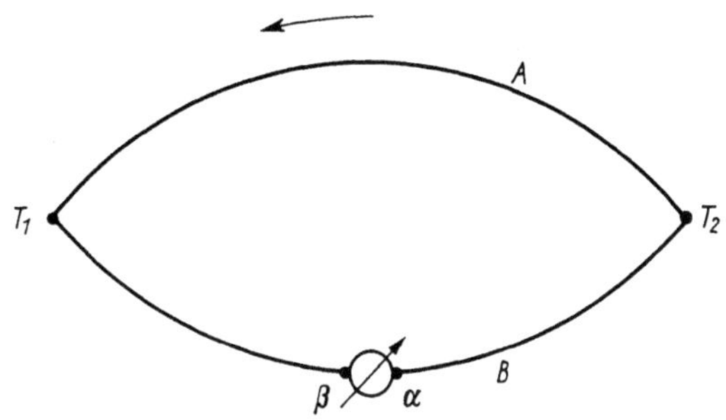

Abb. 55. Zum Seebeck-Effekt

zu erreichen. Dieses Feld wird hauptsächlich durch den Onsager-Koeffizient L_{12} bestimmt.

Wenn wir durch

$$S = \frac{1}{eT} \frac{L_{12}}{L_{11}} \tag{9.16}$$

die sogenannte absolute Thermokraft definieren, so können wir (9.15) auch schreiben:

$$\nabla \mu = -e S \nabla T . \tag{9.17}$$

Eine einfache Möglichkeit zur Messung der Thermokraft beruht auf der Messung des Seebeck-Potentials an einem Thermoelement. Dieses besteht aus zwei homogenen Metallen A und B, die durch zwei Lötstellen der Temperaturen T_1 und T_2 miteinander verbunden sind (Abb. 55). Wir denken uns nun das Metall B an einer beliebigen Stelle aufgetrennt und berechnen die elektrochemische Ringspannung auf dem Wege von α nach β:

$$\oint \nabla \mu \, \mathrm{d}\boldsymbol{r} = \mu_\beta - \mu_\alpha = e(\varphi_\beta - \varphi_\alpha) \equiv e V_{\beta\alpha} ; \tag{9.18}$$

dabei wurde $\zeta(\alpha) = \zeta(\beta)$ benutzt.

Nach (9.17) ist dies aber gleich

$$-e \oint S \nabla T \, \mathrm{d}\boldsymbol{r} = -e \oint S \, \mathrm{d}T = e \int_{T_1}^{T_2} (S_A - S_B) \, \mathrm{d}T ,$$

was zusammen mit (9.18) das gesuchte Seebeck-Potential ergibt:

$$V_{\beta\alpha} = \int_{T_1}^{T_2} (S_A - S_B) \, \mathrm{d}T . \tag{9.19}$$

Diese Beziehung zeigt, daß durch Messung des Seebeck-Potentials die absolute Thermokraft eines Metalls A nur bestimmt werden kann, wenn sie für mindestens ein Metall B bereits bekannt ist. Dann ist $S_A = S_B + \frac{\mathrm{d}V_{\beta\alpha}}{\mathrm{d}T}$. Zur Messung der absoluten Thermokraft eines Standardmetalls bedarf man also eines thermoelektrischen Effekts, der zum Unterschied vom Seebeck-Effekt bereits an einem Metall meßbar ist.

Zu diesem Zweck betrachten wir die Energiebilanz in einem stromdurchflossenen Metall mit Temperaturgradienten. Unter Verwendung von (9.1), (9.3), (9.12), (9.13) und (9.14) erhalten wir

$$0 = \operatorname{div} \boldsymbol{j}_U = \operatorname{div} \boldsymbol{j}_Q + \boldsymbol{j} \nabla \mu = \operatorname{div}\left[\frac{L_{21}}{L_{11}} \boldsymbol{j} - \varkappa \nabla T\right] + \frac{T}{L_{11}} \boldsymbol{j}\left[L_{12} \nabla \frac{1}{T} - \boldsymbol{j}\right]$$

$$= \boldsymbol{j} \nabla \frac{L_{21}}{L_{11}} - \operatorname{div}(\varkappa \nabla T) + \frac{L_{12}}{L_{11}} T \boldsymbol{j} \nabla \frac{1}{T} - \frac{T}{L_{11}} j^2.$$

Diese Bilanzgleichung kann nun in der Weise interpretiert werden, daß man sagt: Der Wärmefluß $\operatorname{div}(-\varkappa \nabla T)$, der bei verschwindendem elektrischen Strom ($\boldsymbol{j} = 0$) offenbar gleichfalls verschwindet, wird gespeist durch Wärmequellen, die unter Verwendung von (9.10), der Onsager-Symmetrie (9.9) ($L_{21} = L_{12}$) und (9.16) geschrieben werden können als

$$\frac{e^2}{\sigma} j^2 - e T \boldsymbol{j} \nabla S = \operatorname{div}\,(-\varkappa \nabla T). \tag{9.20}$$

Während der erste Term in (9.20) identisch ist mit der stets positiven Jouleschen Wärme, kann der zweite beide Vorzeichen haben, was dazu führt, daß die diesbezügliche Wärmeerzeugung im Gegensatz zur Jouleschen reversibel ist. Wegen der Onsager-Symmetrie wird diese, wie auch der Seebeck-Effekt, auf eine Materialgröße, die absolute Thermokraft, zurückgeführt. Da bei einem homogenen Metall $\nabla S = \frac{\mathrm{d}S}{\mathrm{d}T} \nabla T$ ist, so hat man in diesem Fall als Quelldichte der reversiblen Wärmeerzeugung

$$-e T \frac{\mathrm{d}S}{\mathrm{d}T} \boldsymbol{j} \nabla T,$$

die sogenannte Thomson-Wärme.

In (9.20) eingesetzt, gestattet das Auftreten dieser Wärmequelle durch im Prinzip einfache kalorische Messungen die Bestimmung von $\mathrm{d}S/\mathrm{d}T$ für ein Standardmetall. Mit $S(0) = 0$ erhält man daraus die gesuchte Funktion $S(T)$ und nach (9.19) die Thermokraft der übrigen Metalle.

Abschließend sei noch erwähnt, daß man die nach (9.20) für konstante Temperatur, aber inhomogenes Material auftretende reversible Wärme als Peltier-Wärme bezeichnet. An der in Abb. 55 bezeichneten „Lötstelle“ T_1 beider Metalle ist die pro Sekunde insgesamt erzeugte Peltier-Wärme nach (9.20) gegeben durch

$$-e T_1 \int \boldsymbol{j} \nabla S \,\mathrm{d}^3\boldsymbol{r} = e T_1 I (S_A - S_B) \qquad (I \text{ Stromstärke}).$$

Wie der Seebeck-Effekt ist also auch die Erzeugung der Peltier-Wärme ein thermoelektrischer Effekt an mindestens zwei Metallen. Allein die Thomson-Wärme tritt bereits an einem homogenen Metall auf und gestattet zusammen mit Messungen von σ und $\varkappa$ die Bestimmung aller in einem Metall ohne Magnetfeld voneinander unabhängigen Transportgrößen.

9.2. Mikroskopische Theorie, Transportgrößen und Variationsintegrale

Wir wenden uns jetzt der Aufgabe zu, die drei Transportgrößen σ, $\varkappa$ und S durch die die Verteilungsfunktion bestimmenden Integrale des Gleichungssystems (8.46) und (8.65) darzustellen. Dazu drücken wir zunächst die Teilchen- und die Wärmestromdichte durch die die Boltzmann-Gleichung lösende Verteilungsfunktion $f(\boldsymbol{k})$ aus. Man erkennt ohne weiteres die Richtigkeit folgender Beziehungen:

$$\begin{aligned} \boldsymbol{j} &= \frac{1}{\Omega} \sum_{\boldsymbol{k}} \boldsymbol{v}(\boldsymbol{k}) f(\boldsymbol{k}), \\ \boldsymbol{j}_Q &= \frac{1}{\Omega} \sum_{\boldsymbol{k}} \{E(\boldsymbol{r}, \boldsymbol{k}) - \mu(\boldsymbol{r})\} \boldsymbol{v}(\boldsymbol{k}) f(\boldsymbol{k}) + \frac{1}{\Omega} \sum_{\boldsymbol{w}} \hbar\omega(\boldsymbol{w}) \boldsymbol{u}(\boldsymbol{w}) n(\boldsymbol{w}). \end{aligned} \tag{9.21}$$

Dabei bedeutet $E(\boldsymbol{r}, \boldsymbol{k}) = E(\boldsymbol{k}) + e\varphi(\boldsymbol{r})$ mit $\varphi(\boldsymbol{r})$ als elektrostatischem Potential die auf einen festen energetischen Nullpunkt bezogene Energie des Elektrons im Zustand $\boldsymbol{k}$. Unter Verwendung von $\mu = \zeta + e\varphi$ können wir die Wärmestromdichte auch schreiben:

$$\boldsymbol{j}_Q = \frac{1}{\Omega} \sum_{\boldsymbol{k}} \{E(\boldsymbol{k}) - \zeta\} \boldsymbol{v}(\boldsymbol{k}) f(\boldsymbol{k}) + \frac{1}{\Omega} \sum_{\boldsymbol{w}} \hbar\omega(\boldsymbol{w}) \boldsymbol{u}(\boldsymbol{w}) n(\boldsymbol{w}). \tag{9.22}$$

Nach (2.41), (2.64), (6.14) und (8.20) sind die mit $f_0(\boldsymbol{k})$ gebildeten Summenterme in (9.21) und (9.22) antisymmetrisch und geben somit keinen Beitrag zu den Stromdichten. Mit Benutzung von (8.30) erhalten wir demnach

$$\boldsymbol{j} = -\frac{1}{\Omega} \sum_{\boldsymbol{k}} \boldsymbol{v}(\boldsymbol{k}) \frac{\partial f_0(\boldsymbol{k})}{\partial E(\boldsymbol{k})} \Phi(\boldsymbol{k}), \tag{9.23}$$

$$\boldsymbol{j}_Q = -\frac{1}{\Omega} \sum_{\boldsymbol{k}} \{E(\boldsymbol{k}) - \zeta\} \boldsymbol{v}(\boldsymbol{k}) \frac{\partial f_0(\boldsymbol{k})}{\partial E(\boldsymbol{k})} \Phi(\boldsymbol{k}) - \frac{1}{\Omega} \sum_{\boldsymbol{w}} \hbar\omega(\boldsymbol{w}) \boldsymbol{u}(\boldsymbol{w}) \frac{\partial n_0(\boldsymbol{w})}{\partial(\hbar\omega(\boldsymbol{w}))} \varphi(\boldsymbol{w}). \tag{9.24}$$

Um diese Ausdrücke in Analogie zu (9.8) zu setzen, d. h., um die Onsager-Koeffizienten zu erhalten, machen wir für die Funktionen $\Phi(\boldsymbol{k})$ und $\varphi(\boldsymbol{w})$ folgende Ansätze:

$$\Phi(\boldsymbol{k}) = \boldsymbol{\Phi}_1(\boldsymbol{k}) \frac{1}{T} \nabla\mu - \boldsymbol{\Phi}_2(\boldsymbol{k}) \nabla \frac{1}{T}, \tag{9.25}$$

$$\varphi(\boldsymbol{w}) = \boldsymbol{\varphi}_1(\boldsymbol{w}) \frac{1}{T} \nabla\mu - \boldsymbol{\varphi}_2(\boldsymbol{w}) \nabla \frac{1}{T}. \tag{9.26}$$

Setzt man (9.25) und (9.26) in (9.23) und (9.24) ein und vergleicht mit (9.8), so erhält man die Onsager-Koeffizienten als folgende Tensorprodukte:

$$L_{11} = \frac{1}{\Omega} \sum_{\boldsymbol{k}} \boldsymbol{v}(\boldsymbol{k}) \frac{\partial f_0(\boldsymbol{k})}{\partial E(\boldsymbol{k})} \boldsymbol{\Phi}_1(\boldsymbol{k}), \tag{9.27}$$

$$L_{12} = \frac{1}{\Omega} \sum_{\boldsymbol{k}} \boldsymbol{v}(\boldsymbol{k}) \frac{\partial f_0(\boldsymbol{k})}{\partial E(\boldsymbol{k})} \boldsymbol{\Phi}_2(\boldsymbol{k}), \tag{9.28}$$

$$L_{21} = \frac{1}{\Omega} \sum_{\boldsymbol{k}} \{E(\boldsymbol{k}) - \zeta\} \boldsymbol{v}(\boldsymbol{k}) \frac{\partial f_0(\boldsymbol{k})}{\partial E(\boldsymbol{k})} \boldsymbol{\Phi}_1(\boldsymbol{k}) + \frac{1}{\Omega} \sum_{\boldsymbol{w}} \hbar\omega(\boldsymbol{w})\, \boldsymbol{u}(\boldsymbol{w}) \frac{\partial n_0(\boldsymbol{w})}{\partial(\hbar\omega(\boldsymbol{w}))} \boldsymbol{\varphi}_1(\boldsymbol{w}), \tag{9.29}$$

$$L_{22} = \frac{1}{\Omega} \sum_{\boldsymbol{k}} \{E(\boldsymbol{k}) - \zeta\} \boldsymbol{v}(\boldsymbol{k}) \frac{\partial f_0(\boldsymbol{k})}{\partial E(\boldsymbol{k})} \boldsymbol{\Phi}_2(\boldsymbol{k}) + \frac{1}{\Omega} \sum_{\boldsymbol{w}} \hbar\omega(\boldsymbol{w})\, \boldsymbol{u}(\boldsymbol{w}) \frac{\partial n_0(\boldsymbol{w})}{\partial(\hbar\omega(\boldsymbol{w}))} \boldsymbol{\varphi}_2(\boldsymbol{w}). \tag{9.30}$$

Die Berechnung der Onsager-Koeffizienten und damit der Größen σ, $\varkappa$ und S ist somit reduziert auf die Berechnung der vier Vektorfunktionen $\boldsymbol{\Phi}_1(\boldsymbol{k})$, $\boldsymbol{\Phi}_2(\boldsymbol{k})$, $\boldsymbol{\varphi}_1(\boldsymbol{w})$, $\boldsymbol{\varphi}_2(\boldsymbol{w})$. Um diese in Verbindung mit dem Variationsprinzip in Kapitel 8 zu bringen, greifen wir auf die Gleichungen (8.36) bis (8.39) zurück und schreiben sie mit Berücksichtigung von (9.25) und (9.26) folgendermaßen:

$$\begin{aligned} &T \frac{\partial f_0(\boldsymbol{k})}{\partial E(\boldsymbol{k})} \boldsymbol{v}(\boldsymbol{k}) \left\{ -\frac{1}{T} \nabla\mu + (E(\boldsymbol{k}) - \zeta) \nabla \frac{1}{T} \right\} \\ &= P_1 \left\{ \boldsymbol{\Phi}_1 \frac{1}{T} \nabla\mu - \boldsymbol{\Phi}_2 \nabla \frac{1}{T} \right\} + P_2 \left\{ \boldsymbol{\varphi}_1 \frac{1}{T} \nabla\mu - \boldsymbol{\varphi}_2 \nabla \frac{1}{T} \right\}, \end{aligned} \tag{9.31}$$

$$\begin{aligned} &T\hbar\,\omega(\boldsymbol{w}) \frac{\partial n_0(\boldsymbol{w})}{\partial(\hbar\omega(\boldsymbol{w}))} \left(\boldsymbol{u}(\boldsymbol{w}), \nabla \frac{1}{T} \right) \\ &= P_3 \left\{ \boldsymbol{\Phi}_1 \frac{1}{T} \nabla\mu - \boldsymbol{\Phi}_2 \nabla \frac{1}{T} \right\} + P_4 \left\{ \boldsymbol{\varphi}_1 \frac{1}{T} \nabla\mu - \boldsymbol{\varphi}_2 \nabla \frac{1}{T} \right\}. \end{aligned} \tag{9.32}$$

Daraus ersehen wir, daß gilt:

$$-T \frac{\partial f_0(\boldsymbol{k})}{\partial E(\boldsymbol{k})} \boldsymbol{v}(\boldsymbol{k}) = P_1 \boldsymbol{\Phi}_1 + P_2 \boldsymbol{\varphi}_1 = P_E[\boldsymbol{\Phi}_1, \boldsymbol{\varphi}_1], \tag{9.33}$$

$$-T \frac{\partial f_0(\boldsymbol{k})}{\partial E(\boldsymbol{k})} \boldsymbol{v}(\boldsymbol{k})(E(\boldsymbol{k}) - \zeta) = P_1 \boldsymbol{\Phi}_2 + P_2 \boldsymbol{\varphi}_2 = P_E[\boldsymbol{\Phi}_2, \boldsymbol{\varphi}_2], \tag{9.34}$$

$$0 = P_3 \boldsymbol{\Phi}_1 + P_4 \boldsymbol{\varphi}_1 = P_{Ph}[\boldsymbol{\Phi}_1, \boldsymbol{\varphi}_1], \tag{9.35}$$

$$-T\hbar\,\omega(\boldsymbol{w}) \frac{\partial n_0(\boldsymbol{w})}{\partial(\hbar\omega(\boldsymbol{w}))} \boldsymbol{u}(\boldsymbol{w}) = P_3 \boldsymbol{\Phi}_2 + P_4 \boldsymbol{\varphi}_2 = P_{Ph}[\boldsymbol{\Phi}_2, \boldsymbol{\varphi}_2]. \tag{9.36}$$

Mit (9.33) und (9.35) bzw. (9.34) und (9.36) liegen jetzt Gleichungen für $\boldsymbol{\Phi}_1(\boldsymbol{k})$, $\boldsymbol{\varphi}_1(\boldsymbol{w})$ bzw. $\boldsymbol{\Phi}_2(\boldsymbol{k})$, $\boldsymbol{\varphi}_2(\boldsymbol{w})$ vor, die genau die Form der Gleichungen (8.40) und

(8.41) haben. Nach dem dort entwickelten Verfahren können wir deshalb sofort die Lösungen der Gleichungen (9.33) bis (9.36) angeben.

Wie bereits in der makroskopischen Theorie wollen wir im folgenden nur Metalle mit kubischer Symmetrie betrachten, für die die Onsager-Koeffizienten skalar sind. Außerdem wollen wir uns auf den experimentell besonders wichtigen Fall der Parallelität von $\nabla\mu$ und $\nabla \frac{1}{T}$ beschränken, in deren gemeinsame Richtung wir die x-Achse eines kartesischen Koordinatensystems legen.

Damit wird es möglich, die den Gleichungen (8.56), (8.60), (8.64) und (8.65) entsprechenden Gleichungen zu formulieren. Sie lauten

$$\left.\begin{aligned}
&\Psi_i(\boldsymbol{k}) = \sum_r a_r^{(i)} \Xi_r(\boldsymbol{k}), \qquad \psi_i(\boldsymbol{w}) = \sum_r b_r^{(i)} \chi_r(\boldsymbol{w}), && (9.37)\\
&\alpha_r^{(i)} = (\Xi_r, F^{(i)}), \qquad \beta_r^{(i)} = (\chi_r, G^{(i)}), && (9.38)\\
&\sum_r \{a_r^{(i)} d_{rl}^1 + b_r^{(i)} d_{lr}^2\} = \alpha_l^{(i)}, && (9.39)\\
&\sum_r \{a_r^{(i)} d_{rl}^2 + b_r^{(i)} d_{rl}^4\} = \beta_l^{(i)}. && (9.40)
\end{aligned}\right\}\ (i = 1, 2)$$

Dabei wurden in (9.37) für $i = 1$ und für $i = 2$ dieselben Vergleichs-Funktionen $\Xi_r(\boldsymbol{k})$ und $\chi_r(\boldsymbol{w})$ gewählt. Dadurch änderte sich nichts an den d_{rs} der Gleichung (8.58). Die Größen $F^{(i)}(\boldsymbol{k})$ und $G^{(i)}(\boldsymbol{w})$ in (9.38) sind nach (9.33) bis (9.36) folgendermaßen bestimmt:

$$F^{(1)}(\boldsymbol{k}) = -T \frac{\partial f_0(\boldsymbol{k})}{\partial E(\boldsymbol{k})} v_x(\boldsymbol{k}), \qquad F^{(2)}(\boldsymbol{k}) = -T \frac{\partial f_0(\boldsymbol{k})}{\partial E(\boldsymbol{k})} v_x(\boldsymbol{k}) (E(\boldsymbol{k}) - \zeta); \tag{9.41}$$

$$G^{(1)}(\boldsymbol{w}) = 0, \qquad G^{(2)}(\boldsymbol{w}) = -T\hbar\omega(\boldsymbol{w}) \frac{\partial n_0(\boldsymbol{w})}{\partial(\hbar\omega(\boldsymbol{w}))} u_x(\boldsymbol{w}). \tag{9.42}$$

Unter Beachtung von (9.38), (9.41) und (9.42) setzen wir nun (9.37) in (9.27) bis (9.30) ein; das ergibt

$$L_{11} = -\frac{1}{\Omega T} \sum_r \alpha_r^{(1)} a_r^{(1)}, \tag{9.43}$$

$$L_{12} = -\frac{1}{\Omega T} \sum_r \alpha_r^{(1)} a_r^{(2)}, \tag{9.44}$$

$$L_{21} = -\frac{1}{\Omega T} \sum_r \{\alpha_r^{(2)} a_r^{(1)} + \beta_r^{(2)} b_r^{(1)}\}, \tag{9.45}$$

$$L_{22} = -\frac{1}{\Omega T} \sum_r \{\alpha_r^{(2)} a_r^{(2)} + \beta_r^{(2)} b_r^{(2)}\}. \tag{9.46}$$

Aus diesen vier Gleichungen ergeben sich unter Verwendung von (9.10), (9.14) und (9.16) folgende Ausdrücke für die drei Transportgrößen:

$$\sigma = -\frac{e^2}{\Omega T^2} \sum_r \alpha_r^{(1)} a_r^{(1)}, \tag{9.47}$$

$$\varkappa = \frac{1}{\Omega T^3} \frac{\sum_{rr'} \alpha_r^{(1)} \alpha_{r'}^{(2)} [a_r^{(2)} a_{r'}^{(1)} - a_r^{(1)} a_{r'}^{(2)}] + \sum_{rr'} \alpha_r^{(1)} \beta_{r'}^{(2)} [a_r^{(2)} b_{r'}^{(1)} - a_r^{(1)} b_{r'}^{(2)}]}{\sum \alpha_r^{(1)} a_r^{(1)}}, \tag{9.48}$$

$$S = \frac{1}{eT} \frac{\sum_r \alpha_r^{(1)} a_r^{(2)}}{\sum_r \alpha_r^{(1)} a_r^{(1)}}. \tag{9.49}$$

Ihre explizite Berechnung geht also, indem wir das Dargelegte zusammenfassen, folgendermaßen vor sich: Nach der Wahl geeigneter Vergleichsfunktionen $\Xi_r(\boldsymbol{k})$, $\chi_r(\boldsymbol{w})$ berechnet man nach (9.38) die Größen $\alpha_r^{(i)}$, $\beta_r^{(i)}$ sowie die d_{rs} nach (8.58) und findet dann aus (9.39) und (9.40) die Koeffizienten $a_r^{(i)}$ und $b_r^{(i)}$. Das Einsetzen in (9.47) bis (9.49) ergibt schließlich die gesuchten Meßgrößen.

Bevor wir uns ausführlicher mit den Ausdrücken für σ, $\varkappa$ und S befassen, prüfen wir noch die Gültigkeit der Onsager-Symmetrie $L_{21} = L_{12}$ im vorliegenden Fall. Mit Benutzung von (9.29) und (9.34) ergibt sich

$$L_{21} = -\frac{1}{\Omega T} \sum_{\boldsymbol{k}} \Phi_1(\boldsymbol{k})\, P_E[\Phi_2, \varphi_2] - \frac{1}{\Omega T} \sum_{\boldsymbol{w}} \varphi_1(\boldsymbol{w})\, P_{Ph}[\Phi_2, \varphi_2].$$

Nach (8.43) ist dies gleich

$$-\frac{1}{\Omega T} \sum_{\boldsymbol{k}} \Phi_2(\boldsymbol{k})\, P_E[\Phi_1, \varphi_1] - \frac{1}{\Omega T} \sum_{\boldsymbol{w}} \varphi_2(\boldsymbol{w})\, P_{Ph}[\Phi_1, \varphi_1].$$

Mit Berücksichtigung von (9.33) und (9.35) können wir weiter folgern, daß gilt:

$$L_{21} = \frac{1}{\Omega} \sum_{\boldsymbol{k}} \frac{\partial f_0(\boldsymbol{k})}{\partial E(\boldsymbol{k})} \boldsymbol{v}(\boldsymbol{k})\, \Phi_2(\boldsymbol{k}) = L_{12}.$$

Auf die Ausdrücke (9.47) bis (9.49) zurückkommend, bemerken wir, daß diese sich selbstverständlich unter Zuhilfenahme von (9.39) und (9.40) durch die im Prinzip bekannten Größen $\alpha_r^{(i)}$, $\beta_r^{(i)}$ und d_{rs} allgemein ausdrücken lassen. Wir verzichten hier aber auf das Angeben dieser Formeln und beschränken uns nur auf einige wichtige Spezialfälle.

Wir betrachten zuerst den Fall

$$\Xi_r(\boldsymbol{k}) = \Xi_1(\boldsymbol{k})\,\delta_{1r}, \qquad \chi_r(\boldsymbol{w}) = 0. \tag{9.50}$$

Das Gleichungssystem (9.39), (9.40) wird dann gelöst durch

$$a_1^{(i)} = \frac{\alpha_1^{(i)}}{d_{11}^1}.$$

Nach (9.47) bis (9.49) ergeben sich daraus die Transportgrößen:

$$\sigma = -\frac{e^2}{\Omega T^2}\frac{(\alpha_1^{(1)})^2}{d_{11}^1}, \tag{9.51}$$

$$\varkappa = 0, \tag{9.52}$$

$$S = \frac{1}{eT}\frac{\alpha_1^{(2)}}{\alpha_1^{(1)}}. \tag{9.53}$$

Um eine von Null verschiedene Wärmeleitfähigkeit $\varkappa$ zu erhalten, muß man also den Ansatz (9.50) erweitern. Die nächstliegende Möglichkeit ist offenbar

$$\Xi_r(\boldsymbol{k}) = \Xi_1(\boldsymbol{k})\,\delta_{1r} + \Xi_2(\boldsymbol{k})\delta_{2r}, \qquad \chi_r(\boldsymbol{w}) = 0 \tag{9.54}$$

mit der folgenden Lösung der Gleichungen (9.39) und (9.40):

$$a_1^{(i)} = \frac{\alpha_1^{(i)} d_{22}^1 - \alpha_2^{(i)} d_{21}^1}{d_{11}^1 d_{22}^1 - (d_{12}^1)^2}, \qquad a_2^{(i)} = \frac{\alpha_2^{(i)} d_{11}^1 - \alpha_1^{(i)} d_{12}^1}{d_{11}^1 d_{22}^1 - (d_{12}^2)^2}.$$

Setzt man diese Lösung in (9.47) bis (9.49) ein, so erhält man

$$\sigma = -\frac{e^2}{\Omega T^2}\frac{1}{d_{11}^1 d_{22}^1 - (d_{12}^1)^2}\{(\alpha_1^{(1)})^2 d_{22}^1 - 2\alpha_1^{(1)}\alpha_2^{(1)} d_{12}^1 + (\alpha_2^{(1)})^2 d_{11}^1\}, \tag{9.55}$$

$$\varkappa = -\frac{1}{\Omega T^3}\{(\alpha_1^{(1)})^2 d_{22}^1 - 2\alpha_1^{(1)}\alpha_2^{(1)} d_{12}^1 + (\alpha_2^{(1)})^2 d_{11}^1\}^{-1}(\alpha_1^{(1)}\alpha_2^{(2)} - \alpha_1^{(2)}\alpha_2^{(1)})^2, \tag{9.56}$$

$$S = \frac{1}{eT}\{(\alpha_1^{(1)})^2 d_{22}^1 - 2\alpha_1^{(1)}\alpha_2^{(1)} d_{12}^1 + (\alpha_2^{(1)})^2 d_{11}^1\}^{-1}$$
$$\times [\alpha_2^{(1)}\alpha_2^{(2)} d_{11}^1 + \alpha_1^{(1)}\alpha_1^{(2)} d_{22}^1 - (\alpha_1^{(1)}\alpha_2^{(2)} + \alpha_1^{(2)}\alpha_2^{(1)})\, d_{12}^1]. \tag{9.57}$$

In der durch (9.54) gegebenen Näherung erhalten wir also einen endlichen Wärmewiderstand.

Sowohl (9.50) als auch (9.54) bedeuten physikalisch das Verbleiben der Phononen im thermodynamischen Gleichgewicht. Die einfachste Möglichkeit, ohne diese selbstverständlich nicht streng erfüllte Annahme vorzugehen, besteht in folgendem Ansatz für die Vergleichsfunktionen:

$$\Xi_r(\boldsymbol{k}) = \Xi_1(\boldsymbol{k})\,\delta_{1r}, \qquad \chi_r(\boldsymbol{w}) = \chi_1(\boldsymbol{w})\,\delta_{1r}. \tag{9.58}$$

Die Lösung von (9.39) und (9.40) lautet jetzt

$$a_1^{(i)} = \frac{\alpha_1^{(i)} d_{11}^4 - \beta_1^{(i)} d_{11}^2}{d_{11}^1 d_{11}^4 - (d_{11}^2)^2}, \qquad b_1^{(i)} = \frac{\beta_1^{(i)} d_{11}^1 - \alpha_1^{(i)} d_{11}^2}{d_{11}^1 d_{11}^4 - (d_{11}^2)^2}.$$

Setzt man diese Lösung in (9.47) bis (9.49) ein, so erhält man

$$\sigma = -\frac{e^2}{\Omega T^2}\frac{(\alpha_1^{(1)})^2}{d_{11}^1 - \dfrac{(d_{11}^2)^2}{d_{11}^4}}, \tag{9.59}$$

$$\varkappa = -\frac{1}{\Omega T^3}\frac{(\beta_1^{(2)})^2}{d_{11}^4}, \tag{9.60}$$

$$S = \frac{1}{eT}\left\{\frac{\alpha_1^{(2)}}{\alpha_1^{(1)}} - \frac{\beta_1^{(2)}}{\alpha_1^{(1)}}\frac{d_{11}^2}{d_{11}^4}\right\}. \tag{9.61}$$

Bei einem Vergleich von (9.53) mit (9.61) fällt auf, daß sich die Thermokraft S bei Berücksichtigung des Nichtgleichgewichts der Phononen um einen additiven Term

$$S_{Ph} = -\frac{1}{eT}\frac{\beta_1^{(2)}}{\alpha_1^{(1)}}\frac{d_{11}^2}{d_{11}^4} \tag{9.62}$$

von jenem Wert unterscheidet, der sich unter der Voraussetzung der Gleichgewichtsverteilung der Phononen ergibt. Man bezeichnet S_{Ph} als den durch „Phonon-Drag“ bedingten Anteil der Thermokraft. Wie man bei einem Vergleich mit (9.57) bemerkt, gilt diese einfache Additivität jedoch nicht mehr für die höheren Näherungen, die überhaupt schnell auf eine derartige Menge von Koeffizienten und Termen führen, daß an eine sinnvolle Verwendung des Verfahrens kaum mehr gedacht werden kann. Außerdem sind, wie wir im folgenden sehen werden, die bei der Berechnung der Koeffizienten einfach verwendbaren Approximationen derart, daß die Heranziehung einer noch größeren Anzahl von Vergleichsfunktionen im Variationsprinzip nicht sinnvoll erscheint.

9.3. Berechnung der Variationsintegrale

Um die in den verschiedenen Näherungen angegebenen Ausdrücke für σ, $\varkappa$ und S mit den Ergebnissen der Messungen dieser Größen vergleichen zu können, müssen wir nun die durch (9.38) und (8.58) definierten Variationsintegrale $\alpha_r^{(i)}$, $\beta_r^{(i)}$ und d_{rs} explizit berechnen.

Zu diesem Zweck hat man zunächst geeignete Vergleichsfunktionen $\Xi_r(\boldsymbol{k})$ und $\chi_r(\boldsymbol{w})$ zu wählen. Bei der darauffolgenden Berechnung der $\alpha_r^{(i)}$ und $\beta_r^{(i)}$ muß man nach (9.41) und (9.42) die Funktionen $E(\boldsymbol{k})$ und $\omega(\boldsymbol{w})$ kennen. Zur Berechnung der d_{rs} ist außerdem nach (8.17) noch die Kenntnis der die Elektron-Phonon-Wechselwirkung bestimmenden Funktion $\mathfrak{C}(|\boldsymbol{k}' - \boldsymbol{k}|)$ notwendig. Da, wie wir sehen werden, diese Berechnung der $\alpha_r^{(i)}$, $\beta_r^{(i)}$ und der d_{rs} selbst bei Vorgabe der einfachsten Funktionen $E(\boldsymbol{k})$, $\omega(\boldsymbol{w})$, $\mathfrak{C}(|\boldsymbol{k}' - \boldsymbol{k}|)$ noch reichlich umständlich ist, müssen wir uns hier auf diesen einfachsten Fall beschränken, der selbstverständlich nur in speziellen Fällen approximativ in der Natur realisiert ist.

In Anlehnung an die strenge Lösung (8.71) wählen wir die Vergleichsfunktionen folgendermaßen:

$$\Xi_r(\boldsymbol{k}) = k_x \varepsilon^{r-1}, \qquad \varepsilon = \frac{E(\boldsymbol{k}) - \zeta}{k_B T}; \tag{9.63}$$

$$\chi_r(\boldsymbol{w}) = w_x \eta^{r-1}, \qquad \eta = \frac{\hbar\,\omega(\boldsymbol{w})}{k_B T}. \tag{9.64}$$

Wegen (2.41) und (6.14) gilt dann

$$\Xi_r(-\boldsymbol{k}) = -\Xi_r(\boldsymbol{k}), \qquad \chi_r(-\boldsymbol{w}) = -\chi_r(\boldsymbol{w}),$$

d. h., die Funktionen (9.63) und (9.64) sind nach (9.23) und (9.24) stromtragend und garantieren nach (8.30) die Erhaltung der Teilchenzahl.

Die Energieflächen nehmen wir als kugelförmig an, d. h., wir setzen

$$E = E(k). \tag{9.65}$$

Außerdem möge die Fermi-Fläche $E = E_F$ die Zonenbegrenzung nicht berühren, d. h., sie möge geschlossen sein. Nach den Ausführungen in Kapitel 4 bedeuten diese Annahmen, daß das betrachtete Modell höchstens für die Alkalimetalle Gültigkeit haben kann.

Für das Gitterspektrum $\omega_\alpha(\boldsymbol{w})$ setzen wir die isotrope Kontinuumsapproximation als gültig voraus, was nach (6.38) bedeutet, daß

$$\omega_\alpha(\boldsymbol{w}) = v_{s\alpha} w \tag{9.66}$$

gilt.

Die der Debyeschen Korrektur entsprechenden Maximalfrequenzen $\omega_{\alpha D}$ identifizieren wir unter Benutzung der Kugelapproximation (6.39) mit dem durch (6.40) gegebenen Ausdruck. Indem wir weiterhin gemäß

$$\hbar\,\omega_{\alpha D} = k_B \theta_\alpha \tag{9.67}$$

die den einzelnen Schwingungszweigen zugeordneten „Debyeschen Temperaturen" θ_α einführen, erhalten wir den Zusammenhang

$$\theta_\alpha = \frac{\hbar}{k_B} v_{s\alpha} \sqrt[3]{\frac{6\,\pi^2}{\Omega_0}}. \tag{9.68}$$

Die Werte der so definierten Temperaturen liegen etwa zwischen 100 °K für Kalium und 1000 °K für Beryllium. Unter Beachtung von (4.78) geben wir für die Alkalimetalle noch den Zusammenhang

$$w_D = \sqrt[3]{2}\, k_F \tag{9.69}$$

an.

Die Funktion $\mathcal{C}(|\boldsymbol{k}' - \boldsymbol{k}|)$ schließlich wird zur möglichst einfachen Durchführung der Integrationen bei der Berechnung der d_{rs} meist als Konstante behandelt, die etwa durch ihren Grenzwert $\mathcal{C}(0)$ approximiert wird, der in der Bardeenschen Behandlung des Problems nach (7.35) gleich $\frac{2}{3} E_F$ ist; d. h., man setzt

$$\mathcal{C}\,(|\boldsymbol{k}' - \boldsymbol{k}|) = \frac{2}{3} E_F. \tag{9.70}$$

Offenbar ist diese Approximation der Streufunktion durch ihren Wert für kleine Streuwinkel höchstens für N-Prozesse zulässig. Bei der Berücksichtigung von U-Prozessen ist eine geeignet abgeänderte Approximation von $\mathcal{C}(|\boldsymbol{k}' - \boldsymbol{k}|)$ notwendig. Wir kommen darauf später zurück.

Unter Verwendung von (9.38), (9.41) und (9.63) erhalten wir nun, indem wir die Summe $\sum_{\boldsymbol{k}} \ldots$ durch das Integral $\frac{\Omega}{4\pi^3}\int \ldots \mathrm{d}^3\boldsymbol{k}$ ersetzen,

$$\alpha_r^{(1)} = -\frac{\Omega}{4\pi^3} T \int k_x \, \varepsilon^{r-1}(\boldsymbol{k}) \frac{\partial f_0(\boldsymbol{k})}{\partial E(\boldsymbol{k})} v_x(\boldsymbol{k}) \, \mathrm{d}^3\boldsymbol{k},$$
$$\alpha_r^{(2)} = k_B T \alpha_{r+1}^{(1)}. \tag{9.71}$$

Unter Beachtung von (2.36) und (2.64) können wir dafür auch schreiben:

$$\alpha_r^{(1)} = -\frac{\Omega}{4\pi^3}\frac{T}{\hbar}\int\left\{\int k_x \varepsilon^{r-1}(\boldsymbol{k}) \frac{\partial f_0(\boldsymbol{k})}{\partial \varepsilon(\boldsymbol{k})} \frac{v_x(\boldsymbol{k})}{v(\boldsymbol{k})} \, \mathrm{d}f_E(\boldsymbol{k})\right\} \mathrm{d}\varepsilon(\boldsymbol{k}), \tag{9.72}$$

wobei die Integration über f_E auf einer Energiefläche $E(\boldsymbol{k}) =$ konst. verläuft. Wir führen zunächst die Integration über ε aus, die allgemein der Berechnung eines Integrals

$$\mathcal{J} = \int_{-\frac{\zeta}{k_B T}}^{\infty} F(\varepsilon) \frac{\partial f_0}{\partial \varepsilon} \, \mathrm{d}\varepsilon$$

entspricht. Da $\partial f_0/\partial \varepsilon$ nur in der Umgebung von $\varepsilon = 0$ merklich von Null verschieden ist, entwickeln wir $F(\varepsilon)$ folgendermaßen in eine Reihe:

$$F(\varepsilon) = F(0) + \varepsilon F'(0) + \frac{1}{2}\varepsilon^2 F''(0) + \cdots$$

Diese Entwicklung setzen wir in das Integral ein; das ergibt

$$\mathcal{J} = -F(0) f_0\left(-\frac{\zeta}{k_B T}\right) + \frac{1}{2} F''(0) \int_{-\frac{\zeta}{k_B T}}^{\infty} \varepsilon^2 \frac{\partial f_0}{\partial \varepsilon} \, \mathrm{d}\varepsilon + \cdots$$

Wegen $\zeta \gg k_B T$ kann man hier $\zeta/k_B T$ durch ∞ approximieren und erhält

$$\mathcal{J} = -F(0) - \frac{\pi^2}{6} F''(0) + \cdots \tag{9.73}$$

Indem wir (9.73) in (9.72) einsetzen, finden wir

$$\alpha_r^{(1)} = \frac{\Omega}{4\pi^3}\frac{T}{\hbar}\left\{\int k_x \varepsilon^{r-1}(\boldsymbol{k}) \frac{v_x(\boldsymbol{k})}{v(\boldsymbol{k})} \, \mathrm{d}f_E + \frac{\pi^2}{6}\frac{\mathrm{d}^2}{\mathrm{d}\varepsilon^2}\int k_x \varepsilon^{r-1}(\boldsymbol{k}) \frac{v_x(\boldsymbol{k})}{v(\boldsymbol{k})} \, \mathrm{d}f_E + \cdots\right\}_{\varepsilon=0}. \tag{9.74}$$

Unter Benutzung der Voraussetzung kugelförmiger Energieflächen und bei Berücksichtigung der bei den Alkalimetallen vorhandenen kubischen Symmetrie gilt

$$\int k_x \varepsilon^{r-1}(k) \frac{v_x(k)}{v(k)} \, \mathrm{d}f_E = \int \varepsilon^{r-1}(k) \frac{k_x^2}{k} \, \mathrm{d}f_E = \frac{1}{3} \int \varepsilon^{r-1}(k) k \, \mathrm{d}f_E,$$

also

$$\alpha_r^{(1)} = \frac{\Omega}{3\pi^2} \frac{T}{\hbar} \left\{ k^3 \varepsilon^{r-1}(k) + \frac{\pi^2}{6} \frac{\mathrm{d}^2}{\mathrm{d}\varepsilon^2} k^3 \varepsilon^{r-1}(k) \right\}_{\varepsilon=0}. \tag{9.75}$$

Daraus folgt, indem wir nur die ersten nichtverschwindenden Glieder aufschreiben — diese übertreffen alle folgenden mindestens um den Faktor $\zeta/k_B T$ — und indem wir (4.78) verwenden,

$$\alpha_1^{(1)} = \frac{\Omega}{3\pi^2} \frac{T}{\hbar} k_F^3 = G^3 \frac{T}{\hbar}, \tag{9.76}$$

$$\alpha_2^{(1)} = G^3 \pi^2 \frac{k_B T}{\hbar k_F v_F} \frac{T}{\hbar}, \tag{9.77}$$

$$\alpha_3^{(1)} = G^3 \frac{\pi^2}{3} \frac{T}{\hbar}. \tag{9.78}$$

Unter Benutzung von (9.38), (9.42) und (9.64) erhalten wir weiterhin, wenn wir noch durch die Ersetzung $\sum_{\boldsymbol{w}} \ldots \to \frac{\Omega}{8\pi^3} \int \ldots \mathrm{d}^3\boldsymbol{w}$ zu Integralen übergehen,

$$\beta_r^{(2)} = -\frac{\Omega}{8\pi^3} T \int w_x \eta^r(\boldsymbol{w}) \frac{\partial n_0(\boldsymbol{w})}{\partial \eta(\boldsymbol{w})} u_x(\boldsymbol{w}) \, \mathrm{d}^3\boldsymbol{w}.$$

Mit Berücksichtigung von (9.66) können wir dafür auch schreiben:

$$\beta_r^{(2)} = -\frac{\Omega}{24\pi^3} T \int \omega(\boldsymbol{w}) \eta^r(\boldsymbol{w}) \frac{\partial n_0(\boldsymbol{w})}{\partial \eta(\boldsymbol{w})} \, \mathrm{d}^3\boldsymbol{w}. \tag{9.79}$$

Setzen wir in dieser Beziehung nach (9.68)

$$\omega = \frac{k_B T}{\hbar} \eta, \qquad w = \frac{\omega}{v_s} = \sqrt[3]{\frac{3\pi^2}{\Omega_0}} \frac{T}{\theta} \eta$$

und beachten, daß der Integrand in (9.79) nur von w abhängt, so ergibt sich für (9.79) nach der Winkelintegration

$$\beta_r^{(2)} = -G^3 \frac{k_B T^2}{\hbar} \left(\frac{T}{\theta}\right)^3 \int_0^{\eta_{\max}} \eta^{r+3} \frac{\partial n_0}{\partial \eta} \, \mathrm{d}\eta.$$

Aus (8.29) und (9.67) folgt

$$\int_0^{\eta_{\max}} \eta^{r+3} \frac{\partial n_0}{\partial \eta} \, \mathrm{d}\eta = -\int_0^{\frac{\theta}{T}} \frac{\eta^{r+3}}{(\mathrm{e}^\eta - 1)(1 - \mathrm{e}^{-\eta})} \, \mathrm{d}\eta \equiv -\mathfrak{J}_{r+3}\left(\frac{\theta}{T}\right). \tag{9.80}$$

Damit erhalten wir schließlich

$$\beta_r^{(2)} = G^3 \frac{k_B T^2}{\hbar} \left(\frac{T}{\theta}\right)^3 \mathcal{J}_{r+3}\left(\frac{\theta}{T}\right). \tag{9.81}$$

Wir kommen nun zur Berechnung der durch (8.58) definierten Größen d_{rs}, von denen wir, entsprechend den für σ, $\varkappa$ und S abgeleiteten Ausdrücken, die folgenden fünf benötigen: d_{11}^1, d_{12}^1, d_{22}^1, d_{11}^2, d_{11}^4. Mit Verwendung von (8.17), (8.25), (8.50) und (9.63) erhalten wir zunächst

$$d_{rs}^1 = -\frac{G^{-3}}{k_B T} \frac{\pi}{M} \sum_{\substack{\boldsymbol{k}\,\boldsymbol{k}' \\ \boldsymbol{w}\,\boldsymbol{K}}} n_0(\boldsymbol{w}) f_0(\boldsymbol{k})[1 - f_0(\boldsymbol{k}')]\, \mathcal{C}^2(|\boldsymbol{k}' - \boldsymbol{k}|) \frac{1}{\omega(\boldsymbol{w})} (\boldsymbol{e}(\boldsymbol{w}), \boldsymbol{k}' - \boldsymbol{k})^2 \times \tag{9.82}$$

$$\delta_{\boldsymbol{k}', \boldsymbol{k}+\boldsymbol{w}+\boldsymbol{K}}\, \delta[E(\boldsymbol{k}) - E(\boldsymbol{k}') + \hbar\omega(\boldsymbol{w})]\, [k_x' \varepsilon^{r-1}(\boldsymbol{k}') - k_x \varepsilon^{r-1}(\boldsymbol{k})]\, [k_x' \varepsilon^{s-1}(\boldsymbol{k}') - k_x \varepsilon^{s-1}(\boldsymbol{k})].$$

Indem wir in (9.82) die Summation über $\boldsymbol{k}'$ mit Hilfe des Kronecker-Symbols ausführen und danach zu Integralen über $\boldsymbol{k}$ und $\boldsymbol{w}$ übergehen, finden wir ebenso wie bei (9.72)

$$\begin{aligned} d_{rs}^1 = &-\frac{G^3 \Omega_0^2}{32\pi^6 k_B T} \frac{\pi}{M} \sum_{\boldsymbol{K}} \int\!\!\int n_0(\boldsymbol{w}) f_0(\varepsilon(\boldsymbol{k}))[1 - f_0(\varepsilon(\boldsymbol{k}) + \eta(\boldsymbol{w}))]\, \mathcal{C}^2(|\boldsymbol{w} + \boldsymbol{K}|) \frac{1}{\omega(\boldsymbol{w})} \\ &\times (\boldsymbol{e}(\boldsymbol{w}), \boldsymbol{w} + \boldsymbol{K})^2\, \delta[E(\boldsymbol{k}) - E(\boldsymbol{k} + \boldsymbol{w} + \boldsymbol{K}) + \hbar\omega(\boldsymbol{w})] \\ &\times [(k_x + w_x + K_x)(\varepsilon(\boldsymbol{k}) + \eta(\boldsymbol{w}))^{r-1} - k_x \varepsilon^{r-1}(\boldsymbol{k})] \\ &\times [(k_x + w_x + K_x)(\varepsilon(\boldsymbol{k}) + \eta(\boldsymbol{w}))^{s-1} - k_x \varepsilon^{s-1}(\boldsymbol{k})] \frac{\mathrm{d}\varepsilon(\boldsymbol{k})\, \mathrm{d}f_E(\boldsymbol{k})}{|\nabla_{\boldsymbol{k}}\, \varepsilon(\boldsymbol{k})|} \mathrm{d}^3\boldsymbol{w}. \end{aligned} \tag{9.83}$$

Wegen der kubischen Symmetrie können wir in (9.83) die x-Komponenten durch die Vektoren selbst ersetzen und durch 3 dividieren. Weiterhin wählen wir den Vektor $\boldsymbol{w} + \boldsymbol{K}$ als Polarachse (Abb. 47). Wegen (9.65) hängt der Integrand nicht vom Azimut ab, so daß diese Integration sofort ausgeführt werden kann. Es ergibt sich

$$\begin{aligned} d_{rs}^1 = &-\frac{G^3 \Omega_0^2}{48\pi^4 k_B T M} \sum_{\boldsymbol{K}} \int\!\!\int n_0(\boldsymbol{w}) f_0(\varepsilon)[1 - f_0(\varepsilon + \eta)]\, \mathcal{C}^2(|\boldsymbol{w} + \boldsymbol{K}|) \frac{1}{\omega(\boldsymbol{w})} \\ &\times (\boldsymbol{e}(\boldsymbol{w}), \boldsymbol{w} + \boldsymbol{K})^2\, \delta[E(\boldsymbol{k}) - E(\boldsymbol{k} + \boldsymbol{w} + \boldsymbol{K}) + \hbar\omega]\, [(\boldsymbol{k} + \boldsymbol{w} + \boldsymbol{K})(\varepsilon + \eta)^{r-1} - \boldsymbol{k}\varepsilon^{r-1}] \\ &\times [(\boldsymbol{k} + \boldsymbol{w} + \boldsymbol{K})(\varepsilon + \eta)^{s-1} - \boldsymbol{k}\varepsilon^{s-1}] \frac{k^2}{|\nabla_{\boldsymbol{k}}\varepsilon|} \mathrm{d}\cos\vartheta\, \mathrm{d}\varepsilon\, \mathrm{d}^3\boldsymbol{w}. \end{aligned} \tag{9.84}$$

Wegen $\hbar\omega \leqq k_B\theta \ll \zeta$ ist, wie auch bei der Ableitung von (9.73), der Integrand nur bei $\varepsilon \approx 0$, d. h. für $E \approx \zeta$, merklich von Null verschieden. Physikalisch bedeutet das, daß wegen des Pauli-Prinzips und wegen der relativ zu θ sehr hohen Entartungstemperatur des metallischen Elektronengases Elektron-Phonon-Streuungen nur in der dünnen thermischen Schicht der energetischen Dicke $k_B T$ an der Oberfläche der Fermi-Kugel stattfinden können. Der kompakten Verschiebung der ganzen Fermi-Kugel durch die im Driftterm berücksichtigten äußeren Einflüsse wirken also die Streuprozesse des Stoßterms durch einen Rückfluß, der nur an der Fermi-Oberfläche stattfindet, entgegen und kompensieren so im stationären Fall die Drift im $\boldsymbol{k}$-Raum.

Folglich können wir im Argument der δ-Funktion in (9.84) nach dem relativ zu $E(\boldsymbol{k})\approx\zeta$ kleinen Energie-Austausch $\hbar\omega$ in eine Reihe entwickeln, nämlich

$$\begin{aligned} E(|\boldsymbol{k}+\boldsymbol{w}+\boldsymbol{K}|) &= E(k)+\frac{\mathrm{d}E}{\mathrm{d}k^2}\,[(\boldsymbol{k}+\boldsymbol{w}+\boldsymbol{K})^2-k^2]+\cdots \\ &= E(k)+\frac{\mathrm{d}E}{\mathrm{d}k}\,|\boldsymbol{w}+\boldsymbol{K}|\left(\frac{|\boldsymbol{w}+\boldsymbol{K}|}{2k}-\cos\vartheta\right)+\cdots \end{aligned} \tag{9.85}$$

Indem wir (9.85) in (9.84) einsetzen und ausmultiplizieren, erhalten wir

$$\begin{aligned} d_{rs}^1 = &-\frac{G^3\Omega_0^2}{48\,\pi^4 k_B^2 T^2 M}\sum_{\boldsymbol{K}}\int \mathrm{d}^3\boldsymbol{w}\, n_0(\boldsymbol{w})\,\mathfrak{S}^2(|\boldsymbol{w}+\boldsymbol{K}|)\,\frac{1}{\omega(\boldsymbol{w})}\,\frac{(\boldsymbol{e}(\boldsymbol{w}),\,\boldsymbol{w}+\boldsymbol{K})^2}{|\boldsymbol{w}+\boldsymbol{K}|} \\ &\times\int f_0(\varepsilon)[1-f_0(\varepsilon+\eta)]\,\frac{k^2}{|\nabla_{\boldsymbol{k}}\varepsilon|^2}\,\delta\left(\cos\vartheta-\frac{|\boldsymbol{w}+\boldsymbol{K}|}{2k}+\frac{\hbar\omega}{|\boldsymbol{w}+\boldsymbol{K}||\nabla_{\boldsymbol{k}}E|}\right) \\ &\times[(\boldsymbol{k}+\boldsymbol{w}+\boldsymbol{K})^2(\varepsilon+\eta)^{r+s-2}-(\boldsymbol{k}+\boldsymbol{w}+\boldsymbol{K})\,\boldsymbol{k}\big((\varepsilon+\eta)^{r-1}\varepsilon^{s-1}+(\varepsilon+\eta)^{s-1}\varepsilon^{r-1}\big) \\ &+k^2\varepsilon^{r+s-2}]\,\mathrm{d}\cos\vartheta\,\mathrm{d}\varepsilon. \end{aligned}$$

Daraus ergibt sich durch Integration über $\cos\vartheta$

$$\begin{aligned} d_{rs}^1 = &-\frac{G^3\Omega_0^2}{48\,\pi^4 k_B^2 T^2 M}\sum_{\boldsymbol{K}}\int \mathrm{d}^3\boldsymbol{w}\, n_0(\boldsymbol{w})\,\mathfrak{S}^2(|\boldsymbol{w}+\boldsymbol{K}|)\,\frac{1}{\omega(\boldsymbol{w})}\,\frac{(\boldsymbol{e}(\boldsymbol{w}),\,\boldsymbol{w}+\boldsymbol{K})^2}{|\boldsymbol{w}+\boldsymbol{K}|} \\ &\times\int f_0(\varepsilon)[1-f_0(\varepsilon+\eta)]\,\frac{k^4}{|\nabla_{\boldsymbol{k}}\varepsilon|^2}\left[\left(1+\frac{2\,\hbar\omega}{k|\nabla_{\boldsymbol{k}}E|}\right)(\varepsilon+\eta)^{r+s-2}\right. \\ &\left.-\left(1-\frac{|\boldsymbol{w}+\boldsymbol{K}|^2}{2k^2}+\frac{\hbar\omega}{k|\nabla_{\boldsymbol{k}}E|}\right)\big((\varepsilon+\eta)^{r-1}\varepsilon^{s-1}+(\varepsilon+\eta)^{s-1}\varepsilon^{r-1}\big)+\varepsilon^{r+s-2}\right]\mathrm{d}\varepsilon. \end{aligned} \tag{9.86}$$

In diesem Ausdruck vernachlässigen wir jetzt durchweg $\hbar\omega/(\hbar v_F\, k_F)$ gegen 1; dann ergibt sich

$$\begin{aligned} d_{rs}^1 = &-\frac{G^3\Omega_0^2 k_F^4}{48\,\pi^4 M\,\hbar^2 v_F^2}\sum_{\boldsymbol{K}}\int \mathrm{d}^3\boldsymbol{w}\, n_0(\boldsymbol{w})\,\mathfrak{S}^2(|\boldsymbol{w}+\boldsymbol{K}|)\,\frac{1}{\omega(\boldsymbol{w})}\,\frac{(\boldsymbol{e}(\boldsymbol{w}),\,\boldsymbol{w}+\boldsymbol{K})^2}{|\boldsymbol{w}+\boldsymbol{K}|} \\ &\times\int f_0(\varepsilon)[1-f_0(\varepsilon+\eta)]\left[(\varepsilon+\eta)^{r+s-2}+\varepsilon^{r+s-2}\right. \\ &\left.-\left(1-\frac{|\boldsymbol{w}+\boldsymbol{K}|^2}{2k_F^2}\right)\big((\varepsilon+\eta)^{r-1}\varepsilon^{s-1}+(\varepsilon+\eta)^{s-1}\varepsilon^{r-1}\big)\right]\mathrm{d}\varepsilon. \end{aligned} \tag{9.87}$$

Die verbleibenden ε-Integrale haben folgende Werte:

$$\int_{-\infty}^{+\infty} f_0(\varepsilon)[1-f_0(\varepsilon+\eta)](\varepsilon+\eta)^{r+s-2}\,\mathrm{d}\varepsilon = \begin{cases} r=s=1: & \dfrac{\eta}{1-\mathrm{e}^{-\eta}}, \\ r=2,\, s=1: & \dfrac{1}{2}\dfrac{\eta^2}{1-\mathrm{e}^{-\eta}}, \\ r=s=2: & \dfrac{\eta}{1-\mathrm{e}^{-\eta}}\left(\dfrac{\pi^2}{3}+\dfrac{\eta^2}{3}\right); \end{cases} \tag{9.88}$$

$$\int_{-\infty}^{+\infty} f_0(\varepsilon)[1-f_0(\varepsilon+\eta)]\,\varepsilon^{r+s-2}\,\mathrm{d}\varepsilon = \begin{cases} r=s=1: & \dfrac{\eta}{1-\mathrm{e}^{-\eta}}, \\ r=2,\, s=1: & -\dfrac{1}{2}\dfrac{\eta^2}{1-\mathrm{e}^{-\eta}}, \\ r=s=2: & \dfrac{\eta}{1-\mathrm{e}^{-\eta}}\left(\dfrac{\pi^2}{3}+\dfrac{\eta^2}{3}\right); \end{cases} \tag{9.89}$$

$$\int_{-\infty}^{+\infty} f_0(\varepsilon)[1-f_0(\varepsilon+\eta)][(\varepsilon+\eta)^{r-1}\varepsilon^{s-1}+(\varepsilon+\eta)^{s-1}\varepsilon^{r-1}]\,\mathrm{d}\varepsilon$$
$$= \begin{cases} r=s=1: & \dfrac{2\eta}{1-\mathrm{e}^{-\eta}}, \\ r=2,\, s=1: & 0, \\ r=s=2: & \dfrac{\eta}{1-\mathrm{e}^{-\eta}}\left(\dfrac{2\pi^2}{3}-\dfrac{\eta^2}{3}\right). \end{cases} \tag{9.90}$$

Mit Verwendung von (9.87) bis (9.90) können wir jetzt die d_{rs} folgendermaßen angeben:

$$d_{11}^1 = -\frac{G^3\Omega_0^2 k_F^2}{48\pi^4 k_B T M \hbar v_F^2}\sum_{\boldsymbol{K}}\int \mathrm{d}^3\boldsymbol{w}\,\frac{1}{(\mathrm{e}^{\eta}-1)(1-\mathrm{e}^{-\eta})}$$
$$\times\, \mathcal{C}^2(|\boldsymbol{w}+\boldsymbol{K}|)|\boldsymbol{w}+\boldsymbol{K}|(\boldsymbol{e}(\boldsymbol{w}),\,\boldsymbol{w}+\boldsymbol{K})^2, \tag{9.91}$$

$$d_{12}^1 = 0, \tag{9.92}$$

$$d_{22}^1 = -\frac{G^3\Omega_0^2 k_F^4}{48\pi^4 k_B T M \hbar v_F^2}\sum_{\boldsymbol{K}}\int \mathrm{d}^3\boldsymbol{w}\,\frac{1}{(\mathrm{e}^{\eta}-1)(1-\mathrm{e}^{-\eta})}$$
$$\times\, \mathcal{C}^2(|\boldsymbol{w}+\boldsymbol{K}|)|\boldsymbol{w}+\boldsymbol{K}|(\boldsymbol{e}(\boldsymbol{w}),\,\boldsymbol{w}+\boldsymbol{K})^2 \tag{9.93}$$
$$\times\left\{\frac{\eta^2}{|\boldsymbol{w}+\boldsymbol{K}|^2}-\frac{\eta^2}{6k_F^2}+\frac{\pi^2}{3k_F^2}\right\}.$$

Dabei bedeutet (9.92), daß der Koeffizient d_{12}^1 erst in einer Näherung von Null verschieden ist, die sich von den anderen d_{rs}^1 um den Faktor $k_B T/(\hbar v_F k_F)$ unterscheidet. Da die Berechnung dieses Ausdrucks reichlich umständlich ist und dieser Koeffizient nur an einer untergeordneten Stelle der noch durchzuführenden Betrachtungen auftritt, beschränken wir uns hier auf die durch (9.92) gegebene Näherung für d_{12}^1.

Bei der Berechnung der d_{rs}^2 beschränken wir uns auf das von uns benötigte d_{11}^2. Mit Verwendung von (8.17), (8.55), (8.25) sowie (9.63) und (9.64) finden wir analog zu (9.84)

$$d_{11}^2 = \frac{G^3 \Omega_0^2}{48\pi^4 k_B T M} \sum_{\boldsymbol{K}} \int \mathrm{d}^3\boldsymbol{w}\, n_0(\boldsymbol{w})(\boldsymbol{w}, \boldsymbol{w}+\boldsymbol{K})\, \mathcal{C}^2(|\boldsymbol{w}+\boldsymbol{K}|) \frac{1}{\omega(\boldsymbol{w})} (\boldsymbol{e}(\boldsymbol{w}), \boldsymbol{w}+\boldsymbol{K})^2$$

$$\times \int \delta[E(\boldsymbol{k}) - E(\boldsymbol{k}+\boldsymbol{w}+\boldsymbol{K}) + \hbar\omega]\, f_0(\varepsilon)[1 - f_0(\varepsilon+\eta)] \frac{k^2}{|\nabla_{\boldsymbol{k}}\varepsilon|}\, \mathrm{d}\varepsilon\, \mathrm{d}\cos\vartheta. \tag{9.94}$$

Indem wir (9.85) in die δ-Funktion von (9.94) einsetzen, über $\cos\vartheta$ integrieren und sogleich die zu $h\omega/\zeta$ proportionalen Terme vernachlässigen, erhalten wir analog zu (9.87)

$$d_{11}^2 = \frac{G^3 \Omega_0^2 k_F^2}{48\pi^4 M \hbar^2 v_F^2} \sum_{\boldsymbol{K}} \int \mathrm{d}^3\boldsymbol{w}\, n_0(\boldsymbol{w}) \frac{(\boldsymbol{w}, \boldsymbol{w}+\boldsymbol{K})}{|\boldsymbol{w}+\boldsymbol{K}|} \mathcal{C}^2(|\boldsymbol{w}+\boldsymbol{K}|) \frac{1}{\omega(\boldsymbol{w})} (\boldsymbol{e}(\boldsymbol{w}), \boldsymbol{w}+\boldsymbol{K})^2$$

$$\times \int_{-\infty}^{+\infty} f_0(\varepsilon)[1 - f_0(\varepsilon+\eta)]\, \mathrm{d}\varepsilon$$

und schließlich unter Berücksichtigung von (9.88)

$$d_{11}^2 = \frac{G^3 \Omega_0^2 k_F^2}{48\pi^4 k_B T M \hbar v_F^2} \sum_{\boldsymbol{K}} \int \mathrm{d}^3\boldsymbol{w} \frac{1}{(\mathrm{e}^\eta - 1)(1 - \mathrm{e}^{-\eta})}$$

$$\times\, \mathcal{C}^2(|\boldsymbol{w}+\boldsymbol{K}|) \frac{(\boldsymbol{w}, \boldsymbol{w}+\boldsymbol{K})}{|\boldsymbol{w}+\boldsymbol{K}|} (\boldsymbol{e}(\boldsymbol{w}), \boldsymbol{w}+\boldsymbol{K})^2. \tag{9.95}$$

Aus (8.51) ersehen wir, daß sich d_{11}^4 von d_{11}^2, d. h. von (9.95), nur durch die Ersetzung von $(\boldsymbol{w}, \boldsymbol{w}+\boldsymbol{K})$ durch $-w^2$ unterscheidet. Es ist also

$$d_{11}^4 = -\frac{G^3 \Omega_0^2 k_F^2}{48\pi^4 k_B T M \hbar v_F^2} \sum_{\boldsymbol{K}} \int \mathrm{d}^3\boldsymbol{w} \frac{1}{(\mathrm{e}^\eta - 1)(1 - \mathrm{e}^{-\eta})}$$

$$\times\, \mathcal{C}^2(|\boldsymbol{w}+\boldsymbol{K}|) \frac{w^2}{|\boldsymbol{w}+\boldsymbol{K}|} (\boldsymbol{e}(\boldsymbol{w}), \boldsymbol{w}+\boldsymbol{K})^2. \tag{9.96}$$

Die zu berechnenden Koeffizienten d_{rs} sind damit bis auf Ausdrücke folgender allgemeiner Form ausgewertet:

$$\begin{aligned}\mathcal{J}_{\alpha\beta\gamma} &= \sum_{\boldsymbol{K}} \int \mathrm{d}^3\boldsymbol{w} \frac{1}{(\mathrm{e}^{\eta}-1)(1-\mathrm{e}^{-\eta})} \\ &\quad \times \mathcal{C}^2(|\boldsymbol{w}+\boldsymbol{K}|)(\boldsymbol{e}(\boldsymbol{w}), \boldsymbol{w}+\boldsymbol{K})^2 w^{\alpha}|\boldsymbol{w}+\boldsymbol{K}|^{\beta}(\boldsymbol{w}, \boldsymbol{w}+\boldsymbol{K})^{\gamma} \\ &= \int \mathrm{d}^3\boldsymbol{w} \frac{1}{(\mathrm{e}^{\eta}-1)(1-\mathrm{e}^{-\eta})} \mathcal{C}^2(w)(\boldsymbol{e}(\boldsymbol{w}), \boldsymbol{w})^2 w^{\alpha+\beta+2\gamma} \\ &\quad + \sum_{\boldsymbol{K}\neq 0} \int \mathrm{d}^3\boldsymbol{w} \frac{1}{(\mathrm{e}^{\eta}-1)(1-\mathrm{e}^{-\eta})} \\ &\quad \times \mathcal{C}^2(|\boldsymbol{w}+\boldsymbol{K}|)(\boldsymbol{e}(\boldsymbol{w}), \boldsymbol{w}+\boldsymbol{K})^2 w^{\alpha}|\boldsymbol{w}+\boldsymbol{K}|^{\beta}(\boldsymbol{w}, \boldsymbol{w}+\boldsymbol{K})^{\gamma} \\ &= \mathcal{J}^N_{\alpha\beta\gamma} + \mathcal{J}^U_{\alpha\beta\gamma}.\end{aligned} \tag{9.97}$$

Wir beschäftigen uns zunächst mit dem Integral $\mathcal{J}^N_{\alpha\beta\gamma}$. Wie bereits in Kapitel 8 ausgeführt, verschwindet dieses Integral für die transversalen Schwingungszweige, so daß der Vektor $\boldsymbol{e}(\boldsymbol{w})$ in $\mathcal{J}^N_{\alpha\beta\gamma}$ notwendig den longitudinalen Polarisationsvektor der Phononen bezeichnet. Die Winkelintegrationen sind dann sofort ausführbar, und man erhält

$$\mathcal{J}^N_{\alpha\beta\gamma} = 4\pi \int_0^{w_D} \frac{\mathcal{C}^2(w)}{(\mathrm{e}^{\eta}-1)(1-\mathrm{e}^{-\eta})} w^{\alpha+\beta+2\gamma+4}\, \mathrm{d}w. \tag{9.98}$$

Zur weiteren Berechnung dieses Integrals bedarf es der Kenntnis der Streufunktion $\mathcal{C}(w)$. Approximieren wir diese Funktion gemäß (9.70), so wird

$$\mathcal{J}^N_{\alpha\beta\gamma} = \frac{16\pi}{9} E_F^2 \int_0^{w_D} \frac{w^{\alpha+\beta+2\gamma+4}}{(\mathrm{e}^{\eta}-1)(1-\mathrm{e}^{-\eta})} \mathrm{d}w$$

oder mit Berücksichtigung der Definition (9.80)

$$\mathcal{J}^N_{\alpha\beta\gamma} = \frac{16\pi}{9} E_F^2 \left(\frac{6\pi^2}{\Omega_0}\right)^{\frac{1}{3}(\alpha+\beta+2\gamma+5)} \left(\frac{T}{\theta}\right)^{\alpha+\beta+2\gamma+5} \mathcal{J}_{\alpha+\beta+2\gamma+4}\left(\frac{\theta}{T}\right). \tag{9.99}$$

Damit können wir aber den N-Prozeß-Anteil der d_{rs}-Koeffizienten endlich explizit angeben. Nach (9.91) gilt für d^1_{11}: $\alpha = 0$, $\beta = 1$, $\gamma = 0$; also wird

$$d^{1N}_{11} = -\frac{4\pi}{3} G^3 \frac{k_F^2 E_F^2}{k_B \theta M \hbar v_F^2} \left(\frac{T}{\theta}\right)^5 \mathcal{J}_5\left(\frac{\theta}{T}\right). \tag{9.100}$$

Weiterhin gilt nach (9.93) für d_{22}^1: $\alpha = 2, 2, 0$; $\beta = -1, 1, 1$; $\gamma = 0$. Also findet man

$$d_{22}^{1N} = -\frac{4\pi}{3} G^3 \frac{k_F^2 E_F^2}{k_B \theta M \hbar v_F^2} \left\{ \left(\frac{T}{\theta}\right)^5 \left[\frac{\pi^2}{3} \mathcal{J}_5\left(\frac{\theta}{T}\right) - \frac{1}{6} \mathcal{J}_7\left(\frac{\theta}{T}\right)\right] + 2^{-2/3} \left(\frac{T}{\theta}\right)^3 \mathcal{J}_5\left(\frac{\theta}{T}\right)\right\}. \quad (9.101)$$

Gemäß (9.95) gilt für d_{11}^2: $\alpha = 0$, $\beta = -1$, $\gamma = 1$; also wird

$$d_{11}^{2N} = \frac{4\pi}{3} G^3 \frac{k_F^2 E_F^2}{k_B \theta M \hbar v_F^2} \left(\frac{T}{\theta}\right)^5 \mathcal{J}_5\left(\frac{\theta}{T}\right). \quad (9.102)$$

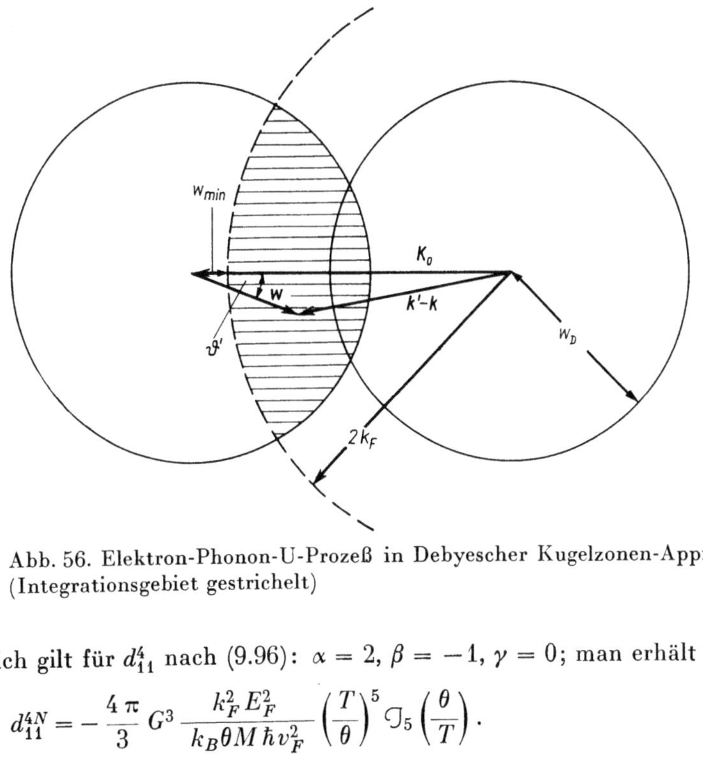

Abb. 56. Elektron-Phonon-U-Prozeß in Debyescher Kugelzonen-Approximation (Integrationsgebiet gestrichelt)

Schließlich gilt für d_{11}^4 nach (9.96): $\alpha = 2$, $\beta = -1$, $\gamma = 0$; man erhält also

$$d_{11}^{4N} = -\frac{4\pi}{3} G^3 \frac{k_F^2 E_F^2}{k_B \theta M \hbar v_F^2} \left(\frac{T}{\theta}\right)^5 \mathcal{J}_5\left(\frac{\theta}{T}\right). \quad (9.103)$$

Wir wenden uns jetzt den wesentlich schwieriger zu behandelnden U-Prozessen zu, d. h., wir betrachten die nach (9.97) definierten Integrale

$$\mathcal{J}_{\alpha\beta\gamma}^U = \sum_{\boldsymbol{K} \neq 0} \int \mathrm{d}^3 \boldsymbol{w} \frac{1}{(\mathrm{e}^\eta - 1)(1 - \mathrm{e}^{-\eta})} \times \mathcal{C}^2(|\boldsymbol{w} + \boldsymbol{K}|)(\boldsymbol{e}(\boldsymbol{w}), \boldsymbol{w} + \boldsymbol{K})^2 w^\alpha |\boldsymbol{w} + \boldsymbol{K}|^\beta (\boldsymbol{w}, \boldsymbol{w} + \boldsymbol{K})^\gamma. \quad (9.104)$$

Für ein festgehaltenes $\boldsymbol{K}_0$ integrieren wir (9.104) zunächst über $\boldsymbol{w}$, indem wir mit $-\boldsymbol{K}_0$ als Polarachse wieder Kugelkoordinaten w, ϑ', φ' einführen (Abb. 56).

Wegen

$$(\boldsymbol{w} + \boldsymbol{K}_0)^2 = w^2 + K_0^2 - 2\,wK_0 \cos\vartheta'$$

gilt bei festem w mit Benutzung von $|\boldsymbol{w} + \boldsymbol{K}_0| = |\boldsymbol{k}' - \boldsymbol{k}| = q$

$$q\,\mathrm{d}q = wK_0 \sin\vartheta'\,\mathrm{d}\vartheta'. \tag{9.105}$$

Mit Verwendung von (9.105) können wir in (9.104) die Variable ϑ' durch q ersetzen. Aus Abb. 56 ersieht man, daß gilt: $w_{\min} = K_0 - 2k_F$, $q_{\min} = K_0 - w$, $q_{\max} = 2k_F$; somit wird

$$\mathcal{J}^U_{\alpha\beta\gamma} = \frac{1}{K_0} \int\limits_{K_0-2k_F}^{w_D} \int\limits_{K_0-w}^{2k_F} \int\limits_{0}^{2\pi} \frac{\mathcal{C}^2(q)}{(\mathrm{e}^{\eta}-1)(1-\mathrm{e}^{-\eta})} (\boldsymbol{e}(\boldsymbol{w}), \boldsymbol{q})^2\, w^{\alpha+1} q^{\beta+1} (\boldsymbol{w}, \boldsymbol{q})^{\gamma}\, \mathrm{d}w\,\mathrm{d}q\,\mathrm{d}\varphi'. \tag{9.106}$$

Für ein isotropes Kontinuum, wie wir es auch bei den N-Prozessen voraussetzten, ist entweder $\boldsymbol{e}\|\boldsymbol{w}$ oder $\boldsymbol{e}\perp\boldsymbol{w}$. Dann hängt aber der Integrand in (9.106) für festes w und q nicht von φ' ab, so daß diese Integration noch durchgeführt werden kann. Da $\mathcal{J}^U_{\alpha\beta\gamma}$ weiterhin nur von K_0 abhängt, können wir bei Beschränkung auf nächste Nachbarn die Summation $\sum\limits_{\boldsymbol{K}\neq 0}$ durch Multiplikation mit deren Anzahl ersetzen. Für die kubisch-raumzentrierten Alkalimetalle ergibt sich so nach (1.13) der Faktor 12. Wir finden schließlich

$$\mathcal{J}^U_{\alpha\beta\gamma} = \frac{24\,\pi}{K_0} \int\limits_{K_0-2k_F}^{w_D} \mathrm{d}w \int\limits_{K_0-w}^{2k_F} \mathrm{d}q\, \frac{\mathcal{C}^2(q)}{(\mathrm{e}^{\eta}-1)(1-\mathrm{e}^{-\eta})} (\boldsymbol{e}(\boldsymbol{w}), \boldsymbol{q})^2\, w^{\alpha+1} q^{\beta+1} (\boldsymbol{w}, \boldsymbol{q})^{\gamma}. \tag{9.107}$$

Die weitere Integration von (9.107) ist nur noch mit Kenntnis der expliziten Form von $\mathcal{C}^2(q)$ möglich.

9.4. Berechnung und Diskussion der Transportgrößen

Wir gehen jetzt dazu über, mit Hilfe der zuletzt berechneten Variationsintegrale $\alpha_r^{(i)}$, $\beta_r^{(i)}$ und d_{rs} die expliziten Ausdrücke für σ, $\varkappa$ und S anzugeben. Um dabei zunächst der erheblichen, durch (9.107) gegebenen Schwierigkeit zu entgehen, die durch das Vorhandensein von U-Prozessen bedingt ist, wollen wir uns die Streufunktion $\mathcal{C}(q)$ für N-Prozesse durch ihren Maximalwert $\mathcal{C}(0)$ $\left(= \frac{2}{3} E_F\right)$ und für U-Prozesse durch Null approximiert denken. Man kann dabei annehmen, daß in gewissen Fällen diese Unterdrückung der U-Prozesse durch die durch $\mathcal{C}(0)$ gegebene Überschätzung der N-Prozesse kompensiert wird. Es wird sich zeigen, in welchen Fällen dieses Modell die Erfahrung befriedigend beschreibt und in welchen es versagt.

Die d_{rs} stimmen durch diese Approximation mit den durch (9.100) bis (9.103) gegebenen Werten der d_{rs}^N überein. Wir betrachten zunächst die durch (9.51) bis

(9.53) gegebenen Ausdrücke der Meßgrößen. Mit Verwendung von (9.71), (9.76), (9.77) und (9.100) erhalten wir

$$\sigma^{-1} = \frac{4\pi}{3} \frac{\hbar k_F^2 E_F^2}{e^2 k_B \theta v_F^2 \varrho} \left(\frac{T}{\theta}\right)^5 \mathcal{J}_5\left(\frac{\theta}{T}\right), \qquad \varrho = \frac{M}{\Omega_0}, \tag{9.108}$$

$$\varkappa = 0, \tag{9.109}$$

$$S = \pi^2 \frac{k_B}{e} \frac{k_B T}{\hbar k_F v_F}. \tag{9.110}$$

Formel (9.108) stellt das berühmte Bloch-Grüneisen-Gesetz der elektrischen Leitfähigkeit dar. Die verschiedenen Approximationen, die zu seiner Herleitung nötig waren, speziell die Verwendung der Beziehungen (9.66) und (9.70), lassen einen quantitativen Vergleich der theoretischen und experimentellen Absolutwerte von σ nicht sehr sinnvoll erscheinen. Tatsächlich differieren dieselben überraschenderweise nur unbeträchtlich.[1])

Schwerwiegender ist der Vergleich bezüglich der Temperaturabhängigkeit, die für $T > \theta$ und für $T \ll \theta$ zu einfachen Grenzgesetzen führt. Im ersten Fall können wir wie folgt approximieren:

$$\mathcal{J}_5\left(\frac{\theta}{T}\right) = \int_0^{\frac{\theta}{T}} \frac{\eta^5}{(e^\eta - 1)(1 - e^{-\eta})} d\eta \approx \int_0^{\frac{\theta}{T}} \eta^3 d\eta = \frac{1}{4}\left(\frac{\theta}{T}\right)^4. \tag{9.111}$$

Damit erhalten wir für hohe Temperaturen ($T > \theta$)

$$\sigma^{-1} = \frac{\pi}{3} \frac{\hbar k_F^2 E_F^2}{e^2 k_B \theta v_F^2 \varrho} \frac{T}{\theta}. \tag{9.112}$$

Mit Verwendung von

$$\lim_{T\to 0} \mathcal{J}_5\left(\frac{\theta}{T}\right) = \int_0^\infty \frac{\eta^5}{(e^\eta - 1)(1 - e^{-\eta})} d\eta = 124{,}4 \tag{9.113}$$

finden wir für $T \ll \theta$

$$\sigma^{-1} = \frac{498\pi}{3} \frac{\hbar k_F^2 E_F^2}{e^2 k_B \theta v_F^2 \varrho} \left(\frac{T}{\theta}\right)^5. \tag{9.114}$$

---

[1]) Bei diesem Vergleich theoretischer Resultate mit den entsprechenden experimentellen Daten hat man unbedingt zu beachten, daß z. B. die Werte (9.108) bis (9.110) für die drei Meßgrößen auf der alleinigen Berücksichtigung der Elektron-Phonon-Streuung beruhen. Tatsächlich jedoch werden die Metallelektronen außerdem von den stets vorhandenen Abweichungen des Kristalls vom idealen Zustand, wie sie z. B. durch Verunreinigungen entstehen, gestreut. Diese zusätzlichen Prozesse führen u. a. zu einer Herabsetzung der Leitfähigkeit und sind die Ursache für jenen temperaturunabhängigen „Restwiderstand", der auch dann noch vorhanden ist, wenn praktisch keine Elektron-Phonon-Streuprozesse mehr stattfinden. Erst die Differenz des totalen Widerstandes und des Restwiderstandes kann also z. B. mit der Beziehung (9.108) verglichen werden. Ähnliches gilt für die anderen Meßgrößen.

Die Grenzgesetze (9.112) und (9.114) werden nun tatsächlich bei einer ganzen Reihe von Metallen bestätigt, was besonders bemerkenswert ist, da bei einigen von ihnen die verwendeten Voraussetzungen, z. B. (9.65), keineswegs erfüllt sind. Durch Bildung von

$$\frac{\sigma(T_2)}{\sigma(T_1)} = 498 \frac{T_1^5}{T_2 \theta^4}, \qquad T_1 \ll \theta < T_2 \tag{9.115}$$

kann zudem in einfacher Weise durch zwei Messungen der Leitfähigkeit die Größe θ bestimmt werden. Sie ergibt sich als im wesentlichen, jedoch nicht genau, mit der charakteristischen Temperatur aus der Theorie der spezifischen Wärme übereinstimmend und ist bei dem obenerwähnten quantitativen Vergleich von (9.108) mit den Meßdaten zu verwenden. Bilden wir schließlich mit Verwendung von (9.108)

$$\frac{\sigma^{-1}(T)}{\sigma^{-1}(\theta)} = \mathcal{J}_5^{-1}(1) \left(\frac{T}{\theta}\right)^5 \mathcal{J}_5\left(\frac{\theta}{T}\right), \tag{9.116}$$

so erkennen wir, daß der sogenannte reduzierte Widerstand, d. h. die linke Seite der Beziehung (9.116), im ganzen Temperaturbereich eine universelle Funktion von T/θ ist. Abb. 57 zeigt, wie gut diese Aussage der Theorie bei einigen Metallen experimentell bestätigt ist.

Zusammenfassend kann zur Diskussion der Relation (9.108) gesagt werden, daß die in ihr enthaltene, weitgehend idealisierte Modellvorstellung vom elektrischen Transportvorgang in den Alkalimetallen die Tatsachen sehr gut wiedergibt, diese Übereinstimmung aber sicherlich teilweise zufällig ist. Eine auf den dargelegten Prinzipien der Theorie aufbauende exaktere numerische Berechnung von σ unter Berücksichtigung der realistischen Funktionen $E(\boldsymbol{k})$, $\omega(\boldsymbol{w})$ und $\mathcal{C}(|\boldsymbol{k}' - \boldsymbol{k}|)$ wird aber, so kann man mit Recht annehmen, ohne wesentliche neue physikalische Gesichtspunkte zu ergeben, zu weitgehender Übereinstimmung mit den Meßresultaten bei allen betrachteten Metallen führen. Bisher in dieser Richtung vorgenommene Bemühungen bestätigen diese Vermutung durchaus. Als bis jetzt wichtigstes Resultat derselben kann wohl die Feststellung angesehen werden, daß die U-Prozesse bis zu Temperaturen von einigen Grad Kelvin hinab die N-Prozesse an Wirksamkeit merklich übersteigen, und zwar hauptsächlich in der Wechselwirkung mit transversalen Phononen. Dieses Ergebnis ist bei Betrachtung der Gleichungen (8.32) und (9.63) einigermaßen verständlich: Da bei einem U-Prozeß speziell für kleine $\boldsymbol{w}$, d. h. für tiefe Temperaturen, $\boldsymbol{k}' \approx -\boldsymbol{k}$ gilt und allgemein $\Phi(-\boldsymbol{k}) = -\Phi(\boldsymbol{k})$ ist, so steht im Integranden von $(\partial f/\partial t)_{\text{Stoß}}$, der für den elektrischen Widerstand maßgebend ist, $\Phi(\boldsymbol{k}') - \Phi(\boldsymbol{k}) \approx 2\Phi(\boldsymbol{k}')$. Bei einem N-Prozeß gilt dagegen $\Phi(\boldsymbol{k}') - \Phi(\boldsymbol{k}) \ll \Phi(\boldsymbol{k}')$. Da weiterhin nach (9.112) und (9.114) σ^{-1} mit wachsendem θ abnimmt, nach dem in Kapitel 6 Dargelegten und nach (9.68) aber $\theta_L > \theta_T$ gilt, so ist verständlich, daß die transversalen Phononen über U-Prozesse den Hauptbeitrag zum elektrischen Widerstand liefern.

Erst bei so niedrigen Temperaturen, daß die wegen $w > w_{\min} = K_0 - 2k_F$ nach (9.107) für U-Prozesse erforderlichen Phononen ausgefroren sind, hat man es nur mit N-Prozessen zu tun. Dieses Aussterben der U-Prozesse müßte sich in einer von der T^5-Abhängigkeit verschiedenen Temperaturabhängigkeit von σ bemerkbar machen. Anzeichen für eine stärkere Temperaturabhängigkeit als die gemäß T^5

sind bei Natrium wirklich beobachtet worden, jedoch lassen die bisher ermittelten Daten in dieser Hinsicht noch keine ganz zuverlässige Interpretation zu.

Zur Diskussion der Thermokraft entsprechend der Formel (9.110) übergehend, erkennen wir zunächst, daß diese (wegen $e < 0$) stets negativ sein und linear mit T variieren sollte. Da in (9.53) weder die $\beta_r^{(i)}$ noch die d_{rs} auftreten, ist in dieser Näherung die Thermokraft S vom Phononspektrum $\omega(\boldsymbol{w})$ und von der Elektron-Phonon-Wechselwirkung unabhängig und nur durch die Elektronen-Driftterme $\alpha_r^{(i)}$ bestimmt. Das negative Vorzeichen der Thermokraft ergibt sich anschaulich aus der

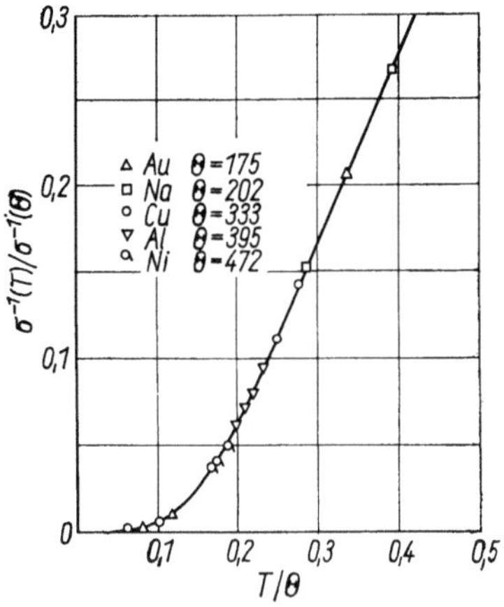

Abb. 57. Zu Formel (9.116) (nach BLATT)

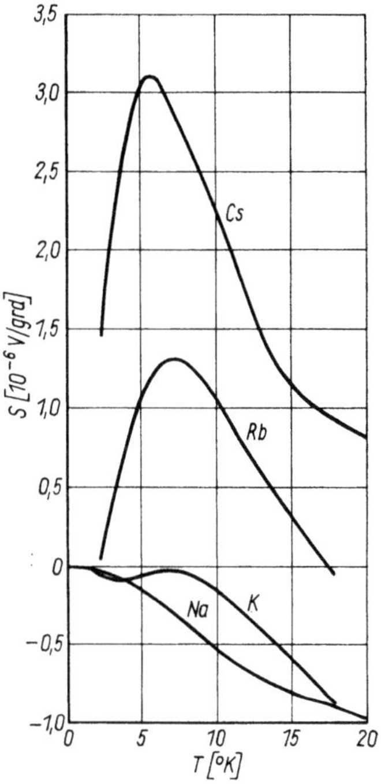

Abb. 58. Die Thermokraft der Alkalimetalle bei tiefen Temperaturen (experimentell; nach McDONALD)

Vorstellung der Diffusion der Elektronen in der Richtung von $-\nabla T$ und ihrer daraus folgenden Anreicherung am kalten Ende des Metalls. Das dadurch entstehende elektrische Feld hat dann, ausgehend von den positiven Ladungen, die Richtung von $-\nabla T$, d. h., nach (9.17) ist $S < 0$.

Im Unterschied zur elektrischen Leitfähigkeit sind jedoch die sich aus (9.110) ergebenden Aussagen der Theorie zur Thermokraft höchstens bei hohen Temperaturen in einer gewissen Übereinstimmung mit den Messungen. Der Ausdruck (9.110) ergibt bei 0 °C für die Alkalimetalle Werte von S, die etwa bei $-5 \cdot 10^{-6}$ V/grd liegen. Diese stimmen für Na, K, Rb etwa bis auf einen Faktor 2 mit den Messungen überein, für Cs ist S um einen Faktor 10 kleiner, für Li um einen Faktor 10 größer und außerdem positiv. Überhaupt nicht wiedergegeben werden die Meßergebnisse bei tiefen Temperaturen. S liegt hier um etwa eine Größenordnung über den sich aus (9.110) ergebenden Werten und ist außerdem für Rb und Cs in einem gewissen Temperaturbereich um 10 °K positiv (Abb. 58). Insbesondere die letzte Tatsache läßt auf das Mitwirken von komplizierten Wechselwirkungsprozessen der Leitungselektronen schließen.

Die durch (9.50) gegebene Näherung der Verteilungsfunktionen ist also höchstens zu einer befriedigenden Darstellung der elektrischen Leitfähigkeit geeignet; für eine Theorie der Wärmeleitfähigkeit und der Thermokraft ist jedoch die Verwendung verbesserter Verteilungsfunktionen notwendig.

Wir betrachten deshalb im nächsten Schritt die durch (9.55) bis (9.57) gegebenen Ausdrücke für die thermoelektrischen Meßgrößen. Nach (9.92) sowie nach (9.76) und (9.77) tritt in (9.55) für die elektrische Leitfähigkeit ein Zusatzterm gegenüber (9.51) auf, der etwa um den Faktor $\left(\pi^2 \frac{k_B T}{\hbar k_F v_F}\right)^2$ kleiner ist. Deshalb werden wir ihn im folgenden nicht mehr betrachten.

Dagegen erhalten wir jetzt für die thermische Leitfähigkeit nach (9.56) im Unterschied zu (9.52) einen endlichen Wert. Mit Berücksichtigung von (9.76) bis (9.78) sowie (9.92) und (9.101) erhalten wir

$$\varkappa^{-1} = \frac{12\,\hbar k_F^2 E_F^2}{\pi^3 k_B^3 \theta^2 \varrho v_F^2} \left(\frac{T}{\theta}\right)^2 \left\{\left(\frac{T}{\theta}\right)^2 \left[\frac{\pi^2}{3} \mathcal{J}_5\left(\frac{\theta}{T}\right) - \frac{1}{6} \mathcal{J}_7\left(\frac{\theta}{T}\right)\right] + 2^{-2/3} \mathcal{J}_5\left(\frac{\theta}{T}\right)\right\}. \tag{9.117}$$

Wir untersuchen wiederum das Grenzverhalten für tiefe und für hohe Temperaturen. Für $T \to 0$ ergibt sich unter Verwendung von (9.113)

$$\varkappa^{-1} = 2^{-2/3} \cdot 124{,}4\, \frac{12\,\hbar k_F^2 E_F^2}{\pi^3 k_B^3 \theta^2 \varrho v_F^2} \left(\frac{T}{\theta}\right)^2. \tag{9.118}$$

Aus (9.114) und (9.118) findet man für den sogenannten Wiedemann-Franzschen Quotienten bei $T \ll \theta$:

$$\frac{\varkappa}{\sigma T} = \frac{2^{2/3} \pi^4 k_B^2}{9 e^2} \left(\frac{T}{\theta}\right)^2. \tag{9.119}$$

Für hohe Temperaturen $\left(\frac{\theta}{T} < 1\right)$ überwiegt in (9.117) der erste Term; man erhält

$$\varkappa^{-1} = \frac{\hbar k_F^2 E_F^2}{\pi k_B^3 \theta^2 \varrho v_F^2}. \tag{9.120}$$

Für den Wiedemann-Franzschen Quotienten finden wir dann bei hohen Temperaturen

$$\frac{\varkappa}{\sigma T} = \frac{\pi^2}{3} \frac{k_B^2}{e^2}. \tag{9.121}$$

Formel (9.121) stellt das eigentliche Wiedemann-Franzsche Gesetz dar, das für eine ganze Reihe von Metallen, und zwar auch für solche, für die die zu seiner Ableitung verwendeten Voraussetzungen sicher nicht erfüllt sind, experimentell bestätigt wird. Entsprechend erweist sich nach (9.120) die Wärmeleitfähigkeit für $T > \theta$ als temperaturunabhängig. Analog zu den Ausführungen, die bereits oben für die elektrische Leitfähigkeit gemacht wurden, hat man auch hier stets nur den durch reine Elektron-Phonon-Wechselwirkung hervorgerufenen Wärmewiderstand des Metalls mit den theoretischen Aussagen zu vergleichen. Der durch Streuung der Elektronen an irgendwelchen statischen Störungen des Kristalls hervorgerufene Wärmewiderstand wird wegen des Nachlassens der Elektron-Phonon-Streuungen besonders bei tiefen Temperaturen wirksam. Wenn man diesen Sachverhalt berücksichtigt, findet man die T^2-Abhängigkeit von $\varkappa^{-1}$ durch die Messungen bestätigt. Dabei ist übrigens, wie hier nur erwähnt sei, der Wärme-Restwiderstand proportional zu T, so daß sich $\varkappa$ für tiefe Temperaturen wie $T/(a + bT^3)$ verhält (Abb. 59), im Unterschied zu σ, das sich wie $1/(\sigma_0 + cT^5)$ ändert.

Während somit das Hoch- und Tieftemperaturverhalten von $\varkappa$ durch die Theorie befriedigend wiedergegeben wird, gilt dieses nicht für den Gesamtverlauf nach Formel (9.117). Etwa bei $T/\theta = 0{,}2$ ergibt diese ein experimentell nicht nachweisbares Minimum der Wärmeleitfähigkeit. Die in den letzten Jahren auf Grund realistischerer Funktionen $\mathcal{C}(q)$ und $\omega_\alpha(\boldsymbol{w})$ durchgeführten Berechnungen von $\varkappa$ scheinen aber zu zeigen, daß dieses Minimum durchaus keine notwendige Konsequenz der hier dargelegten allgemeinen Transporttheorie ist, sondern nur eine Folge von zu weitgehender Vereinfachung der in sie eingehenden, das Metall beschreibenden charakteristischen Funktionen, insbesondere der Vernachlässigung der U-Prozesse.

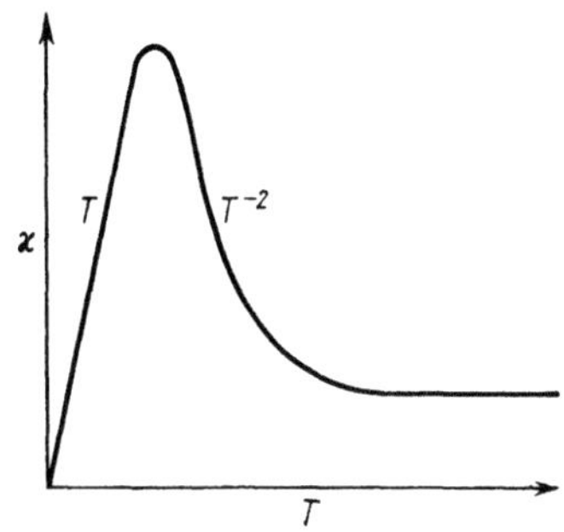

Abb. 59. Temperaturverlauf der Wärmeleitfähigkeit (nach Ziman)

Wenn wir schließlich zur Diskussion der Thermokraft nach (9.57) übergehen, so können wir einfach feststellen, daß sich kein wesentlicher Unterschied zu dem Ausdruck (9.110) ergibt, der von uns jedenfalls für tiefe Temperaturen bereits als unzureichend erkannt wurde. Während im Nenner von (9.57) nach (9.76) und (9.77) die beiden letzten Terme gegen den ersten ohne weiteres vernachlässigt werden können, wird die Diskussion des Zählers dadurch etwas erschwert, daß neben den beiden ersten Termen auch der dritte, nämlich $-\alpha_1^{(1)}\alpha_2^{(2)}d_{12}^1$, berücksichtigt werden muß, da er von der gleichen Größenordnung ist $\left(d_{12}^1 \sim \frac{k_B T}{\hbar v_F k_F} d_{11}^1\right)$, worauf bereits früher im Anschluß an (9.92) hingewiesen wurde. Im Grenzfall $T \ll \theta$ ergibt sich so $S = \frac{2\pi}{3}\frac{k_B}{e}\frac{k_B T}{\hbar v_F k_F}$, d. h., man erhält im wesentlichen die Beziehung (9.110).

Zusammenfassend stellen wir fest, daß der durch (9.54) gegebene Ansatz für die Verteilungsfunktionen wohl die Meßresultate für σ und $\varkappa$, nicht aber die für S wiederzugeben gestattet.

Wir gehen deshalb jetzt dazu über, die durch (9.59) bis (9.61) gegebenen Ausdrücke für σ, $\varkappa$ und S zu untersuchen. Dabei finden wir sogleich ein seltsames Resultat: Unter Beachtung von (9.100), (9.102) und (9.103) ergibt sich, daß der Nenner in (9.59) verschwindet, d. h., der den Verteilungsfunktionen (9.58) entsprechende elektrische Widerstand ist selbst gleich Null (Peierlssches Paradoxon). Mit Hilfe des Extremalprinzips (8.47) folgt daraus, daß sogar der „exakte Widerstand" verschwindet. Aus (9.47) und $\beta_r^{(1)} = 0$ ergibt sich nämlich

$$\sigma_{\text{appr}} = -\frac{e^2}{\Omega T^2} \sum_r \{\alpha_r^{(1)} a_r^{(1)} + \beta_r^{(1)} b_r^{(1)}\} = -\frac{e^2}{\Omega T^2} \{(\Xi_r, F^{(1)}) a_r^{(1)} + (\chi_r, G^{(1)}) b_r^{(1)}\}$$

$$= -\frac{e^2}{\Omega T^2} \{(\Psi_1, P_E[\Psi_1, \psi_1]) + (\psi_1, P_{Ph}[\Psi_1, \psi_1])\}$$

$$\leqq -\frac{e^2}{\Omega T^2} \{(\Phi_1, P_E[\Phi_1, \varphi_1]) + (\varphi_1, P_{Ph}[\Phi_1, \varphi_1])\} = \sigma_{\text{ex}};$$

dabei wurden noch die Relationen (9.38), (9.37), (9.41), (9.42), (9.33) und (9.35) verwendet.

Da das Verschwinden des Nenners in (9.59) selbstverständlich auf der speziellen Form der Koeffizienten d_{rs} beruht, bei deren Berechnung z. B. U-Prozesse unterdrückt wurden, so ist, wie bereits früher betont wurde, die recht gute Übereinstimmung des Bloch-Grüneisen-Gesetzes (9.108) mit den Messungen z. T. zufällig. Exakt müssen bei der Berechnung von σ im Unterschied zu (9.108) u. a. die Nichtgleichgewichtsverteilung der Phononen und die U-Prozesse berücksichtigt werden.

Die Formel (9.60) für $\varkappa$ gibt offenbar den nur von den Phononen herrührenden Teil der thermischen Leitfähigkeit wieder, und zwar unter alleiniger Berücksichtigung der Streuung der Phononen an den Leitungselektronen. Mit Benutzung von (9.81) und (9.103) finden wir unter Berücksichtigung der drei Polarisationsrichtungen in $\beta_1^{(2)}$ bei gleichen Debye-Temperaturen θ_L und θ_T

$$\varkappa^{-1} = 12\pi \frac{\hbar k_F^2 E_F^2}{k_B^3 \theta^2 \varrho v_F^2} \left(\frac{\theta}{T}\right)^2 \frac{\mathcal{J}_5\left(\frac{\theta}{T}\right)}{\mathcal{J}_4^2\left(\frac{\theta}{T}\right)}. \tag{9.122}$$

Daraus ergibt sich ein Hoch- bzw. Tieftemperaturverhalten gemäß

$$\varkappa^{-1} = 27\pi \frac{\hbar k_F^2 E_F^2}{k_B^3 \theta^2 \varrho v_F^2} \quad \text{für} \quad T > \theta, \tag{9.123}$$

$$\varkappa^{-1} = 0{,}18 \cdot 12\pi \frac{\hbar k_F^2 E_F^2}{k_B^3 \theta^2 \varrho v_F^2} \left(\frac{\theta}{T}\right)^2 \quad \text{für} \quad T \ll \theta. \tag{9.124}$$

Der Vergleich von (9.123) mit (9.120) zeigt, daß für hohe Temperaturen die Beiträge der Elektronen und Phononen zur thermischen Leitfähigkeit von gleicher Größenordnung sind, vorausgesetzt, daß beide Teilchensorten nur ihrer gegenseitigen Wechselwirkung ausgesetzt sind. Tatsächlich ist das jedoch nicht der Fall. Die Phononen unterliegen, wie wir bereits in Kapitel 8 erwähnten, u. a. ihrer Wechselwirkung untereinander. Ähnlich wie bei der Betrachtung zum Peierlsschen Paradoxon liefern dabei die Phonon-Phonon-N-Prozesse im Gegensatz zu den entsprechenden U-Prozessen keinen Beitrag zum thermischen Widerstand. Da diese eine Auswahlregel der Art

$$\boldsymbol{w}_1 + \boldsymbol{w}_2 = \boldsymbol{w}_3 + \boldsymbol{K}$$

erfüllen müssen, sind dazu $\mathfrak{w}$-Vektoren mit gewissen Mindestlängen erforderlich, die nur bei genügend hohen Temperaturen vorhanden sind. Dann aber bringt diese Wechselwirkung, wie sich zeigt, die Phononverteilung derart wirksam ins Gleichgewicht, daß ihr Beitrag zu $\varkappa$ gegenüber dem der Elektronen, der durch (9.120) dargestellt wird, klein ist.

Es ist verständlich, daß dieser Sachverhalt nicht für Isolatoren gelten kann, bei denen die thermische Leitfähigkeit allein von den Phononen herrührt und in denen die Phononen zudem keine Streuung an Leitungselektronen erfahren können.[1])

Bei tiefen Temperaturen sterben die Phonon-Phonon-U-Prozesse schließlich aus, und die Phononen werden hauptsächlich an den Leitungselektronen, aber auch an Verunreinigungen und Begrenzungen gestreut. Da für $T \ll \theta$ nach (9.124) jedoch $\varkappa \sim T^2$ ist, so erkennt man bei einem Vergleich mit (9.118), daß auch in diesem Temperaturbereich die Phononen nur von geringer Bedeutung für den Wärmetransport im Metall sind. Dennoch ist es gelungen, die T^2-Abhängigkeit in (9.124) experimentell nachzuweisen. Auf weitere Einzelheiten der Theorie der Gitter-Wärmeleitfähigkeit gehen wir hier jedoch nicht ein.

Wir kommen damit zur Diskussion der Thermokraft nach (9.61). Da sich, wie bereits bemerkt wurde, dieser Ausdruck von (9.53) nur um den „Phonon-Drag"-Zusatzterm (9.62), S_{Ph}, unterscheidet, genügt es hier, diesen zu betrachten.

Mit Verwendung von (9.81) bei Berücksichtigung der drei Polarisationsrichtungen und mit (9.76), (9.102) und (9.103) erhalten wir

$$S_{Ph} = 3\,\frac{k_B}{e}\left(\frac{T}{\theta}\right)^3 \mathcal{J}_4\left(\frac{\theta}{T}\right). \tag{9.125}$$

Daraus ergibt sich in bekannter Weise das Grenzverhalten:

$$S_{Ph} = \frac{k_B}{e} \quad \text{für} \quad T > \theta, \tag{9.126}$$

$$S_{Ph} = 78\,\frac{k_B}{e}\left(\frac{T}{\theta}\right)^3 \quad \text{für} \quad T \ll \theta. \tag{9.127}$$

Da, wie wir bei der Diskussion der Beziehung (9.110) feststellten, das Hochtemperaturverhalten der Thermokraft durch jene Relation bis etwa auf einen Faktor 2 richtig dargestellt wird, (9.126) dafür aber den konstanten Wert $k_B/e = 86 \cdot 10^{-6}$ V/grd ergibt, so erscheint die Berücksichtigung des „Phonon-Drag" gemäß (9.125) noch unbefriedigend.

---

[1]) Man kann sich an dieser Stelle fragen, weshalb die den offenbar sehr wirksamen Phonon-Phonon-Stößen analogen Elektron-Elektron-Stöße in der hier betrachteten Transporttheorie nicht berücksichtigt werden. Dazu kann bemerkt werden, daß analog zu den Ausführungen über Phononen in diesem Fall nur Elektron-Elektron-U-Prozesse einen Beitrag etwa zum elektrischen Widerstand leisten können. Ihre Wahrscheinlichkeit wird in störungstheoretischer Näherung u. a. durch die Matrixelemente (7.59) (mit abgeschirmter Coulomb-Wechselwirkung) bestimmt, die jedoch wegen der meist unbekannten Bloch-Faktoren nicht hinreichend genau bekannt sind. Da wegen des Pauli-Prinzips nur Leitungselektronen der thermischen Schicht $k_B T$ zu Stößen fähig sind, tritt jedoch in der Berechnung der Stoßintegrale daneben ein Faktor $(k_B T/E_F)^2$ auf, der, wie es scheint, die Wirkung der Elektron-Elektron-Stöße so stark herabsetzt, daß sie bei den hier betrachteten Phänomenen zu vernachlässigen sind. Eine überzeugende Deduktion dieses Sachverhaltes ist allerdings bis jetzt kaum gelungen.

Gleichfalls wird das Tieftemperaturverhalten von S durch (9.127) nicht befriedigend dargestellt: S ist danach weiterhin stets negativ und eine vom Metall unabhängige Temperaturfunktion.

Um nun wenigstens die Möglichkeit einer qualitativen Deutung, insbesondere des Tieftemperaturverhaltens von S bei den Alkalimetallen, zu gewinnen, geben wir die bisher stets vorausgesetzte Vernachlässigung der U-Prozesse auf und untersuchen, inwiefern ihre Berücksichtigung zu qualitativen Änderungen im Verhalten der Thermokraft führt.

Zu diesem Zweck knüpfen wir an die noch N- und U-Prozesse berücksichtigenden Ausdrücke (9.95) und (9.96) für d_{11}^2 und d_{11}^4 an. Während offenbar stets $d_{11}^4 < 0$ gilt, kann der das Vorzeichen von S_{Ph} bestimmende Koeffizient d_{11}^2 beide Vorzeichen haben. Dabei ist jedenfalls der von den N-Prozessen herrührende Anteil positiv. Für U-Prozesse dagegen ist, wenn $\boldsymbol{w}$ und $\boldsymbol{w} + \boldsymbol{K}$ einen stumpfen Winkel bilden, $d_{11}^2 < 0$. Man ersieht aus dem schematisierten Beispiel der Abb. 47, daß das der wohl häufigste, aber im allgemeinen nicht einzig auftretende Fall ist: Da der Vektor $\boldsymbol{w}$ bei einem U-Prozeß den Vektor $\boldsymbol{k}$ aus der ersten Brillouin-Zone in eine benachbarte wiederholte Zone überführt, so daß $\boldsymbol{k}'$ zunächst nichtreduziert ist, so muß mit dem zugehörigen reziproken Gittervektor $\boldsymbol{K}$ dessen Rücktransformation in die erste Zone vorgenommen werden. Daraus ergibt sich, daß $\boldsymbol{w}$ und $\boldsymbol{K}$ zumeist einen stumpfen Winkel einschließen. Wenn man danach den Phonon-Drag-Anteil der Thermokraft in die von N- und U-Prozessen herrührenden Anteile zerlegt, so kann man (9.62) schreiben:

$$S_{Ph} = S_{Ph}^N + S_{Ph}^U = -\frac{1}{eT} \frac{\beta_1^{(2)}}{\alpha_1^{(1)} d_{11}^4} \{d_{11}^{2N} + d_{11}^{2U}\} \tag{9.128}$$

mit

$$S_{Ph}^N < 0, \qquad S_{Ph}^U > 0 \tag{9.129}$$

und $d_{11}^4 > 0$ nach (9.96).

Mit Hilfe einer geeignet erscheinenden Wahl der Funktion $\mathcal{C}(q)$ in (9.107) ist nun verschiedentlich S_{Ph}^U numerisch berechnet worden. Wie zu erwarten, kann man durch eine im U-Bereich genügend große Funktion $\mathcal{C}(q)$ den Phonon-Drag-Anteil der Thermokraft in einem gewissen Bereich tiefer Temperaturen positiv machen und dadurch eine ziemlich gute Übereinstimmung mit den Messungen erreichen. Da die U-Prozesse für sehr niedrige Temperaturen $[k_B T < \hbar v_s(K - 2k_F)]$ aussterben, wird S_{Ph} dort wieder negativ, wie es auch bei allen Alkalimetallen außer bei Lithium beobachtet wurde. Bei Natrium und Kalium ist gemäß den Messungen stets $|S_{Ph}^N| > S_{Ph}^U$ (Abb. 58).

Selbstverständlich hängen die hierauf bezüglichen quantitativen Betrachtungen außer von $\mathcal{C}(q)$ noch merklich vom Phononspektrum $\omega_\alpha(\boldsymbol{w})$ und der genauen Form der Fermi-Fläche ab. Das gilt u. a. sicherlich auch für das Hochtemperaturverhalten von S_{Ph}. An Hand der Experimente müßte S_{Ph} für $T > \theta$ auf vernachlässigbar kleine Werte abgesunken sein. Dieser Sachverhalt kann einmal seinen Grund darin haben, daß, ähnlich unserer Argumentation bei der Betrachtung von (9.123), bei hohen Temperaturen die starke Phonon-Phonon-Streuung praktisch das Phonon-Gleichgewicht hervorruft; oder es müßten sich S_{Ph}^N und S_{Ph}^U auf sehr komplizierte Art gegenseitig kompensieren.

Damit wollen wir unsere Betrachtungen zu den thermoelektrischen Vorgängen abschließen. Wir können feststellen, daß die Theorie der Größen σ, $\varkappa$ und S in ihren physikalischen Grundzügen geklärt ist, daß sie aber in bezug auf Fragen des quantitativen Verhaltens spezieller Metalle noch recht weit von einer befriedigenden Beantwortung entfernt ist. Zu diesen nur unbefriedigend geklärten Problemen gehören, wie die entsprechenden Experimente zeigen, u. a. die Berücksichtigung des beträchtlichen Einflusses der Streuung der Elektronen und Phononen an Verunreinigungen und die Verwendung realistischer Funktionen $E_\nu(\boldsymbol{k})$ und $\omega_\alpha(\boldsymbol{w})$. Erst dann wird es z. B. möglich sein, das ungewöhnliche Verhalten der Thermokraft von Lithium und der Edelmetalle zu verstehen, für die fast im ganzen Temperaturbereich $S > 0$ ist.

10. Magnetowiderstand

10.1. Definitionen

Nach (8.13) beeinflußt ein äußeres Magnetfeld die Verteilungsfunktion der Leitungselektronen, somit über (9.27) bis (9.30) die Onsager-Koeffizienten und damit also auch die thermoelektrischen Meßgrößen. Indem wir uns im folgenden auf den isothermen Fall ($\nabla T = 0$) beschränken, verbleibt nur die Betrachtung der Magnetfeldabhängigkeit des Leitfähigkeitstensors $\sigma_{\alpha\beta}(\boldsymbol{B})$, der nach (9.11) der Symmetrierelation

$$\sigma_{\alpha\beta}(-\boldsymbol{B}) = \sigma_{\beta\alpha}(\boldsymbol{B}) \tag{10.1}$$

genügt. Während der Leitfähigkeitstensor die elektrische Stromdichte und das elektrische Feld durch

$$e\boldsymbol{j} = \hat{\sigma}\boldsymbol{E} \tag{10.2}$$

miteinander verknüpft, gilt für den reziproken Tensor $\hat{\varrho}$ des elektrischen Widerstandes

$$\boldsymbol{E} = e\hat{\varrho}\boldsymbol{j}. \tag{10.3}$$

Der direkten experimentellen Untersuchung zugänglich ist der schlechthin als „Widerstand" definierte Skalar

$$\varrho = \frac{e\boldsymbol{E}\boldsymbol{j}}{e^2 j^2} = \frac{(\hat{\varrho}\boldsymbol{j}, \boldsymbol{j})}{j^2}. \tag{10.4}$$

Als Magnetowiderstand definiert man nun folgenden Quotienten:

$$D = \frac{\varrho(\boldsymbol{B}) - \varrho(0)}{\varrho(0)}. \tag{10.5}$$

Bei den speziellen Orientierungen $\boldsymbol{B} \| \boldsymbol{j}$ bzw. $\boldsymbol{B} \perp \boldsymbol{j}$ spricht man vom longitudinalen bzw. transversalen Magnetowiderstand D_l bzw. D_t. Diese beiden Größen sind für viele Metalle in Abhängigkeit von der Temperatur, der Magnetfeldstärke und der Kristallorientierung gemessen worden.

Wie in der Transporttheorie ohne Magnetfeld versucht man in der nun zu betrachtenden mikroskopischen Theorie die gefundenen Meßergebnisse unter Verwendung geeigneter Funktionen $E_\nu(\boldsymbol{k}) = E_F$, $\omega_\alpha(\boldsymbol{w})$ usw. aus den Grundlagen abzuleiten. In beiden Theorien steht dem aber die gleiche Schwierigkeit der noch weitgehenden Unkenntnis dieser Funktionen entgegen. Im Unterschied zum magnetfeldfreien Fall werden wir aber im folgenden zeigen können, daß sich für besondere Versuchsbedingungen aus den Messungen zuverlässige Schlüsse über die Topologie der untersuchten Fermi-Flächen ziehen lassen.

10.2. Mikroskopische Theorie

Die mikroskopische Theorie geht von der Boltzmann-Gleichung (8.13) mit verschwindendem Temperaturgradienten aus; sie lautet

$$e\frac{\partial f_0}{\partial E}\boldsymbol{v}\boldsymbol{E}+\frac{e}{\hbar c}(\boldsymbol{v}\times\boldsymbol{B})\nabla_{\boldsymbol{k}}f_1=\left(\frac{\partial f}{\partial t}\right)_{\text{Stoß}}. \tag{10.6}$$

Wir formen zunächst den vom Magnetfeld herrührenden Term geeignet um. Dieser beschreibt die Veränderung von $f_1(\boldsymbol{k})$ pro Sekunde während der Bewegung des Elektrons unter dem Einfluß des Magnetfeldes. Wie dem Ausdruck $(\boldsymbol{v}\times\boldsymbol{B})\nabla_{\boldsymbol{k}}$ unmittelbar anzusehen ist und wie auch bereits in Kapitel 5 ausgeführt wurde, tritt in (10.6) nur die Komponente ∇_{k_s} von $\nabla_{\boldsymbol{k}}$ auf, die senkrecht zu $\boldsymbol{B}$ und in Richtung der Tangente an die jeweilige Energiefläche orientiert ist. Im Zusammenhang damit wurde in (5.44) die Winkelkoordinate φ eingeführt, die, der Zeit proportional, sich allein bei der Bewegung im Magnetfeld ändert, so daß wir schreiben können:

$$\frac{e}{\hbar c}(\boldsymbol{v}\times\boldsymbol{B})\nabla_{\boldsymbol{k}}f_1(\boldsymbol{k})=\omega_c\frac{\partial f_1}{\partial\varphi}, \tag{10.7}$$

wobei wir f jetzt als Funktion der Variablen E, k_z und φ ansehen. Das Einsetzen von (10.7) in (10.6) ergibt

$$e\frac{\partial f_0}{\partial E}\boldsymbol{v}\boldsymbol{E}+\omega_c\frac{\partial f_1}{\partial\varphi}=\left(\frac{\partial f}{\partial t}\right)_{\text{Stoß}}. \tag{10.8}$$

Um die Betrachtungen bei Berücksichtigung des Magnetfeldes nicht zu kompliziert werden zu lassen, nehmen wir im Anschluß an die Ausführungen in Kapitel 8 die approximative Existenz einer Relaxationszeit $\tau(\boldsymbol{k})$ an, mit deren Hilfe sich der Stoßterm einfach als $-\frac{f_1}{\tau}$ darstellen läßt. Dadurch erhalten wir nach (10.8) schließlich

$$e\frac{\partial f_0}{\partial E}\boldsymbol{v}\boldsymbol{E}+\omega_c\frac{\partial f_1}{\partial\varphi}+\frac{f_1}{\tau}=0. \tag{10.9}$$

Als allgemeine Lösung von (10.9) verifiziert man ohne weiteres

$$f_1(E,k_z,\varphi)=-\frac{e}{\omega_c}\frac{\partial f_0}{\partial E}\boldsymbol{E}\int\limits_a^{\varphi}\mathrm{d}\varphi'\boldsymbol{v}(\varphi')\,\mathrm{e}^{-\int\limits_{\varphi'}^{\varphi}\frac{\mathrm{d}\varphi''}{\omega_c\tau(\varphi'')}} \tag{10.10}$$

mit

$$\omega_c=\omega_c(E,k_z),\qquad f_0=f_0(E),\qquad \boldsymbol{v}=\boldsymbol{v}(E,k_z,\varphi),\qquad \tau=\tau(E,k_z,\varphi).$$

Die Integrationskonstante a eliminieren wir mit Hilfe der folgenden notwendigen Periodizitätsbedingung, indem wir uns, wie auch schon in Kapitel 5, auf periodische Bahnen beschränken:

$$f_1(E,k_z,\varphi+2\pi)=f_1(E,k_z,\varphi). \tag{10.11}$$

Aus (10.10) und (10.11) folgt dann

$$f_1(E, k_z, \varphi) = -\frac{e}{\omega_c}\frac{\partial f_0}{\partial E}\boldsymbol{E}\left\{\exp\int_0^{2\pi}\frac{\mathrm{d}\varphi''}{\omega_c\tau(\varphi'')} - 1\right\}^{-1}\int_{\varphi}^{\varphi+2\pi}\mathrm{d}\varphi'\boldsymbol{v}(\varphi')\,\mathrm{e}^{-\int_{\varphi'}^{\varphi}\frac{\mathrm{d}\varphi''}{\omega_c\tau(\varphi'')}}. \tag{10.12}$$

Aus dieser eindeutigen Lösung der Boltzmann-Gleichung berechnen wir nach (9.21) die elektrische Stromdichte

$$e\boldsymbol{j} = \frac{e}{4\pi^3}\int \boldsymbol{v}(\boldsymbol{k})\, f_1(\boldsymbol{k})\,\mathrm{d}^3\boldsymbol{k}$$

und damit nach (10.2) den Leitfähigkeitstensor

$$\sigma_{\alpha\beta} = -\frac{e^2}{4\pi^3}\int \mathrm{d}^3\boldsymbol{k}\,\frac{1}{\omega_c}\frac{\partial f_0}{\partial E}$$

$$\times\left\{\exp\int_0^{2\pi}\frac{\mathrm{d}\varphi''}{\omega_c\tau(\varphi'')} - 1\right\}^{-1}\int_{\varphi}^{\varphi+2\pi}\mathrm{d}\varphi'\,v_\alpha(\varphi)\,v_\beta(\varphi')\,\mathrm{e}^{-\int_{\varphi'}^{\varphi}\frac{\mathrm{d}\varphi''}{\omega_c\tau(\varphi'')}}. \tag{10.13}$$

Wenn wir annehmen, daß τ höchstens von der Bahn (E, k_z), nicht aber vom speziellen Bahnpunkt (φ) abhängt, dann vereinfacht sich (10.13) zu

$$\sigma_{\alpha\beta} = -\frac{e^2}{4\pi^3}\int \mathrm{d}^3\boldsymbol{k}\,\frac{1}{\omega_c}\frac{\partial f_0}{\partial E}\,\frac{1}{\mathrm{e}^{\frac{2\pi}{\omega_c\tau}} - 1}\int_0^{2\pi}\mathrm{d}\varphi'\,v_\alpha(\varphi)\,v_\beta(\varphi+\varphi')\,\mathrm{e}^{\frac{\varphi'}{\omega_c\tau}}. \tag{10.14}$$

Während die Ausdrücke (10.13) bzw. (10.14) für den Leitfähigkeitstensor bezüglich der Stärke des Magnetfeldes nur voraussetzen, daß von allen Quantisierungseffekten abgesehen werden kann, so gelangt man zu übersichtlichen Resultaten doch nur in den Grenzfällen schwacher und starker Magnetfelder. Als Kriterium für das Vorliegen des einen oder anderen Falles bietet sich offenbar die Unterscheidung

$$\omega_c\tau \lessgtr 1 \tag{10.15}$$

an, wobei nach (5.42) und (5.43) das obere Zeichen den schwachen, das untere den starken Magnetfeldern entspricht. Es ist aber nach (10.15) klar, daß auch Temperatur und Reinheitsgrad des Metalls bestimmen, welcher Grenzfall vorliegt. So setzt etwa $\omega_c\tau \gg 1$ neben einem genügend starken Magnetfeld tiefe Temperaturen und einen möglichst idealen Kristall voraus. Die dann erfüllte Zeitrelation $\tau \gg 1/\omega_c \approx T_c$ zeigt anschaulich, daß die Elektronen zwischen zwei Stößen mit Phononen oder Fehlstellen einige Bahnumläufe im $\boldsymbol{k}$-Raum ausführen. Man kann deshalb im Grenzfall starker Magnetfelder und tiefer Temperaturen hoffen, aus

Messungen des Magnetowiderstandes Aussagen über die Zusammenhangsverhältnisse der betreffenden Fermi-Flächen zu erhalten, die nach (10.13) wegen des Faktors $\partial f_0/\partial E$ ebenso wie im magnetfeldfreien Fall von allen Energieflächen der Leitungselektronen für den Transportprozeß allein von Bedeutung sind.

Der entgegengesetzte Sachverhalt liegt für $\omega_c \tau \ll 1$ vor. Hier überwiegen die Stöße die durch das Magnetfeld bewirkte Bewegung derart, daß die Elektronen jeweils nur kleine Teile der vollen Periode im $\boldsymbol{k}$-Raum ungestört durchlaufen können. Ins einzelne gehende Aussagen über die Fermi-Flächen erscheinen deshalb in diesem Fall kaum möglich.

10.3. Schwache Magnetfelder ($\omega_c \tau \ll 1$)

Zur Untersuchung des Verhaltens von $\sigma_{\alpha\beta}$ im Fall $\omega_c \tau \ll 1$ formen wir den Ausdruck (10.13) wie folgt um: Mit der Substitution $\varphi' = \varphi + 2\pi - \bar{\varphi}$ schreiben wir die zweite Zeile in (10.13)

$$\frac{\exp\left\{-\int\limits_0^{2\pi} \frac{\mathrm{d}\varphi''}{\omega_c \tau}\right\}}{1-\exp\left\{-\int\limits_0^{2\pi} \frac{\mathrm{d}\varphi''}{\omega_c \tau}\right\}} \int\limits_0^{2\pi} \mathrm{d}\bar{\varphi}\, v_\alpha(\varphi)\, v_\beta(\varphi-\bar{\varphi})\, \mathrm{e}^{-\int\limits_{\varphi+2\pi-\bar{\varphi}}^{\varphi} \frac{\mathrm{d}\varphi''}{\omega_c \tau}}$$
$$= \left[1-\exp\left\{-\int\limits_0^{2\pi} \frac{\mathrm{d}\varphi''}{\omega_c \tau}\right\}\right]^{-1} \int\limits_0^{2\pi} \mathrm{d}\bar{\varphi}\, v_\alpha(\varphi)\, v_\beta(\varphi-\bar{\varphi})\, \mathrm{e}^{-\int\limits_{\varphi-\bar{\varphi}}^{\varphi} \frac{\mathrm{d}\varphi''}{\omega_c \tau}}. \tag{10.16}$$

Offenbar ist (10.16) identisch mit

$$\int\limits_0^{\infty} \mathrm{d}\bar{\varphi}\, v_\alpha(\varphi)\, v_\beta(\varphi-\bar{\varphi})\, \mathrm{e}^{-\int\limits_{\varphi-\bar{\varphi}}^{\varphi} \frac{\mathrm{d}\varphi''}{\omega_c \tau}}. \tag{10.17}$$

Mit der weiteren Substitution

$$u(\bar{\varphi}) = \int\limits_{\varphi-\bar{\varphi}}^{\varphi} \frac{\mathrm{d}\varphi''}{\omega_c \tau(\varphi'')}, \quad \text{also} \quad \frac{\mathrm{d}\bar{\varphi}}{\mathrm{d}u} = \omega_c \tau(\varphi-\bar{\varphi}), \tag{10.18}$$

wird (10.17) zu

$$\omega_c \int\limits_0^{\infty} \mathrm{d}u\, v_\alpha(\varphi)\, \tau(\varphi-\bar{\varphi})\, v_\beta(\varphi-\bar{\varphi})\, \mathrm{e}^{-u}. \tag{10.19}$$

An diesem noch völlig exakten Ausdruck können wir jetzt die beabsichtigte Entwicklung nach steigenden Potenzen von $\omega_c\tau$ durchführen.

Zu diesem Zweck fassen wir nach (10.18) $\tau(\varphi - \bar{\varphi})v_\beta(\varphi - \bar{\varphi})$ als Funktion von u auf und entwickeln das Produkt in eine Taylor-Reihe um $u = 0$, d. h., wir entwickeln nach $\bar{\varphi}$ bei φ:

$$\tau(\varphi - \bar{\varphi}(u))\, v_\beta(\varphi - \bar{\varphi}(u)) = \bar{\tau}(u)\, \bar{v}_\beta(u) = \sum_{n=0}^{\infty} \frac{1}{n!}\, u^n \left.\frac{\partial^n(\bar{\tau}\,\bar{v}_\beta)}{\partial u^n}\right|_{u=0}. \tag{10.20}$$

Indem wir (10.20) in (10.19) einsetzen und die Formel $\int\limits_0^\infty u^n \mathrm{e}^{-u}\, \mathrm{d}u = n!$ berücksichtigen, erhalten wir für den untersuchten Ausdruck

$$\omega_c v_\alpha \sum_{n=0}^{\infty} \left.\frac{\partial^n(\bar{\tau}\,\bar{v}_\beta)}{\partial u^n}\right|_{u=0}. \tag{10.21}$$

Wenn wir nun (10.21) in (10.13) einsetzen, so finden wir die gesuchte Potenzreihenentwicklung des Leitfähigkeitstensors:

$$\sigma_{\alpha\beta} = -\frac{e^2}{4\,\pi^3} \sum_{n=0}^{\infty} \int \mathrm{d}^3\boldsymbol{k}\, \frac{\partial f_0}{\partial E}\, v_\alpha \left.\frac{\partial^n(\bar{\tau}\,\bar{v}_\beta)}{\partial u^n}\right|_{u=0}. \tag{10.22}$$

Die ersten drei Glieder der Entwicklung lauten

$$\begin{aligned} \sigma_{\alpha\beta} = -\frac{e^2}{4\,\pi^3}\Bigg\{ & \int \mathrm{d}^3\boldsymbol{k}\, \frac{\partial f_0}{\partial E}\, \tau v_\alpha v_\beta - \int \mathrm{d}^3\boldsymbol{k}\, \frac{\partial f_0}{\partial E}\, \omega_c \tau v_\alpha \frac{\partial(\tau v_\beta)}{\partial\varphi} \\ & + \int \mathrm{d}^3\boldsymbol{k}\, \frac{\partial f_0}{\partial E}\, \omega_c^2 \tau v_\alpha \frac{\partial}{\partial\varphi}\left[\tau\, \frac{\partial(\tau v_\beta)}{\partial\varphi}\right]\Bigg\}. \end{aligned} \tag{10.23}$$

Wie man ohne weiteres sieht, kann man (10.23) auch durch Iteration der ursprünglichen Differentialgleichung (10.9) erhalten.

Zu expliziten Angaben über die Magnetfeldabhängigkeit des Leitfähigkeitstensors ist also die Kenntnis der Funktionen $\boldsymbol{v}(\boldsymbol{k})$, d. h. der Funktion $E(\boldsymbol{k})$, und $\tau(\boldsymbol{k})$ erforderlich. Unabhängig davon kann man aber noch leicht folgende Symmetrierelationen für die in (10.23) auftretenden Integrale verifizieren:

$$\int \mathrm{d}^3\boldsymbol{k}\, \frac{\partial f_0}{\partial E}\, v_\alpha \tau v_\beta = \int \mathrm{d}^3\boldsymbol{k}\, \frac{\partial f_0}{\partial E}\, v_\beta \tau v_\alpha = -\frac{4\,\pi^3}{e^2}\, \sigma_{\alpha\beta}^{(0)}, \tag{10.24}$$

$$\int \mathrm{d}^3\boldsymbol{k}\, \frac{\partial f_0}{\partial E}\, \omega_c \tau v_\alpha \frac{\partial(\tau v_\beta)}{\partial\varphi} = -\int \mathrm{d}^3\boldsymbol{k}\, \frac{\partial f_0}{\partial E}\, \omega_c \tau v_\beta \frac{\partial(\tau v_\alpha)}{\partial\varphi} = \frac{4\,\pi^3}{e^2}\, \sigma_{\alpha\beta}^{(1)}, \tag{10.25}$$

$$\begin{aligned} \int \mathrm{d}^3\boldsymbol{k}\, \frac{\partial f_0}{\partial E}\, \omega_c^2 \tau v_\alpha \frac{\partial}{\partial\varphi}\left[\tau\, \frac{\partial(\tau v_\beta)}{\partial\varphi}\right] &= -\int \mathrm{d}^3\boldsymbol{k}\, \frac{\partial f_0}{\partial E}\, \omega_c^2\, \tau\, \frac{\partial(\tau v_\beta)}{\partial\varphi}\, \frac{\partial(\tau v_\alpha)}{\partial\varphi} \\ &= \int \mathrm{d}^3\boldsymbol{k}\, \frac{\partial f_0}{\partial E}\, \omega_c^2 \tau v_\beta \frac{\partial}{\partial\varphi}\left[\tau\, \frac{\partial(\tau v_\alpha)}{\partial\varphi}\right] = -\frac{4\,\pi^3}{e^2}\, \sigma_{\alpha\beta}^{(2)}. \end{aligned} \tag{10.26}$$

Neben der trivialen Relation (10.24) sind (10.25) und (10.26) direkte Konsequenzen der Periodizitätseigenschaft von $\tau(\boldsymbol{k})$ und $\boldsymbol{v}(\boldsymbol{k})$ im Intervall 2π der Variablen φ.

Um weitere Aussagen über die Integrale (10.24) bis (10.26) zu erhalten, ohne dabei besondere Annahmen über die Funktionen $\boldsymbol{v}(\boldsymbol{k})$ und $\tau(\boldsymbol{k})$ zu machen, spezialisieren wir uns, wie bereits schon in Kapitel 9 auf Metalle mit kubischer Symmetrie. Wir legen die drei Koordinatenachsen in die Richtung der drei kubischen Achsen. Dabei bleibt das Magnetfeld stets parallel zur z-Achse gerichtet. Man ersieht dann aus (10.24) bis (10.26) daß nur wenige der verschiedenen Tensorkomponenten nicht verschwinden. So wurde in der sich an (9.11) anschließenden Betrachtung bereits gezeigt, daß

$$\sigma_{\alpha\beta}^{(0)} = \delta_{\alpha\beta}\sigma^{(0)} \tag{10.27}$$

ist. Da sich nun nach (10.7) $\partial/\partial\varphi$ wie $k_x k_y$ transformiert, so finden wir durch eine ganz ähnliche Betrachtung sofort

$$\sigma_{\alpha\beta}^{(1)} = \sigma_{xy}^{(1)}(\delta_{\alpha x}\delta_{\beta y} - \delta_{\alpha y}\delta_{\beta x}) \tag{10.28}$$

und

$$\sigma_{\alpha\beta}^{(2)} = \sigma_{xx}^{(2)}(\delta_{\alpha x}\delta_{\beta x} + \delta_{\alpha y}\delta_{\beta y}) + \sigma_{zz}^{(2)}\delta_{\alpha z}\delta_{\beta z}\,. \tag{10.29}$$

Aus diesen letzten drei Gleichungen folgt

$$\sigma_{xz} = \sigma_{yz} = 0. \tag{10.30}$$

Damit sind wir in der Lage, übersichtliche Ausdrücke für den longitudinalen und transversalen Magnetowiderstand anzugeben: Im ersten Fall ist $j_\alpha = \delta_{\alpha z} j_z$, also nach (10.4) und (10.5)

$$D_l = \frac{\varrho_{zz} - \varrho_{zz}^{(0)}}{\varrho_{zz}^{(0)}}\,. \tag{10.31}$$

Nach (10.2) und (10.3) findet man die Koeffizienten $\varrho_{\alpha\beta}$ des Widerstandstensors durch Auflösung des linearen Gleichungssystems (10.2) nach der elektrischen Feldstärke $\boldsymbol{E}$. Diese spielt beim Experiment insofern eine von $\boldsymbol{j}$ verschiedene Rolle, als dessen Richtung durch die jeweilige Meßdrahtachse (hier parallel zu $\boldsymbol{B}$) vorgegeben wird, während sich $\boldsymbol{E}$ aus der resultierenden Wirkung der angelegten äußeren Potentialdifferenz und der durch die bei dem Transportprozeß gegebenenfalls auftretenden, zusätzlichen elektrischen Feldstärke ergibt. Da wegen (10.30) $j_z = \sigma_{zz} E_z$ ist, so gilt hier einfach $\varrho_{zz} = 1/\sigma_{zz}$. Setzt man diesen Ausdruck in (10.31) ein, so findet man bei Vernachlässigung von Gliedern, die proportional zu B^n ($n > 2$) sind,

$$D_l = -\frac{\sigma_{zz}^{(2)}}{\sigma^{(0)}}\,. \tag{10.32}$$

Die angeführte Auflösung des Gleichungssystems (10.2) führt im vorliegenden Fall ($j_1 = j_2 = 0$) mit Verwendung von (10.30) zu

$$E_x = E_y = 0, \tag{10.33}$$

d. h., im longitudinalen Magnetfeld entsteht keine transversale Komponente des elektrischen Feldes.

Zur Diskussion der Formel (10.32) übergehend, ersehen wir zunächst aus (10.26), daß $\sigma^{(2)} < 0$ ist, d. h., daß $D_l > 0$ ist; der elektrische Widerstand nimmt demnach mit wachsendem Magnetfeld zu, und zwar, wie (10.32) zeigt, für kleine Felder proportional zu B^2. Dieses Ergebnis wird durch die Messungen durchaus bestätigt.

Über die absolute Größe von D_l kann nach (10.24) und (10.26) nur etwas ausgesagt werden, wenn die in den Integralen auftretenden Funktionen $\tau(\boldsymbol{k})$ und $\boldsymbol{v}(\boldsymbol{k})$ bekannt sind. Ohne hier spezielle Modelle zu betrachten, können wir aus (10.26) jedenfalls folgendes ersehen: Wenn $\tau = \tau(E)$ ist und außerdem kugelförmige Energieflächen (d. h. $\boldsymbol{v} \sim \boldsymbol{k}$) vorliegen, dann haben wir in dem betreffenden Integral $\partial v_z/\partial\varphi \sim \partial k_z/\partial\varphi = 0$, d. h., in diesem Fall wird $D_l = 0$, der longitudinale Magnetowiderstand verschwindet. Daß das jedoch erfahrungsgemäß keineswegs der Fall ist, beweist die Unzulässigkeit der hier bezüglich $\tau(\boldsymbol{k})$ und $\boldsymbol{v}(\boldsymbol{k})$ gemachten Annahmen. Wegen des Auftretens von $\tau\boldsymbol{v}$ unter dem Differentialoperator $\partial/\partial\varphi$ bleibt es allerdings im Rahmen der hier betrachteten Theorie ($\omega_c\tau \ll 1$) zunächst unbestimmt, welche Anisotropie, die des Streumechanismus oder die der Bandstruktur, für den endlichen longitudinalen Magnetowiderstand hauptsächlich verantwortlich ist.

Der transversale Fall ist durch $j_\alpha = \delta_{\alpha x} j_x$ gegeben. Damit ist nach (10.4) und (10.5)

$$D_t = \frac{\varrho_{xx} - \varrho_{xx}^{(0)}}{\varrho_{xx}^{(0)}}. \tag{10.34}$$

Lösen wir jetzt wiederum (10.2) nach $\boldsymbol{E}$ auf, so erhalten wir mit Verwendung von (10.30)

$$E_x = \frac{1}{\det\hat{\sigma}} j_x \sigma_{yy}\sigma_{zz}, \qquad E_y = -\frac{1}{\det\hat{\sigma}} j_x \sigma_{yx}\sigma_{zz}, \qquad E_z = 0. \tag{10.35}$$

Im Unterschied zum longitudinalen Fall tritt also beim transversalen Magnetfeld senkrecht zu diesem und zu dem Strom ein Querfeld E_y auf, das man allgemein als Hall-Feld bezeichnet.

Aus (10.35) und (10.30) ersehen wir, daß gilt:

$$\varrho_{xx} = \frac{\sigma_{yy}}{\sigma_{xx}\sigma_{yy} + \sigma_{xy}^2}, \qquad E_y = j_x \frac{\sigma_{xy}}{\sigma_{xx}\sigma_{yy} + \sigma_{xy}^2}.$$

Mit Benutzung von (10.27) bis (10.29) erhält man daraus

$$D_t = -\frac{\sigma^{(0)}\sigma_{yy}^{(2)} + \sigma_{xy}^{(1)2}}{\sigma^{(0)2}}, \qquad E_y = j_x \frac{\sigma_{xy}^{(1)}}{\sigma^{(0)2}}. \tag{10.36}$$

Diese Beziehungen besagen, daß ebenso wie im longitudinalen Fall der Magnetowiderstand für kleine Feldstärken von diesen quadratisch abhängt. Das befindet sich wiederum in guter Übereinstimmung mit den Messungen. Unter Benutzung der Schwarzschen Ungleichung erkennt man weiterhin, daß ebenfalls $D_t > 0$ ist, denn es gilt nach (10.24) bis (10.26)

$$\left(\frac{4\pi^3}{e^2}\right)^2 |\sigma^{(0)} \sigma_{yy}^{(2)}| = \int d^3\boldsymbol{k} \frac{\partial f_0}{\partial E} \tau v_x^2 \int d^3\boldsymbol{k} \frac{\partial f_0}{\partial E} \omega_c^2 \tau \left(\frac{\partial(\tau v_y)}{\partial \varphi}\right)^2$$

$$\geqq \left\{\int d^3\boldsymbol{k} \frac{\partial f_0}{\partial E} \omega_c \tau v_x \frac{\partial(\tau v_y)}{\partial \varphi}\right\}^2 = \left(\frac{4\pi^3}{e^2}\right)^2 \sigma_{xy}^{(1)2}.$$

Für Absolutangaben bedarf es selbstverständlich wiederum der Kenntnis der Funktionen $\tau(\boldsymbol{k})$ und $\boldsymbol{v}(\boldsymbol{k})$. Ein interessantes Resultat erhält man unter der Annahme eines isotropen $\tau = \tau(E)$. Wegen des Faktors $\partial f_0/\partial E$ tritt dann in den Integralen (10.24) bis (10.26) $\tau^n(E_F)$ ($n = 1, 2, 3$) als Faktor auf, d. h., nach (10.36) wird $D_t \sim \tau^2 B^2$. Da nach (10.24) $\tau \sim \sigma^{(0)} = 1/\varrho^{(0)}$ ist, so erhält man das Resultat

$$D_t = D_t\left(\frac{B}{\varrho^{(0)}}\right), \tag{10.37}$$

wobei die Funktion $D_t(B/\varrho^{(0)})$ nur vom untersuchten Metall abhängt. Die Relation (10.37), die man häufig als Kohlersche Regel bezeichnet, besagt also, daß der transversale Magnetowiderstand (für den longitudinalen gilt offenbar dasselbe) für gleiche Werte von $B/\varrho^{(0)}$ stets gleich ist. Die recht gute Erfüllung dieser Aussage für eine ganze Reihe von Metallen weist darauf hin, daß die zur Ableitung von (10.37) benutzte Voraussetzung einer isotropen Relaxationszeit häufig ziemlich gut realisiert ist.

Nehmen wir wie im longitudinalen Fall neben einer isotropen Relaxationszeit $\tau(E)$ kugelförmige Energieflächen an, so daß $\boldsymbol{v}(\boldsymbol{k}) = \alpha(k)\,\boldsymbol{k}$ ist, so verifiziert man mit Verwendung von (10.7) leicht, daß gilt:

$$\omega_c \frac{\partial v_y}{\partial \varphi} = -\frac{eB}{\hbar c} \alpha(k)\, v_x. \tag{10.38}$$

In der Näherung $\partial f_0/\partial E \approx -\delta(E - E_F)$ laufen die Integrale (10.24) bis (10.26) dann alle über die Fermi-Kugel und enthalten als winkelabhängige Funktion gemeinsam nur v_x^2, so daß $\sigma^{(0)}\sigma_{yy}^{(2)} = -\sigma_{xy}^{(1)2}$ wird. Nach (10.36) bedeutet das aber das Verschwinden auch des transversalen Magnetowiderstandes. Sein durch die Messungen tatsächlich gesichertes Vorhandensein ist wegen der Kleinheit des Faktors $(k_B T/E_F)^2$ jedenfalls nicht auf die bezüglich $\partial f_0/\partial E$ höhere Näherung zurückzuführen, sondern vielmehr als Beweis für die im Metall keineswegs so weitgehend vorhandene Isotropie anzusehen, wie sie bei der letzten Betrachtung vorausgesetzt wurde.

Wie (10.36) zeigt, entsteht im transversalen Magnetfeld senkrecht zu diesem und zum Stromvektor ein Querfeld, das dem Strom und dem Magnetfeld einfach proportional ist. Dementsprechend definiert man als Hall-Koeffizient

$$R = \frac{E_y}{j_x B}. \tag{10.39}$$

Die Entstehung des Hall-Feldes ist anschaulich unmittelbar verständlich: Die durch die primär angelegte äußere Spannung in Bewegung geratenen Elektronen werden durch das transversale Magnetfeld senkrecht zu diesem und zum primären elektrischen Feld abgelenkt und stauen sich deshalb an der einen Seite des Leiters. Die so aufgetretene Ladungsinhomogenität erzeugt gerade das stationäre Hall-Feld, das der weiteren Querbewegung der Elektronen entgegenwirkt. Diese bewegen sich dann unter dem resultierenden Einfluß von E_x, E_y und $\boldsymbol{B}$ und ergeben, wie unsere obige Betrachtung zeigte, im isotropen Fall ($\tau = \tau(E)$, $E = E(k)$) keinen transversalen Magnetowiderstand.

Die bereits beim transversalen Magnetowiderstand im isotropen Fall mit Hilfe der Gleichung (10.38) durchgeführte Rechnung führt für den durch (10.36) und (10.39) definierten Hall-Koeffizienten auf

$$R = \frac{e\tau(E_F)\alpha(k_F)}{\hbar c\sigma^{(0)}}.$$

Danach ist $R \lessgtr 0$, je nachdem ob $\alpha(k_F) \gtrless 0$ ist. Tatsächlich beobachtet man bei einer Reihe von Metallen positive Hall-Koeffizienten. In dem speziellen Modell

$$E(k) = \frac{\hbar^2}{2m^*}k^2 \quad \text{wird} \quad \alpha(k) = \frac{\hbar}{m^*}, \quad \text{so daß} \quad R = \frac{e\tau(E_F)}{m^* c\sigma^{(0)}} \tag{10.40}$$

ist. Ein positiver Hall-Koeffizient ist hiernach eine Folge negativer effektiver Masse. Wie wir aus früheren Betrachtungen wissen, treten Elektronen dieser Eigenschaft insbesondere bei nahezu besetzten Bändern auf, für die der Zusammenhang (10.40) im Sinne von $E(k = 0) = E_{\max}$ gilt, so daß $m^* < 0$ ist. Da die „Fermi-Kugel" dann nur leere Zustände enthält, ist hier der Name „Löcherleitung" gebräuchlich, wobei man sich anschaulich den Ladungstransport als durch Teilchen positiver Ladung und Masse ausgeführt denkt.

Für quantitative Aussagen über die Größe von R bei speziellen Metallen hat man wie beim Magnetowiderstand die reale Bandstruktur $E(\boldsymbol{k})$ und, wie etwa beim Aluminium, den Beitrag aller Leitungsbänder zu berücksichtigen. Da das hier allein betrachtete isotrope Modell am besten für die Alkalimetalle zutrifft, hat man bei diesen noch die beste Übereinstimmung zwischen Theorie und Meßresultaten zu erwarten, was sich auch tatsächlich bestätigt.

10.4. Starke Magnetfelder ($\omega_c\tau \gg 1$)

Wir wenden uns jetzt dem Fall so starker Magnetfelder zu, daß die Umlaufszeit T_c auf periodischen Bahnen im $\boldsymbol{k}$-Raum, verglichen mit der vorliegenden Relaxationszeit, klein wird. Wie wir bereits oben ausführten, sind in diesem Falle aus Messungen des Magnetowiderstandes Aufschlüsse über die Zusammenhangsverhältnisse der betreffenden Fermi-Flächen zu erwarten. Indem wir der Einfachheit halber ein isotropes $\tau = \tau(E)$ voraussetzen, können wir auf Formel (10.14) zurückgreifen und nach dem kleinen Parameter $(\omega_c\tau)^{-1}$ in eine Reihe entwickeln.

Unter durchgehender Vernachlässigung von Termen proportional $(\omega_c\tau)^{-1}$ gegenüber 1, erhalten wir so für die Komponenten des Leitfähigkeitstensors

$$\begin{aligned}\sigma_{\alpha\beta} &= -\frac{e^2}{8\pi^4}\int d^3\boldsymbol{k}\,\tau\,\frac{\partial f_0}{\partial E}\,v_\alpha(\varphi)\int_0^{2\pi} d\varphi'\,v_\beta(\varphi+\varphi')\left\{1 + \frac{\varphi'}{\omega_c\tau} + \frac{1}{2}\,\frac{\varphi'^2}{(\omega_c\tau)^2} + \cdots\right\}\\ &= \sigma_{\alpha\beta}^{(0)} + \sigma_{\alpha\beta}^{(1)} + \sigma_{\alpha\beta}^{(2)} + \cdots\end{aligned} \tag{10.41}$$

Die Abhängigkeit der $\sigma_{\alpha\beta}$ vom Magnetfeld wird nach dieser Relation hauptsächlich durch Integrale des Typs

$$\int_0^{2\pi} v_\beta(\varphi + \varphi')\,\mathrm{d}\varphi', \qquad \int_0^{2\pi} v_\beta(\varphi + \varphi')\,\varphi'\,\mathrm{d}\varphi', \ldots \tag{10.42}$$

bestimmt. Um diese zu untersuchen, merken wir zunächst die folgenden zwei sich sofort aus (10.7) und (5.46) ergebenden Beziehungen an:

$$v_x = \frac{\hbar}{m_c}\frac{\partial k_y}{\partial \varphi}, \qquad v_y = -\frac{\hbar}{m_c}\frac{\partial k_x}{\partial \varphi}. \tag{10.43}$$

Setzen wir (10.43) in (10.42) ein, so erhalten wir z. B.

$$\int_0^{2\pi} v_y(\varphi + \varphi')\,\mathrm{d}\varphi' = -\frac{\hbar}{m_c}\int_0^{2\pi}\frac{\partial k_x}{\partial \varphi'}\,\mathrm{d}\varphi' = \begin{cases} 0 & \text{für geschlossene Bahnen,} \\ -\dfrac{\hbar}{m_c}K_{0x} & \text{für offene Bahnen.} \end{cases} \tag{10.44}$$

Dabei ist K_{0x} die x-Komponente des in (5.42) auftretenden Vektors $\boldsymbol{K}_0$.

Im Unterschied zu (10.44) gilt allgemein

$$\int_0^{2\pi} v_z(\varphi + \varphi')\,\mathrm{d}\varphi' \neq 0. \tag{10.45}$$

In der Relation (10.44) ist bereits das Wesentliche der im folgenden durchzuführenden Betrachtungen enthalten. Zusammen mit (10.41) erkennt man, daß sich die Magnetfeldabhängigkeit der elektrischen Leitfähigkeit für geschlossene Bahnen, wie sie bei geschlossenen Fermi-Flächen allein vorkommen können, gänzlich anders ergeben kann als für offene Bahnen, die notwendig offene, d. h. die Zonengrenze berührende Fermi-Flächen zur Voraussetzung haben. Man kann also hoffen, durch Untersuchung der Anisotropien des Magnetowiderstandes Informationen über jene Richtungen im Kristall zu erhalten, in denen die offenen Bahnen der untersuchten Fermi-Flächen liegen.

Wir gehen zur Betrachtung des zweiten Integrals (10.42) über. Mit Verwendung von (10.43) erhalten wir

$$\begin{aligned}\int_0^{2\pi} v_y(\varphi + \varphi')\,\varphi'\,\mathrm{d}\varphi' &= -\frac{\hbar}{m_c}\int_0^{2\pi}\frac{\partial k_x(\varphi + \varphi')}{\partial \varphi'}\,\varphi'\,\mathrm{d}\varphi' \\ &= -\frac{\hbar}{m_c}\left\{2\pi k_x(\varphi + 2\pi) - \int_0^{2\pi} k_x(\varphi + \varphi')\,\mathrm{d}\varphi'\right\}.\end{aligned} \tag{10.46}$$

Für geschlossene Bahnen folgt daraus

$$\int_0^{2\pi} v_y(\varphi + \varphi')\,\varphi'\,\mathrm{d}\varphi' = -\frac{2\pi\hbar}{m_c}k_x(\varphi) + \text{konst.} \tag{10.47}$$

Schließlich untersuchen wir den dritten der in (10.41) auftretenden Terme im Fall geschlossener Bahnen:

$$\int_0^{2\pi} v_y(\varphi+\varphi')\,\varphi'^2\,\mathrm{d}\varphi' = -\frac{\hbar}{m_c}\int_0^{2\pi}\frac{\partial k_x}{\partial\varphi'}\,\varphi'^2\,\mathrm{d}\varphi'$$

$$= -\frac{\hbar}{m_c}\left\{(2\pi)^2 k_x(\varphi) - 2\int_0^{2\pi} k_x(\varphi+\varphi')\,\varphi'\,\mathrm{d}\varphi'\right\} = -\frac{(2\pi)^2\hbar}{m_c}k_x(\varphi) + g_x(\varphi). \tag{10.48}$$

Damit sind wir in der Lage, das Verhalten des Leitfähigkeitstensors (10.41), speziell den Zusammenhang zwischen der Magnetfeldabhängigkeit des Magnetowiderstandes und der Kristallorientierung, im einzelnen zu studieren. Dazu nehmen wir zunächst an, bei der betrachteten Richtung des Vektors $\boldsymbol{B}$ würden ausschließlich geschlossene Bahnen auf der vorliegenden Fermi-Fläche existieren. Nach (10.44) und (10.45) ist dann nur die Komponente $\sigma_{zz}^{(0)} \neq 0$. Weiterhin erkennt man leicht unter Beachtung von (10.45) und (10.47), daß $\sigma_{xz}^{(1)}$ und $\sigma_{yz}^{(1)}$ ungleich 0 sind (ebenso wie $\sigma_{zx}^{(1)}$ und $\sigma_{zy}^{(1)}$). Die Untersuchung von $\sigma_{xx}^{(1)}$ ergibt nach (10.41), (10.43) und (10.47)

$$\sigma_{xx}^{(1)} \sim \int_0^{2\pi}\mathrm{d}\varphi\,\frac{\partial k_y(\varphi)}{\partial\varphi}\,(k_y(\varphi)+\text{konst.}) = 0.$$

Wegen des Terms $g_x(\varphi)$ in (10.48) erhält man dagegen $\sigma_{xx}^{(2)} \neq 0$. Ebenso ist selbstverständlich $\sigma_{yy}^{(1)} = 0$ und $\sigma_{yy}^{(2)} \neq 0$.

Es verbleibt noch die Berechnung von $\sigma_{xy}^{(1)}$. Nach (10.41) und (10.47) erhalten wir

$$\sigma_{xy}^{(1)} = \frac{e^2}{4\pi^3}\hbar^2\int \mathrm{d}^3\boldsymbol{k}\,\frac{1}{m_c^2\omega_c}\,\frac{\partial f_0}{\partial E}\,\frac{\partial k_y}{\partial\varphi}\,k_x.$$

Mit Verwendung von (5.44) und (5.46) können wir $\mathrm{d}^3\boldsymbol{k}$ durch die Differentiale von E, k_z und φ ausdrücken. Dazu schreiben wir

$$\mathrm{d}^3\boldsymbol{k} = \mathrm{d}k_\perp\,\mathrm{d}k_z\,\mathrm{d}k_s = \frac{\mathrm{d}E}{\hbar v_\perp}\,\mathrm{d}k_z\,\frac{m_c v_\perp}{\hbar}\,\mathrm{d}\varphi = \frac{m_c}{\hbar^2}\,\mathrm{d}E\,\mathrm{d}k_z\,\mathrm{d}\varphi. \tag{10.49}$$

Wegen $\partial f_0/\partial E = -\delta(E-E_F)$ kann die Integration über E sofort ausgeführt werden, was wiederum ergibt, daß die übrigen Integrationen über die Fermi-Fläche gehen; man findet

$$\sigma_{xy}^{(1)} = \frac{|e|c}{4\pi^3 B}\int\!\!\oint_{\text{Fermi-Fläche}} k_x\,\mathrm{d}k_y\,\mathrm{d}k_z. \tag{10.50}$$

Das durch das Integral über die Fermi-Fläche in (10.50) dargestellte Volumen im $\boldsymbol{k}$-Raum kann sich nun, wie etwa das Beispiel des Aluminiums (Abb. 36 und

Abb. 37) zeigt, aus besetzten Zuständen („Elektronen") und unbesetzten Zuständen („Löchern") zusammensetzen. Nach den Ausführungen im Anschluß an (5.42) sind wegen des negativen Umlaufsinns der Lochbahnen deren Beiträge zum Volumenintegral (10.50) negativ zu zählen, so daß man schließlich erhält:

$$\sigma_{xy}^{(1)} = \frac{|e|\, c}{B} (n - p) \tag{10.51}$$

mit n bzw. p als Elektronen- bzw. als Löcherdichte. Metalle, für die $n = p$ ist, nennt man kompensiert.

Für diese kompensierten Metalle ist also $\sigma_{xy}^{(1)} = 0$, und erst $\sigma_{xy}^{(2)}$ ist von Null verschieden.

Unsere Betrachtungen zur Magnetfeldabhängigkeit des Leitfähigkeitstensors bei ausschließlich geschlossenen Bahnen zusammenfassend, können wir nach Lifshitz, Azbel und Kaganov

$$\hat{\sigma} \sim \begin{pmatrix} (\omega_c\tau)^{-2} & (\omega_c\tau)^{-\frac{1}{2}} & (\omega_c\tau)^{-1} \\ (\omega_c\tau)^{-\frac{1}{2}} & (\omega_c\tau)^{-2} & (\omega_c\tau)^{-1} \\ (\omega_c\tau)^{-1} & (\omega_c\tau)^{-1} & 1 \end{pmatrix} \quad \text{für} \quad n \mp p \tag{10.52}$$

setzen.

Indem wir im folgenden die Möglichkeit auch offener Bahnen betrachten, gelangen wir zu einer von (10.52) wesentlich abweichenden Form des Leitfähigkeitstensors. Damit die offenen Bahnen im Integralausdruck (10.41) wirksam werden, müssen sie sich offenbar über einen endlichen Bereich von k_z erstrecken; isoliert liegende offene Bahnen können keinen Beitrag zum Tensor $\hat{\sigma}$ liefern und bleiben deshalb unberücksichtigt. Wenn wir weiterhin annehmen, daß im betrachteten Fall die mittleren Richtungen aller offenen Bahnen die gleichen sind, und wenn wir die k_x-Achse in ihre gemeinsame Richtung legen, dann können wir aus den obigen Untersuchungen ohne weiteres folgende Form des Leitfähigkeitstensors im Grenzfall starker Magnetfelder ablesen:

$$\hat{\sigma} \sim \begin{pmatrix} (\omega_c\tau)^{-2} & (\omega_c\tau)^{-1} & (\omega_c\tau)^{-1} \\ (\omega_c\tau)^{-1} & 1 & 1 \\ (\omega_c\tau)^{-1} & 1 & 1 \end{pmatrix}. \tag{10.53}$$

Schließlich hat man noch den Fall zu betrachten, bei dem im Laufe der Integration über k_z in (10.41) nichtisolierte offene Bahnen in verschiedenen Richtungen auftreten. Nach (10.44) und (10.45) sind dann alle drei Komponenten der über eine Periode gemittelten Geschwindigkeit von Null verschieden und die im Leitfähigkeitstensor bei starken Magnetfeldern dominierenden Terme ergeben

$$\hat{\sigma} \sim \begin{pmatrix} 1 & 1 & 1 \\ 1 & 1 & 1 \\ 1 & 1 & 1 \end{pmatrix}. \tag{10.54}$$

Um nun zu Aussagen über den Magnetowiderstand zu gelangen, berechnen wir aus (10.52) bis (10.54) den zu $\hat{\sigma}$ reziproken Widerstandstensor $\hat{\varrho}$. Das ergibt

$$\hat{\varrho} \sim \begin{pmatrix} 1 & \omega_c\tau & 1 \\ \omega_c\tau & 1 & 1 \\ 1 & 1 & 1 \end{pmatrix} \quad \text{für } n \neq p, \tag{10.55}$$

$$\hat{\varrho} \sim \begin{pmatrix} (\omega_c\tau)^2 & (\omega_c\tau)^2 & \omega_c\tau \\ (\omega_c\tau)^2 & (\omega_c\tau)^2 & \omega_c\tau \\ \omega_c\tau & \omega_c\tau & 1 \end{pmatrix} \quad \text{für } n = p, \tag{10.56}$$

$$\hat{\varrho} \sim \begin{pmatrix} (\omega_c\tau)^2 & \omega_c\tau & \omega_c\tau \\ \omega_c\tau & 1 & 1 \\ \omega_c\tau & 1 & 1 \end{pmatrix} \quad \text{für offene Bahnen in } k_x\text{-Richtung}, \tag{10.57}$$

$$\hat{\varrho} \sim \begin{pmatrix} 1 & 1 & 1 \\ 1 & 1 & 1 \\ 1 & 1 & 1 \end{pmatrix} \quad \text{für offene Bahnen in verschiedenen Richtungen.} \tag{10.58}$$

An Hand der vier Tensoren (10.55) bis (10.58) wollen wir das Grenzverhalten des Magnetowiderstandes für starke Magnetfelder diskutieren.

Da in allen vier Fällen ϱ_{zz} magnetfeldunabhängig ist, folgt aus (10.31) dasselbe für den longitudinalen Magnetowiderstand D_l, der, wie man sagt, für genügend hohe Felder einem Sättigungswert zustrebt.

Komplizierter ist das Verhalten des transversalen Magnetowiderstandes D_t. Aus (10.34) und (10.55) lesen wir zunächst ab, daß für ausschließlich geschlossene Bahnen bei unkompensierten Metallen D_t gegen einen Sättigungswert strebt. Dagegen wächst der transversale Magnetowiderstand nach (10.56) mit B^2, wenn es sich bei ausschließlich geschlossenen Bahnen um ein kompensiertes Metall handelt.

Betrachten wir im folgenden jenen durch (10.57) beschriebenen Fall, in welchem in genau einer Richtung, nämlich der der mit der x-Achse zusammenfallenden Drahtachse, offene Bahnen im $\boldsymbol{k}$-Raum existieren, so erkennen wir, daß $D_t \sim B^2$ wächst. Liegen die offenen Bahnen dagegen senkrecht zu Stromrichtung, so muß nach (10.57) wegen $\varrho_{yy} \sim (\omega_c\tau)^0$ der transversale Magnetowiderstand gegen einen Sättigungswert streben.

Aus dem Tensor (10.58) ergibt sich schließlich die Aussage, daß bei Vorliegen von verschieden gerichteten offenen Bahnen D_t jedenfalls gegen einen Sättigungswert strebt.

Zusammenfassend können wir dieser Diskussion entnehmen, daß der transversale Magnetowiderstand bei starken Magnetfeldern die Möglichkeit bietet, das Vorhandensein offener Bahnen in speziellen Richtungen im $\boldsymbol{k}$-Raum nachzuweisen und dadurch Aussagen über die Zusammenhangsverhältnisse der untersuchten Fermi-Flächen zu erhalten.

10.5. Experimentelle Ergebnisse

Aus der Fülle des in der letzten Zeit zum transversalen Magnetowiderstand bei starken Magnetfeldern erarbeiteten experimentellen Materials greifen wir im folgenden nur einige einfache Beispiele heraus.

Nach den Ausführungen in Kapitel 4 sollte die Fermi-Fläche von Kalium, die nahezu kugelförmig ist, zu einem Verhalten des Widerstandstensors führen, das durch (10.55) beschrieben wird, und zwar für alle Richtungen des Magnetfeldes. Tatsächlich zeigten die bis jetzt zuverlässigsten Messungen des transversalen und longitudinalen Magnetowiderstandes bis zu Werten von $\omega_c \tau \approx 80$ einen annähernd linearen Anstieg desselben. Weshalb die von der Theorie her zu erwartende Sättigung hier nicht beobachtet wird, ist noch ungeklärt.

Ein ähnliches Verhalten zeigt Aluminium; allerdings ist hier der der erwarteten Sättigung widersprechende Anstieg des Widerstands wesentlich geringer als bei Kalium. Jedenfalls wird man aber annehmen können, daß die in Kapitel 4 nach der 1-OPW-Näherung konstruierte Fermi-Fläche (Abb. 36 und Abb. 37), die im dritten Band offen ist, aber dennoch wegen der geringen Ausmaße der Berührungsflächen keine offenen Bahnen erlaubt, die tatsächlichen Verhältnisse richtig wiedergibt.

Noch komplizierter liegen die Verhältnisse bei den drei Edelmetallen Kupfer, Silber, Gold. Wie in Kapitel 4 ausgeführt wurde, ergeben die sorgfältigsten theoretischen Untersuchungen für die Edelmetalle Fermi-Flächen, die vorwiegend Kugelgestalt haben und lediglich an den Hexagonalflächen der Oberfläche der Brillouin-Zone, d. h. in [111]-Richtung, im wiederholten Schema zusammenhängen (Abb. 33). Dadurch ist, im Unterschied etwa zu den Alkalimetallen, die Möglichkeit offener Bahnen gegeben. Diese müßten sich, entsprechend den Ausführungen im Anschluß an (10.57), dadurch bemerkbar machen, daß für gewisse Orientierungen des Magnetfeldes in bezug auf die Kristallachsen sehr abrupte Anstiege von D_t beobachtet werden. Diese sollten sich vom Sättigungsverhalten des Magnetowiderstands beim ausschließlichen Vorhandensein geschlossener Bahnen deutlich abheben. Abb. 60 zeigt nach Gaidukov das Ergebnis einer solchen Messung für Gold. Der Stromvektor hat dabei die Richtung der [110]-Achse; das Magnetfeld wird, stets orthogonal zu demselben, von $[\bar{1}10]$ über $[\bar{1}11]$ nach [001] gedreht. Die auf Grund geometrischer Anschauung mit Verwendung der Pippardschen Fermi-Fläche der Edelmetalle (Abb. 33) gezogenen Folgerungen besagen nun, daß jeweils in der Umgebung der drei genannten Hauptachsenrichtungen für eine große Anzahl von k_z-Werten Schnitte der Fermi-Fläche existieren, die zu offenen Bahnen führen. Entsprechend den oben durchgeführten theoretischen Betrachtungen hat man dann einen zu B^2 proportionalen Magnetowiderstand zu erwarten.

In unmittelbarer Nähe dieser bevorzugten Richtungen sinkt die Anzahl dieser „offenen Schnitte“ allerdings auf das Maß 0 herab, woraus sich die kraterartigen Vertiefungen der D_t-Maxima erklären. Das schwache bei $[\bar{1}12]$ beobachtete Minimum ist auf die Tatsache zurückzuführen, daß bei dieser Orientierung von $\boldsymbol{B}$ offene Bahnen in zwei Richtungen auftreten, was nach (10.58) zur Sättigung von D_t führen muß.

Es ist danach verständlich, daß man aus derartigen Messungen und ihrer geometrischen Interpretation im $\boldsymbol{k}$-Raum über die Frage hinaus, ob die entsprechenden Fermi-Flächen „Öffnungen“ in die benachbarte wiederholte Zone haben, gewisse Aussagen erhalten kann über die Mindestabmessungen der Berührungsflächen mit der Zonenbegrenzung. Solche Untersuchungen sind in der

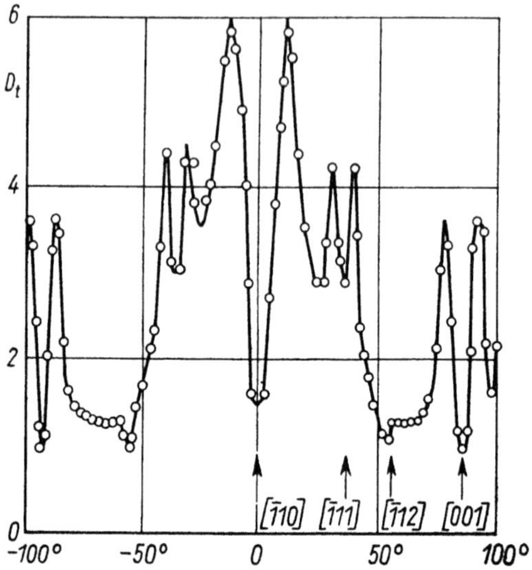

Abb. 60. Magnetowiderstand von Gold bei starken Feldern (nach GAIDUKOV)

letzten Zeit an vielen Metallen durchgeführt worden und haben in Verbindung mit anderen Methoden unsere Kenntnisse über die Struktur der Fermi-Flächen stark erweitert.

11. De-Haas-van-Alphen-Effekt

11.1. Definition

Die im vorangehenden Kapitel durchgeführten Betrachtungen zur magnetischen Beeinflussung des elektrischen Widerstands basierten, wie schon bemerkt, u. a. auf der Voraussetzung $\hbar\omega_c \ll k_B T$, d. h., sie vernachlässigten die durch (5.51) und (5.52) gegebene Quantisierung der Energie-Eigenwerte von Bloch-Elektronen im Magnetfeld. Physikalisch gesehen, geht diese Vernachlässigung auf die Tatsache zurück, daß für nicht zu tiefe Temperaturen und nicht zu starke Magnetfelder die durch das Magnetfeld gequantelten Eigenwerte in der für die Transportvorgänge entscheidenden Schicht von der Dicke $k_B T$ an der Fermi-Oberfläche so dicht liegen, daß sie nicht merklich als diskrete Niveaus in Erscheinung treten können. Regelt man jedoch B und T derart, daß $\hbar\omega_c > k_B T$ ist, so müssen sich die dann relativ weit auseinander liegenden Eigenwerte der Energie irgendwie bemerkbar machen.

Tatsächlich wird auch bei den verschiedensten Transporterscheinungen ein mit der Stärke des reziproken Magnetfeldes periodisches Verhalten der charakteristischen Größen beobachtet. Am einfachsten erweisen sich im Rahmen dieser sehr komplizierten Phänomene noch Theorie und Experiment für die Periodizität der magnetischen Suszeptibilität χ, die nach ihren Entdeckern als de-Haas-van-Alphen-Effekt bezeichnet wird. Die Materialgröße χ ist dabei gemäß $\chi = M/H$ definiert, wobei M das magnetische Moment der Volumeneinheit und H die Magnetfeldstärke bedeutet. M wiederum berechnet sich nach $M = -\dfrac{\partial F(H)}{\partial H}$ aus der freien Energie pro Volumeneinheit in Abhängigkeit von der Magnetfeldstärke H.

Statt der sehr umständlichen Berechnung von χ nach dem angegebenen allgemeinen Verfahren wollen wir uns zunächst für $T = 0\,°\mathrm{K}$, wo die freie Energie mit der inneren Energie übereinstimmt, mit dem Verhalten eines freien Elektronen-Ensembles im vorgegebenen äußeren Magnetfeld befassen. Im weiteren werden unsere Betrachtungen dann darauf gerichtet sein, aus dem beobachteten periodischen Verhalten von χ Schlüsse über die Strukturen realer Fermi-Flächen zu ziehen.

11.2. Landau-Quantisierung

Der Hamilton-Operator freier Elektronen im Magnetfeld ergibt sich aus (5.1), indem wir $e\boldsymbol{E}\boldsymbol{r} = V_0(\boldsymbol{r}) = 0$ setzen:

$$H = \frac{1}{2m}\left(\boldsymbol{p} - \frac{e}{c}\boldsymbol{A}\right)^2. \tag{11.1}$$

Mit der Eichung (5.3) erhält man daraus in Ortsdarstellung

$$H = -\frac{\hbar^2}{2m}\Delta + \frac{ie\hbar}{mc} Bx \frac{\partial}{\partial y} + \frac{e^2}{2mc^2} B^2 x^2. \tag{11.2}$$

Da in (11.2) nur die Koordinate x explizit vorkommt, macht man den Lösungsansatz

$$\psi_{k_y k_z \mu}(\boldsymbol{r}) = \mathrm{e}^{\mathrm{i}(k_y y + k_z z)}\, \varphi_\mu(x). \tag{11.3}$$

Indem wir (11.3) in die (11.2) zugeordnete Schrödinger-Gleichung einsetzen, erhalten wir leicht folgende Gleichung für die Funktion $\varphi_\mu(x)$:

$$-\frac{\hbar^2}{2\,m}\frac{\mathrm{d}^2\varphi_\mu}{\mathrm{d}x^2} + \frac{e^2B^2}{2mc^2}\left(x - \frac{\hbar c}{eB}\,k_y\right)^2 \varphi_\mu = \left(E_{k_y k_z \mu} - \frac{\hbar^2}{2m}\,k_z^2\right)\varphi_\mu. \tag{11.4}$$

Die Differentialgleichung (11.4) ist identisch mit derjenigen, die in der Quantenmechanik das Verhalten eines um den Punkt $x_0 = \dfrac{\hbar c}{eB}\,k_y$ schwingenden linearen harmonischen Oszillators beschreibt. Ihre normierten Lösungen lauten daher

$$\varphi_\mu(x) = \frac{1}{\sqrt[4]{\pi}}\,\frac{1}{\sqrt{2^n n!}}\,\sqrt[4]{\frac{|e|\,B}{\hbar c}}\,\exp\left\{-\frac{|e|\,B}{2\,\hbar\,c}\,(x - x_0)^2\right\} H_n\left[\sqrt{\frac{|e|\,B}{\hbar c}}\,(x - x_0)\right] \equiv \varphi_{k_y n}(x),$$

$$E_{k_y k_z \mu} = \left(n + \frac{1}{2}\right)\hbar\,\omega_c^0 + \frac{\hbar^2}{2\,m}\,k_z^2 \equiv E_n(k_z) \qquad (n = 0,\,1,\,2,\,\ldots). \tag{11.5}$$

Die Eigenwerte sind uns dabei bereits von den in Kapitel 5 durchgeführten allgemeineren Betrachtungen her bekannt. Mit Verwendung von (11.3) und (11.5) lauten also die Wellenfunktionen

$$\psi_{k_y k_z n}(\boldsymbol{r}) = \mathrm{e}^{\mathrm{i}(k_y y + k_z z)}\, \varphi_{k_y n}(x) \tag{11.6}$$

mit der Orthonormierung

$$\int_0^L \mathrm{d}y \int_0^L \mathrm{d}z \int_{-\infty}^{+\infty} \mathrm{d}x\, \psi^*_{k_y' k_z' n'}(\boldsymbol{r})\, \psi_{k_y k_z n}(\boldsymbol{r}) = \delta_{k_y' k_y}\,\delta_{k_z' k_z}\,\delta_{n' n}, \tag{11.7}$$

wobei L die Kantenlänge einer in der y,z-Ebene liegenden Fläche ist, auf der in üblicher Art eine periodische Randbedingung angenommen wird.

Als wichtigste Merkmale der Lösungen (11.5) bzw. (11.6) stellen wir fest: Die Energieniveaus sind, da die Quantenzahl k_y in ihnen nicht auftritt, entartet, d. h., auf einem durch n und k_z gegebenen Niveau finden mehrere Elektronen Platz. Weiterhin ersehen wir aus der Form (11.5) der Funktionen $\varphi_{k_y n}(x)$, daß sich die Elektronen mit merklicher Wahrscheinlichkeit nur in Abständen $x - x_0$ von der bei $x_0 = \dfrac{\hbar c}{eB}\,k_y$ lokalisierten Ebene aufhalten, die kleiner sind als $\sqrt{\hbar c/|e|\,B}$. Für die größten bis jetzt verwendeten Magnetflußdichten von etwa 10^5 G wird diese Länge $7{,}8 \cdot 10^{-7}$ cm, d. h., sie ist noch groß gegen die Atomabstände im Kristall.

Wir fragen nun nach der Anzahl von Zuständen bei vorgegebenem n und $\mathrm{d}k_z$, aber beliebigem k_y. Zur Berechnung derselben beachten wir, daß die den „Ort" x_0 des Elektrons bestimmende Quantenzahl k_y die Bedingung $0 \leqq x_0 < L'$ erfüllen muß, wobei L' die Abmessung des Metalls in x-Richtung angibt. Wir haben also

$$0 \geqq k_y > \frac{eB}{\hbar c}\,L'. \tag{11.8}$$

Daraus folgt für die gesuchte Anzahl von Zuständen

$$\frac{2\,L^2}{(2\,\pi)^2}\,\mathrm{d}k_z\int\limits_{\frac{eB}{\hbar c}L'}^{0}\mathrm{d}k_y=\frac{\Omega}{2\,\pi^2}\,\frac{|e|\,B}{\hbar c}\,\mathrm{d}k_z. \tag{11.9}$$

Aus (11.9) erhalten wir für die sich auf einem Oszillatorniveau der Quantenzahl n, d. h. für die sich auf einem Zylinder der Abb. 41 befindende Anzahl von Elektronen

$$N_n=\frac{\Omega}{2\,\pi^2}\,\frac{|e|\,B}{\hbar c}\int\limits_{-k_{z\,\max}}^{k_{z\,\max}}\mathrm{d}k_z. \tag{11.10}$$

Wegen $\frac{\hbar^2}{2m}\,k_{z\,\max}^2=E_F-\left(n+\frac{1}{2}\right)\hbar\,\omega_c^0$ ergibt sich aus (11.10)

$$N_n=\frac{\Omega}{\pi^2}\,\frac{|e|\,B}{\hbar c}\left(\frac{2\,m}{\hbar^2}\right)^{1/2}\left(E_F-\left(n+\frac{1}{2}\right)\hbar\,\omega_c^0\right)^{1/2}. \tag{11.11}$$

Damit haben wir bereits das für die weiteren Betrachtungen wesentliche Ergebnis erhalten. Nach (11.11) hat nämlich die Anzahl N_n der Elektronen als Funktion des Magnetfeldes in ihrer ersten Ableitung (Abb. 61) einen Pol bei

$$\hbar\,\omega_c^0=\frac{E_F}{n+\frac{1}{2}}. \tag{11.12}$$

Dasselbe gilt offensichtlich für die Energie der Elektronengesamtheit, deren einer Anteil, nämlich der zu $\left(n+\frac{1}{2}\right)\hbar\,\omega_c^0$ proportionale, direkt proportional ist zu N_n.

Die Existenz dieser bei Erfüllung von (11.12) auftretenden Singularität bedeutet, daß stets dann, wenn die wachsende Magnetfeldstärke einen der Zylinder der Abb. 41 aus der Fermi-Kugel hinausdrückt, eine abrupte Umordnung der Elektronen in den gequantelten Zuständen eintritt, die sich im magnetischen Verhalten des Systems bemerkbar machen sollte.

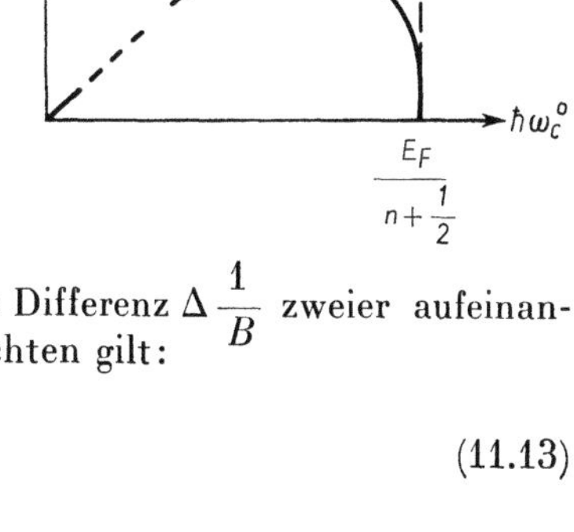

Abb. 61. Zum de-Haas-van-Alphen-Effekt

Quantitativ ergibt sich aus (11.12), daß für die Differenz $\Delta\frac{1}{B}$ zweier aufeinanderfolgender reziproker kritischer Magnetflußdichten gilt:

$$\Delta\frac{1}{B}\equiv P=\frac{|e|\,\hbar}{m\,c\,E_F}. \tag{11.13}$$

Wir haben damit eine Periodizität der magnetischen Suszeptibilität des freien Elektronengases mit $1/B$ gefunden. Die Periode hängt nur vom Wert der Fermi-Energie E_F ab.

11.3. Onsagersche Periodenformel

Es ergibt sich jetzt die Aufgabe der Verallgemeinerung des Resultats (11.13) auf Blochsche Elektronen. Nach dem in Kapitel 5 geschilderten Quantisierungsverfahren liegen im Fall Blochscher Elektronen die erlaubten Energiewerte wie bei den freien Elektronen auf Zylindern, deren Achsenrichtung parallel zu $\boldsymbol{B}$ ist, und zwar derart, daß die geschlossenen Bahnkurven im $\boldsymbol{k}$-Raum eine nach (5.51) gequantelte Fläche umschließen. Man wird danach sagen können, daß analog dem Fall freier Elektronen immer dann eine starke Umordnung der Elektronen stattfinden wird, wenn ein Zylinder durch die jeweilige Fermi-Fläche hindurchtritt. Aus geometrischen Gründen kann das ausschließlich an den Extremalquerschnitten der jeweiligen Fermi-Fläche geschehen. Für eine bestimmte Richtung von $\boldsymbol{B}$ sind diese durch die dazugehörigen Werte von k_z, wir bezeichnen sie mit $k_{z\,\mathrm{extr}}$, festgelegt. Aus (5.51) können wir jetzt ohne weiteres die zu (11.13) analoge Beziehung für Bloch-Elektronen ablesen; sie lautet

$$P = \frac{2\pi|e|}{\hbar c A(E_F, k_{z\,\mathrm{extr}})}. \tag{11.14}$$

Die Beziehung (11.14) stellt die Onsagersche Periodenformel für den de-Haas-van-Alphen-Effekt beliebiger Metalle dar. Sie hat sich, wie wir im folgenden genauer ausführen werden, bei der Bestimmung der Fermi-Flächen vieler Metalle als ein äußerst wertvolles Hilfsmittel erwiesen.

11.4. Experimentelle Ergebnisse, Alkalimetalle

Da die Messung der de-Haas-van-Alphen-Perioden nach (11.14) nur festzustellen gestattet, ob bei einer vorliegenden Magnetfeldorientierung gewisse Extremalquerschnitte der Fermi-Fläche existieren oder nicht, so ist verständlich, daß aus solchen Meßdaten keine eindeutigen Schlüsse bezüglich der Struktur derselben gezogen werden können. Vielmehr wird die Nutzanwendung der de-Haas-van-Alphen-Experimente darin bestehen, daß man eine gewisse aus theoretischen oder anderweitigen experimentellen Arbeiten gewonnene Topographie der Fermi-Fläche durch die Interpretation der de-Haas-van-Alphen-Meßdaten nach (11.14) nachzuprüfen und zu erhärten versucht. Ähnliches gilt selbstverständlich auch für die anderen zur Bestimmung der Fermi-Flächen geeigneten Methoden, wie wir am Beispiel des Magnetowiderstandes bereits erkannten.

Da nach allen Kenntnissen über die Alkalimetalle diesen eine nicht sehr von der Kugelgestalt abweichende Fermi-Fläche zukommen sollte, hat man nach (11.14) für diese Metalle praktisch eine isotrope de-Haas-van-Alphen-Periode zu erwarten. Die außergewöhnlichen Schwierigkeiten bei der Herstellung von Alkalimetall-Einkristallen haben es erst in der letzten Zeit gestattet, den Effekt bei diesen Metallen aufzufinden.

So ergaben erste Messungen an Kalium bei einer Magnetflußdichte von $1{,}6 \cdot 10^5$ G für die eine vorliegende (offenbar unbekannte) Orientierung $P = 5{,}48 \cdot 10^{-9}$ G^{-1} gegenüber einem theoretischen Wert für die Fermi-Kugel von $5{,}69 \cdot 10^{-9}$ G^{-1}. Ein dabei aufgenommenes typisches Diagramm zeigt Abb. 62.

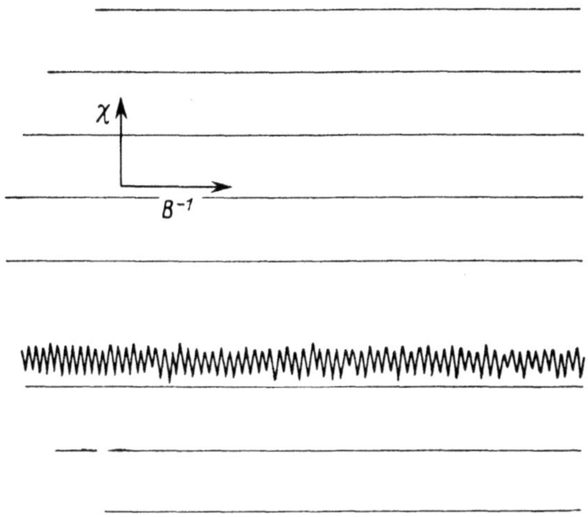

Abb. 62. De-Haas-van-Alphen-Effekt an Kalium (nach THORSEN und BERLINCOURT)

Bei dem gleichfalls bereits untersuchten Rubidium stehen dem theoretischen Wert von $P = 6{,}24 \cdot 10^{-9}$ G^{-1} für eine kugelförmige Fläche experimentelle Werte zwischen $(6{,}25 \cdots 6{,}31) \cdot 10^{-9}$ G^{-1} für verschiedene definierte Orientierungen gegenüber.

Die schließlich beim Zäsium gefundenen experimentellen Perioden schwanken für die untersuchten Orientierungen zwischen $(7{,}28 \cdots 7{,}38) \cdot 10^{-9}$ G^{-1} bei einem theoretischen Wert von $7{,}32 \cdot 10^{-9}$ G^{-1} für die Kugelfläche.

Mit einer verbesserten experimentellen Methode konnte in letzter Zeit von SHOENBERG und STILES die relative Abweichung der Radien der Fermi-Flächen vom Fermi-Radius bei Kalium bzw. bei Rubidium zu etwa 1‰ bzw. zu etwa 1% festgestellt werden.

11.5. Edelmetalle

Wegen ihrer gegenüber den Alkalimetallen wesentlich leichteren experimentellen Handhabung sind die Edelmetalle heute, insbesondere durch die Arbeiten von SHOENBERG, durch die Messung des de-Haas-van-Alphen-Effekts in der Struktur ihrer Fermi-Flächen bis in Einzelheiten weitgehend bekannt. Nimmt man wiederum die bewährte Pippardsche Fermi-Fläche für die drei Edelmetalle als zutreffend an, so kann man für jede gegebene Magnetfeldorientierung alle möglichen Extremalquerschnitte dieser Fermi-Fläche konstruieren und im Experiment nach zugeordneten de-Haas-van-Alphen-Perioden (11.14) suchen. Bevor wir diesen Sachverhalt im einzelnen besprechen, sei vermerkt, daß sich im Ergebnis die Pippardsche Fläche für *alle* drei Edelmetalle als völlig zutreffend herausgestellt hat und daß darüber hinaus die Ausmaße der Berührung an den [111]-Zonengrenzen quantitativ festgelegt werden konnten.

Wir beginnen mit der Betrachtung der [100]-Orientierung des Vektors $\boldsymbol{B}$. Wie man aus der Abb. 33 ersieht, gibt es in diesem Falle einen Extremalquerschnitt, der einer sogenannten „Bauchbahn" B_{100} entspricht, die sich um den Teil der Fermi-Fläche schlingt, der näherungsweise kugelförmig ist. Für Kupfer erhält man mit $E_F = 7$ eV nach (11.13) eine Periode $P = 1{,}65 \cdot 10^{-9}\,\mathrm{G}^{-1}$; man mißt $P = 1{,}56 \cdot 10^{-9}\,\mathrm{G}^{-1}$. Eine ähnlich gute Übereinstimmung, die darauf schließen läßt, daß der Rumpf dieser Fermi-Flächen annähernd Kugelgestalt hat, fand Shoenberg bei Silber und Gold.

Komplizierter liegen die Verhältnisse für die [111]-Orientierung des Magnetfeldes. Man erkennt aus Abb. 33, daß es dabei zwei ganz verschiedene Arten von Extremalquerschnitten gibt: nämlich solche, die wie bei der [100]-Orientierung Bauchbahnen B_{111} zugeordnet sind, und außerdem sogenannte „Halsbahnen" N, die Minimalquerschnitten entsprechen und sich um die Verbindungsstücke der Fermi-Flächen im wiederholten Zonenschema schlingen.

Tatsächlich weisen die Experimente bei Kupfer neben einer den Bauchbahnen um [111] entsprechenden Periode von $1{,}61 \cdot 10^{-9}\,\mathrm{G}^{-1}$ eine weitere etwa um den Faktor 24 größere Periode auf, die den fraglichen Halsbahnen zugeordnet werden muß. Approximiert man die Berührungsflächen durch Kreise, so ergibt sich bei Kupfer ein etwa um den Faktor 0,2 kleinerer Bahnradius der Halsbahn gegenüber dem der Bauchbahn. Für Gold und Silber wurden die Werte 0,18 und 0,14 gefunden.

Stellen die nachgewiesenen Halsbahn-Perioden auch bereits den schlüssigen Beweis für die Existenz des Kontaktes der Edelmetall-Fermi-Flächen mit den hexagonalen Begrenzungen der Brillouin-Zone dar, so gelang es darüber hinaus, im Experiment durch das Auffinden weiterer Perioden bei veränderter Orientierung von $\boldsymbol{B}$ die Richtigkeit des Pippardschen Modells weiter zu erhärten. Wird eine Orientierung von $\boldsymbol{B}$ z. B. in [110]-Richtung vorgenommen, so erkennt man aus Abb. 33, daß jetzt keine extremalen Bauchbahnen auftreten können, da die Elektronen nun statt um die Hälse herum gewissermaßen in diese hineinlaufen, so daß diese jetzt längs geschnitten werden. Sie gelangen dadurch in die nächste wiederholte Zone, und Abb. 63 zeigt, daß sie nach dem Überschreiten von vier Grenzen wieder ihren ursprünglichen Zustand erreichen. Die bei diesem Umlauf, der offenbar einem Extremalschnitt entspricht, vom Elektron durchlaufene sogenannte „Hundeknochenkurve" ist im Unterschied zu den Bauch- und Halsbahnen nach unserer Terminologie eine Lochbahn. Ihre Periode läßt sich approximativ leicht berechnen. Aus Abb. 63 ersehen wir, daß bei Vernachlässigung der relativ kleinen Hälse die Flächenbeziehung gilt:

$$F_{[110]} = F_{\mathrm{HK}} + F_{\mathrm{B}} = F_{\mathrm{HK}} + \pi k_F^2. \tag{11.15}$$

Dabei bedeutet $F_{[110]}$ die maximale [110]-Schnittfläche der Brillouin-Zone, F_{HK} bzw. $F_{\mathrm{B}} \approx \pi k_F^2$ sind die Flächen der Hundeknochen- bzw. Bauchbahn. Mit a als Gitterkonstante des betreffenden flächenzentrierten Kristalls findet man durch eine einfache geometrische Betrachtung

$$F_{[110]} = \frac{\sqrt{2}}{2}\left(\frac{4\pi}{a}\right)^2.$$

Da außerdem $k_F^2 = (12\,\pi^2)^{2/3}/a^2$ ist, so ergibt sich aus (11.15)

$$\frac{F_{\mathrm{HK}}}{F_{\mathrm{B}}} = \frac{8\,\pi\,\sqrt{2}}{(12\,\pi^2)^{2/3}} - 1 = 0{,}47$$

und mit Verwendung von (11.14) schließlich $P_{\mathrm{HK}} = 2{,}23\ P_{\mathrm{B}}$. Es ist bemerkenswert, daß sich die Periode der Hundeknochenkurve als unabhängig von der Gitterkonstanten des jeweiligen (Edel-)Metalls erweist und daß sie somit für Kupfer, Silber und Gold übereinstimmen sollte. Tatsächlich wurde für die [110]-Orientierung des Magnetfeldes bei Silber und Gold eine gegenüber P_{B} um den Faktor 2,4 größere Periode gefunden; bei Kupfer liegt die Amplitude offenbar bis jetzt noch unterhalb der Beobachtungsmöglichkeiten.

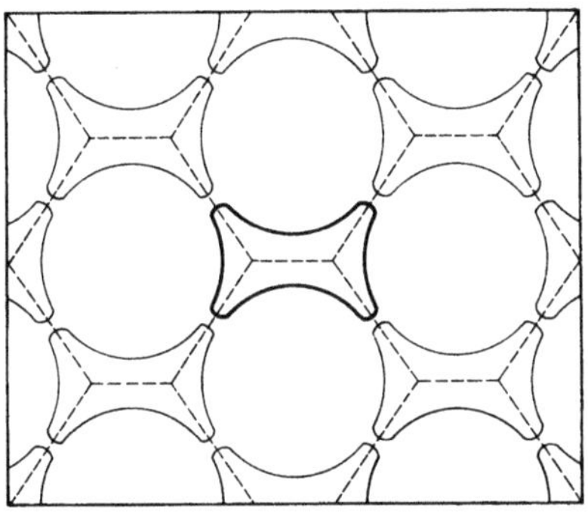

Abb. 63. Hundeknochenbahn der Edelmetalle

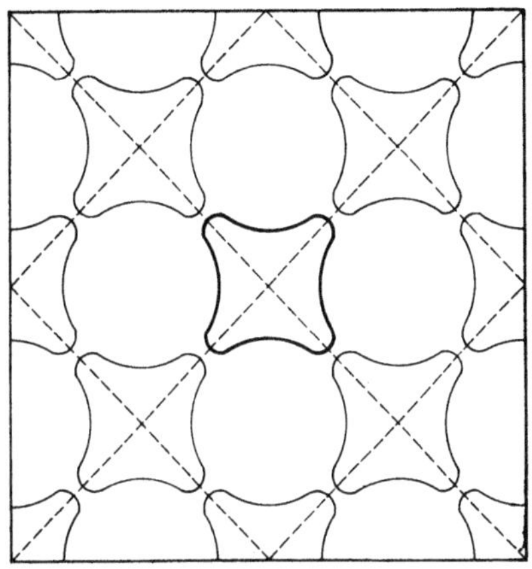

Abb. 64. Vierer-Rosette der Edelmetalle

Die große Komplexität der Möglichkeit von Bahntypen, die bei offenen Fermi-Flächen Ursache von de-Haas-van-Alphen-Perioden sein können, wird u. a. durch die Tatsache unterstrichen, daß entgegen der einfachen Anschauung bei der [100]-Orientierung von $\boldsymbol{B}$ neben der angeführten Bauchbahn-Periode ebenfalls eine etwa um den Faktor 2,4 größere Periode bei allen drei Edelmetallen beobachtet wird. Diese kommt durch eine der Hundeknochenbahn ähnliche Lochbahn zustande, die als Vierer-Rosette bezeichnet wird und durch einen Schnitt senkrecht zur Richtung [100] entsteht, der durch die Mittelpunkte der Hexagonalflächen verläuft (Abb. 64). Eine Rechnung, wie sie oben bei der Diskussion der Hundeknochenbahn angegeben wurde, ergibt hier

$$\frac{F_{\mathrm{VR}}}{F_{\mathrm{B}}} = \frac{8\,\pi\left(1 + \frac{\pi}{8}\right)}{(12\,\pi^2)^{3/2}} - 1 \approx 0{,}47\,,$$

also zufällig den fast gleichen Wert wie bei der anderen Lochbahn. Dieses Ergebnis der Rechnung befindet sich in Übereinstimmung mit den Experimenten.

11.6. Mehrwertige Metalle

Die Interpretation der bei den mehrwertigen Metallen gewonnenen de-Haas-van-Alphen-Daten ist naturgemäß wesentlich komplizierter als bei den einwertigen. Soweit bisher zuverlässige Meßresultate vorliegen, zeigen dieselben, daß, abgesehen von den Übergangsmetallen, zumeist eine auf der 1-OPW-Approximation basierende Fermi-Fläche zur qualitativen, manchmal sogar quantitativen Interpretation geeignet ist. Das gilt z. B. für das (zweiwertige) Magnesium und besonders für das (dreiwertige) Aluminium. Für letzteres fand Priestley in [111]-Richtung eine Periode $P = 2{,}40 \cdot 10^{-9} G^{-1}$ in sehr guter Übereinstimmung mit dem 1-OPW-Wert der Abb. 36 von $2{,}41 \cdot 10^{-9} G^{-1}$. Die entsprechenden Werte für die [110]-Orientierung von $\boldsymbol{B}$ sind $2{,}32 \cdot 10^{-9} G^{-1}$ bzw. $2{,}34 \cdot 10^{-9} G^{-1}$.

Daneben wurden wesentlich größere Perioden (10^{-8} bis $10^{-7} G^{-1}$) gefunden, die Extremalschnitten der Monsterfläche des dritten Bandes zuzuordnen sind. Da hier aber noch verschiedenes ungeklärt erscheint, gehen wir nicht näher darauf ein.

Eine ähnlich gute Übereinstimmung zwischen den 1-OPW-Fermi-Flächen und dem Experiment gilt, wie hier nur erwähnt sei, auch für die vierwertigen Metalle, was besonders gut für Blei nachgewiesen werden konnte, nicht jedoch für die Übergangsmetalle wie Wolfram und Platin, deren nichtabgeschlossene innere Schalen eine vollkommen andere elektronische Struktur erzeugen.

Zusammenfassend stellen wir fest, daß die Messung der de-Haas-van-Alphen-Perioden für verschiedene Orientierungen des Magnetfeldes ein außerordentlich wertvolles Hilfsmittel zur Aufklärung der Struktur der Fermi-Flächen ist, vorausgesetzt, man hat auf Grund irgendwelcher anderer Untersuchungen bereits wenigstens ein qualitatives Bild derselben. Ohne eine solche a-priori-Konzeption ist hier, wie auch bei den anderen Methoden zur Bestimmung der Topologie der Fermi-Flächen, kein eindeutiger Schluß von den Meßresultaten auf die ihnen zuzuordnenden Fermi-Flächen möglich. Erst im kritischen Vergleich der Ergebnisse der verschiedenen experimentellen und theoretischen Methoden ist schließlich eine sichere Aussage über die alle Erfahrung wiedergebende reale Fermi-Fläche des jeweiligen Metalls möglich.

12. Sekundärelektronenemission

12.1. Definitionen

Den bisher betrachteten elektronischen Phänomenen an Metallen ist gemeinsam, daß die sie verursachenden äußeren Beeinflussungen nur geringe Veränderungen an der ungestörten Verteilung der Elektronen bewirken. Eine wichtige Konsequenz davon ist die für diese Phänomene entscheidende Bedeutung der Fermi-Fläche. Diese wird offenbar keine so ausgezeichnete Rolle mehr spielen, wenn äußere Beeinflussungen zu Energieänderungen der Metallelektronen führen, die groß gegen die energetische Dicke $k_B T$ der thermischen Auflockerungsschicht sind. Das kann durch Bestrahlung des Metalls z. B. mit Licht oder Elektronen, Protonen usw. realisiert werden. Die beträchtlichen dabei auf die Metallelektronen übertragenen Energiebeträge können dann u. a. zur Anregung von Elektronen auch aus gefüllten Bändern führen. Bei genügend großer Energieübertragung kann es weiterhin zur Überwindung der Oberflächen-Potentialbarriere durch die angeregten Elektronen und damit zu ihrem Austritt aus dem Metall kommen.

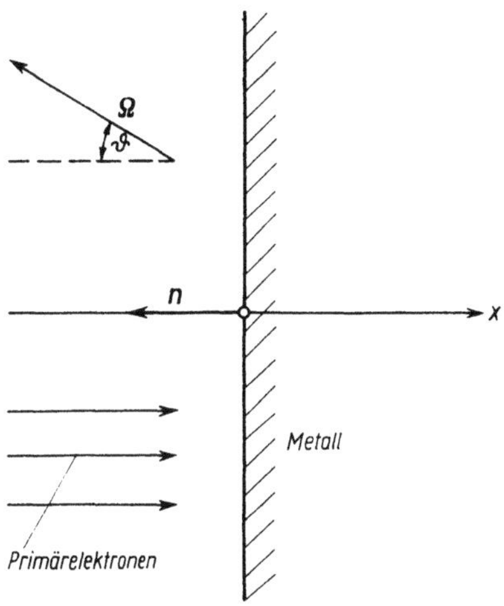

Abb. 65. Zur Geometrie bei der Sekundärelektronenemission

Als die einen solchen Emissionsprozeß beschreibende Meßgröße hat man offenbar die Anzahl derjenigen Elektronen anzusehen, die, bezogen auf die Einheit der einfallenden Strahlung, pro Sekunde die Oberfläche mit der Energie E in Richtung des Einheitsvektors $\boldsymbol{\Omega}$ verlassen. Wir bezeichnen diese Funktion der Energie und der Bewegungsrichtung der emittierten Elektronen mit $j(E, \boldsymbol{\Omega})$ und nennen sie die Energie-Winkel-Verteilung. Ihre Berechnung bei vorgegebener äußerer Beeinflussung des jeweils betrachteten Metalls ist das Ziel aller Theorien der Elektronenemission.

Wir werden uns bei den folgenden Betrachtungen auf die Bestrahlung des Metalls mit (primären) Elektronen beschränken, die in x-Richtung senkrecht zu der als eben angenommenen Metalloberfläche einfallen (Abb. 65). Die in diesem Falle emittierten Elektronen bezeichnet man als Sekundärelektronen.

12.2. Experimentelle Ergebnisse

Der experimentellen Untersuchung leichter zugänglich als die Energie-Winkel-Verteilung sind natürlich die aus ihr durch Integration abgeleiteten Meßgrößen, nämlich die Energieverteilung

$$j(E) = \int j(E, \boldsymbol{\Omega})\, \mathrm{d}\Omega, \tag{12.1}$$

die Winkelverteilung

$$j(\boldsymbol{\Omega}) = \int j(E, \boldsymbol{\Omega})\, \mathrm{d}E \tag{12.2}$$

und schließlich die Ausbeute

$$\delta = \int j(E, \boldsymbol{\Omega})\, \mathrm{d}E\, \mathrm{d}\Omega, \tag{12.3}$$

die angibt, wie viele Sekundärelektronen pro einfallendes Primärelektron das Metall verlassen. Diese Größe tritt in den experimentellen Untersuchungen am

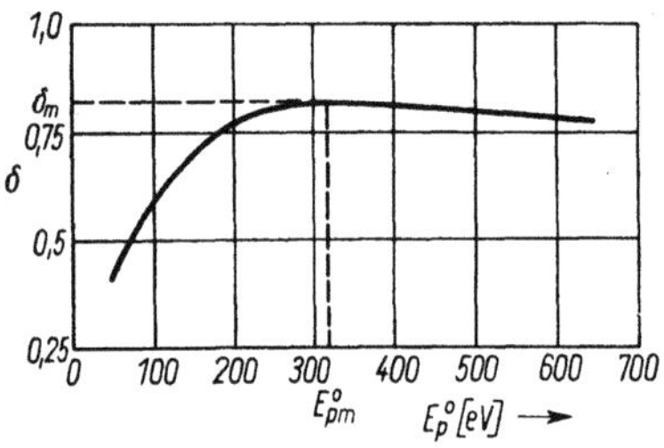

Abb. 66. Ausbeutekurve für Natrium (nach Woods)

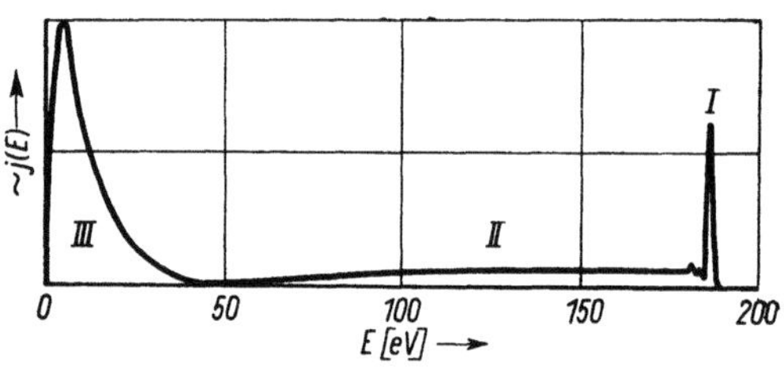

Abb. 67. Energieverteilung der Sekundärelektronen (schematisch)

häufigsten auf, weil sie am leichtesten meßbar ist. Abb. 66 zeigt für Natrium die Abhängigkeit der Ausbeute von der Primärenergie. Sie erweist sich als typisch für sämtliche Metalle, d. h., man findet stets mit wachsender Primärenergie zunächst ein Anwachsen der Ausbeute von Null bis zu einem für den jeweiligen Emitter charakteristischen Maximalwert δ_m, der etwa zwischen 0,5 für Lithium und 1,5 für Silber liegt, und daran anschließend einen langsameren monotonen Abfall. Die den Maximalausbeuten zugeordneten Primärenergien E_{pm}^0 liegen für die verschiedenen Metalle bei einigen hundert Elektronenvolt.

Die Ausbeutekurven sämtlicher Metalle (sowie auch alle anderen genannten Meßgrößen) erweisen sich als völlig temperaturunabhängig, was man wohl so zu interpretieren hat, daß die Phononen keine wesentliche Rolle bei der Sekundäremission der Metalle spielen.

Wir wenden uns nun der Energieverteilung zu. Eine typische Kurve dieser Art gibt Abb. 67 wieder. Sie legt die Unterscheidung dreier Gruppen von Sekundärelektronen nahe, nämlich der elastisch reflektierten Primärelektronen (I), der unelastisch reflektierten Primärelektronen (II) und der „eigentlichen" Sekundärelektronen (III), deren Energie von 0 bis etwa 50 eV reicht und die den Hauptanteil aller emittierten Elektronen ausmachen. Nur mit diesen letztgenannten werden wir uns im folgenden beschäftigen, wobei allerdings klar ist, daß eine scharfe Trennung der drei genannten Gruppen von Elektronen strenggenommen unmöglich ist.

Das Maximum der Energieverteilung der Sekundärelektronen liegt, wie die Experimente zeigen, in dem großen Primärenergiebereich von 100 eV bis zu 1,6 MeV bei allen Metallen in der Nähe von 2 eV (Abb. 68); die Halbwertsbreite der Verteilungskurven beträgt stets etwa 5 eV, so daß die Unterschiede zwischen den verschiedenen Metallen in der Energieverteilung noch geringer sind als bei der Ausbeute.

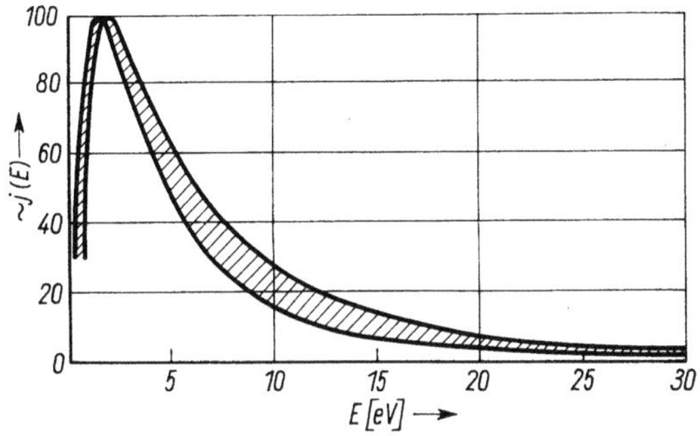

Abb. 68. Streubereich der Energieverteilungskurven von 10 Metallen (nach Kollath)

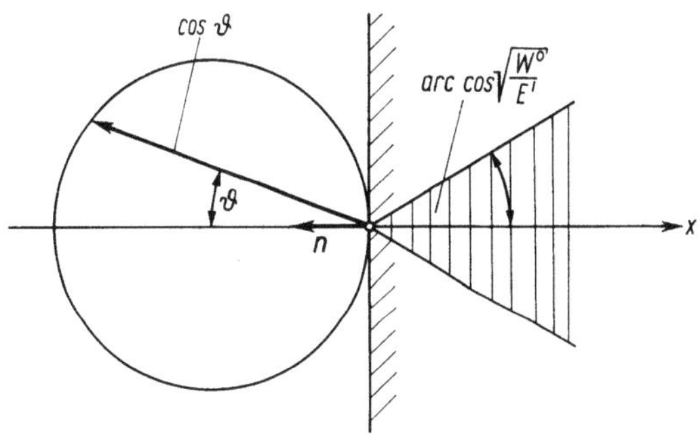

Abb. 69. $x < 0$: Ideale cos-Winkelverteilung der Sekundärelektronen.
$x > 0$: Kritischer Austrittskegel

Alle Messungen der Winkelverteilung eigentlicher Sekundärelektronen führten zu Ergebnissen, die sich in guter Näherung durch $j(\vartheta) \sim \cos\vartheta$ ausdrücken lassen, d. h., die Winkelverteilungskurven sind im Polardiagramm praktisch nicht von Kreisen zu unterscheiden (Abb. 69).

Maximale Information liefernd und damit am interessantesten sind die Messungen der Energie-Winkel-Verteilung. Sie wurden bis jetzt allerdings nur an Ni-Polykristallen und an Ni- und Cu-Einkristallen mit definierter Oberflächenorientierung durchgeführt. Das Ergebnis der Messung an dem Polykristall zeigt Abb. 70. Man erkennt, daß die Winkelverteilung für sehr kleine Energien (≈ 1 eV) gegenüber der cos-Verteilung merklich verbreitert ist und mit wachsender Energie gegen diese strebt (die Kurven sind auf gleiches $j(\vartheta = 0)$ normiert).

Schließlich zeigt Abb. 71 das Ergebnis einer Winkelverteilungsmessung von Sekundärelektronen im Energiebereich zwischen 0 und 10 eV aus einem Cu-Einkristall, dessen Flächennormale in [100]-Richtung liegt. Man erkennt, daß gewisse Winkel durch eine besonders starke Emission bevorzugt erscheinen. Im ganzen gesehen, verläuft aber die Verteilungskurve wiederum in der Nähe der cos-Kurve.

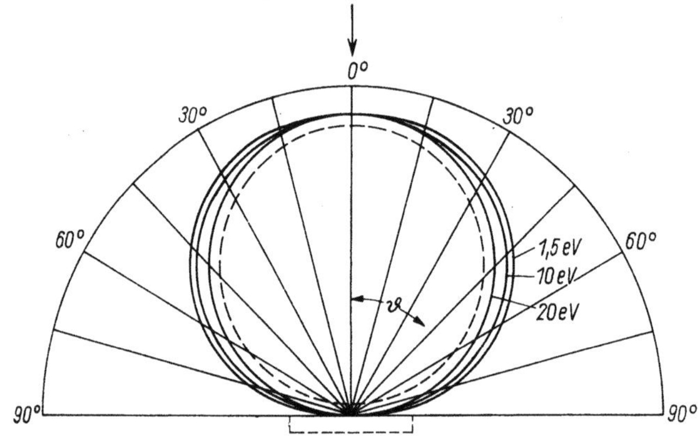

Abb. 70. Relative Energie-Winkel-Verteilung der Sekundärelektronen aus polykristallinem Nickel (nach JONKER). $E_p^0 = 500$ eV

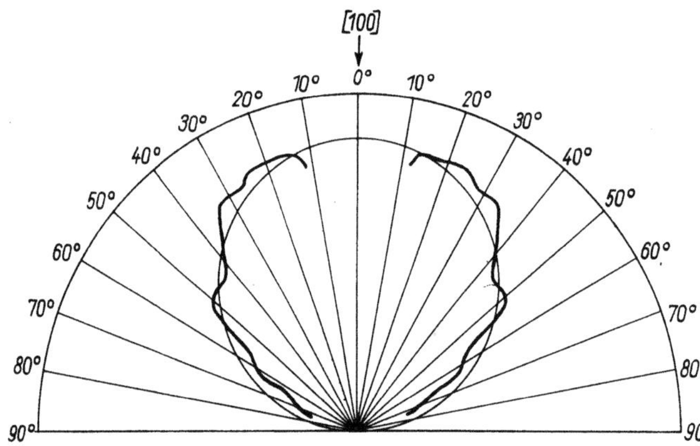

Abb. 71. Energie-Winkel-Verteilung der Sekundärelektronen aus einem Cu-Einkristall (nach BURNS). Oberflächennormale parallel zu [100]; $E_p^0 = 250$ eV

Der bisher noch recht unbefriedigende Stand der quantitativen theoretischen Begründung der hier aufgeführten experimentellen Fakten erübrigt die Darstellung weiterer ins einzelne gehender Meßergebnisse, speziell der Untersuchungen über das unterschiedliche Verhalten verschiedener Metalle. Aufgabe der Theorie kann es daher zunächst nur sein, den allgemeinen Verlauf der Ausbeutekurve mit größenordnungsmäßig richtigen Werten von δ_m und E_{pm}^0 zu liefern, außerdem die Lage des Maximums und die Halbwertsbreite der Energieverteilung anzugeben sowie aufzuzeigen, wie es zur (strukturierten) cos-Kurve der Energie-Winkel-Verteilung kommt. Es muß festgestellt werden, daß diese Aufgaben bisher von der Theorie noch keineswegs befriedigend gelöst worden sind.

12.3. Allgemeine Theorie

Während die emittierten Sekundärelektronen selbstverständlich freie Teilchen sind, die deshalb durch Angabe von $E = \frac{m}{2} v^2$ und $\boldsymbol{\Omega}$ in ihrem Zustand dargestellt werden können, so gilt das für die im Innern des Metalls sich bewegenden Elektronen gewiß nicht streng. Um die Betrachtungen jedoch nicht zu kompliziert zu gestalten, nehmen wir an, wir könnten auch die im Innern des Metalls sich befindenden angeregten Elektronen in ausreichender Näherung durch freie Teilchen beschreiben, denen die Energie $E' = \frac{m}{2} v'^2$ und die Ausbreitungsrichtung $\boldsymbol{\Omega}'$ zukommen.

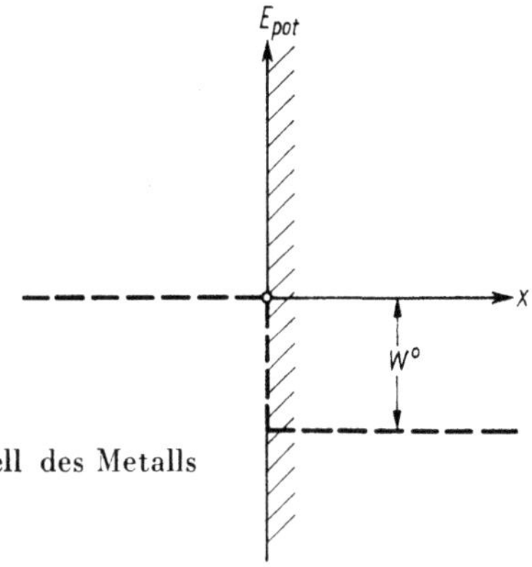

Abb. 72. Potentialmodell des Metalls nach Gleichung (12.4)

Die Oberfläche des Metalls nehmen wir als vollkommen eben an und lokalisieren an ihr die Differenz W^0 der äußeren und der mittleren inneren potentiellen Energie als Potentialsprung (Abb. 72). Die Zustandsvariablen der Elektronen unmittelbar vor und nach dem Austritt aus dem Metall sind dann korreliert durch

$$E' = E + W^0, \qquad v' \sin \vartheta' = v \sin \vartheta, \qquad \varphi' = \varphi$$

oder

$$E' = E + W^0, \qquad \cos^2 \vartheta' = \frac{E \cos^2 \vartheta + W^0}{E + W^0}, \qquad \varphi' = \varphi. \tag{12.4}$$

Dabei sollen die Winkel ϑ und φ den Vektor $\boldsymbol{\Omega}$ gemäß

$$\boldsymbol{\Omega} = (-\cos \vartheta, \sin \vartheta \cos \varphi, \sin \vartheta \sin \varphi) \tag{12.5}$$

bestimmen.

Aus (12.4) ersehen wir, daß für den Austritt eines durch $(E', \boldsymbol{\Omega}')$ beschriebenen angeregten Metallelektrons notwendig die Beziehungen

$$E' > W^0, \qquad \cos^2 \vartheta' > \sqrt{\frac{W^0}{E'}}$$

erfüllt sein müssen.

Indem wir im folgenden diese Bedingungen auch als hinreichend für die Möglichkeit des Austritts ansehen, vernachlässigen wir die quantenmechanische Reflexion an der Potentialschwelle. Wegen der relativ großen Energie der meisten Sekundärelektronen ist das eine brauchbare Näherung, die allerdings für die langsamsten Sekundärelektronen ($E \approx 0$) ihre Gültigkeit verliert. Abb. 69 veranschaulicht die Austrittsbedingung $\cos^2 \vartheta' > \frac{W^0}{E'}$, indem sie zeigt, daß für jede Energie $E' > W^0$ ein kritischer Kegel existiert, dessen Öffnungswinkel gleich $\arccos \sqrt{W^0/E'}$ ist und innerhalb dessen die Elektronen der Energie E' gegen die Oberfläche laufen müssen, um sie durchdringen zu können.

Unter Benutzung der Θ-Funktion $\left(\Theta(x) = \begin{cases} 1 & \text{für } x > 0 \\ 0 & x < 0 \end{cases}\right)$ können wir diese Bemerkungen formal erfassen, indem wir feststellen, daß der Strom $j(E', \boldsymbol{\Omega}')$ der sich bei $x = 0$ im Inneren des Metalls bewegenden, zum Austritt befähigten Elektronen den Faktor

$$\Theta(E' - W^0)\, \Theta\left(\cos \vartheta' - \sqrt{\frac{W^0}{E'}}\right)$$

enthalten muß.

Es ist trivial, daß dann äußere und innere Ströme durch die Beziehung

$$j(E, \boldsymbol{\Omega})\, \mathrm{d}E\, \mathrm{d}\Omega = j(E', \boldsymbol{\Omega}')\, \mathrm{d}E'\, \mathrm{d}\Omega' \tag{12.6}$$

verbunden sind, wodurch die Berechnung des gesuchten äußeren Stromes auf diejenige des inneren Stromes

$$j(E', \boldsymbol{\Omega}') = \int \boldsymbol{j}(x = 0, y, z, E', \boldsymbol{\Omega}')\, \mathrm{d}\vec{f} \tag{12.7}$$

bei $x = 0$ zurückgeführt ist. In (12.7) ist dabei über die Emitterfläche zu integrieren. Allgemein hängt die Stromdichte $\boldsymbol{j}(\boldsymbol{r}, E', \boldsymbol{\Omega}')$ an einer Stelle $\boldsymbol{r}$ im Metall mit der dort vorhandenen Teilchendichte $N(\boldsymbol{r}, E', \boldsymbol{\Omega}')$ des betreffenden Zustands gemäß

$$\boldsymbol{j}(\boldsymbol{r}, E', \boldsymbol{\Omega}') = \boldsymbol{v}'\, N(\boldsymbol{r}, E', \boldsymbol{\Omega}') \tag{12.8}$$

zusammen. Führen wir noch durch

$$\int N(\boldsymbol{r}, E', \boldsymbol{\Omega}')\, \mathrm{d}y\, \mathrm{d}z = N(x, E', \boldsymbol{\Omega}') \tag{12.9}$$

die Funktion $N(x, E', \boldsymbol{\Omega}')$ ein, so erhalten wir mit Verwendung von (12.7) und (12.8)

$$j(E', \boldsymbol{\Omega}') = v' \cos \vartheta'\, N(0, E', \boldsymbol{\Omega}')\, \Theta(E' - W^0)\, \Theta\left(\cos \vartheta' - \sqrt{\frac{W^0}{E'}}\right). \tag{12.10}$$

Setzen wir (12.10) unter Beachtung von (12.4) in (12.6) ein, so finden wir folgenden allgemeinen Zusammenhang zwischen $j(E, \boldsymbol{\Omega})$ und $N(0, E', \boldsymbol{\Omega}')$:

$$j(E, \boldsymbol{\Omega}) = \sqrt{\frac{2(E + W^0)}{m}}\, \frac{E}{E + W^0} \cos \vartheta\, N(0, E + W^0, \boldsymbol{\Omega}')\, \Theta\left(\cos \vartheta' - \sqrt{\frac{W^0}{E + W^0}}\right). \tag{12.11}$$

Aus dieser Beziehung ersehen wir, daß ausschließlich die isotrope Verteilung der sich im Metall bei $x = 0$ bewegenden Elektronen zu einer cos-Verteilung des im Außenraum gemessenen Stromes führt, wie sie näherungsweise beobachtet wird.

Weiterhin ergibt sich aus (12.11) eine Aussage über das Grenzverhalten der Energie-Winkel-Verteilung für $E \to 0$, vorausgesetzt, daß die zu ihrer Ableitung verwendeten Annahmen dabei ihre Gültigkeit behalten, was, wie bemerkt wurde, nicht mit Sicherheit der Fall ist. Nach (12.11) ist also

$$j(E, \boldsymbol{\Omega}) \underset{E \to 0}{\sim} E \cos \vartheta . \tag{12.12}$$

In dieser Relation sind folgende zwei Aussagen enthalten: Für sehr kleine Energien werden die Winkelverteilungskurven schließlich zu Kreisen. Die in Abb. 70 sichtbare merkliche Abweichung der gemessenen Winkelverteilungskurve von Nickel für $E = 1{,}5$ eV steht damit keineswegs im Widerspruch, entspricht doch diese Energie bei $W^0 \approx 10$ eV noch einem halben Öffnungswinkel des Austrittskegels von etwa 21°.

Weiterhin besagt (12.12), daß die Energieverteilungskurven der Funktion (12.1) durch den Nullpunkt des $E, j(E)$-Koordinatensystems gehen müssen. Abb. 67 zeigt, daß sich dies in Übereinstimmung mit den Messungen befindet.

Es ist nach Formel (12.11) verständlich, daß es das Ziel der weiteren Bemühungen sein muß, eine Gleichung aufzustellen, die die Funktion $N(x, E', \boldsymbol{\Omega}')$ bestimmt. Diese Verteilungsfunktion ergibt sich aus der Berücksichtigung der verschiedenen Einflüsse, die das Verhalten der angeregten Metallelektronen bestimmen: 1. der Wechselwirkung mit den einfallenden Primärelektronen, die für den Anregungsvorgang verantwortlich ist, 2. der Wechselwirkung mit dem Metall bei der Bewegung zur Oberfläche und 3. des Einflusses der Oberfläche auf diesen Transportvorgang durch die in ihrer unmittelbaren Nähe wirksamen Randbedingungen.

Zur quantitativen Formulierung knüpfen wir an die Boltzmannsche Transportgleichung in der Form (8.4) und (8.15) an. Indem wir Stationarität und das Fehlen äußerer Felder voraussetzen, verschwinden der erste und der dritte Term in der Gleichung (8.4), die allerdings noch nicht die durch die Wechselwirkung mit den Primärelektronen auftretende Quelle enthält, welche in geeigneter Form jetzt zusätzlich auf der rechten Seite der Gleichung auftritt.

Offenbar ist dieser Quellterm identisch mit der in (7.64) angegebenen Anregungsfunktion, die wir hier nur in den Variablen E' und $\boldsymbol{\Omega}'$ auszudrücken haben. So finden wir also

$$(\boldsymbol{v}', \nabla_{\boldsymbol{r}} N(\boldsymbol{r}, E', \boldsymbol{\Omega}')) = S(\boldsymbol{r}, E', \boldsymbol{\Omega}') + \left(\frac{\partial N(\boldsymbol{r}, E', \boldsymbol{\Omega}')}{\partial t}\right)_{\text{Stoß}} \qquad (E' > E_F).$$

Indem wir diese Gleichung über den als Periodizitätsfläche aufgefaßten Querschnitt des Emitters integrieren, erhalten wir mit Verwendung von (12.9)

$$v_x' \frac{\partial N(x, E', \boldsymbol{\Omega}')}{\partial x} = S(x, E', \boldsymbol{\Omega}') + \int \mathrm{d}y \, \mathrm{d}z \left(\frac{\partial N(\boldsymbol{r}, E', \boldsymbol{\Omega}')}{\partial t}\right)_{\text{Stoß}} . \tag{12.13}$$

Wegen seiner Nichtlinearität erlaubt der Stoßterm in der Form (8.15) hier nicht den Übergang zur Funktion $N(x, E', \boldsymbol{\Omega}')$. Um diesen Übergang dennoch zu erreichen, vernachlässigen wir die Pauli-Faktoren, was im wesentlichen bedeutet, daß wir das Verbot der Streuung angeregter Elektronen ins Innere der Fermi-Kugel nicht beachten. So wird der Stoßterm zu

$$\left(\frac{\partial N(\boldsymbol{r}, E', \boldsymbol{\Omega}')}{\partial t}\right)_{\text{Stoß}} = \sum_{E''\boldsymbol{\Omega}''} \{W_{E'\boldsymbol{\Omega}', E''\boldsymbol{\Omega}''} N(\boldsymbol{r}, E'', \boldsymbol{\Omega}'') - W_{E''\boldsymbol{\Omega}'', E'\boldsymbol{\Omega}'} N(\boldsymbol{r}, E', \boldsymbol{\Omega}')\},$$

und aus (12.13) erhalten wir mit Verwendung von (12.5)

$$\begin{aligned} &-v' \cos\vartheta' \frac{\partial N(x, E', \boldsymbol{\Omega}')}{\partial x} + \sum_{E''\boldsymbol{\Omega}''} W_{E''\boldsymbol{\Omega}'', E'\boldsymbol{\Omega}'} N(x, E', \boldsymbol{\Omega}') \\ &= S(x, E', \boldsymbol{\Omega}') + \sum_{E''\boldsymbol{\Omega}''} W_{E'\boldsymbol{\Omega}', E''\boldsymbol{\Omega}''} N(x, E'', \boldsymbol{\Omega}''). \end{aligned} \tag{12.14}$$

Der in (12.14) auftretende Faktor $\sum_{E''\boldsymbol{\Omega}''} W_{E''\boldsymbol{\Omega}'', E'\boldsymbol{\Omega}'}$ bedeutet die Wahrscheinlichkeit, daß ein im Zustand $(E', \boldsymbol{\Omega}')$ befindliches Elektron in einer Sekunde in irgendeinen anderen Zustand gestreut wird. Wir schreiben für diese Größe von der Dimension einer reziproken Zeit

$$\sum_{E''\boldsymbol{\Omega}''} W_{E''\boldsymbol{\Omega}'', E'\boldsymbol{\Omega}'} = \frac{v(E')}{l(E', \boldsymbol{\Omega}')} \tag{12.15}$$

und definieren dadurch eine „freie Weglänge“ $l(E', \boldsymbol{\Omega}')$, die wir im folgenden als höchstens energieabhängig ansehen wollen, nämlich $l(E') \equiv l'$. Indem wir weiterhin noch durch

$$W_{E'\boldsymbol{\Omega}', E''\boldsymbol{\Omega}''} \doteq p(E', \boldsymbol{\Omega}'; E'', \boldsymbol{\Omega}'') \frac{v''}{l''} \tag{12.16}$$

die Streufunktion $p(E', \boldsymbol{\Omega}'; E'', \boldsymbol{\Omega}'')$ definieren, erhalten wir aus (12.14)

$$\begin{aligned} &\frac{v'}{l'} N(x, E', \boldsymbol{\Omega}') - v' \cos\vartheta' \frac{\partial N(x, E', \boldsymbol{\Omega}')}{\partial x} \\ &= S(x, E', \boldsymbol{\Omega}') + \sum_{E''\boldsymbol{\Omega}''} p(E', \boldsymbol{\Omega}'; E'', \boldsymbol{\Omega}'') \frac{v''}{l''} N(x, E'', \boldsymbol{\Omega}''). \end{aligned} \tag{12.17}$$

Zu dieser Boltzmannschen Transportgleichung gehören noch Randbedingungen bei $x = 0$ und bei $x = \infty$. Zunächst ist selbstverständlich

$$N(\infty, E', \boldsymbol{\Omega}') = 0 \tag{12.18}$$

zu fordern. Zur Formulierung der Randbedingung bei $x = 0$ müssen wir eine Annahme über das Reflexionsverhalten der nicht austrittsbefähigten Elektronen machen. Indem wir ausschließlich reguläre Reflexion annehmen, erhalten wir folgende Randbedingungen an der Oberfläche:

$$N(0, E', \boldsymbol{\Omega}') = 0 \quad \text{für} \quad E' > W^0, \qquad -1 < \cos\vartheta' < -\sqrt{\frac{W^0}{E'}}; \tag{12.19}$$

$$N(0, E', \boldsymbol{\Omega}') \equiv N(0, E', \vartheta', \varphi') = N(0, E', \pi - \vartheta', \varphi')$$

$$\text{für} \quad \begin{cases} E' < W^0, \\ E' > W^0, \qquad -\sqrt{\dfrac{W^0}{E'}} < \cos\vartheta' < \sqrt{\dfrac{W^0}{E'}}. \end{cases} \tag{12.20}$$

Mit den Relationen (12.11) und (12.17) bis (12.20) ist das Problem der Sekundäremission unter den hier gemachten Annahmen vollständig formuliert. Es verbleibt somit die Aufgabe der Bestimmung der Funktionen $S(x, E', \boldsymbol{\Omega}')$ und $p(E', \boldsymbol{\Omega}'; E'', \boldsymbol{\Omega}'')$ und die Aufgabe der Lösung der Boltzmann-Gleichung (12.17).

12.4. Spezielle Streufunktion und allgemeine Lösung

Im folgenden lassen wir die Anregungsfunktion $S(x, E', \boldsymbol{\Omega}')$ zunächst noch in der allgemeinen Form, fordern aber für die Streufunktion $p(E', \boldsymbol{\Omega}'; E'', \boldsymbol{\Omega}'')$ die Eigenschaft

$$p(E', \boldsymbol{\Omega}'; E'', \boldsymbol{\Omega}'') = p[E', E''; (\boldsymbol{\Omega}', \boldsymbol{\Omega}'')]\, \Theta(E'' - E'). \tag{12.21}$$

Die Beziehung (12.21) bedeutet, daß die angeregten Elektronen nur energievermindernde Stöße erleiden können und daß deren Wahrscheinlichkeit außer von den Energien nur vom Streuwinkel abhängt.

Da nur diejenigen Elektronen austreten, für die $E' > W^0$ gilt, und da weiterhin nach (12.21) die einmal aus diesem Ensemble ausgeschiedenen Elektronen diesem später nie mehr angehören können, so liegt es nahe, sich bei der Transportgleichung selbst auf jene Elektronen mit $E' > W^0$ zu beschränken. Das ist möglich, da der Ansatz

$$N(x, E', \boldsymbol{\Omega}') = \frac{l'}{v'} \{\psi(x, E', \boldsymbol{\Omega}')\, \Theta(E' - W^0) + \tilde{\psi}(x, E', \boldsymbol{\Omega}')\, \Theta(W^0 - E')\} \tag{12.22}$$

mit Benutzung von (12.21) nach Einsetzen in (12.17) und Ersetzung der Summen durch Integrale auf folgende nur $\psi(x, E', \boldsymbol{\Omega}')$ enthaltende Gleichung führt:

$$\psi(x, E', \boldsymbol{\Omega}') - l' \cos\vartheta' \frac{\partial}{\partial x} \psi(x, E', \boldsymbol{\Omega}')$$

$$= S(x, E', \boldsymbol{\Omega}') + \int_{E'}^{\infty} \mathrm{d}E'' \int \mathrm{d}\Omega''\, p[E', E''; (\boldsymbol{\Omega}', \boldsymbol{\Omega}'')]\, \psi(x, E'', \boldsymbol{\Omega}'') \qquad (E' > W^0). \tag{12.23}$$

Dazu gehören die sich sofort aus (12.18) bis (12.20) und aus (12.22) ergebenden Randbedingungen für $\psi(x, E', \boldsymbol{\Omega}')$, die wir nicht explizit aufschreiben. Die rechte Seite der Gleichung (12.23) bedeutet offenbar die Gesamtzahl der pro Sekunde bei x den Zustand $(E', \boldsymbol{\Omega}')$ erreichenden Elektronen, wobei der erste (prinzipiell bekannte) Term die Anregung „von unten" her, der zweite in einem noch genauer darzustellenden Sinn das Herabfallen „von oben" her beschreibt, das aber natürlich von der erst noch zu bestimmenden Verteilungsfunktion abhängt. Wir führen daher zweckmäßig die Funktion

$$\hat{S}(x, E', \boldsymbol{\Omega}') = S(x, E', \boldsymbol{\Omega}') + \int_{E'}^{\infty} \mathrm{d}E'' \int \mathrm{d}\Omega''\, p[E', E''; (\boldsymbol{\Omega}', \boldsymbol{\Omega}'')]\, \psi(x, E'', \boldsymbol{\Omega}'') \tag{12.24}$$

ein und können dann (12.23) einfach

$$\psi(x, E', \boldsymbol{\Omega}') - l' \cos\vartheta' \frac{\partial}{\partial x} \psi(x, E', \boldsymbol{\Omega}') = \hat{S}(x, E', \boldsymbol{\Omega}') \tag{12.25}$$

schreiben.

Um zur Lösung dieser Gleichung zu gelangen, benutzen wir die Methode der Greenschen Funktionen.

Die der Gleichung (12.25) zugeordnete Greensche Funktion $G(x - x', E', \boldsymbol{\Omega}')$ ist bekanntlich durch die Relation

$$G(x - x', E', \boldsymbol{\Omega}') - l' \cos\vartheta' \frac{\partial}{\partial x} G(x - x', E', \boldsymbol{\Omega}') = \delta(x - x') \tag{12.26}$$

definiert und ergibt die Lösung von (12.25) gemäß

$$\psi(x, E', \boldsymbol{\Omega}') = \int_0^\infty \mathrm{d}x'\, G(x - x', E', \boldsymbol{\Omega}')\, \hat{S}(x', E', \boldsymbol{\Omega}') . \tag{12.27}$$

Man verifiziert ohne weiteres

$$\begin{aligned} G(x - x', E', \boldsymbol{\Omega}') = &\left\{ A(E', \boldsymbol{\Omega}') - \frac{1}{l' \cos\vartheta'} \right\} \mathrm{e}^{\frac{x-x'}{l'\cos\vartheta'}}\, \Theta(x - x') \\ &+ A(E', \boldsymbol{\Omega}')\, \mathrm{e}^{\frac{x-x'}{l'\cos\vartheta'}}\, \Theta(x' - x) . \end{aligned} \tag{12.28}$$

Dabei muß die Funktion $A(E', \boldsymbol{\Omega}')$ noch durch die Randbedingungen festgelegt werden.

Die Beziehungen (12.27) und (12.28) erlauben uns, die formale Lösung des Problems anzugeben; sie lautet

$$\begin{aligned} \psi(x, E', \boldsymbol{\Omega}') = &\left\{ A(E', \boldsymbol{\Omega}') - \frac{1}{l' \cos\vartheta'} \right\} \int_0^x \mathrm{d}x'\, \mathrm{e}^{\frac{x-x'}{l'\cos\vartheta'}}\, \hat{S}(x', E', \boldsymbol{\Omega}') \\ &+ A(E', \boldsymbol{\Omega}') \int_x^\infty \mathrm{d}x'\, \mathrm{e}^{\frac{x-x'}{l'\cos\vartheta'}}\, \hat{S}(x', E', \boldsymbol{\Omega}') . \end{aligned} \tag{12.29}$$

Wegen $\psi(\infty, E', \boldsymbol{\Omega}') = 0$ ersehen wir u. a. aus (12.29), daß der zu $\Theta\left(\cos\vartheta' - \sqrt{W^0/E'}\right)$ proportionale Anteil von $A(E', \boldsymbol{\Omega}')$ gleich $1/l' \cos\vartheta'$ ist. Damit folgt wiederum aus (12.29) die Beziehung

$$\begin{aligned} &\Theta\left(\cos\vartheta' - \sqrt{\frac{W^0}{E'}}\right) \psi(0, E', \boldsymbol{\Omega}') \\ &= \Theta\left(\cos\vartheta' - \sqrt{\frac{W^0}{E'}}\right) \frac{1}{l' \cos\vartheta'} \int_0^\infty \mathrm{d}x'\, \mathrm{e}^{-\frac{x'}{l'\cos\vartheta'}}\, \hat{S}(x', E', \boldsymbol{\Omega}') . \end{aligned} \tag{12.30}$$

Aus (12.4), (12.11), (12.22) und (12.30) erhalten wir somit schließlich für die gesuchte Energie-Winkel-Verteilung

$$j(E, \boldsymbol{\Omega}) = \frac{E}{E + W^0} \cos\vartheta \sqrt{\frac{E + W^0}{E\cos^2\vartheta + W^0}} \int\limits_0^\infty \mathrm{d}x \, \mathrm{e}^{-\frac{x}{l'}\sqrt{\frac{E+W^0}{E\cos^2\vartheta + W^0}}} \hat{S}(x, E', \boldsymbol{\Omega}'). \tag{12.31}$$

Diese Gleichung zeigt, daß man zur Berechnung aller beobachtbaren Größen der Sekundäremission allein die Funktion $\hat{S}(x, E', \boldsymbol{\Omega}')$ kennen muß, in die nach (12.24) Anregungs- und Streumechanismus eingehen. Diese Funktion wird aus jener Gleichung bestimmt, die entsteht, wenn wir die volle Lösung $\psi(x, E', \boldsymbol{\Omega}')$ aus (12.29) in (12.24) einsetzen. Wir können hier auf das Angeben dieser komplizierten Integralgleichung verzichten.

Die anschauliche Bedeutung der wichtigen Beziehung (12.31) ist offenbar die folgende: Um den Strom $j(E', \boldsymbol{\Omega}')$ der bei $x = 0$ zum Austritt befähigten Elektronen des Zustandes $(E', \boldsymbol{\Omega}')$ zu erhalten, hat man zunächst an jeder Stelle x des Emitters die durch Anregung (erster Term in (12.24)) und „Abbremsung" (zweiter Term in (12.24)) in den Zustand $(E', \boldsymbol{\Omega}')$ gelangten Elektronen zu finden. Nach (12.31) erreicht davon der Bruchteil $\mathrm{e}^{-\frac{x}{l'\cos\vartheta'}}$ als Elektronen im Zustand $(E, \boldsymbol{\Omega})$ das Vakuum. Damit ist das Emissionsproblem auf die Lösung einer allerdings außerordentlich komplizierten Integralgleichung zurückgeführt, zu deren expliziter Formulierung zuvor die Anregungsfunktion $S(x, E', \boldsymbol{\Omega}')$ und die Streufunktion $p[E', E''; (\boldsymbol{\Omega}', \boldsymbol{\Omega}'')]$ angegeben werden müssen.

12.5. Mittlere freie Weglänge; Kaskadenprozeß

Wir wenden uns im folgenden der Frage zu, welche Funktionen $p(E', \boldsymbol{\Omega}'; E'', \boldsymbol{\Omega}'')$ und $l(E'')$ wir in (12.16) für den vorliegenden Fall, der u. a. durch $E'', E' > W^0$ charakterisiert ist, zu verwenden haben.

Da die angeregten Elektronen im Metall einer energieverzehrenden, kombinierten Wechselwirkung mit Phononen $[l_p(E')]$ und mit (nichtangeregten) Metallelektronen $[l_e(E')]$ ausgesetzt sind, können sie nicht, aus beliebigen Tiefen des Emitters kommend, zum Austritt gelangen. In den letzten Jahren durchgeführte Photoeffektmessungen an dünnen Metallschichten haben nun bewiesen, daß dieser Bremsprozeß der angeregten Elektronen durch eine energieabhängige Transportlänge $L(E')$ beschrieben werden kann, indem $\mathrm{e}^{-\frac{x}{L(E')}}$ die Ortsabhängigkeit der Wahrscheinlichkeit dafür angibt, daß ein bei x mit der Energie E' angeregtes Elektron den Emitter (bei $x = 0$) verläßt. Abb. 73 zeigt die Transportlänge bei Gold für 90 °K und für 300 °K. Bemerkenswert erscheint die starke Energieabhängigkeit für $E' - E_F < 3$ eV. Weiterhin erkennen wir, daß nur in diesem Energiebereich L temperaturabhängig ist.

Oberhalb der Anregungsenergie von 3 eV, d. h. für $E' > 8{,}5$ eV, wird der Transport offenbar ausschließlich durch die temperaturunabhängige freie Weglänge l_e für Elektron-Elektron-Wechselwirkung bestimmt, die günstigerweise in diesem Bereich auch noch annähernd energieunabhängig ist.

Durch Methoden, auf die wir hier nicht eingehen wollen, kann man nun bei bekannter freier Weglänge l_p (von einigen hundert Å), wie sie sich z. B. aus Messungen der elektrischen Leitfähigkeit σ ergibt, für jeden Wert von $L(E')$ das dazugehörige $l_e(E')$ finden. Das Abb. 73 entsprechende Resultat zeigt Abb. 74. Man erkennt, daß auch $l_e(E')$ für kleine Anregungsenergien sehr stark energieabhängig ist, und zwar etwa proportional zu $1/(E' - E_F)^2$, und daß es für $E' - E_F \approx 1$ eV Werte um 4000 Å annimmt.[1]) Für eine Anregungsenergie von etwa 5 eV ist aber bereits der konstante Wert von $l_e \approx 70$ Å erreicht. Da nun die sogenannte

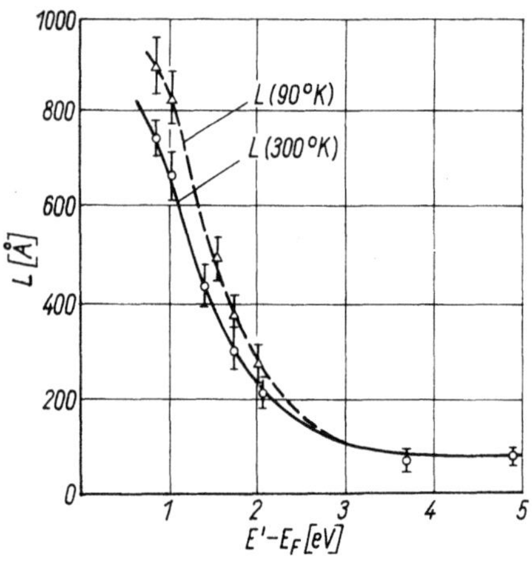

Abb. 73. Energieabhängigkeit der Transportlänge L bei Gold für zwei verschiedene Temperaturen (nach SZE u. a.)

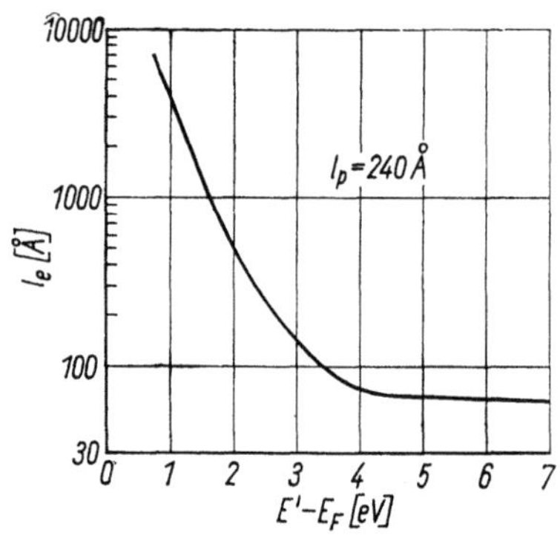

Abb. 74. Energieabhängigkeit der freien Weglänge für Elektron-Elektron-Wechselwirkung bei Gold (nach SZE u. a.)

„Austrittsarbeit" $\Phi = W^0 - E_F$ bei Gold etwa 5 eV beträgt (für die Alkalimetalle liegt der Wert von Φ bei 2 eV), haben wir es bei den emissionsfähigen Elektronen dieses Metalls ausschließlich mit solchen zu tun, deren Transport durch die näherungsweise energieunabhängige freie Weglänge $l_e (\ll l_p)$ bestimmt wird.

Der somit allein zu betrachtende Transportprozeß mit Elektron-Elektron-Wechselwirkung hat nun die sehr wichtige Eigenschaft, eine Elektronenkaskade zu erzeugen, da sich bei jedem der betrachteten Stöße die Zahl der angeregten Elektronen verdoppelt.[2]) Formal äußert sich das in der Normierung

$$\int_0^{E''} \int p[E', E''; (\boldsymbol{\Omega}', \boldsymbol{\Omega}'')] \, \mathrm{d}E' \, \mathrm{d}\Omega' = 2, \tag{12.32}$$

[1]) Neueste direkte Messungen von l_e [C. R. CROWELL und S. M. SZE: Phys. Rev. Lett. **15** (1965) 659] ergaben für $E' - E_F = 0{,}85$ eV den davon abweichenden Wert von etwa 500 Å.

[2]) Die Existenz dieser bei allen derartigen Betrachtungen berücksichtigten Kaskade scheint nach theoretischen Untersuchungen über die Funktion $l_e(E')$ allerdings auf einen gewissen Energiebereich eingeschränkt. Diese Betrachtungen zeigen nämlich, daß für Energien $E' - E_F > \hbar\omega_p$, der Energieverlust der angeregten Elektronen möglicherweise zu beträchtlichem Teil durch Anregung nicht einzelner Metallelektronen, sondern des ganzen Ensembles derselben verursacht wird. Offenbar kann es dabei nicht zur „normalen" Ausbildung der Elektronenkaskade kommen. Wir sehen aber davon im folgenden ab.

wobei $p[E', E''; (\boldsymbol{\Omega}', \boldsymbol{\Omega}'')]$ die Wahrscheinlichkeit dafür bedeutet, daß ein Elektron im Zustand $(E'', \boldsymbol{\Omega}'')$ bei einem Stoß u. a. ein Elektron im Zustand $(E', \boldsymbol{\Omega}')$ erzeugt. Damit rühren die durch den zweiten Term in der Funktion $\hat{S}(x, E', \boldsymbol{\Omega}')$ im Zustand $(E', \boldsymbol{\Omega}')$ erzeugten Elektronen nicht nur von energetisch höheren, sondern auch von den energetisch tieferen Zuständen der Leitungselektronen her. Nimmt man an, daß diese vor dem Stoß näherungsweise als ruhend betrachtet werden können, so gilt wegen der Erhaltungssätze folgende Beziehung:

$$E' = E''(\boldsymbol{\Omega}', \boldsymbol{\Omega}'')^2.$$

Da weiterhin die Streuung bei genügend kleinen Energien im Massenmittelpunktsystem isotrop ist, erhält man schließlich

$$p[E', E''; (\boldsymbol{\Omega}', \boldsymbol{\Omega}'')] = \frac{2}{\pi} (\boldsymbol{\Omega}', \boldsymbol{\Omega}'')\, \delta[E' - E''(\boldsymbol{\Omega}', \boldsymbol{\Omega}'')^2] = \frac{1}{\pi E''}\, \delta\left[\sqrt{\frac{E'}{E''}} - (\boldsymbol{\Omega}', \boldsymbol{\Omega}'')\right]. \tag{12.33}$$

12.6. Anregung freier Elektronen

Indem wir auf die Gleichung (12.31) zurückgreifen, bemerken wir, daß die gesamte Sekundäremission auf den durch $p[E', E''; (\boldsymbol{\Omega}', \boldsymbol{\Omega}'')]$ bestimmten Streuprozeß zurückzuführen ist, wenn die durch $S(x, E', \boldsymbol{\Omega}')$ beschriebene Anregung für $E' > W^0$ und $\cos\vartheta' > \sqrt{W^0/E'}$ verschwindet. Ohne die Berücksichtigung dieses Prozesses verschwindet dann die gesamte Elektronenemission.

Dieser Sachverhalt ist, wie wir sehen werden, realisiert, wenn man die Metallelektronen exakt als frei betrachtet.

Wir gehen deshalb auf den Ausdruck (7.64) für die Anregungsfunktion zurück. Das Bloch-Integral $B^{\boldsymbol{K}}_{\nu'\nu}(\boldsymbol{k}', \boldsymbol{k})$ wird mit Verwendung der Bloch-Faktoren der freien Elektronen, d. h. mit Verwendung von

$$u_{\boldsymbol{k}\nu}(\boldsymbol{r}) = e^{i\boldsymbol{K}_1\boldsymbol{r}}, \quad u^*_{\boldsymbol{k}'\nu'}(\boldsymbol{r}) = e^{-i\boldsymbol{K}_1'\boldsymbol{r}}, \quad \boldsymbol{K}_1 = \boldsymbol{K}_1(\boldsymbol{k}, \nu), \quad \boldsymbol{K}_1' = \boldsymbol{K}_1'(\boldsymbol{k}', \nu'),$$

zu

$$B^{\boldsymbol{K}}_{\nu'\nu}(\boldsymbol{k}', \boldsymbol{k}) = \delta_{\boldsymbol{K}_1 - \boldsymbol{K}_1' - \boldsymbol{K}, 0}\,. \tag{12.34}$$

Setzen wir (12.34) in (7.64) ein, so erhalten wir mit den Abkürzungen $\bar{\boldsymbol{k}} = \boldsymbol{k} + \boldsymbol{K}_1$ und $\bar{\boldsymbol{k}}' = \boldsymbol{k}' + \boldsymbol{K}_1'$

$$S_{\nu'}(\boldsymbol{k}') \equiv S(\bar{\boldsymbol{k}}') = \frac{16\, e^4 m^2}{\hbar^4 k_p \Omega} \sum_{(\bar{\boldsymbol{k}})} \frac{1}{(\bar{\boldsymbol{k}}' - \bar{\boldsymbol{k}})^4}\, \delta(\bar{k}'^2 - \bar{k}^2 + k_2'^2 - k_2^2).$$

Rechnen wir hier das Argument der δ-Funktion mit Hilfe von (7.65) um, so erhalten wir

$$S(\bar{\boldsymbol{k}}') = \frac{8\, e^4 m^2}{\hbar^4 k_p \Omega} \sum_{(\bar{\boldsymbol{k}})} \frac{1}{(\bar{\boldsymbol{k}}' - \bar{\boldsymbol{k}})^4}\, \delta[(\boldsymbol{k}_p - \bar{\boldsymbol{k}}', \bar{\boldsymbol{k}}' - \bar{\boldsymbol{k}})]. \tag{12.35}$$

Diese Beziehung besagt u. a., daß eine Anregung von Elektronen nur in solche Zustände $\bar{\boldsymbol{k}}'$ möglich ist, für die die Beziehung

$$(\bar{\boldsymbol{k}}', \boldsymbol{k}_p - \bar{\boldsymbol{k}}') = (\bar{\boldsymbol{k}}, \boldsymbol{k}_p - \bar{\boldsymbol{k}}')$$

erfüllt ist.

Wegen $\bar{k} \leqq k_F$ ergibt sich daraus die folgende gemäß den Erhaltungssätzen notwendige Voraussetzung für die Anregung:

$$|(\boldsymbol{k}', \boldsymbol{k}_p - \boldsymbol{k}')| \leqq k_F |\boldsymbol{k}_p - \boldsymbol{k}'| . \tag{12.36}$$

Abb. 75 zeigt in dem schraffierten Bereich die nach (12.36) möglichen Lagen des Vektors $\boldsymbol{k}'$. Man erkennt, daß für freie Elektronen Energie- und Impulssatz jede Anregung in Richtung auf die Oberfläche verbieten, wie wir es oben behauptet haben. Ohne eine Berücksichtigung des u. a. die Winkelverteilung beeinflussenden Transportprozesses könnte also ein freies Elektronengas keine Sekundäremission zeigen.

Wir führen nun in (12.35) die Summation über die Fermi-Kugel aus und erhalten

$$\begin{aligned} S_{\boldsymbol{k}_p}(\boldsymbol{k}') = \frac{e^4 m^2}{\pi^2 \hbar^4 k_p} \, & \frac{k_F^2 |\boldsymbol{k}_p - \boldsymbol{k}'|^2 - (\boldsymbol{k}', \boldsymbol{k}_p - \boldsymbol{k}')^2}{(k'^2 - k_F^2)^2 |\boldsymbol{k}_p - \boldsymbol{k}'|^3} \\ & \times \Theta(k' - k_F)\, \Theta(k_F |\boldsymbol{k}_p - \boldsymbol{k}'| - |(\boldsymbol{k}', \boldsymbol{k}_p - \boldsymbol{k}')|) . \end{aligned} \tag{12.37}$$

Wegen $E_F < W^0$ ist nach (12.31) die für die Coulomb-Wechselwirkung typische Divergenz der Anregungsfunktion (12.37) bei $E' = E_F$ für die austrittsfähigen Elektronen ohne Bedeutung.

Mit Hilfe von

$$\boldsymbol{k}' = \sqrt{\frac{2m}{\hbar^2} E'} \, \boldsymbol{\Omega}', \qquad \boldsymbol{k}_p = \sqrt{\frac{2m}{\hbar^2} E_p^0} \, \boldsymbol{\Omega}_p$$

können wir von (12.37) zur Funktion

$$S_{E_p^0, \boldsymbol{\Omega}_p}(E', \boldsymbol{\Omega}') = S_{\boldsymbol{k}_p}(\boldsymbol{k}') \frac{\mathrm{d}^3 \boldsymbol{k}'}{\mathrm{d}E' \, \mathrm{d}\Omega'} \tag{12.38}$$

übergehen, die nun zusammen mit $p[E', E''; (\boldsymbol{\Omega}', \boldsymbol{\Omega}'')]$ durch (12.31) die Sekundäremission vollständig bestimmt.

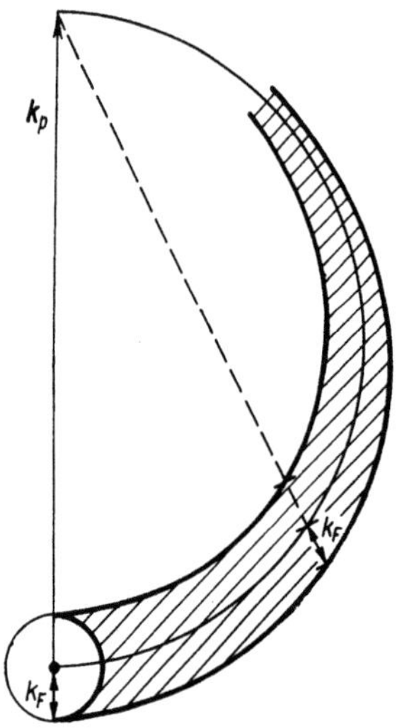

Abb. 75. Nach (12.36) erlaubte Lagen von $\boldsymbol{k}'$ (nach STREITWOLF)

Die bisher einzige bis zu Zahlenangaben für die Ausbeute vordringende explizite Lösung des Problems geht auf PUFF zurück und basiert auf der Streufunktion (12.33), auf der (ortsunabhängigen) Anregungsfunktion (12.37) und auf der Vernachlässigung der Oberfläche, wodurch das Problem ortsunabhängig wird. Das Ergebnis der sehr komplizierten Rechnungen ist ein Ausdruck für die Ausbeute δ, in den die mittlere freie Weglänge $l(E')$ der angeregten Elektronen linear eingeht. Wählt man nun zunächst ein energieunabhängiges l_e derart, daß berechnete und gemessene Ausbeuten übereinstimmen, so ergibt sich bei Natrium (für $E_p^0 = 1000\,\mathrm{eV}$) der Wert $l_e \approx 1400$ Å.

Dieser viel zu groß erscheinende Wert wird etwa um den Faktor 2 vermindert, wenn man die zusätzliche Anregung von Elektronen berücksichtigt, die durch rücklaufende, d. h. durch Streuung an Kernen stark umgelenkte Primärelektronen hervorgerufen wird. Der durch diese Anregungsprozesse verursachte zusätzliche Beitrag zur Ausbeute wird nahezu dem ersteren gleich, wodurch das den Messungen angepaßte l_e etwa gleich 700 Å wird.

Die auch experimentell festgestellte Tatsache, daß der durch die rücklaufenden Primärelektronen bedingte Anteil von δ nahezu dem durch die einlaufenden bedingten gleich ist, erhält eine besondere Bedeutung durch die Bemerkung, daß erfahrungsgemäß nur etwa jedes zehnte Primärelektron der Rückstreuung unterworfen ist. Offenbar wird diese um den Faktor 10 geringere Intensität der rücklaufenden Primärkomponente im hier betrachteten Modellfall durch die für den Austritt viel günstigere Winkelverteilung der durch sie angeregten Elektronen weitgehend kompensiert.

Aus der, verglichen mit dem oben für Gold angegebenen Wert von l_e, etwa um den Faktor 10 zu großen (den Messungen von δ angepaßten) „Weglänge" bei Natrium schließen wir, daß die durch (12.37) beschriebene Anregung von Sekundärelektronen quantitativ sicherlich bei weitem nicht zum Verständnis der Tatsache ausreicht, daß pro einfallendes 1000-eV-Primärelektron nahezu ein Sekundärelektron die Oberfläche des Emitters verläßt.

12.7. Anregung stark gebundener Elektronen

Aus dem im vorangehenden Abschnitt erwähnten Ergebnis, nämlich daß die als frei betrachteten Leitungselektronen u. a. wegen ihrer für den Austritt ungünstigen anfänglichen Winkelverteilung bei weitem nicht die beobachteten Ausbeutewerte ergeben können, schließen wir auf die wesentliche Mitbeteiligung gebundener Elektronen der gefüllten Bänder am Emissionsprozeß.

Die dem Grenzfall freier Elektronen entgegengesetzte Alternative entspricht der Beschreibung der Metallelektronen in Anfangszuständen gemäß dem Ansatz (4.2). Appproximieren wir weiterhin die angeregten Elektronenzustände durch OPWs im ausgebreiteten Zonenschema, so werden diese mit $\boldsymbol{k}' + \boldsymbol{K}'(\boldsymbol{k}', \nu') = \bar{\boldsymbol{k}}'$ nach (4.34) durch

$$\psi_{\boldsymbol{k}'\nu'}(\boldsymbol{r}) = \frac{1}{\sqrt{\Omega}} \mathrm{e}^{\mathrm{i}\bar{\boldsymbol{k}}'\boldsymbol{r}} - \sum_{\nu''=1}^{\nu_0} b_{\bar{\boldsymbol{k}}'\nu''} \psi_{\boldsymbol{k}'\nu''}$$

beschrieben.

Das nach (7.57) die Anregung bestimmende Matrixelement ist dann im wesentlichen gegeben durch

$$\int\limits_{\Omega_0} \psi^*_{\boldsymbol{k}'\nu'}(\boldsymbol{r})\, \mathrm{e}^{\mathrm{i}\boldsymbol{q}\boldsymbol{r}} \psi_{\boldsymbol{k}\nu}(\boldsymbol{r})\, \mathrm{d}^3\boldsymbol{r}$$

$$= \int\limits_{\Omega_0} \left\{ \frac{1}{\sqrt{\Omega}} \mathrm{e}^{-\mathrm{i}\bar{\boldsymbol{k}}'\boldsymbol{r}} - G^{-3/2} \sum_{\nu''\boldsymbol{R}'} b^*_{\bar{\boldsymbol{k}}'\nu''} \mathrm{e}^{-\mathrm{i}\boldsymbol{k}'\boldsymbol{R}'} \varphi^*_{\nu''}(\boldsymbol{r} - \boldsymbol{R}') \right\} \tag{12.39}$$
$$\times\, \mathrm{e}^{\mathrm{i}\boldsymbol{q}\boldsymbol{r}} G^{-3/2} \sum_{\boldsymbol{R}} \mathrm{e}^{\mathrm{i}\boldsymbol{k}\boldsymbol{R}} \varphi_\nu(\boldsymbol{r} - \boldsymbol{R})\, \mathrm{d}^3\boldsymbol{r}\,.$$

Vernachlässigt man hier jegliche Überlappung der Atomfunktionen verschiedener Wigner-Seitz-Zellen, so kann man (12.39) auch schreiben:

$$\int_{\Omega_0} \psi^*_{k'\nu'}(\boldsymbol{r})\, e^{i\boldsymbol{q}\boldsymbol{r}}\, \psi_{k\nu}(\boldsymbol{r})\, d^3\boldsymbol{r}$$

$$= G^{-3} \int_{\Omega_0} e^{i\boldsymbol{q}\boldsymbol{r}}\, \varphi_\nu(\boldsymbol{r}) \left\{ \frac{1}{\sqrt{\Omega_0}}\, e^{-i\boldsymbol{k}'\boldsymbol{r}} - \sum_{\nu''=1}^{\nu_0} b^*_{k'\nu''}\, \varphi^*_{\nu''}(\boldsymbol{r}) \right\} d^3\boldsymbol{r}\,. \tag{12.40}$$

Unter den zusätzlichen Voraussetzungen, daß sich die Energien der Rumpfbänder durch die unaufgespaltenen Atomterme und diejenigen der angeregten Elektronen durch $E' = \frac{\hbar^2}{2m} k'^2$ annähern lassen, wurde von FISCHBECK der Ausdruck (12.40) für die beiden oberen Energiebänder des Natriums (Ionisierungsenergien 27 eV und 60 eV) berechnet und zur Bestimmung der über die Winkel integrierten Anregungsfunktion bei $E_p^0 = 700$ eV benutzt. Diese unterscheidet sich, wie man auch vermuten wird, von derjenigen freier Elektronen durch eine viel größere Anzahl hochenergetischer Elektronen, die selbst wirksame Kaskaden auslösen können. Tatsächlich ergibt sich (mit einem Wert von $l_e = 100$ Å) die Ausbeute zu 0,8, was praktisch mit dem gemessenen Wert übereinstimmt, aber natürlich z. T. sicher zufällig sein dürfte. Insbesondere bedarf die Auswirkung einer gewiß vorhandenen, bislang aber vernachlässigten Anisotropie der Anregung, die u. a. für den von KANTER festgestellten 40%igen Anteil der rücklaufenden Primärelektronen an der Gesamtausbeute mitverantwortlich sein kann, einer genaueren Untersuchung. Daneben zeigt die sich um einen Faktor 2 zu groß ergebende Halbwertsbreite der berechneten Energieverteilung, daß offenbar noch unberücksichtigte weitere Streuprozesse den Transport der angeregten Elektronen im Metall merklich beeinflussen.

Davon jedoch abgesehen, wird man beim derzeitigen Stand unserer Kenntnisse wohl mit ziemlicher Sicherheit behaupten können, daß die Anregung von Elektronen aus Rumpfbändern für die Sekundäremission der Metalle eine keineswegs vernachlässigbare Rolle spielt, sondern im Gegenteil möglicherweise ausschlaggebend ist.

12.8. Ortsabhängigkeit der Anregung

Im folgenden wollen wir uns speziell für die Abhängigkeit der Anregungsfunktion $S(x, E', \boldsymbol{\Omega}')$ von x und die daraus folgenden Konsequenzen bezüglich der Energie-Winkel-Verteilung und der Ausbeute interessieren. Dabei werden wir voraussetzen, daß die Anregungsfunktion nicht von $\boldsymbol{\Omega}'$ abhängt, d. h., daß die Anregung isotrop ist.

Die Frage der Ortsabhängigkeit der Anregung führt letztlich auf die detaillierte Untersuchung des Verhaltens der Primärelektronen im Metall. Diese werden bei ihrem Eindringen ins Innere des Emitters abgebremst und abgelenkt. Bis zu einem gewissen Grade heben sich diese beiden Veränderungen am Primärstrahl in der Ortsabhängigkeit der Anregungsfunktion gegenseitig auf. Durch die Abbremsung der Primärelektronen wird nämlich, wie man z. B. an dem durch (12.37) beschriebenen Modell sieht, die Anregung mit wachsendem x zunehmen. Andererseits scheiden durch große Winkelablenkungen, die durch die Streuung der Primärelektronen an den Kernen hervorgerufen werden, beim Eindringen immer mehr Teilchen aus dem Strahl aus. So ist es naheliegend, die Ortsabhängigkeit näherungsweise gemäß

$$S_{E_p^0}(x,E') = S_{E_p^0}(E')\, \Theta(R-x) \tag{12.41}$$

darzustellen. R bedeutet dabei die Reichweite des Primärstrahls mit der anfänglichen Energie E_p^0. Der Zusammenhang zwischen R und E_p^0 läßt sich empirisch etwa wie folgt formulieren:

$$R(E_p^0)[\text{Å}] = \frac{1{,}28 \cdot 10^3}{\varrho\left[\frac{\text{g}}{\text{cm}^3}\right]}\,(E_p^0[\text{keV}])^{1{,}35}. \tag{12.42}$$

ϱ bedeutet dabei die Dichte des bremsenden Materials. Indem wir nun auf (12.31) zurückgreifen und in einem ersten Iterationsschritt $\hat{S}(x, E') = S(x, E')$ setzen, erhalten wir mit Verwendung von (12.41)

$$j(E, \boldsymbol{\Omega}) = \frac{E}{E+W^0} \cos\vartheta\, l(E+W^0)\, S_{E_p^0}(E+W^0)\left(1 - \mathrm{e}^{-\frac{R}{l(E+W^0)}\sqrt{\frac{E+W^0}{E\cos^2\vartheta + W^0}}}\right). \tag{12.43}$$

Bilden wir unter Benutzung von (12.43) den Quotienten $j(E, \boldsymbol{\Omega})/j(E, 0)$, die sogenannte relative Energie-Winkel-Verteilung, so finden wir

$$\frac{j(E, \boldsymbol{\Omega})}{j(E, 0)} = \cos\vartheta\, \frac{1 - \mathrm{e}^{-\frac{R}{l(E+W^0)}\sqrt{\frac{E+W^0}{E\cos^2\vartheta + W^0}}}}{1 - \mathrm{e}^{-\frac{R}{l(E+W^0)}}} > \cos\vartheta. \tag{12.44}$$

Durch eine sehr umständliche Rechnung kann man zeigen, daß dieses Ergebnis auch bei den weiteren Iterationsschritten erhalten bleibt.

Offenbar bedeutet (12.44), daß alle relativen Energie-Winkel-Verteilungskurven gegenüber der cos-Kurve verbreitert sind; dieser Effekt dürfte allerdings nur für Reichweiten R merklich sein, die nicht allzuviel größer sind als die freie Weglänge $l(E+W^0)$. Dieses Ergebnis stimmt zumindest qualitativ mit jenem Verhalten der entsprechenden Verteilungskurven überein, das Abb. 70 für polykristallines Nickel zeigt. Da die dabei verwendete Primärenergie von 0,5 keV nach (12.42) einer Reichweite von $R \approx 60$ Å entspricht, was nach den obigen Ausführungen mit der Größenordnung der freien Weglänge übereinstimmt, so liegt es nahe, den beobachteten Verbreiterungseffekt der relativen Energie-Winkel-Verteilungskurven durch Formel (12.44) zu interpretieren.

Es erscheint bemerkenswert, daß eine räumliche Verteilung der Anregung gemäß

$$S(x,E') = S_{E_p^0}(E')\, R\,\delta(x-R), \tag{12.45}$$

was einer isotropen Anregung in nur einer oberflächenparallelen Fläche entspricht, nach (12.31) zu einer relativen Energie-Winkel-Verteilung

$$\frac{j(E,\boldsymbol{\Omega})}{j(E,0)} = \cos\vartheta\sqrt{\frac{E+W^0}{E\cos^2\vartheta+W^0}}\,\mathrm{e}^{-\frac{R}{l(E+W^0)}\left(\sqrt{\frac{E+W^0}{E\cos^2\vartheta+W^0}}-1\right)} \tag{12.46}$$

führt. Bildet man für diesen Ausdruck den Differentialquotienten nach E, so findet man mit Verwendung von $\frac{\partial l(E+W^0)}{\partial E} < 0$, daß $\frac{\partial}{\partial E}\left(\frac{j(E,\boldsymbol{\Omega})}{j(E,0)}\right) < 0$ ist, d. h., für die Anregung (12.45) ziehen sich die relativen Energie-Winkel-Verteilungskurven mit wachsender Energie der Sekundärelektronen auf die Oberflächennormale zusammen, ein Verhalten, das bisher noch nicht beobachtet worden ist. Man kann deshalb vermuten, daß die Anregung (12.45) die wirklichen Verhältnisse nicht so gut wie etwa die Beziehung (12.41) beschreibt.

12.9. Halbempirische Theorie

Abschließend sei auf eine sehr grobe Betrachtung eingegangen, die das Ziel hat, den in Abb. 66 gezeigten Verlauf der Ausbeute als Funktion der Primärenergie wenigstens qualitativ zu verstehen. Die dazu notwendige zusätzliche Hypothese besagt, daß die insgesamt vom Primärstrahl angeregte Zahl von Elektronen der Primärenergie selbst proportional ist:

$$\int \mathrm{d}E'\,\mathrm{d}x\, S_{E_p^0}(E')\,\Theta(R-x) = R\int \mathrm{d}E'\, S_{E_p^0}(E') = AE_p^0. \tag{12.47}$$

Die sich in dieser Beziehung ausdrückende Proportionalität zwischen Anregungsquote und auf die Längeneinheit bezogenem Energieverlust ist durch experimentelle Untersuchungen gut bestätigt.

Die Gleichung (12.47) kann man ohne Beweis erfüllen durch den Ansatz

$$S_{E_p^0}(E') = \frac{E_p^0}{R}\,S(E'), \qquad \int S(E')\,\mathrm{d}E' = A. \tag{12.48}$$

Für die Ausbeute finden wir (mit einer gemittelten Transportlänge L)

$$\delta = \int\int_0^R S_{E_p^0}(E')\,\mathrm{e}^{-\frac{x}{L}}\,\mathrm{d}E'\,\mathrm{d}x = AE_p^0\frac{L}{R}\left(1-\mathrm{e}^{-\frac{R}{L}}\right). \tag{12.49}$$

Mit (12.49) haben wir einen Ausdruck für die Funktion $\delta(E_p^0)$ erhalten, der die Messungen befriedigender wiedergibt, als man es nach seiner außerordentlich groben Herleitung erwartet.

Wir lesen zunächst aus (12.49) ab, daß für sehr kleine Primärenergien, d. h. wegen $R \sim (E_p^0)^\gamma$ $(\gamma > 0)$ für sehr kleine Reichweiten,

$$\delta = AE_p^0, \qquad (R \ll L) \tag{12.50}$$

gilt.

Dagegen wird für so große Primärenergien, daß $R \gg L$ ist,

$$\delta = A \frac{E_p^0}{R} L. \tag{12.51}$$

Notwendig für das Auftreten des beobachteten Ausbeutemaximums ist danach $\gamma > 1$. Mit Verwendung von (12.42), d. h. mit Verwendung von $\gamma = 1{,}35$, erhalten wir nach (12.50) und (12.51) jedenfalls qualitativ den Verlauf der gemessenen Ausbeutekurven.

Die bei dieser Betrachtung selbstverständlich unbestimmt bleibenden Konstanten fallen bis zu einem gewissen Grade heraus, wenn man die auf die Werte δ_m und E_{pm}^0 „reduzierten" Ausbeutekurven untersucht. Mit Verwendung von $R = (E_p^0)^\gamma / a$ und der Abkürzung $\xi^\gamma = R/L$ erhalten wir aus (12.49)

$$\delta(\xi) = A(aL)^{\frac{1}{\gamma}} \frac{1}{\xi^{\gamma-1}} \left(1 - e^{-\xi^\gamma}\right). \tag{12.52}$$

Diese Funktion hat ihr einziges Maximum bei $\xi_m = 1{,}84$, wo $\delta(\xi_m) = \delta_m$ ist. Da weiterhin

$$E_p^0 = (aL)^{\frac{1}{\gamma}} \xi, \qquad E_{pm}^0 = (aL)^{\frac{1}{\gamma}} \xi_m \tag{12.53}$$

ist, so gilt $\xi = \xi_m \dfrac{E_p^0}{E_{pm}^0}$, und wir finden schließlich

$$\frac{\delta}{\delta_m} = \frac{\xi_m^{\gamma-1}}{1 - e^{-\xi_m^\gamma}} \, \frac{1 - e^{-\left[\xi_m \frac{E_p^0}{E_{pm}^0}\right]^\gamma}}{\left[\xi_m \dfrac{E_p^0}{E_{pm}^0}\right]^{\gamma-1}}. \tag{12.54}$$

Die Relation (12.54) stellt die genannte reduzierte Ausbeutekurve dar, indem sie δ/δ_m als universelle, d. h. als vom speziellen Metall unabhängige Funktion von E_p^0/E_{pm}^0 angibt.

Diese aus der Formel (12.49) folgende Konsequenz von der Existenz einer universellen reduzierten Ausbeutekurve erweist sich in der Erfahrung als gut bestätigt, da die Meßpunkte bei Auftragen von δ/δ_m über E_p^0/E_{pm}^0 für viele Metalle in einem ziemlich kleinen Streubereich liegen (Abb. 76).

Aus (12.53) können wir schließlich noch eine Abschätzung der Transportlänge L gewinnen. Wir finden mit Verwendung von (12.42) und mit $a = (E_p^0)^\gamma / R$

$$L = \frac{1{,}28 \cdot 10^3}{\varrho} \, \frac{E_{pm}^0}{1{,}84^{1{,}35}}. \tag{12.55}$$

Durch Messung von ϱ (in g/cm³) und E_{pm}^0 (in keV) findet man aus (12.55) die Transportlänge L (in Å) der Sekundärelektronen, die nach den obigen Ausführungen praktisch mit der freien Weglänge l_e übereinstimmen wird. Man erhält auf diese Weise Werte von L um 50 Å, die also durchaus in der erwarteten Größenordnung liegen.

Abschließend können wir feststellen, daß die dargelegte sehr pauschale Theorie der Energieabhängigkeit der Ausbeute immerhin eine qualitativ korrekte Interpretation des allgemeinen Verlaufs der Funktion $\delta(E_p^0)$ ergibt: Diese Funktion

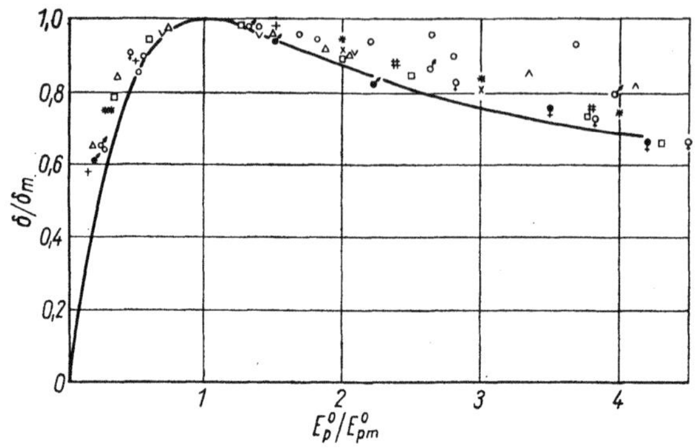

Abb. 76. Universelle reduzierte Ausbeutekurve (12.54) und Meßpunkte (nach DEKKER)

wächst, so lange die Reichweite R der Primärelektronen kleiner ist als die Transportlänge L der Sekundärelektronen, d. h. für $R < L$, durchläuft für $R \approx L$ ihr Maximum und fällt monoton gegen Null ab für $R > L$, da dann mit wachsendem E_p^0 die Zahl der in der oberflächennahen Schicht der Dicke L erzeugten Sekundärelektronen immer geringer wird.

13. Historische Entwicklung

13.1. Idee des Elektronengases (Drude)

Die wohl ältesten, qualitativ völlig korrekten quasiwissenschaftlichen Erkenntnisse des Menschen beziehen sich auf seine Erfahrungen mit Metallen. Bereits in vorgeschichtlicher Zeit – um das Jahr 2500 v. u. Z. – leitete die Erfahrung, daß Kupfer, mit einem geringen Bruchteil Zinn legiert, ein ungewöhnlich hartes Metall, die sogenannte Bronze, ergibt, ein neues Zeitalter der menschlichen Entwicklung ein. Zu den ersten gesicherten quantitativen Ergebnissen im Bereich der Wissenschaft von den Metallen kam es jedoch erst in der Mitte des vorigen Jahrhunderts in Verbindung mit den Fortschritten auf dem Gebiet der Elektrizitätslehre.

Für die spätere Entwicklung der Elektronentheorie der Metalle von besonderer Bedeutung war das 1853 von Wiedemann und Franz entdeckte Gesetz von der annähernden Gleichheit des Quotienten aus Wärmeleitfähigkeit $\varkappa$ und elektrischer Leitfähigkeit σ für eine Anzahl von Metallen bei Zimmertemperatur. Lorenz fand dann 1881 die Verallgemeinerung dieses Gesetzes in der approximativen Universalität von $\varkappa/\sigma T$.

Die quantitative Ableitung dieser auffallenden Gesetzmäßigkeit durch Drude im Jahre 1900 stellt den ersten erfolgreichen Versuch der theoretischen Deduktion eines physikalischen Gesetzes für feste Körper dar. Dem waren – etwa seit 1875 – Überlegungen einiger Physiker (Weber, Giese, Riecke) vorausgegangen, die sich mit dem Gedanken des durch den Transport elektrischer Teilchen bewirkten Elektrizitäts- und Wärmestromes beschäftigten. Sie gelangten zu keinen überprüfbaren Ergebnissen. Erst Drude war es vorbehalten, möglicherweise geleitet von der Analogie des Wiedemann-Franz-Lorenzschen Gesetzes einerseits, der bekannten Universalität im Verhalten idealer Gase andererseits, durch seine Idee des sich mit seiner Umgebung im thermodynamischen Gleichgewicht befindlichen freien Elektronengases den genialen, entscheidenden Schritt zu tun.

Über die aus der kinetischen Gastheorie bekannten Ausdrücke für die elektrische und die thermische Leitfähigkeit, nämlich $\sigma = ne^2\tau/m$ und $\varkappa = \frac{2}{3} c_v \bar{v}^2 \tau$ (τ ist die halbe mittlere freie Flugzeit zwischen zwei Stößen, c_v ist die spezifische Wärme der Elektronen bei konstantem Volumen), aus denen

$$\frac{\varkappa}{\sigma T} = \frac{2}{3} \frac{m \bar{v}^2 c_v}{ne^2 T} \tag{13.1}$$

folgt, erhielt Drude auf Grund seiner Annahme für die Energiedichte der Elektronen

$$u = \frac{1}{2} n m \bar{v}^2 = \frac{3}{2} n k_B T, \tag{13.2}$$

für die spezifische Wärme

$$c_v = \frac{3}{2} n k_B \tag{13.3}$$

und damit für das in (13.1) auftretende Produkt

$$m \bar{v}^2 c_v = \frac{9}{2} n k_B^2 T. \tag{13.4}$$

Damit ergab sich das mit der Erfahrung sehr gut übereinstimmende Resultat

$$\frac{\varkappa}{\sigma T} = 3 \left(\frac{k_B}{e}\right)^2, \tag{13.5}$$

d. h., es ergab sich praktisch der aus der modernen Theorie folgende Ausdruck (9.121).

Der große Erfolg von Drude bei der Ableitung der Relation (13.5) vergrößerte die Bemühungen der Physiker jener Tage bei der Entwicklung einer möglichst umfassenden Elektronentheorie der Metalle, indem nun die grundsätzlichen Konzeptionen dieser Theorie, speziell die Existenz des metallischen Elektronengases, als gesichert angesehen wurden. Wie sich im Laufe der nächsten Jahre zeigte, war das aber eine zu optimistische Sicht der Situation.

Nachdem im ersten Jahrzehnt der Bemühungen zur Ausgestaltung der Theorie kaum ein Fortschritt erzielt werden konnte, der an Bedeutung der Ableitung des Wiedemann-Franzschen Gesetzes gleichkam,[1]) schien schließlich die ganze Konzeption des metallischen Elektronengases ihre Glaubwürdigkeit zu verlieren, als man an die nähere Nachprüfung der Relation (13.3) ging. Debye hatte 1912 bewiesen, daß sich die empirisch gefundenen spezifischen Wärmen fester Körper, unabhängig davon, ob Metall oder Nichtmetall, auf die temperaturabhängige Energie des Systems der um Gleichgewichtslagen schwingenden Kristallatome zurückführen lassen. Daraus folgte unmittelbar, daß die praktisch unmeßbar

---

[1]) Wir sehen hierbei von der ebenfalls auf Drude zurückgehenden Theorie der optischen Eigenschaften der Metalle ab. Tatsächlich hat sich diese, bereits kurz vor seiner Arbeit über das Wiedemann-Franzsche Gesetz publizierte Theorie [Phys. Z. **1** (1900) 161], unabhängig von allen späteren Modifikationen der Elektronentheorie der Metalle als in ihrem Gültigkeitsbereich völlig korrekt erwiesen. Sie beinhaltet einfach die der Bewegungsgleichung $m\ddot{\boldsymbol{r}} = e\boldsymbol{E}_0\,e^{-i\omega t} - \frac{m}{\tau}\dot{\boldsymbol{r}}$ entsprechende Dielektrizitätsfunktion $\varepsilon(\omega)$, die durch $4\pi n e\dot{\boldsymbol{r}} + \dot{\boldsymbol{E}} = \varepsilon\dot{\boldsymbol{E}}$ definiert ist und sich also hier zu

$$\varepsilon_D(\omega) = 1 - \frac{\omega_p^2}{\omega\left(\omega + \frac{i}{\tau}\right)}$$

ergibt. Damit sind die sich in der Drudeschen Theorie ergebenden optischen Eigenschaften der Metalle als Funktionen von ω festgelegt.

kleine spezifische Wärme des metallischen Elektronengases nach (13.3) zu einer so kleinen Dichte n führte, daß damit kaum die großen gemessenen Werte von $\sigma = n e^2 \tau / m$ zu erklären waren. So entstand das Paradoxon der zwar elektrischen, aber nicht thermischen Wirksamkeit der Drudeschen Elektronen.

Daneben traten Schwierigkeiten auf in bezug auf die absolute Größe von σ, d. h. die absolute Größe von τ, und in bezug auf deren Temperaturabhängigkeit. Mit Verwendung von $n = 6 \cdot 10^{22}$ cm^{-3}, was einem freien Elektron pro Atom entspricht, ergab sich die freie Weglänge zu $l = \bar{v}\tau \approx 5 \cdot 10^{-7}$ cm, d. h. zu etwa 10 Atomabständen; das war ein Wert, der kaum mit der Anschauung von Elektronen, die sich in einem dichten Atomgerüst bewegen sollen, in Übereinstimmung zu bringen war. Bei der Temperaturabhängigkeit von σ traten Schwierigkeiten auf, da erfahrungsgemäß $\sigma \sim \frac{1}{T}$ ist, was wegen $\bar{v} \sim \sqrt{T}$ zu $l \sim \frac{1}{\sqrt{T}}$ führte. Eine temperaturabhängige freie Weglänge schien aber mit der Drudeschen Vorstellung gleichfalls kaum vereinbar zu sein.[1])

Diesen im Rahmen der ursprünglichen Annahmen nicht lösbaren Problemen gegenüber befand sich die Drudesche Theorie schließlich in einem scheinbar hoffnungslosen Dilemma. Als im Laufe des zweiten Jahrzehnts nach dem Erscheinen der ersten diesbezüglichen Arbeit von Drude trotz intensivster Bemühungen keine wirklich überzeugenden Fortschritte mehr gemacht werden konnten, verlor die ganze einstmals bewunderte Theorie immer mehr an grundsätzlicher Glaubwürdigkeit. Nun erst wurde man sich auch der unerhörten Kühnheit der Drudeschen Hypothese eines geladenen „freien Gases" bewußt, das sich selbst in größter Dichte fast ungehindert durch die sicherlich sehr starken Kraftfelder der Metallionen bewegen sollte, und man begann, an der Richtigkeit dieser Vorstellung zu zweifeln. In der Mitte der zwanziger Jahre besaß deshalb die Elektronengas-Theorie der Metalle kein besonders hohes Ansehen mehr im Bereich der damaligen Physik. Übrig blieb fast nur die gelungene Ableitung des Wiedemann-Franzschen Gesetzes durch Drude, und diese wurde schließlich fast zu einer unverständlichen Kuriosität.

13.2. Entartetes Elektronengas (Sommerfeld)

Im Jahre 1928 kam es durch Sommerfeld, für viele Physiker überraschend, zu einer eindrucksvollen Renaissance der Drudeschen Theorie. Indem er die zwei Jahre zuvor von Fermi gemachte Entdeckung der sogenannten Entartung hochkomprimierter Gase bei der Behandlung des metallischen Elektronengases berücksichtigte, gelang ihm die vollkommene Auflösung des oben beschriebenen Para-

[1]) Drude schien, wie insbesondere von Riecke hervorgehoben wurde, zu der Ansicht zu neigen, die freie Weglänge l sei das Resultat der Stöße der freien Elektronen untereinander. Offenbar änderte auch diese Annahme nichts Wesentliches am Dilemma der absoluten Größe und der Temperaturabhängigkeit der freien Weglänge, sofern nur, was sich kaum umgehen ließ, die Zahl der freien Elektronen und die Zahl der Atome etwa übereinstimmten. Aus den in Kapitel 12 angegebenen modernen Meßergebnissen bezüglich der dort mit l_p und l_e bezeichneten Weglängen wissen wir heute, daß für geringe Energien die Metallelektronen hauptsächlich mit den (schwingenden) Ionen kollidieren, wie es Riecke annahm, während für höhere Energien die Elektron-Elektron-Wechselwirkung, die wohl Drude vor Augen hatte, überwiegt.

doxons und damit – 28 Jahre nach dem Erscheinen der grundlegenden Arbeit von DRUDE – die späte Rechtfertigung von dessen wesentlichen Ideen.

Im Lichte der Sommerfeldschen Theorie zeigte sich jetzt deutlich, auf welch glücklichen Zufall die alte Ableitung des Wiedemann-Franzschen Gesetzes zurückzuführen war. Die als eine Folge der großen Dichte der Elektronen von etwa $6 \cdot 10^{22}$ cm^{-3} auftretende starke Entartung bedingt eine nahezu temperaturunabhängige Energiedichte u, die nicht durch (13.2) sondern durch die Formel

$$u = \frac{1}{2} n m \bar{v}^2 \approx n E_F \left[1 + \frac{1}{2} \left(\frac{k_B T}{E_F} \right)^2 \right] \tag{13.6}$$

dargestellt wird. Dabei ergibt sich mit dem oben angegebenen Wert der Dichte n nach (4.79) $E_F \approx 5{,}6$ eV, d. h., E_F ist sehr groß gegen $k_B T$, was wiederum die kleine spezifische Wärme

$$c_v \approx n k_B \frac{k_B T}{E_F} \tag{13.7}$$

bedingt, die sich nach der Theorie von DRUDE nicht ergeben konnte. Entscheidend für dessen Erfolg bei der Ableitung des Wiedemann-Franzschen Gesetzes war nun die Tatsache, daß aus dem die Wärmeleitfähigkeit bestimmenden Produkt $m\bar{v}^2 c_v$ nach (13.6) und (13.7) die für die neue Theorie typische Fermi-Energie E_F herausfällt und dieses Produkt damit praktisch gleich dem alten Drudeschen Wert wird, was dann selbstverständlich auch für $\varkappa/\sigma T$ gilt. Die explizite Rechnung von SOMMERFELD ergab genau das in (9.121) erhaltene Ergebnis.

Es verdient angemerkt zu werden, daß WIEN bereits 15 Jahre früher durch eine geniale ad-hoc-Hypothese die Sommerfeldsche Betrachtung teilweise vorweggenommen hatte. Zur Interpretation der verschwindend kleinen spezifischen Wärme der Metallelektronen setzte er nämlich statt (13.2) bzw. statt (13.6) $u =$ konst., woraus sich selbstverständlich sofort eine verschwindende elektronische Wärmeleitfähigkeit ergab. WIEN erhielt also die (nahezu) richtige spezifische Wärme, mußte dafür aber auf die Ableitung des Wiedemann-Franzschen Gesetzes verzichten. Da sich neben diesen Untersuchungen in der Wienschen Arbeit eine erste unseren heutigen Vorstellungen entsprechende Berechnung der freien Weglänge der Elektronen findet, die auf der Vorstellung ihrer Streuung an den schwingenden, sich nicht in den Ruhelagen befindenden Metallionen beruht, stellt diese ohne Zweifel neben der grundlegenden Arbeit von DRUDE den bedeutsamsten Beitrag zu einer konsistenten Elektronentheorie der Metalle vor den Arbeiten von SOMMERFELD dar.

Tatsächlich verschärfte sich allerdings das Problem der freien Weglänge der Metallelektronen in der Sommerfeldschen Version der Theorie dadurch, daß für die empirisch festgelegten Werte von $\tau = l/v_F$ in der Formel für σ das l jetzt um so viel größer werden mußte, als die Fermi-Geschwindigkeit v_F ($\approx 1{,}4 \cdot 10^8$ cm sec^{-1}) die thermische Geschwindigkeit, die in der Theorie von DRUDE auftrat, übertraf. Es ergab sich auf diese Art $l \approx 5 \cdot 10^{-6}$ cm. Damit war offensichtlich, daß sich die empirischen Werte der freien Weglänge l nicht im Rahmen der klassischen Vorstellungen über die Bewegung von Teilchen verstehen ließen.

13.3. Standardtheorie (Bloch)

Die Beantwortung der Frage, wie es für ein Metallelektron möglich ist, sich (bei Zimmertemperatur) über eine Entfernung von etwa 100 Atomabständen zu bewegen, ohne einen Zusammenstoß zu erleiden, gelang Bloch — ebenfalls im Jahre 1928 — in einer Arbeit, die für die ganze weitere Entwicklung der theoretischen Festkörperphysik richtungweisend wurde.

Die erstmals von Bloch systematisch auf das Verhalten eines Elektrons in einem Kristall angewandte Quantenmechanik führte ihn zunächst auf jene, später nach ihm benannten stationären Zustände (2.33), deren aus der Symmetrie des Problems folgende Ähnlichkeit mit ebenen Wellen die ungehinderte Fortbewegung eines Elektrons in einem idealen Kristall bewirkt. Damit war auch die zweite wesentliche Annahme der alten Wienschen Theorie quantenmechanisch begründet. Durch die Betrachtung der Bloch-Summen (4.2) enthielt die genannte Arbeit auch den ersten expliziten Ausdruck für Bloch-Funktionen, einen Ausdruck, der bis heute bei praktischen Rechnungen eine große Bedeutung behalten hat.

Neben einer ersten exakten Herleitung der Bewegungsgleichung (5.13) wurde weiterhin die Elektron-Phonon-Wechselwirkung erstmals explizit in ihrer Wirkung auf die Verteilungsfunktion der Elektronen untersucht. Das Vorgehen von Bloch basierte dabei auf seiner Hypothese der „deformierbaren Atome", die sich formal [in den Bezeichnungen von (7.4)] durch

$$V(\boldsymbol{r}, \boldsymbol{u_R}) = V_0(\boldsymbol{r} - \boldsymbol{u}(\boldsymbol{r})) \tag{13.8}$$

darstellen läßt, wobei $\boldsymbol{u}(\boldsymbol{r})$ aus (6.24) durch Ersetzen von $\boldsymbol{R}$ durch $\boldsymbol{r}$ entstehen soll. Damit gelang ihm unter Verwendung von Approximationen, wie sie den von uns bei (7.18) gemachten entsprechen, die strenge Lösung seiner Transportgleichung für hohe Temperaturen ($T > \theta$) mit dem Ergebnis (9.112). Qualitative Abschätzungen ergaben die Konsistenz zwischen den gemessenen σ-Werten und den freien Weglängen in der Größenordnung von einigen hundert Å. Damit war die letzte bedeutende Schwierigkeit der älteren Elektronentheorie der Metalle beseitigt. Die korrekte Temperaturabhängigkeit für kleine Werte von T/θ gab Bloch ein Jahr später mit der Ableitung seines berühmten T^5-Gesetzes (9.114) an; in seiner ersten Arbeit hatte er durch eine zu grobe Behandlung der Transportgleichung fälschlich ein T^3-Gesetz berechnet.

Seit dem Erscheinen der Blochschen Arbeiten sind die Bemühungen der sich mit der Theorie der Metalle beschäftigenden Physiker hauptsächlich darauf gerichtet gewesen, die Blochsche Theorie von allen jenen Voraussetzungen zu befreien, die bei den tatsächlich vorliegenden Metallen offenbar nicht erfüllt sind, und sie somit in eine Form zu bringen, die die verschiedenen Meßresultate quantitativ wiedergibt. Trotz bedeutender Fortschritte in den letzten Jahren auf diesem Wege ist die Theorie der Metalle bis jetzt in dieser Hinsicht noch keineswegs am Ziel.

Die ersten hierauf bezüglichen, über die Theorie von Bloch hinausreichenden Gedanken stammen von Peierls aus den Jahren 1930 bis 1932, der zwei von Bloch ad hoc gemachte Annahmen einer näheren Betrachtung unterwarf und zeigen konnte, daß sie allgemein kaum berechtigt sind. Es handelte sich dabei um die Vernachlässigung der Umklapp(U)-Prozesse und die Blochsche Annahme, daß sich die Phononen in guter Näherung im thermodynamischen Gleichgewicht befinden. Indem Peierls darauf hinwies, daß die Phonon-Phonon-Wechselwirkung, wenn überhaupt, dann nur bei hohen Temperaturen in der Lage ist, die Gleichgewichtsverteilung (8.29) herzustellen, zeigte er, im wesentlichen auf Grund des in Kapitel 9 angeführten und nach ihm benannten Paradoxons, daß die Berücksichtigung der Elektron-Phonon-U-Prozesse für eine endliche Leitfähigkeit bei tiefen Temperaturen unbedingt erforderlich ist. Obwohl im wesentlichen exakt, war die Peierlssche Behandlung dieses schwierigen, auch heute noch nicht ganz befriedigend gelösten Problems zu sehr vereinfacht. Es ist wohl besonders bemerkenswert, daß dabei von PEIERLS erstmals Betrachtungen über Berührungsverhältnisse von Fermi-Flächen an Zonengrenzen im wiederholten Schema durchgeführt wurden, wie sie dann 25 Jahre später typisch wurden für die moderne Elektronentheorie unserer Tage. Für die äußerst schwierige Problematik der von PEIERLS aufgeworfenen Fragen spricht, daß er erst zwei Jahre nach BLOCH auch in seiner Variante der Theorie des elektrischen Widerstandes bei tiefen Temperaturen das T^5-Gesetz als zutreffend anerkannte, während er vorher ein T^4-Gesetz für richtig hielt. Dabei ging noch wesentlich die, wie wir heute wissen, nicht zutreffende Annahme in die Theorie ein, daß alle Fermi-Flächen offen seien, so daß die U-Prozesse für alle Temperaturen auftreten könnten.

Ergänzend sei erwähnt, daß die genannten Peierlsschen Arbeiten neben der auf der Approximation schwacher Bindung beruhenden Lösung des Eigenwertproblems des Bloch-Elektrons (4.30) und (4.33) die Ableitung der richtigen Grenzgesetze für die Temperaturabhängigkeit der thermischen Leitfähigkeit enthielten, wobei sich u. a. wiederum der Sommerfeldsche Wert (9.121) für den Wiedemann-Franzschen Quotienten ergab.

Zu einer einige Jahre andauernden Kontroverse kam es, als NORDHEIM 1931 bei seiner Formulierung der elektronischen Transporttheorie den Blochschen Wechselwirkungsansatz (13.8) durch die in Kapitel 7 auf Grund der Vorstellung starrer Wigner-Seitz-Zellen dargestellte Behandlung des Problems ersetzte. Unter ausdrücklicher Vernachlässigung der Peierlsschen U-Prozesse und des Nichtgleichgewichts der Phononen gelangte er auf diese Art praktisch zu den Blochschen Ergebnissen, speziell auch zum T^5-Gesetz.

Die Frage des die realen Verhältnisse am besten beschreibenden Elektron-Phonon-Wechselwirkungsoperators, die u. a. von BETHE in seinem umfassenden Handbuch-Artikel aus dem Jahre 1933 ausführlich diskutiert wurde, konnte erst Jahre später, nämlich 1937 durch BARDEEN in seiner bedeutenden Arbeit über den elektrischen Widerstand der Alkalimetalle, befriedigend beantwortet werden. Ausgehend von der Vorstellung der (Alkali-)Metalle als einer Art zweikomponentiger Systeme aus starren Hartree-Fockschen Ionen, die sich in einem (selbstkonsistenten) Leitungselektronen-Dielektrikum befinden [siehe (7.22)], gelangte BARDEEN zu einer Form des Wechselwirkungsoperators, der die kernnahen Bereiche der Wigner-Seitz-Zellen in Übereinstimmung mit NORDHEIM als starr beschrieb, die äußeren Bereiche (der Leitungselektronen) in qualitativer Übereinstimmung mit BLOCH und BETHE dagegen als verschiebbar [siehe (7.24)]. Dabei wurde eigentlich die ungewöhnlich große Bedeutung des Bardeenschen Verfahrens erst 20 Jahre später ganz deutlich, als man daran ging, brauchbare Ausdrücke für das selbstkonsistente Kristallpotential $V_0(\boldsymbol{r})$ aufzufinden [siehe (4.63)].

Ein für die formale Durchführung der Transporttheorie sehr wesentlicher Fortschritt gelang schließlich KOHLER im Jahre 1946 durch die Aufstellung seines Variationsprinzips (8.47). Mit seiner Hilfe konnten von KOHLER erstmals systematisch die thermoelektrischen Transportgrößen berechnet werden, womit u. a. 16 Jahre nach ihrer Formulierung als Interpolationsformel durch GRÜNEISEN jene berühmte Bloch-Grüneisen-Formel (9.108) bewiesen werden konnte, die die elektrische Leitfähigkeit im ganzen Temperaturbereich gut wiedergibt. Analog gelang KOHLER die Ableitung der Relation (9.117) für die Wärmeleitfähigkeit, die bereits 1937 von WILSON konzipiert worden war.

Die auf dem Gebiet der Theorie der thermoelektrischen Erscheinungen seitdem gemachten Fortschritte beziehen sich hauptsächlich auf die Berücksichtigung des realistischen Phononspektrums $\omega_\alpha(\boldsymbol{w})$ (BAILYN) und eine geeignetere Behandlung der U-Prozesse. Diesen Bemühungen ist jedoch bis jetzt kaum ein überzeugender Erfolg beschieden gewesen. Sicherlich ist dieser nur noch über ins einzelne gehende numerische Rechnungen möglich.

13.4. Topographie der Fermi-Flächen

Eine der in der Standardtheorie ständig benutzten, tatsächlich gewiß nicht realisierten Voraussetzungen war die Verwendbarkeit der Energiefunktion freier Elektronen für die Leitungselektronen. Wie bereits erwähnt, war PEIERLS 1930 der erste Physiker, der die Berührung nichtkugelförmiger Fermi-Flächen mit den Zonengrenzen betrachtete; seine Argumentation erwies sich aber schließlich doch nicht als zutreffend, und hierauf bezügliche Betrachtungen finden sich nicht mehr in den Arbeiten der folgenden 15 Jahre.

Erst KOHLER griff 1949 die alten Ideen von PEIERLS wieder auf und leitete mit zwei Arbeiten über die magnetische Widerstandsänderung ein- und zweiwertiger Metalle einen neuen Abschnitt in der Entwicklung der Physik der Metalle ein.

Der Anlaß zur Kohlerschen Theorie waren einmal eine Arbeit von PEIERLS aus dem Jahre 1931, in der erstmals der Magnetowiderstand unter anderem mit dem Ergebnis seiner Sättigung bei hohen Feldern berechnet wurde, und zum anderen experimentelle Ergebnisse, die diese Aussage nur für eine gewisse Klasse von Metallen bestätigten, für andere aber andauerndes Wachsen des Magnetowiderstandes ergaben.

KOHLER war in der Lage, dieses unterschiedliche Verhalten der Metalle in starken Magnetfeldern auf die Berührungsverhältnisse zwischen den Fermi-Flächen und den Brillouinschen Zonengrenzen zurückzuführen. Ohne explizit den Begriff der offenen Bahnen zu benutzen, kam er so im wesentlichen zu den in Kapitel 10 für den Grenzfall $\omega_c \tau \gg 1$ abgeleiteten Ergebnissen, wobei er u. a. feststellen konnte, daß die Fermi-Fläche von Gold offen sein muß. Als besonders wertvoll mußte auch die (10.56) entsprechende neue Aussage angesehen werden, daß kompensierte, d. h. reine zweiwertige Metalle, wie beobachtet, keine Sättigung des Magnetowiderstandes zeigen können.

Der besondere Wert der Kohlerschen Arbeiten lag aber in ihrer recht weitgehenden Voraussetzungslosigkeit bezüglich der Annahmen über den Streumechanismus und über die Energiefunktion. Sie waren in dieser Hinsicht bereits typisch für alle jene folgenden Arbeiten zur Elektronentheorie der Metalle, in die hauptsächlich die geometrischen Eigenschaften der jeweiligen Fermi-Fläche eingingen und die sich deshalb beim Vergleich mit den Experimenten als besonders geeignet zur Erforschung eben dieser Geometrie erwiesen. Das geschah systematisch etwa seit

1959, nachdem LIFSHITZ, AZBEL und KAGANOW 1955 die Kohlerschen Untersuchungen wesentlich vertieft und verallgemeinert hatten. Mit Benutzung der in Kapitel 5 definierten, erstmals 1950 von SHOCKLEY eingeführten Variablen E, k_z und φ ergaben diese Arbeiten, ohne Annahmen über den Streumechanismus zu machen, eine vollständige Analyse der Abhängigkeit des Widerstandstensors von der Geometrie der Fermi-Flächen und der relativen Orientierung des äußeren Magnetfeldes.

Auf Grund dieser theoretischen Ergebnisse konnten dann von GAIDUKOV u. a. für eine immer größer werdende Anzahl von Metallen zuverlässige experimentelle Aussagen über die Struktur der betreffenden Fermi-Flächen gemacht werden. Wie wir bereits ausführten, gelang das mit besonderem Erfolg bei den Edelmetallen.

Diese Untersuchungen brachten u. a. die volle Bestätigung für jene bereits 1957 von PIPPARD für Kupfer angegebene Fermi-Fläche (Abb. 33). Die hierauf bezügliche Arbeit von PIPPARD stellt überhaupt die erste gelungene Analyse der Geometrie einer Fermi-Fläche auf Grund experimenteller Fakten (über den sogenannten anomalen Skin-Effekt) dar. Allerdings eignet sich der anomale Skin-Effekt nicht so gut zur Klärung der Fermi-Flächen-Geometrie wie etwa der Magnetowiderstand und der de-Haas-van-Alphen-Effekt, da die betreffende Meßgröße nur das Linienintegral über die Krümmung der Fermi-Flächen bestimmt. So gelang der ganz eindeutige Beweis für die Realität der Pippardschen Fermi-Fläche der Edelmetalle erst durch SHOENBERG im Jahre 1960 mit Hilfe seiner höchstentwickelten Technik zum experimentellen Nachweis des de-Haas-van-Alphen-Effekts.

Die prinzipiell einfache Interpretation der so gewonnenen Ergebnisse über die Perioden der magnetischen Suszeptibilität in Abhängigkeit von der reziproken magnetischen Flußdichte stützte sich dabei auf die einfache 1952 von ONSAGER angegebene Periodenformel (11.14). Sie zeigt, daß der Effekt um so schwieriger nachzuweisen ist, je größer die Extremalschnitte der betreffenden Fermi-Fläche sind. So gelang auch erst in letzter Zeit eine allerdings außerordentlich präzise Bestimmung der Fermi-Flächen einiger Alkalimetalle mit Hilfe des de-Haas-van-Alphen-Effekts.

Die erste gelungene hierauf bezügliche experimentelle Arbeit geht auf GOLD zurück, der 1958 den Effekt an Blei untersuchte. Diese Arbeit ist jedoch auch noch aus einem anderen Grund von ganz besonderer Bedeutung. GOLD versuchte nämlich, seine de-Haas-van-Alphen-Daten auf Grund einer Fermi-Fläche zu interpretieren, die nach dem in Kapitel 4 geschilderten Verfahren aus einer Fermi-Kugel mit vier Elektronen pro Atom durch einfache geometrische Operationen entsteht. Überraschenderweise gelang das mit ziemlicher Genauigkeit.

Dieses Ergebnis stand außerdem in enger Beziehung zu dem bemerkenswerten Resultat einer theoretischen Bandstruktur-Untersuchung an Aluminium, das HEINE bereits ein Jahr früher erhalten hatte und das besagte, daß sich die Funktionen $E_\nu(\boldsymbol{k})$ für die Leitungsbänder des Aluminiums nicht sehr von denen des „kräftefreien Kristalls" unterscheiden.

Auf Grund dieser Resultate unterwarf dann HARRISON 1959 zunächst das Aluminium und später eine Reihe weiterer Metalle einer eingehenden Analyse bezüglich der Möglichkeit einer Interpretation ihrer de-Haas-van-Alphen-Daten durch ihre dazugehörigen quasifreien Fermi-Flächen. Er gelangte dabei zu folgender Schlußfolgerung: Für eine ganze Reihe mehrwertiger Metalle unterscheiden sich die Energiefunktionen der Leitungsbänder nicht sehr von denjenigen freier Elektronen, oder, was dasselbe bedeutet, eine orthogonalisierte ebene Welle ist bereits eine gute Approximation für die Wellenfunktion der Leitungselektronen dieser Metalle.

Der Begriff der orthogonalisierten ebenen Welle, der sich jetzt als so sehr bedeutsam für die Beschreibung der Leitungselektronen erwies, war bereits lange vorher (1940) durch HERRING eingeführt worden, der damit eine der meistverwendeten Methoden zur Bandstruktur-Berechnung angab.

Jetzt — im Jahre 1959 — konnten PHILLIPS und KLEINMAN, wie wir in Kapitel 4 ausführten, durch eine Neuformulierung der Herringschen Ideen aufzeigen, wie es zu jener oben erwähnten Ähnlichkeit der Energiefunktionen der Leitungsbänder einiger Metalle und der freier Elektronen kommt. Das dabei auftretende formale Repulsionspotential V_R, das das starke Kristallpotential $V_0(\boldsymbol{r})$ in Kernnähe weitgehend kompensiert, war bereits 1954 von ANTONČIK für Bandstruktur-Berechnungen von Alkalimetallen verwendet worden.

So hat sich in einem gewissen verfeinerten Sinn schließlich die alte Drudesche Konzeption eines freien Elektronengases, die zum Ausgangspunkt der Entwicklung einer wichtigen Disziplin der modernen Physik wurde, als richtig erwiesen: Bezüglich ihrer Energiefunktionen verhalten sich die Leitungselektronen einer großen Anzahl von Metallen ganz ähnlich wie freie Elektronen; ihre Wellenfunktionen jedoch sind von denen freier Elektronen sehr verschieden. Daraus erkennt man, daß das metallische Elektronengas, auch abgesehen von seiner eigenen Wechselwirkung, eben doch nicht ein System fast freier Teilchen darstellt.

Erläuterung der benutzten Symbole

(Die Seitenzahlen bezeichnen das erste Auftreten des betreffenden Symbols)

$a_{\boldsymbol{k}\nu}(\boldsymbol{K})$	Fourier-Koeffizient des Bloch-Faktors	29
$a_\nu(\boldsymbol{r} - \boldsymbol{R})$	Wannier-Funktion	34
$\hat{A}$	Eichmatrix, $\tilde{\hat{A}}$ transponiert	79
$A(E, P_z)$	Schnittfläche	92
$\boldsymbol{a}_i$	Basisvektoren des direkten Gitters	11
$\boldsymbol{A}(\boldsymbol{r})$	Vektorpotential	79
$b_\alpha^\dagger(\boldsymbol{w})$, $b_\alpha(\boldsymbol{w})$	Erzeugungs- bzw. Vernichtungsoperator der Phononen	98
$B_{\nu'\nu}^{\boldsymbol{K}}(\boldsymbol{k}', \boldsymbol{k})$	Bloch-Integral	104
$\boldsymbol{b}_i$	Basisvektoren des reziproken Gitters	12
$\boldsymbol{B}$	magnetische Flußdichte	79
c_v	spezifische Wärme der Leitungselektronen	213
$\mathcal{C}(\lvert\boldsymbol{k}' - \boldsymbol{k}\rvert)$	Elektron-Phonon-Streufunktion	117
D	Magnetowiderstand	170
$D_{jj'}^{ss'}(\boldsymbol{w})$	Wechselwirkungstensor	95
$D_{\substack{\boldsymbol{RR}'\\ jj'}}^{ss'}$, $S_{\substack{\boldsymbol{RR}'\boldsymbol{R}''\\ jj'j''}}^{ss's''}$	Entwicklungskoeffizienten der potentiellen Energie des Kristalls	94
$\boldsymbol{d}_s$	Vektoren zu den Atomen der Basis	46
E	Energie (Eigenwert)	24
E_F	Fermi-Energie	73
$E_\nu(\boldsymbol{k})$	Energiefunktion	24
$\boldsymbol{e}_\alpha(\boldsymbol{w})$	Polarisationsvektor	96
$\boldsymbol{E}$	elektrischer Feldvektor	79
$f_\nu(\boldsymbol{r}, \hat{\boldsymbol{k}}, t)$	Verteilungsfunktion	124
$\hat{f}_{\nu'\nu, \boldsymbol{k}}$	Oszillatorstärken-Tensor	33
$f_0(E(\boldsymbol{k}))$	Fermische Verteilungsfunktion	125
G^3	Anzahl der Elementarzellen im Periodizitätsvolumen Ω	19
H_F	Fockscher Hamilton-Operator	41
$j(E)$	Energieverteilung	194
$j(E, \boldsymbol{\Omega})$	Energie-Winkel-Verteilung	193
$j(\boldsymbol{\Omega})$	Winkelverteilung	194
$\boldsymbol{j}$	Teilchenstromdichte	140
$\boldsymbol{j}_Q$	Wärmestromdichte	140
$\boldsymbol{j}_S$	Entropiestromdichte	140
$\boldsymbol{j}_U$	Energiestromdichte	140
k_B	Boltzmann-Konstante	125
k_F	Fermi-Radius	74
$\boldsymbol{k}$	Vektor im reziproken Raum (reduziert)	13

$\hat{\boldsymbol{k}} = \boldsymbol{k} - \frac{e}{\hbar c}\boldsymbol{A}(\boldsymbol{r})$		84
$\boldsymbol{K}$	Vektor des reziproken Gitters	13
$l(\boldsymbol{k})$	freie Weglänge eines Elektrons	137
$L(E)$	Transportlänge	203
L_{ik}	Onsager-Koeffizient	141
m_c	Zyklotronmasse	90
$\frac{1}{m_\nu^*(\boldsymbol{k})}$	Tensor der reziproken effektiven Masse	33
M	Masse eines Kristallatoms	94
n	Dichte der Leitungselektronen	74
$n_\alpha(\boldsymbol{w})$	Besetzungszahl des Gitteroszillators $(\boldsymbol{w}, \alpha)$	98
$N(\boldsymbol{r}, E, \boldsymbol{\Omega})$	Teilchendichte	198
$N_\nu(E)$	energetische Zustandsdichte	26
$p(E', \boldsymbol{\Omega}'; E, \boldsymbol{\Omega})$	Streufunktion	200
$p_\alpha(\boldsymbol{w})$	kanonisch konjugierter Impuls	97
$P_a \equiv P_{\{\alpha\|\boldsymbol{a}\}}$	Symmetrieoperator des Kristalls	21
$P_{\boldsymbol{k}\nu_0}$	zu $Q_{\boldsymbol{k}\nu_0}$ komplementärer Projektionsoperator	59
$P_{[\psi_{\boldsymbol{k}\nu}]}$	Projektionsoperator zu $\psi_{\boldsymbol{k}\nu}$	59
$\boldsymbol{p}$	Impulsoperator	22
$\boldsymbol{P}$	generalisierter Impulsoperator	79
$q_\alpha(\boldsymbol{w})$	Normalkoordinate	96
$Q_{\boldsymbol{k}\nu_0}$	in Rumpfzustände projizierender Operator	59
r_s	Wigner-Seitz-Radius	12
$\boldsymbol{r}$	Vektor im direkten Raum	19
$\boldsymbol{R}$	Vektor des direkten Gitters	11
S	absolute Thermokraft	143
$S_{\nu'}(\boldsymbol{k}')$	Anregungsfunktion	121
T	absolute Temperatur	125
T_c	Periodenlänge der Zyklotronbahn	90
$T_{\boldsymbol{R}}$	Translationsoperator	22
$u_{\boldsymbol{k}\nu}(\boldsymbol{r})$	Bloch-Faktor	23
$U(\boldsymbol{r} - \boldsymbol{R})$	Atompotential zum Gitterpunkt $\boldsymbol{R}$	46
$\boldsymbol{u}_{\boldsymbol{R}}^s$	Verschiebungsvektor des Atoms am Orte $\boldsymbol{R} + \boldsymbol{d}_s$	94
$\boldsymbol{u}(\boldsymbol{w})$	Gruppengeschwindigkeit der Phononen	128
$v_a(\boldsymbol{r} - \boldsymbol{R})$	Potential der Wigner-Seitz-Zelle am Orte $\boldsymbol{R}$	110
v_F	Fermi-Geschwindigkeit	116
$v_i(\boldsymbol{r} - \boldsymbol{R})$	Potential des Ions am Orte $\boldsymbol{R}$	113
$v_{s\alpha}$	Schallgeschwindigkeit	102
$V_i(\boldsymbol{r})$	Ionenpotential	67
V_P	Pseudopotential	62
V_R	Repulsionspotential	60
$V(\boldsymbol{r}, \boldsymbol{u}_{\boldsymbol{R}}^s)$	gestörtes Kristallpotential	106
$V_s(\boldsymbol{r})$	selbstkonsistentes Abschirmungspotential	65
$V_{0\boldsymbol{K}}$	Fourier-Koeffizient des Kristallpotentials	52
$V_0(\boldsymbol{r})$	Kristallpotential	23
$\boldsymbol{v}$	Geschwindigkeit	83
w_D	Debyesche Maximalwellenzahl	103

W	statistischer Operator	65
W^0	Oberflächenpotentialsprung	197
$\boldsymbol{w}$	(reduzierter) Wellenvektor der Gitterschwingungen	94
$\boldsymbol{X}_i$	zur Stromdichte $\boldsymbol{j}_i$ konjugierte Kraft	141
$\{\alpha\|\boldsymbol{a}\}$	Raumgruppenelement	11
δ	Ausbeute	194
δV_i	Störpotential der Ionen	114
$(\delta V_i)_{\boldsymbol{k}}$	Fourier-Koeffizient von δV_i	114
δV_s	Störpotential der Leitungselektronen	114
$(\delta V_s)_{\boldsymbol{k}}$	Fourier-Koeffizient von δV_s	114
$\varepsilon(\boldsymbol{q}, \omega)$	LINDHARDS Dielektrizitätsfunktion	67
$\varepsilon_\nu(\boldsymbol{R})$	Fourier-Koeffizient der Energiefunktion	34
ζ	chemisches Potential	125
θ	Debye-Temperatur	151
$\varkappa$	Wärmeleitfähigkeit	142
μ	elektrochemisches Potential	140
ν	Bandindex	24
$\hat{\varrho}$	Widerstandstensor	170
$\hat{\sigma}$	Leitfähigkeitstensor	142
$\tau(\boldsymbol{k})$	Relaxationszeit eines Elektrons	136
$\varphi_i(\boldsymbol{r} - \boldsymbol{R})$	Atom-Wellenfunktion zum Gitterpunkt $\boldsymbol{R}$	46
$\varphi_{\boldsymbol{k}\nu}(\boldsymbol{r})$	Phillips-Kleinmansche Wellenfunktion	61
$\varphi_l(q_j)$	Hartree-Focksche Einteilchen-Wellenfunktion	39
$\boldsymbol{\Phi}$	Austrittsarbeit	204
$\chi_{\boldsymbol{k};\boldsymbol{k}'\nu'}(\boldsymbol{r})$	Luttinger-Kohn-Funktion	31
$\chi^{\nu_0}_{\boldsymbol{k}\boldsymbol{K}}(\boldsymbol{r})$	orthogonalisierte ebene Welle	58
$\psi_{\boldsymbol{k}\nu}(\boldsymbol{r})$	Bloch-Funktion	25
ω_c	Zyklotronfrequenz	90
ω_p	Plasmafrequenz	116
$\omega_\alpha(\boldsymbol{w})$	Frequenzfunktion der Gitterschwingungen	96
Ω	Periodizitätsvolumen	19
Ω_0	Volumen der Elementarzelle	11

Literatur

Zu Kapitel 1

HEINE, V.: Group Theory in Quantum Mechanics, Pergamon Press, London 1960.
KITTEL, C.: Introduction to Solid State Physics, J. Wiley & Sons, New York 1957.
REITZ, J. R.: Methods of the One-Electron Theory of Solids. Solid State Physics **1** (1955).
SEITZ, F.: The Modern Theory of Solids, McGraw-Hill, New York 1940.
WANNIER, G. H.: Elements of Solid State Theory, Cambridge University Press, New York 1959.
WILSON, A. H.: The Theory of Metals, Cambridge University Press, New York 1954.

Zu Kapitel 2

BLOUNT, E. J.: Formalism of Band-Theory. Solid State Physics **13** (1961).
CALLAWAY, J.: Energy Band Theory, Academic Press, New York 1964.
CLOIZEAUX, J. DES: Analytical Properties of n-Dimensional Energy Bands and Wannier-Functions. Phys. Rev. **135** (1964) 698.
HEINE, V.: Group Theory in Quantum Mechanics, Pergamon Press, London 1960.
JONES, H.: The Theory of Brillouin-Zones and Electronic States in Crystals, North Holland Publ. Comp., Amsterdam 1960.
KITTEL, C.: Quantum Theory of Solids, J. Wiley & Sons, New York 1963.
LUTTINGER, J. M., und W. KOHN: Motion of Electrons and Holes in Perturbed Periodic Fields. Phys. Rev. **97** (1955) 869.
STREITWOLF, H. W.: Zum analytischen Verhalten der Energien des Blochelektrons in der 1. Brillouin-Zone. Phys. Stat. Sol. **4** (1964) K 105.

Zu Kapitel 3

HERMAN, F., und S. SKILLMANN: Atomic Structure Calculations, Prentice Hall, Englewood Cliffs 1963.
RAIMES, S.: The Wave Mechanics of Electrons in Metals, North-Holland Publ. Comp., Amsterdam 1961.
REITZ, J. R.: Methods of the One-Electron Theory of Solids. Solid State Physics **1** (1955).
SEITZ, F.: The Modern Theory of Solids, McGraw-Hill, New York 1940.
SLATER, J. C.: A simplification of the Hartree-Fock Method. Phys. Rev. **81** (1951) 385.
SLATER, J. C.: The Electronic Structure of Solids, in: Handb. Phys. XIX, Springer-Verlag, Berlin-Göttingen-Heidelberg 1956.
STREITWOLF, H. W.: Methoden zur Berechnung des Energiespektrums in Idealkristallen. Phys. Stat. Sol. **2** (1962) 1595.

Zu Kapitel 4

CALLAWAY, J.: Energy Band Theory, Academic Press, New York 1964.
COHEN, M. H., und J. C. PHILLIPS: Dielectric Screening and Self-Consistent Crystal Fields. Phys. Rev. **124** (1961) 1818.
EHRENREICH H., und M. H. COHEN: Self-Consistent Field Approach to the Many-Electron Problem. Phys. Rev. **115** (1959) 786.
HAM, F. S.: Energy Bands of Alkali Metals. Phys. Rev. **128** (1962) 2524.
HARRISON, W. A.: Band Structure and Fermi Surface of Zinc. Phys. Rev. **126** (1962) 497.
HARRISON, W. A.: Electronic Structure and the Properties of Metals. Phys. Rev. **129** (1963) 2503.
HARRISON, W. A., und M. B. WEBB: The Fermi-Surface, J. Wiley & Sons, New York 1960.
HEINE, V., und I. ABARENKOV: A new Method for the Electronic Structure of Metals. Phil. Mag. **9** (1964) 451.
JONES, H.: The Theory of Brillouin-Zones and Electronic States in Crystals, North Holland Publ. Comp., Amsterdam 1960.
MOTT, N. F., und H. JONES: The Theory of the Properties of Metals and Alloys, Oxford University Press, London 1936.
REITZ, J. R.: Methods of the One-Electron Theory of Solids, Solid State Physics **1** (1955).
SEITZ, F.: The Modern Theory of Solids, McGraw-Hill, New York 1940.
SLATER, J. C.: The Electronic Structure of Solids, in: Handb. Phys. XIX, Springer-Verlag, Berlin-Göttingen-Heidelberg 1956.
SOMMERFELD, A., und H. BETHE: Elektronentheorie der Metalle, in: Handb. Phys. XXIV, 2, Springer-Verlag, Berlin 1933.

STREITWOLF, H. W.: Methoden zur Berechnung des Energiespektrums in Idealkristallen. Phys. Stat. Sol. **2** (1962) 1595.
ZIMAN, J. M.: Electrons in Metals, Contemporary Physics **3** (1962) 241.
ZIMAN, J. M.: The Method of Neutral Pseudo-atoms in the Theory of Metals. Adv. Phys. **13** (1964) 89.

Zu Kapitel 5

BLOUNT, E. J.: Formalism of Band Theory. Solid State Physics **13** (1961).
BLOUNT, E. J.: Bloch-Electron in a Magnetic Field. Phys. Rev. **126** (1962) 1636.
BRAUER, W., und H. SCHULZ: Zum Driftterm der Boltzmann-Gleichung. Phys. Stat. Sol. **4** (1964) K 17.
FISCHBECK, H. J.: Über die Energieentartung der Gitterelektronen im Magnetfeld. Phys. Stat. Sol. **3** (1963) 1082.
LUTTINGER, J. M.: The Effect of a Magnetic Field on Electrons in a Periodic Potential. Phys. Rev. **84** (1951) 814.
PIPPARD, A. B.: Dynamics of Conduction Electrons, in LES HOUCHES Lectures on Low Temperatures, Gordon and Breach, Science Publishers, New York 1962.
ROTH, L. M.: Theory of Bloch Electrons in a Magnetic Field. Phys. Chem. Solids **23** (1962) 433.
STINCHCOMBE, R. B.: Quantum Theory of Magnetoresistence. I. Low Fields. Proc. phys. Soc. **78** (1961) 275.
WANNIER, G. H.: Dynamics of Band Electrons in Electric and Magnetic Fields. Rev. mod. Phys. **34** (1962) 645.

Zu Kapitel 6

BORN, M., und K. HUANG: Dynamical Theory of Crystal Lattices, Oxford University Press, London 1954.
LEIBFRIED, G.: Gittertheorie der mechanischen und thermischen Eigenschaften der Kristalle, in: Handb. Phys. VII, Springer-Verlag, Berlin-Göttingen-Heidelberg 1955.
MARADUDIN, A. A., E. W. MONTROLL und G. H. WEISS: Theory of Lattice Dynamics in the Harmonic Approximation. Solid State Physics, Suppl. **3** (1963).
WOODS, A. D. B., B. N. BROCKHOUSE, R. H. MARCH und A. T. STEWART: Crystal Dynamics of Sodium at 90 °K. Phys. Rev. **128** (1962) 1112.
ZIMAN, J. M.: Electrons and Phonons, Clarendon Press, Oxford 1960.

Zu Kapitel 7

BRAUER, W.: Über die Bloch-Darsteller der Elektron-Elektron-Wechselwirkung. Phys. Stat. Sol. **5** (1964) 139.
JONES, H.: Theory of electrical and thermal conductivity in metals, in: Handb. Phys. XIX, Springer-Verlag, Berlin-Göttingen-Heidelberg 1956.
SHAM, L. J., und J. M. ZIMAN: The Electron-Phonon-Interaction. Solid State Physics **15** (1963).
ZIMAN, J. M.: Electrons and Phonons, Clarendon Press, Oxford 1960.
ZIMAN, J. M.: Principles of the Theory of Solids, Cambridge University Press, London 1964.

Zu Kapitel 8

BLATT, F. J.: Theory of Mobility of Electrons in Solids. Solid State Physics **4** (1957).
DRESDEN, M.: Recent Developments in the Quantum Theory of Transport and Galvanomagnetic Phenomena. Rev. mod. Phys. **33** (1961) 265.
JONES, H.: Theory of electrical and thermal conductivity in metals, in: Handb. Phys. XIX, Springer-Verlag, Berlin-Göttingen-Heidelberg 1956.
LEWIS, H. W.: Wave packets and Transport of electrons in metals. Solid State Physics **7** (1958).

Peierls, R. E.: Quantum Theory of Solids, Clarendon Press, Oxford 1955.
Ziman, J. M.: Electrons and Phonons, Clarendon Press, Oxford 1960.

Zu Kapitel 9

Bailyn, M.: Transport in Metals: Effect of Nonequilibrium Phonons. Phys. Rev. **112** (1958) 1587.
Bailyn, M.: The Phonon Drag Component of the Thermoelectric Power of the Alkali Metals at Low Temperatures. Phil. Mag. **5** (1960) 1059.
Bailyn, M.: Transport in Metals II. Effect of the Phonon Spectrum and Umklapp-Processes at High and Low Temperatures. Phys. Rev. **120** (1960) 381.
Blatt, F. J.: Theory of Mobility of Electrons in Solids. Solid State Physics **4** (1957).
Darby, J. K., und N. H. March: Electron-phonon interaction and temperature dependence of the electrical resistivity of Sodium. Proc. phys. Soc. **84** (1964) 591.
Dresden, M.: Recent Developments in the Quantum Theory of Transport and Galvanomagnetic Phenomena. Rev. mod. Phys. **33** (1961) 265.
Groot, S. R. de, und P. Mazur: Non-Equilibrium Thermodynamics, North-Holland Publ. Comp., Amsterdam 1962.
Jones, H.: Theory of electrical and thermal conductivity in metals, in: Handb. Phys. XIX, Springer-Verlag, Berlin-Göttingen-Heidelberg 1956.
Klemens, P. G.: Thermal Conductivity and Lattice Vibrational Modes. Solid State Physics **7** (1958).
MacDonald, D. K. C.: Thermoelectricity. An Introduction to the Principles, J. Wiley & Sons, New York 1962.
Sommerfeld, A., und H. Bethe: Elektronentheorie der Metalle, in: Handb. Phys. XXIV, 2, Springer-Verlag, Berlin 1933.
Wilson, A. H.: The Theory of Metals, Cambridge University Press, New York 1954.
Ziman, J. M.: Electrons and Phonons, Clarendon Press, Oxford 1960.
Ziman, J. M.: The Ordinary Transport Properties of the Noble Metals. Adv. Phys. **10** (1961) 1.

Zu Kapitel 10

Chambers, R. G.: Magnetoresistance, in: The Fermi Surface, J. Wiley & Sons, New York 1960.
Fawcett, E.: High-field Galvanomagnetic Properties of Metals. Adv. Phys. **13** (1964) 139.
Gaidukov, Y. P.: Magnetowiderstand von Gold. JETP **37** (1959) 1281.
Jones, H.: Theory of electrical and thermal conductivity in metals, in: Handb. Phys. XIX, Springer-Verlag, Berlin-Göttingen-Heidelberg 1956.
Lifshitz, I. M., M. J. Azbel und M. I. Kaganov: Zur Theorie der galvano-magnetischen Erscheinungen in Metallen. JETP **31** (1956) 63.
Ziman, J. M.: Electrons and Phonons, Clarendon Press, Oxford 1960.

Zu Kapitel 11

Okumura, K., und I. M. Templeton: The de Haas-van Alphen Effect in Cesium. Phil. Mag. **8** (1963) 889.
Onsager, L.: Interpretation of the de Haas-van Alphen-Effect. Phil. Mag. **43** (1952) 1006.
Pippard, A. B.: Experimental Analysis of the Electronic Structure of Metals. Rep. Progr. Phys. **23** (1960) 176.
Priestley, M. G.: The de Haas-van Alphen Effect in Aluminium. Phil. Mag. **7** (1962) 1205.
Shoenberg, D.: The de Haas-van Alphen-Effect. Progr. Low. Temp. Phys. **2** (1957) 226; und in: The Fermi Surface, J. Wiley & Sons, New York 1960.
Shoenberg, D.: The Fermi Surfaces of Copper, Silver and Gold. I. The de Haas-van Alphen Effect. *Phil.* Trans. **A 225** (1962) 85.

SHOENBERG, D., und P. I. STILES: The de Haas-van Alphen Effect in alcali metals. Proc. roy. Soc. **281** (1964) 62.

THORSEN, A. C., und T. G. BERLINCOURT: De Haas-van Alphen Effect in Potassium. Phys. Rev. Lett. **6** (1961) 617.

WILSON, A. H.: The Theory of Metals, Cambridge University Press, New York 1954.

ZIMAN, J. M.: Principles of the Theory of Solids, Cambridge University Press, London 1964.

Zu Kapitel 12

BRUINING, H.: Physics and Applications of Secondary Electron Emission, Pergamon Press, London 1954.

BURNS, J.: Angular Distribution of Secondary Electrons from (100) Faces of Copper and Nickel. Phys. Rev. **119** (1960) 102.

DEKKER, A. J.: Secondary Electron Emission. Solid State Physics **6** (1958).

HACHENBERG, O., und W. BRAUER: Secondary Electron Emission from Solids. Adv. in Electron. and Electron Phys. **11** (1959).

JONKER, J. L. H.: On the Theory of Secondary Emission of Metals. Philips Res. Rep. **12** (1957) 249.

KANTER, H.: Energy Dissipation and Secondary Electron Emission in Solids. Phys. Rev. **121** (1961) 677.

KANTER, H.: Contribution of Backscattered Electrons to Secondary Electrons Formation. Phys. Rev. **121** (1961)681.

KOLLATH, R.: Sekundärelektronenemission fester Körper, in: Handb. Phys. XXI, Springer-Verlag, Berlin-Göttingen-Heidelberg 1956.

PUFF, H.: Zur Theorie der Sekundärelektronenemission von Metallen am Modell freier Elektronen. Phys. Stat. Sol. **2** (1962) 1699.

PUFF, H.: Zur Theorie der Sekundärelektronenemission. Der Transportprozeß. Phys. Stat. Sol. **4** (1964) 125, 365, 569.

QUINN, J. J.: Range of Exited Electrons in Metals. Phys. Rev. **126** (1962) 1453.

SCHULTZ, A. A., und M. A. POMERANTZ: Secondary Electron Emission Produced by Relativistic Primary Electrons. Phys. Rev. **130** (1963) 2135.

STREITWOLF, H. W.: Zur Theorie der Sekundärelektronenemission von Metallen. Der Anregungsprozeß. Ann. Phys. (Germany) **3** (1959) 183.

STUART, R., F. WOOTEN und W. E. SPICER: Monte Carlo Calculations Pertaining to the Transport of Hot Electrons in Metals. Phys. Rev. **135** (1964) A 495.

SZE, S. M., J. L. MOLL und T. SUGANO: Range-Energy Relation of Hot Electrons in Gold. Solid State Electronics **7** (1964) 509.

WOODS, J.: The secondary electron emission of Sodium and Zinc. Proc. phys. Soc. **B 67** (1954) 843.

Zu Kapitel 13

ANTONČIK, E.: A New Formulation of the Method of Nearly Free Electrons. Czech. J. Phys. **4** (1954) 439.

BARDEEN, J.: Conductivity of Monovalent Metals. Phys. Rev. **52** (1937) 688.

BLOCH, F.: Über die Quantenmechanik der Elektronen in Kristallgittern. Z. Phys. **52** (1928) 555.

BLOCH, F.: Zum elektrischen Widerstandsgesetz bei tiefen Temperaturen. Z. Phys. **59** (1930) 208.

DRUDE, P.: Zur Elektronentheorie der Metalle. Ann. Phys. **1** (1900) 566.

GOLD, A. V.: An Experimental Determination of the Fermi Surface in Lead. Phil. Trans. **A 251** (1958) 85.

HARRISON, A. W.: Fermi Surface in Aluminium. Phys. Rev. **116** (1959) 555.

HEINE, V.: The band structure of aluminium. Proc. roy. Soc. **A 240** (1957) 340.

HERRING, C.: New Method for Calculating Wave Functions in Crystals. Phys. Rev. **57** (1940) 1169.
KOHLER, M.: Transporterscheinungen im Elektronengas. Z. Phys. **125** (1949) 679.
KOHLER, M.: Magnetische Widerstandsänderung und Leitfähigkeitstypen I, II. Ann. Phys. (Germany) **5** (1950) 88, 99.
NORDHEIM, L.: Zur Elektronentheorie der Metalle. Ann. Phys. **9** (1931) 607.
PEIERLS, R.: Zur Theorie der elektrischen und thermischen Leitfähigkeit von Metallen. Ann. Phys. **4** (1930) 121.
PEIERLS, R.: Zur Theorie der magnetischen Widerstandsänderung. Ann. Phys. **10** (1931) 97.
PEIERLS, R.: Zur Frage des elektrischen Widerstandsgesetzes für tiefe Temperaturen. Ann. Phys. **12** (1932) 154.
PHILLIPS, J. C., und L. KLEINMAN: New Method for Calculating Wave Functions in Crystals and Molecules. Phys. Rev. **116** (1959) 287.
PIPPARD, A. B.: An Experimental Determination of the Fermi Surface in Copper. Phil. Trans. **A 250** (1957) 325.
RIECKE, E.: Über die Elektronentheorie des Galvanismus und der Wärme. Jb. Radioakt. **3** (1906) 24.
SHOCKLEY, W.: Effect of Magnetic Fields on Conduction. Phys. Rev. **79** (1950) 191.
SOMMERFELD, A.: Zur Elektronentheorie der Metalle auf Grund der Fermischen Statistik. Z. Phys. **47** (1928) 1.
WIEN, W.: Zur Theorie der elektrischen Leitung in Metallen. Sitzungsberichte der Königlich Preußischen Akademie der Wissenschaften 1913, S. 184.

Register

GPSR Compliance

The European Union's (EU) General Product Safety Regulation (GPSR) is a set of rules that requires consumer products to be safe and our obligations to ensure this.

If you have any concerns about our products, you can contact us on ProductSafety@springernature.com

In case Publisher is established outside the EU, the EU authorized representative is:

Springer Nature Customer Service Center GmbH
Europaplatz 3
69115 Heidelberg, Germany

Batch number: 10584556

Printed by Printforce, the Netherlands